仪器科学与科技文明

钱政 编著

清华大学出版社

北京

内 容 简 介

作为信息技术的源头与点燃科技文明的火种,仪器是人类认识与探索客观世界的前提和基础。但是长期以来,人们对于仪器的内涵和重要性却缺乏足够的了解和充分的认识。本书从仪器科学与科技文明的关系着手,通过对中西方科技文明发展历史的概述,来启发读者思考仪器科学在科技文明发展过程中起到的重要作用,接下来分别从数学、物理、化学等基础科学研究,能源、化工、材料等工程科技进步以及医疗、环境、食品等日常生活改善的角度,来分别阐述仪器科学与技术在其中发挥的不可或缺的作用,最后借用大名鼎鼎的"灵魂三问",启发大家去思考和感悟仪器科学内敛的外表下所蕴藏的深厚底蕴。

对于仪器类及密切相关专业的大学生和志向仪器类专业的高中生,本书能够帮助他们全面了解和感悟仪器科学的发展历史和重要作用;对于非仪器类专业的大学生和志向其他专业的高中生,本书也能够起到普及科学文化知识、提高科学文化素质、拓展科研思维方式的作用。

图书在版编目(CIP)数据

仪器科学与科技文明/钱政编著. —北京:清华大学出版社,2022.1(2023.1重印)
ISBN 978-7-302-59840-4

Ⅰ. ①仪… Ⅱ. ①钱… Ⅲ. ①仪器—作用—科学技术—技术史—世界 Ⅳ. ①N091

中国版本图书馆 CIP 数据核字(2022)第 005998 号

责任编辑:王 欣
封面设计:常雪影
责任校对:欧 洋
责任印制:刘海龙

出版发行:清华大学出版社
  网 址:http://www.tup.com.cn,http://www.wqbook.com
  地 址:北京清华大学学研大厦 A 座 邮 编:100084
  社 总 机:010-83470000 邮 购:010-62786544
  投稿与读者服务:010-62776969,c-service@tup.tsinghua.edu.cn
  质量反馈:010-62772015,zhiliang@tup.tsinghua.edu.cn
印 装 者:三河市天利华印刷装订有限公司
经 销:全国新华书店
开 本:185mm×260mm 印 张:20   字 数:482 千字
版 次:2022 年 1 月第 1 版   印 次:2023 年 1 月第 2 次印刷
定 价:58.00 元

产品编号:093339-01

在人类文明发展的道路上,科学技术的进步起到了十分重要的作用。进入 21 世纪以后,能源、材料、信息技术被认为是现代文明社会的三大支柱,深刻地影响和改变着人类的发展方式。提到信息技术,相信绝大多数人会想到计算机、电子、通信、自动化、网络……很少有人想到仪器,很少有人去探究信息技术的源头,也很少有人意识到,人类如果失去了仪器,将会如何?

仪器是指对事物的组成、结构,相互作用机理与机制,变化规律及趋势等进行检测表征,获得相关科学数据、图像等信息,并用来指导科学研究和生产实践的工具。仪器是创新驱动发展的"引领者"和"奠基石"。"两弹一星"功勋奖章获得者王大珩院士指出,"机器是改造世界的工具,仪器是认识世界的工具"。基础研究和产业技术进步的重大进展往往是以实验仪器和技术方法的突破为先导。例如:天文望远镜的诞生,开辟了天文学研究的新纪元;正是由于 X 射线衍射仪的发明,人们才认识了 DNA 的双螺旋结构;随着基因测序仪的不断升级换代,原来耗时 13 年、耗资 27 亿美元的完整人类基因组序列图谱绘制这一巨大工程,在今天已经成为一项简单的日常工作。在当今科学研究活动中,仪器设备的作用更是日益突出,截至 2020 年,诺贝尔物理学奖、化学奖、生理学或医学奖中,直接因科学仪器而获奖的项目总数为 42 项(约占 12.7%)。同时,有 68.4% 的物理学奖、74.6% 的化学奖和 90% 的生理学或医学奖的研究成果是借助各种先进的仪器完成的。据美国国家标准与技术研究院(NIST)发布的数据显示,20 世纪 90 年代,美国的仪器产业产值约占工业总产值的 4%,拉动相关的经济产值却达到总产值的 66%。随着我国"大数据""人工智能""物联网"和"互联网+"等技术的蓬勃发展和相关战略部署的实施,作为各类数据信息采集和获取的直接工具,仪器是这些新兴产业发展的数据源头。因此,梳理科技文明的发展历程,能够触摸到无处不在的仪器人的身影;穿透浩如烟海的科技成就,能够感受到甘当人梯的仪器人的品格;走入五彩斑斓的社会生活,能够体会到"润物无声"的仪器人的特质。仪器科学与科技文明密不可分,仪器人却淡泊名利、不露锋芒,甘做"隐形的翅膀"。

钱政教授是中国仪器仪表学会首席科学传播专家,一直从事仪器科学相关的教学和科研工作,在面向社会大众宣传与科普仪器科学方面投入了大量的时间和精力。2014 年钱政教授主讲的课程"仪器科学与科技文明"获批教育部精品视频公开课,他在之后的教学过程中不断发展和完善课程内容,积累了丰富的教学经验,搜集了丰富的参考资料,为本书的撰写打下了坚实的基础。

　　我很欣慰,能够看到本书的完成,期待本书的出版,能够为大家解读一个耳目一新的仪器,能够让大家认识一个截然不同的仪器,能够使大家热爱一个虚怀若谷的仪器,走进仪器的大门,就能够看到多姿多彩的世界。

中国仪器仪表学会　理事长

中国工程院　院士

清华大学　教授

(现华中科技大学校长)

2021 年 5 月

写在前面的话

时间回到 1990 年 7 月,高考之后,当时河南省的政策是估分报志愿,看着自己估出来的分数,学校已经敲定心仪的西安交通大学,这是一所离自己不远而且富有深厚底蕴的名校,那么专业呢？当时手上唯一有价值的信息来自河南省招生办公室印制的各个学校招生专业和招生人数目录,眼睛在目录上游走,大脑却陷入了迷茫。一个学校可以报考两个志愿,第一志愿计算机已经敲定了,因为任何一个"小白"都知道计算机是什么、自动化是什么、电子信息是什么,但是第二志愿却在纠结,我对电子信息和自动化并没有什么热情,那么选什么呢？正在这个时候,一个看似陌生且冷僻的专业名称却吸引了我的眼球——电磁测量技术及仪器,既有电,又有磁,不仅做测量,还能研制仪器,虽然从来没有听说过,但是从字面上看就是一个地地道道的中国好名字呀！所以就凭着与这名字的缘分,我误打误撞地迈入了仪器学科的大门。

理想很美好,现实却很骨感。真正进入这扇大门,却发现这是一间很内敛的房间,低调到外面的人都不知道里面是什么、有什么。上大学的时候,经常有人问我是学什么专业的,当我说出来是学仪器的时候,绝大多数人脸上都是很困惑的表情,那种表情深深地印在了我的脑海里。仪器难道是被"遗弃"的孤儿吗？这种感觉其实一直都在缠绕着我,因为我发现,当老师之后仍然面临着这种窘境。印象最深的一次就是在北京航空航天大学求是广场上开展校园开放日那天,当我觉得已经向询问我的家长讲明白什么是仪器的时候,家长反问了我一句话,让我觉得颇有受挫感,家长就问:"我明白什么是仪器了,那么北京航空航天大学的仪器是做水表的,还是做电表的？"我顿时语塞,这看似简单的问题其实并不简单,而且不好回答。首先,水表和电表确实是仪器无疑,这也是我们身边最常见的仪器仪表,我们肯定能做;其次,要把水表和电表做好并不是一件很容易的事情,但是大家通常却认为很容易,就会看低这个专业;最后,仪器的种类虽然繁多,却并没有计算机、电子信息、自动化那样能有吸引别人眼球的耀眼标志,让学生倾心、让家长追捧。由此我反问自己,难道是仪器的名字起错了？难道仪器人就只能接受这个现实,注定在大家面前默默无闻吗？

到北京航空航天大学工作后不久,2003 年仪器科学与光电工程学院成立,2005 年我担任测控与信息技术系的教学主任,负责测控技术与仪器专业的本科教学管理,顺理成章地负责起专业导论的教学工作,这也使我有更多的机会去触碰和思考宣传仪器的问题。多年的导论下来,我总结出宣传仪器有三难。第一难是仪器的名字不像很多热门专业的名字起得好,内涵好解释,学生一看就喜欢,家长一听就满意。第二难就是很难找到闪耀光芒的标志物,米尺、天平、手表、血压计、心电图等是仪器,没有错,但是这些能吸引学生选择仪器,甚至热爱仪器吗？第三难就是仪器的出口——就业,计算机有微软、联想等,电子信息有苹果、华为、三星等,自动化有西门子、ABB 等,仪器有什么,又有哪家公司因研制仪器而闻名呢？为了解决这三大难,我呕心沥血、殚精竭虑,挖空心思地想从专业的角度解释清楚,却发现收效甚微。

直到有一天,和儿子的聊天深深触动了我。大概是在 2011 年,儿子上幼儿园中班的时候,有一天晚饭的时候他问我:"爸爸,你觉得为什么鸭蛋会比鸡蛋大?"当时我就一愣,对于这个生活中再常见不过的常识,相信很少有人会去想是为什么?我没有什么好的想法,只好用最没有创意的、连我自己都说服不了的答案打发他:"因为鸭子长得大,所以鸭蛋比鸡蛋大。"没想到他给出的解释却让我感慨不已,他说:"不对!我觉得是因为鸭的嘴巴是扁的,鸡的嘴巴是尖的,也就是说,鸡钻破蛋壳需要的空间小,而鸭钻破蛋壳需要的空间大,所以鸭蛋比鸡蛋大。"我感到惊讶的并不在于这个答案经不经得起推敲,而在于这个思考问题的切入点。当我们采用固化的思维方式来思考问题的时候,通常已经走入死胡同了,那么为什么不能彻底放弃之前的想法,换个角度来重新审视问题,重新思考怎样去宣传和解读仪器呢?

那么,新的角度在哪里?因为我从小历史就很好,还差点儿因此萌发了去学习文科的想法,特别是考古,那也是非常向往的专业。所以我就在想,能不能从人类科技文明发展史的角度来解读仪器在其中发挥的作用,通过一个个鲜活的实例来展示仪器的内涵与外延,展示仪器的无穷魅力呢?这就是"仪器科学与科技文明"教育部精品视频公开课程扬帆起航的原点,源于2011年那一次父子间的对话。有了这一另辟蹊径的起点,下面的事情就比较简单了,因为科学技术发展到今天,匪夷所思的成果不胜枚举,虽然散布在数、理、化、天、地、生等不同基础领域,虽然应用于能源、材料、信息等各个工程领域,虽然渗透衣、食、住、行等日常生活的方方面面,看似没有关联,但是其中有一条主线贯穿始终,那就是淡泊宁静、甘当人梯、厚积薄发而且无处不在的仪器!

2014年年初,教务处组织教育部精品视频公开课申报,从各个学院筛选了4门基础较好的导论课程,"仪器科学与科技文明"位列其中并最终顺利获批。获批后随着学校人才培养理念的革新,课程性质调整为核心通识课程,面向低年级学生开设,更加注重"将知识融会贯通能力"的培养,迄今共经历了14个轮次的教学。每一轮的教学工作都是全新的挑战,从讲授内容的更新与调整,到调动学生参与课堂教学,都需要统筹规划和身体力行,当然也从学生的反馈中获益良多,积累了很多经验,也因此触发了撰写教材的冲动。从2016年开始准备,到2018年年底开始动笔,再到2020年因为新冠疫情绝大部分工作按下暂停键,才能够专心致志地写作,终于如愿以偿。中间屡有踟蹰不前的时候,因为只有在动笔之后,才发现知识的不足,才感到视野的狭窄,才囿于文笔的苍白,但是坚守了30年的仪器人的执着,让我有了迎难而上的决心,让我有了披荆斩棘的韧劲。其间曾经想过寻求几个"中国合伙人"来分担压力,共同撰写,但是最终放弃了这个想法,因为一个人前行能够保证全书的层次井然有序、逻辑条理清晰、风格协调一致,所以对于书中涉及的相关学科领域,敬请各位专家、学者能够原谅我的班门弄斧,直言不讳地指出其中选取材料不当、描述方式不妥的地方,在此表示衷心的感谢。

写到最后就是致谢了。首先感谢我的父母,在异常艰苦的条件下,仍然支持我读完了博士,没有父母的远见卓识就没有我的今天,但是"子欲养而亲不待",当我有能力尽孝的时候,你们的先后辞世给我留下了终身遗憾,每每念及此事,不禁潸然泪下。之后感谢我大学求学和任教道路上的母校——西安交通大学、清华大学和北京航空航天大学,三所名校的文化潜移默化地影响着我、滋润着我,让我从一个青涩的少年不断成熟和成长起来,选择了仪器、认识了仪器并挚爱着仪器。然后就是我的恩师,攻读博士时的导师严璋教授,作为交通大学"西迁精神"的代表,让我学习到了爱国奉献的精神,而您高瞻远瞩的学术眼光以及循循善诱的指导方式让我的学术思维方式发生了质变。接下来就是时任自动化学院院长,现任东南大学校长的张广军院士,当年求职北京航空航天大学时,他鼓励我找到最合适的位置才是最重要的,坚定了我到北京航空航天大学工作的决心;还有时任仪器光电学院院长,现任北京航空航天大学常务副校长的房建成院士,2006年果断将我提拔为院长助理,让我全程参与了一级重点学科申报和一级学科评估,耳濡目染他雷厉风行的处事风格,开阔的视野和创新的精神深刻影响了我。再接下来就是中国仪器仪表学会的各位同仁,百忙之中拨冗作序的理事长、时任清华大学副校长尤政院士,副理事长、教育部仪器类专业教学指导委员会主任委员曾周末教授,一直不遗余力地支持我开展各项科普工作的张彤秘书长,还有科普工作委员会的各位志同道合的兄弟姐妹,你们的支持是我撰写本书最坚强的后盾。最后要感谢的是我的妻子和儿子,每当我没有任何压力和负担地在前面冲锋陷阵的时候,是你们给予了我力量,也正是你们的支持,才能够让我没有任何后顾之忧,我今天取得的点滴成绩都要归功于你们两个坚强的后盾。想要感谢的人太多太多,原谅我不能在此一一列举你们的名字,你们每一个人的名字我都铭记在心,千言万语抵不过一句话——谢谢!

2021年5月修改于北航新主楼

仪器是什么？一个看似很简单也很普通的问题,但对我这个日渐资深的仪器人而言,却觉得难以回答。不是没有答案,而是觉得答案不够简明扼要,不够欢欣鼓舞,当然,最重要的是不够荡气回肠。作为一名大学教师,每次进行专业宣传的时候,面对家长和学生热切的目光,心头涌上的是感动,心里涌出的是无奈,心中迸发的是呐喊,作为信息技术的源头,作为点燃科技文明的火种,作为认识客观世界的基础,仪器的重要性不言而喻,但却并不为人熟知,并没有取得与其地位相匹配的关注度和认可度。

从跨入仪器这扇大门开始,我就一直在思考"仪器"一词的来源,因为名字是最能够体现内涵的。这个过程一波三折,不记得是什么时候了,可以肯定的是,没有被苹果砸到头上,但是确实是灵光一现,为什么不能从汉字的本源来推敲仪器的本义呢?"仪"字可以追溯到甲骨文,本义是标准的意思;"器"字可以追溯到略晚于甲骨文的金文,本义是工具的意思,将两个字合在一起,"仪器"就是建立标准的工具,而"测量"就是和标准进行比较的过程。这么一来,感觉有种拨云见日、豁然开朗的感觉,虽然仪器一词的发音确实不好听,写出来也确实感觉很普通,但是人类认识世界是从测量开始的,而测量又是从建立标准开始的,因此人类科技文明的发展历史就是一部仪器科学的发展历史。沿着这条主线来诠释仪器科学的内涵与外延,一定能够展示出仪器科学的飒爽英姿,也一定能够展示出仪器科学的欣欣向荣,这也就是本书书名的由来。

全书共分 10 章,第 1 章绪论对仪器科学与科技文明的基本概念,以及两者之间的相互作用关系进行了介绍;第 2 章对中西方科技文明的发展历史进行了概述,旨在启发大家思考中西方科技文明的特点和差异,并能够对世界经济全球化之后未来科技文明的发展有所思考;第 3 章和第 4 章旨在展示基础科学研究中,仪器科学发挥出的举足轻重的作用,其中第 3 章的落脚点在数、理、化发展中的仪器科学,第 4 章则以天、地、生发展为切入点,触摸其中仪器科学的婀娜身影;第 5 章到第 8 章重在从工程科技的角度来感悟仪器科学的重要作用,其中第 5 章阐述了仪器科学与能源、动力及矿业工程的联系,第 6 章介绍了仪器科学与机械及运载工程的关系,第 7 章分析了仪器科学与化工、冶金及材料科学发展的关系,第 8 章将触角伸到了蓝色的海洋,简要论述了仪器科学与海洋技术发展的关系;第 9 章将视角拉回我们身边,让我们感受一下日常生活中无处不在的仪器是如何深刻影响和改变了我们的生活的,其中以医疗、环境、交通、食品为例,展现了仪器科学的重要作用;最后一章要写什么,这个问题我想了很久,按理说可以讲讲仪器科学的未来,但是对于我来讲,难以把握深浅,也难以站位高远,所以不如回答一下大家最关心的三个问题:仪器科学为什么无处不在?仪器科学为什么不露锋芒?仪器科学为什么未来可期?借用大名鼎鼎的"灵魂三问"来提出这三个问题,虽然问题很难,但是我还是想尝试做第一个吃螃蟹的人,虽然思考的深度非常有限,难如人意,但是重要的是迈出了这一步,抛出了问题,大家就可以去思考,思考的人多了,自然离最终的答案也就近了。

最后需要说的是,全书共 10 章,其实还有一个自己的小心思,就是取十全十美的寓意,希望在我眼中十全十美的仪器科学能够通过我的一点点努力,为大众熟知,被公众更加认可。

在本书的撰写过程中,参考了大量公开发表的文献和网上资料,从中受益匪浅,在此对于这些文献和资料的作者表示诚挚的感谢,如有版权问题,请联系作者。由于作者水平有限,书中难免存在欠妥之处,敬请读者批评指正。

作 者

2021 年 5 月

目录
CONTENTS

第1章

绪 论

科学技术的进步在人类文明发展进程中起到了至关重要的作用,但是作为科学技术进步的重要助推剂之一的仪器科学,却往往被人们所忽视。仪器是什么? 仪器科学的内涵是什么? 仪器科学在人类科技文明发展过程中起到了什么样的作用? 这些是首先需要解释清楚的问题,也是准确理解全书内容的基础和前提。

第 1 章
彩图

1.1 仪器与仪器科学

仪器是与测量相伴而生的,因此本节首先给出测量的基本定义,之后对仪器的概念及其发展历史进行概述,最后简要讨论仪器科学的内涵,期待能够清晰地展现仪器及仪器科学的特点。

1.1.1 测量的基本定义

测量是"测"和"量"两个字的组合。对于"测",《说文解字》给出的解释是:深所至也。清代段玉裁的《说文解字注》进一步延伸了"测"的含义:深所至谓之测,度其深所至亦谓之测。可见"测"有了"度"的含义。在 JJF 1001—2011《通用计量术语及定义》中,将"量"定义为"现象、物体或物质的特性,其大小可用一个数和一个参照对象表示"。自然界的一切事物不仅由一定的"量"组成,还要通过相应的"量"来体现。因此,要认识、利用和改造自然,就必须对各种量进行分析和确认,既要分清量的性质,又要确定量的数值,这就是测量。

在《通用计量术语及定义》中,"测量"被定义为"通过实验获得并可合理赋予某量一个或多个量值的过程"。可见,测量就是借助于仪器设备,用某一计量单位的标准量把被测量定量地表示出来,以确定被测量是计量单位的多少倍或几分之几。测量的必要条件是标准量、被测量及操作者。因此,测量的结果是一组数据及其相应的单位,必要时还要给出测量所用的仪器或量具、测量方法和测量条件等。因此,完整的测量过程包括测量单位、被测量、测量方法(包括测量器具)和测量精度 4 个部分。

(1) 测量单位。测量单位简称单位,是以定量表示同种量的数值而约定采用的特定值。国家标准规定采用以国际单位制(SI)为基础的"法定计量单位制"。

（2）被测量。被测量是指拟测量的量，由于被测量种类繁多、特征各异，因此应对其特性、被测参数的定义以及标准等进行深入分析，以便确定相应的测量方法。

（3）测量方法。测量方法是指对测量过程中使用的操作所给出的逻辑性安排的一般性描述。可广义地理解为测量原理、测量器具（亦称计量器具）和测量条件（环境和操作者）的总和。

（4）测量精度。测量精度指测量结果与真值之间的一致程度。任何测量过程不可避免地存在着测量误差，误差大则说明测量结果偏离真值远、准确度低。由于存在测量误差，任何测量结果都是通过一定程度的近似值来表示的。

1.1.2 仪器的基本概念及发展历史

1. 仪器的基本概念

通过测量的定义可以看出，仪器是测量过程中必须使用的工具。那么仪器到底是什么呢？这就要从仪器和仪表两个词的起源谈起。在中国古汉语中，"仪"的本字是"义"，在甲骨文中，"𦥑"的本义是出征前的隆重仪式，篆文中引入"人"字偏旁，表示庄严的典礼。《说文解字》的解释是：仪，度也。也就是法度、标准的意思。"器"字最早出现在略晚于甲骨文的金文当中，"𠽤"字表示纵横交错的经脉血管连接着两侧众多的内脏组织。后来字义屡经变迁，《说文解字》中的解释是：器，皿也。也就是工具的意思。因此，将"仪"和"器"相结合，可以理解为建立标准的工具。在甲骨文中，"𧘝"字是象形字，表示衣服外面披着兽毛，这也符合《说文解字》的解释：表，上衣也。随着其日益广泛的应用，逐渐延伸出显示的意思，和"仪"字相结合，可以理解为带有表盘等显示装置的能够显示结果的仪器。

2. 仪器发展历史概述

之所以要解释仪器与仪表两个词的起源，就是想从中窥探人类最早的仪器和仪表可能是什么。从人类认识客观世界的脚步来看，最早探索的仪器可能是围绕长度、时间、质量等身边最常见的参数展开的，也可能是人类在对天文、地理等周围感兴趣的现象进行探索的过程中研制的。据《史记》记载，大禹治水时"左准绳，右规矩"，其中，"准"和"绳"分别是测定物体水平和垂直的工具，"规"是校正圆的工具，"矩"则是画方形的曲尺。而据《古今注》记载："黄帝与尤战于涿鹿之野，尤作大雾，军士皆迷，故作指南车以示四方，遂擒尤而即帝位。"对于指南车的起源目前仍有争议，历史学家普遍认为三国时魏国的马钧造出了第一个能够实用的指南车。在这之前，东汉思想家王充在其《论衡》中，提到了"司南之杓，投之于地，其柢指南"，则被认为是第一个准确描述出司南结构的文献。由此可以看出，早期的仪器多见于上古神话，虽然有传说的成分，但是神话是源于生活的，这足以说明上古时代人们在生产实践中已经开始探索、掌握并应用仪器。因此可以说，仪器发展与人类文明的发展是密切相关的。

纵观仪器仪表的发展历程，基本上可以分为 4 个阶段：机械式、电磁式、光电式及量子式，这 4 个阶段在时间上呈现出先后顺序，但是在具体发展过程中，也存在着交叉重叠的现象。

（1）机械式仪器仪表主要基于力学、热力学等物理学基本原理。其典型代表是计时仪器,从早期的刻漏到后来的水运仪象台以及摆钟的出现,其发展阶段从人类早期文明持续到现在,16—18世纪是发展的巅峰,基于新原理的计时仪器、温度及压力等一系列机械式仪器仪表的出现引发了第一次工业革命。

（2）电磁式仪器仪表主要基于电磁学等物理学基本原理。一方面仪器仪表的巧妙应用奠定了电磁学的理论基础,另一方面基于电磁学理论的各类电磁式仪表的蓬勃发展直接孕育了第二次工业革命,加快了科学技术进步的步伐,深刻变革了人类的日常生活方式。

（3）光电式仪器仪表源于光学基本原理。人类早期文明即巧妙地开展了各种各样的光学测量,随着20世纪中叶计算机、光纤、激光器、大规模集成电路等第三次工业革命浪潮席卷全世界,"光"和"电"紧密结合,光电式仪器仪表的发展进入了黄金时期,其在科学发现、工程实践及日常生活中的应用无处不在。

（4）量子式仪器仪表源于量子物理的发展。从普朗克尝试解释黑体辐射与紫外灾难开始,在量子物理的发展过程中,一方面巧妙的测量与试验验证了新的理论,另一方面量子理论的进步又提供了新的测量选择,两者相辅相成,共同进步。量子式仪器仪表的发展日新月异,发展潜力巨大,发展空间广阔。

1.1.3　仪器科学的内涵与发展

虽然仪器仪表在人类科技文明发展进程中发挥了重要作用,一批重大的科学发现源于测量方法的精巧设计和仪器仪表的巧妙应用,但是长期以来人们对仪器科学普遍存在两个误解:

（1）仪器是一门技术,是科学发现中的工具,而不是一门科学,缺乏对其内涵的清晰认识和把握。

（2）更多地关注了科学发现的结果,忽略了科学发现的过程,因此对于仪器科学在科学发现中的作用认识不足。

对于第一个误解,通过图1-1所展示的仪器仪表的完整研制过程可以看出其是一个系统的理论体系,是一门科学;第二个误解则是本书的撰写目的,期待通过后面的介绍,大家能够准确理解仪器科学在科技文明发展中的支撑作用。

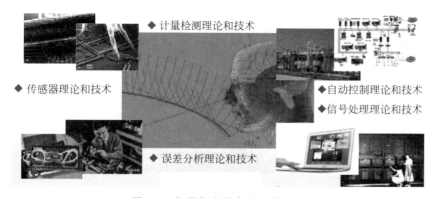

◆计量检测理论和技术

◆传感器理论和技术

◆自动控制理论和技术

◆信号处理理论和技术

◆误差分析理论和技术

图1-1　仪器仪表的完整研制过程

由图1-1可以看出,仪器仪表的研制过程非常类似于人类获取信息的过程。首先需要通过传感器将难以观测的参数转换为容易测量的信号,一般是电信号。之后通过研制的测试系统获取测量结果,一方面基于测量结果对测试系统的性能和测量结果的质量进行评价,这是误差分析的工作,另一方面对测量结果进行研究以得到被测参数的特征与性质,这是信号处理的工作。在测试系统的研制过程中通常会引入反馈以提高测量精度,这就需要自动控制理论的支撑。测量的本质是和标准进行比对的过程,而标准的建立则是计量检测理论的工作。因此,仪器的研制过程涵盖了从信号获取到信号分析与处理的全过程,必然是一门科学。虽然信号分析、自动控制也是其他相关学科的基础理论支撑,传感器中多是物理效应或化学效应的应用,但是将其应用于仪器研制,必须考虑到仪器研制的背景与应用场合,所以在仪器科学的框架里这些理论有着自己的特色和内涵;而计量检测方法和误差分析理论则是仪器科学所独享的理论体系,下面就对这两者的发展历史进行介绍,以便于大家准确理解仪器科学的内涵。

1. 计量检测方法

测量的实质就是和标准进行比对的过程,那么标准如何得到?此外,有测量就会有单位,那么单位又如何定义?这些都是计量的工作。在《通用计量术语及定义》中,计量被定义为:实现单位统一、量值准确可靠的活动。因此,高质量的单位制和基准的建立就成为人类永恒的追求,纵观计量的发展,通常分为 3 个阶段:古典计量(也叫度量衡)、经典计量和现代计量。

古典计量通常是以自然物作为单位和基准的,例如,《史记》中记载禹"身为度,称以出",就是说明大禹以自己的身长和体重作为长度和质量的标准;古代埃及也是以人身体的部位作为标准,出现了腕尺、掌尺、脚尺等测量单位;进入中世纪之后,英王埃德加大拇指的第 1 个指节长度被定为 1 英寸(in),查理曼大帝的脚板长度被定为 1 英尺(ft),亨利一世的鼻尖到前伸手臂时中指尖的距离被定为 1 码(yd)等。这些都是古典计量的典型代表。由此可见,古典计量的准确性局限于自然物,难以提高,且各国各地的计量制度不同,在交流上造成了很大的不便和困难。

17 世纪的法国科学家提出了改革和统一计量制度的方案:将通过巴黎的地球子午线长度的四千万分之一定义为 1 m,将 4℃时 1 dm^3 纯水的质量定为 1 kg,并着手制定相应的实物基准。1875 年 5 月 20 日,17 个国家在巴黎签署了《米制公约》,标志着经典计量阶段的开始。这次大会选出了作为统一国际长度和质量单位量值的米尺和砝码,称为"国际原器",由国际计量局保存,如图 1-2 所示。大会还批准将其余的米尺和砝码发给《米制公约》签字国,作为各国的最高计量基准。各国的基准器具定期与国际计量局的国际原器比对,以保证其量值一致。

(a) 国际米原器　　　　　(b) 国际千克原器

图 1-2　经典计量阶段的国际原器

随着时间的推移,由于物理的、化学的以及磨损等原因,实物基准难免发生微小变化。此外,由于原理和技术方面的原因,实物基准的准确度亦难以大幅度提高,由此开启了现代计量阶段。

1960 年,国际计量大会通过并建立国际单位制,对 7 个基本单位给出了定义。随着现代物理学中量子论的快速发展,基本单位的定义从经典理论转换为量子理论,因而更加精确、稳定和可靠。在 2018 年 11 月举行的第 26 届国际计量大会上,千克、开尔文、摩尔和安培等单位被重新定义,国际单位制的 7 个基本单位全部被追溯到物理常数,如图 1-3 所示。该项决议于 2019 年 5 月正式生效,从而完成了国际单位制的量子化。

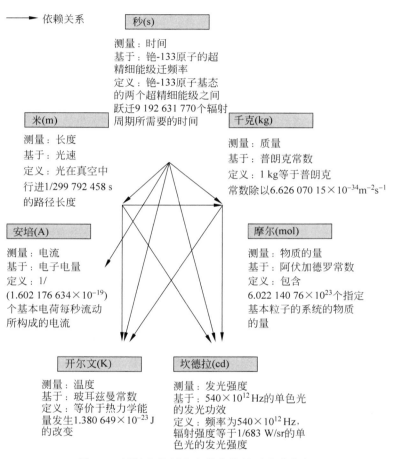

图 1-3　国际单位制基本单位的量子基准定义

2. 误差分析理论

有了测量就会有误差,误差反映的是测量结果偏离真值的程度,真正意义上的误差概念的出现不到 400 年的历史,随后进入了蓬勃发展时期,如图 1-4 所示。

伽利略在 1632 年出版的著作《关于托勒密和哥白尼两大世界体系的对话》中,首次提到了"观测误差"的概念,其性质即为现在的随机误差分布。伽利略认为:所有观测值都可能有误差,其源于观测者、仪器工具及观测条件等;观测误差对称分布在 0 的两侧,因为仪器工具使得观测值比真值大或小的可能性是等同的;小误差出现的频率要大于大误差。之后,1730 年棣莫弗发现正态分布,1780 年拉普拉斯发现了中心极限定理,但是均没有和误差

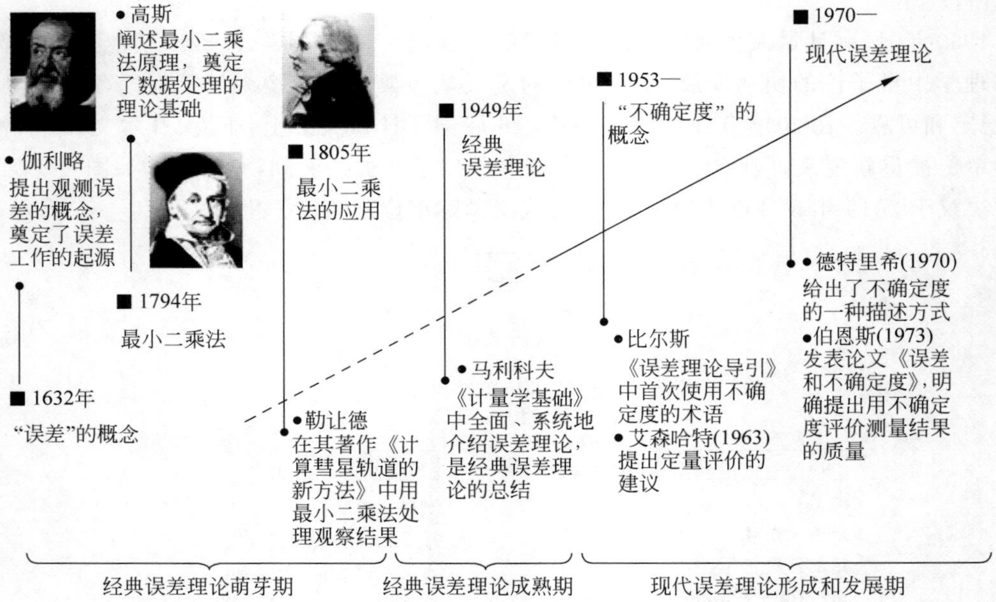

图 1-4　误差理论的发展历史

理论结合起来。正当欧拉、拉普拉斯、勒让德等数学家面对冗余方程组的求解问题举步维艰之时，勒让德提出了误差均匀分布于各方程组的设想，并给出了求解方法，其实质就是最小二乘法，但是勒让德并没有给出严格的数学证明。1794 年，高斯首先导出了一元正态分布的密度函数，并于 1829 年给出了"最小二乘法"最优的数学证明。高斯的工作奠定了经典误差理论（随机误差的正态分布模式）和误差处理方法（最小二乘平差）的科学基础，对误差理论的发展作出了杰出的贡献。在 20 世纪前后，苏联科学家开展了大量研究工作，发表了许多卓有成效的研究成果，其中标志性的成果是马利科夫在 1949 年出版的《计量学基础》，这是当时最全面、最系统地介绍误差理论的专著，被公认为是经典误差理论的总结。

随着科学技术的进步，经典误差理论暴露出诸多问题，如不适应复杂情况的误差评定、不适应动态多分布的误差描述等。因此，现代误差理论得以蓬勃发展，其中的核心概念是不确定度"uncertainty"，源于海森堡测不准原理（uncertainty principle）。1953 年，比尔斯在《误差理论导引》中指明：当我们给出实验室误差 x 时，其实际上是以标准差等表示的估计实验不确定度。从而首次在表达实验结果误差时，使用了"不确定度"的术语。1963 年，美国标准局的艾森哈特提出使用"不确定度"进行定量评价的建议。1973 年，伯恩斯发表《误差和不确定度》一文，第一次提出利用不确定度表示测量结果的质量。1977 年，美国标准局提请国际计量委员会注意"不确定度"问题的重要性，并最终于 1980 年推动国际计量委员会成立不确定度工作组，出台了评价指南，使不确定度的概念得以公认，从而使测量结果的质量评价更为全面客观。

综合来讲，现代误差理论是集静态测量误差与动态测量误差于一体、系统误差和随机误差于一体、测量数据与测量方法及仪器于一体，以及多种误差分布于一体的误差分析理论，它以测量不确定度的原理及应用、动态测量不确定度的分析与评定等为主要研究内容，以紧密结合工程测量与仪器制造技术的误差修正与补偿技术为研究热点,正在朝着现代化、科学化、实用化和高准确度的目标阔步迈进。

通过仪器仪表的研制过程可以看出,仪器仪表的研制源于测量目标的提出,围绕测量目标设计测量方法,并综合运用传感器、误差分析、信号处理、自动控制、计量检测理论实现测量方法,其结果表现为实现测量的工具,其实现过程则处处体现出科学设计的思想和方法,是一门不折不扣的科学。

1.2 文明与科技文明

文明是人类社会发展和进步的标志,但是其基本内涵是什么?加上科技这个限定词之后的含义是什么?人类科技文明的发展史又呈现出什么样的特点?对这些问题的探索将更加有利于准确理解仪器科学与科技文明之间的关系。

1.2.1 文明的基本内涵

汉语中的"文明"一词,最早出自《易经·乾卦》,曰:"见龙在田,天下文明。"对于其中"文明"一词的解释,目前仍然存在争议,不过普遍认为,文明之"文"是相对于"武"而言的,是指脱离野蛮的文雅。因此,"文明"即"天下有文章而光明"的意思(见孔颖达著《周易正义》),这里的"文章"既有人由野蛮而渐至文雅的文饰,也指与自然天象相对的属于人文的礼乐法度,很显然两者都是通过人的思想观念和礼仪制度加以体现的。所以发展到今天,《辞海》当中对文明的解释是:社会进步,有文化的状态。而在社会学意义上,"文明"被定义为是使人类脱离野蛮状态的所有社会行为和自然行为构成的集合,至少包括以下要素:家族观念、工具、语言、文字、信仰、宗教观念、法律、城邦和国家等。美国民族学家摩尔根则在《古代社会》中对文明进行了更为概括的描述,认为文明时代是继蒙昧时代、野蛮时代后人类社会的第三个时代,以文字的发明和使用为起点。

人类文明按照出现时间的先后顺序分别是:古代东方出现了古巴比伦文明、古埃及文明、古印度文明以及中国文明,古代西方则孕育出爱琴文明,也就是古希腊文明的开端。每个文明都有着灿若星河的历史人物,均取得了举世公认的成就。因此,美国著名历史学家麦克高希在《世界文明史》中称"古巴比伦、古埃及、古印度、中国、古希腊是世界上的五大文明发源地"。但是,从公元476年西罗马帝国灭亡,到公元1453年东罗马帝国灭亡,欧洲大陆进入了黑暗时代,基督教占据了统治地位,古代西方的大部分文明成就在此期间遭到破坏,直至文艺复兴运动的兴起。文艺复兴复苏了古希腊文明和古罗马文明的科学精神,辅之以大航海时代带来的经济腾飞,相继孕育出三次科技革命与工业革命,西方社会进入高速发展阶段,领先于世界。反观中国,2000年封建专制社会发展到明清阶段,人们的思想被严重禁锢,科学技术停滞不前,闭关锁国又使我们无法睁眼看世界,直至鸦片战争打开了国门,才意识到中国已落后于世界。不过,随着中华人民共和国的成立,特别是改革开放之后坚持走中国特色社会主义道路,取得了举世瞩目的成就,我们一定会迎来中华民族、中华文明的伟大复兴。

1.2.2 科学、技术与科技文明

在对文明发展史进行概述时,我们看到了"科技革命"一词,那么什么是科技革命呢? 科技革命与前面提到的工业革命又是什么关系呢? 这首先要从科学和技术谈起,因为科技一词是由科学和技术组合而成的。

1. 科学的溯源

中国古代文献中偶尔出现的"科学"指的是"科举之学",现代意义上的"科学"一词源于日本学者对于英文 science 一词的翻译。虽然早在中世纪晚期,英语里就有词形上源自拉丁文 scientia 的 science 这个单词,但是人们并不怎么使用它。科学史上的英国大科学家,哈维、波义耳、牛顿、卡文迪许、道尔顿,都没有自称也没有被认为是从事 science 研究的,这些后世公认的伟大科学家在当时均被称为自然哲学家(natural philosopher),从事的是哲学工作。1665 年英国皇家学会会刊创办,刊名为《皇家学会哲学学报》(*Philosophical Transactions of the Royal Society*),1687 年牛顿出版的划时代巨著的名称为《自然哲学之数学原理》(*Mathematical Principle of Natural Philosophical*),1808 年道尔顿署名的《化学哲学的新体系》(*New System of Chemical Philosophical*)的出版,都证明了当时"科学"这个词并没有被认可和应用。

直到 19 世纪,science 一词才逐渐被接受和采用,普遍认为这是受法国思想的影响。一方面,因为在 18 世纪后期到 19 世纪前期,法国的科学成就,而法语 science 的拼写与英文相同,其含义专指自然科学。借助法国科学的巨大影响,英语中逐渐用其取代 natural philosophy(自然哲学)是完全可能的。另一方面,science 更为广泛的应用也可能与 scientist(科学家)一词的发明和普及有关。1833 年,英国科学哲学家休厄尔仿照 artist(画家)一词发明了 scientist 一词,专门用来泛指像法拉第这样的职业科学家。虽然法拉第等当时的科学家更喜欢被称为自然哲学家,但是随着自然科学不可避免地走向专业化与职业化,自然科学从哲学母体中脱离出来独自前行已经成为不可抗拒的历史潮流,science 一词也得到了广泛的应用与认可。

讲到这里,有两个问题迫切需要回答,一个是古代中国从事与科学相关的工作不称为"科学"的话称为什么? 另一个就是需要给科学下一个完整的定义了。对于前者,古代中国称之为"格致学",源于《礼记·大学》中的"格物致知",意思是探究事物的原理来获取知识。对于后者,虽然有着不同的说法,也存在争议,但是大家普遍认可的是:科学是人们认识的活动和成果,是人们对客观事物属性、规律、本质的一种认识,是理论化、系统化的理性知识,具有真理性。

2. 技术的溯源

技术在中国古代泛指"百工",在《考工记》中有"天有时,地有气,材有美,工有巧。合此四者,然后可以为良。"的描述,其中的"工有巧"就是指工匠的技术、技巧。而在英语中有多个词可以翻译成"技术",如 art、skill、technique、technology 等,前两者主要指技艺、技能,后两者与汉语中的技术相对应。technology 由词根 techne 和 logos 组成,均源自希腊语,techne 原表示所有与自然(phusis)相区别的人类活动,尤其表示一种技能性。同时,techne 还与表示科学知识的 episteme(认识)和表示创造、写诗及艺术技能的 poiesis 有关。因此,在希腊人的眼中,科学、技术和艺术三者是不做区分的。logos 则表示争论、解释与原理的含义。17 世纪,technology 在英文中首次出现,主要表示各种应用性技艺、实用技艺;1772 年,德国人贝克曼(Beckmann)赋予其知识的含义,即关于技术实践、技术制品、技术手段与技艺的科学;这一含义得到了马克思的认可,并不断扩大,形成了今天的含义,即根据生产实践经验和自然科学原理而发展成的各种工艺操作方法与技能,是实践经验、科学理论和物质设备三者有机结合而形成的技术理论、技能以及物质手段和方法的总和。

技术的含义和科学的概念一样,经历了一个从简单到复杂的过程。时至今日,技术被认为也存在自己的知识体系。因此,应当明确科学知识与技术知识的区别。简单地讲,科学知识主要回答对象"是什么""为什么"的问题,而技术知识主要解决的是"做什么""怎么做"的问题。科学知识要比技术知识抽象和概括,一般要离社会实践远一些;技术知识则比科学知识更加具体、更具有操作性,与社会实践较近。但是绝不能夸大两者之间的区别。一方面,科学知识是技术知识的理论基础,技术知识是科学知识的社会应用;另一方面,科学知识和技术知识已经密不可分,任何一项科学技术都要经历科学、技术、工业生产 3 个阶段才能够转化为直接的生产力。因此,现在通常把科学与技术并提,简称"科技",将其作为一个整体进行应用。

3. 科技文明的内涵

众所周知,文明通常被分为"物质文明"和"精神文明"。其中,"物质文明"是人类改造自然的物质成果,"精神文明"是人类在改造客观世界和主观世界的过程中所取得的精神成果的总和,是人类智慧、道德的进步状态。"精神文明"一方面体现在科技文化的进步上,另一方面体现在思想道德的提升上。因此,科技文明是文明的重要组成部分。

人类科技文明的起源很早,但在人类文明的早期阶段,人类社会的生产力发展非常缓慢,劳动者更多的是自觉地遵循和利用自然规律,在反复的生产实践中获得众多技术发明,技术和科学彼此分离,例如,中国古代桥梁建造水平极高,但依靠的是长期积累的经验,而不是建立在科学的力学体系上的。这一现象从文艺复兴运动开始改变,到 16 世纪末有了质的跃升,其中的代表性人物就是英国哲学家弗朗西斯·培根,他提出了唯物主义经验论的一系列原则,创建了近代归纳法。培根看到了实验对于揭示自然奥秘的效用,认为科学研究应该使用以观察和实验为基础的归纳法,因而被誉为实验科学的真正鼻祖。古典科学重视数学分析,培根科学则倡导重视实验哲学,技术和科学两者开始相辅相成,现代科学技术的发展日新月异,如图 1-5 所示。

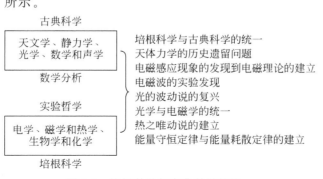

图 1-5 培根科学与古典科学的统一

恩格斯曾经在《在马克思墓前的讲话》中讲过这样一段话："在马克思看来,科学是一种在历史上起推动作用的革命力量。"而纵观人类科技革命的发展历史,确实如此,维萨里、哥白尼、牛顿的科学成就掀起了第一次科学革命的高潮,从而推动了第一次技术革命的风起云涌;奥斯特、法拉第、麦克斯韦的科学成就掀起了第二次科学革命的高潮,随之而来的就是第二次技术革命的深刻变革;爱因斯坦与普朗克掀起的物理学革命引发了连锁反应,第三次科学革命的浪潮席卷全世界,研究对象涉及整个宇宙,推动了各个科学领域相互渗透,交叉科学不断出现,与之相伴而生的第三次技术革命则全方位地改变了人类的生活。科学革命与技术革命相辅相成、密不可分,因此改革开放的总设计师邓小平在 1988 年接见捷克斯洛伐克总统胡萨克时,高瞻远瞩地指出:"科学技术是第一生产力。"也就是说,科技文明已经成为人类文明进步的主导力量。

讲到这里,需要梳理一下科技革命、科学革命、技术革命以及工业革命这几个词之间的关系。科技革命是科学革命和技术革命的总称,而工业革命更为关注的是工业生产方式的变革带来的社会生产力的重大飞跃。在科技革命的早期,科学革命通常先于技术革命,技术革命先于工业革命,但是随着科技革命的纵深发展,三者之间的先后关系逐渐模糊,出现了你中有我、我中有你的并驾齐驱的发展态势,三者相互融合,推动了人类文明的繁荣和发展。

1.3　仪器科学与科技文明的关系

在分别介绍了仪器科学和科技文明的相关概念之后,迫切需要明确两者之间的关系。概括来讲,一方面,仪器科学的进步推动了科学技术的发展,进而促进了科技文明的繁荣;另一方面,科技文明的繁荣使新的科学与技术不断涌现,应用于仪器领域必将促进仪器科学的进步。两者相辅相成,共同发展。

1.3.1　仪器科学的进步促进了科技文明的发展

纵观科学技术的发展史,仪器科学的发展推动科技进步的例子不胜枚举。早在人类文明初期,人类对于客观世界的认识尚处于启蒙阶段,并且普遍以农业立国,天文历法的制定迫在眉睫,其中天文观测仪器的研制与应用起了决定性作用。

以玛雅文明为例,玛雅人拥有比现代人还渊博的天文知识,测定的太阳年长度为365.242 0 日,与现代人测算的 365.242 2 日相比,误差仅为 0.000 2 日,时隔 5 000 年的误差仅为 1 天。正是因为测算如此精确,当玛雅历法预测 2012 年为世界末日时,才引起了世人的恐慌,后来专门研究玛雅文化的专家学者进行了澄清,解释说 2012 年 12 月 21 日只是玛雅历法一个大循环的结束。不过这还是引起了人们的好奇,为什么玛雅历法能够如此精确,他们是用什么样的仪器实现天文观测,并制定出了玛雅历法的呢?

先让我们看一下玛雅人的天文台,以最负盛名的奇钦伊查天文台为例,如图 1-6 所示,其功能和外观与现代天文台十分类似。主体建筑位于巨大而精美的平台上,一个圆筒状的底楼建筑上面有一个半球形的盖子,楼内有一座螺旋梯子直通最上层的观测台,观测室四周开有若干窗户。经测定发现,观测室内的窗户经过周密设计,不仅能从各个方向观测到整个天体,还可以正确计算天体的角度。研究人员推测玛雅文明是通过多个天文台构建的天文

图 1-6　奇钦伊查天文台遗址

观测网来实现精确测量,进而完成天文历法的制定的。

此外,在天文观测中也离不开时间的精确测量。1924 年,美国青年学者里克森在玛雅城市遗址乌阿克萨通进行考古发掘时,观察到一个奇特的建筑布局:在 1 座高约 50 ft 的金字塔式建筑物的对面,并列建有 3 座规模相同的神殿,形成一组建筑群落。金字塔式建筑的正前面有一石砌的矮坛,上面立有一块石表。4 年后,他再次来到乌阿克萨通,决心解开这个秘密。他将经纬仪放置在石表的中心线上,然后分别测量其与对面 3 座神殿门洞中线的夹角,结果发现石表和 3 座神殿恰好构成了一个巨大的日晷:3 座神殿从北至南做"一"字排列,当太阳从第 1 座神殿北前殿角后面升起时,正当"夏至";当太阳从第 3 座神殿南前殿角后面升起时,正当"冬至";当太阳从第 2 座神殿正中的背后升起时,恰为"春分"或"秋分"。由此可见,玛雅文明中精确的天文历法源于精确的时间和角度测量,所以天文观测仪器的研制推动了天文学的发展。

讲到天文学的发展,就不能不提到一位改变了人类宇宙观的伟人——哥白尼及其划时代巨著《天体运动论》。在哥白尼之前,人们普遍接受的是古希腊天文学家托勒密的"日心说"观点,哥白尼十分勤奋地钻研托勒密的著作,敏锐地捕捉到了托勒密的错误结论和科学方法之间的矛盾,并致力于通过自己研制的仪器进行观测,如图 1-7 所示,通过分析观测结果进而得到科学的结论。

哥白尼观测天象所用的仪器都是自己亲手制作的。测量行星距离的"三弧仪"是用 3 根桦树干所削,用墨水画上刻度,可以按照比例测出天体的距离,另外,"三弧仪"上还装有"照准器",可以用来校正方位。为了测定月亮和行星的位置,哥白尼还用 6 根树条绕成圆圈,做成了一个"摘星器"。最让人称奇的是,哥白尼用一块普通的正方形木板测定出了太阳在晌午时分离地平线的高度,这个被哥白尼称为"象限仪"的仪器,其实早在古希腊就已为人所用,后来被引入伊斯兰世界,常常被天文学家用于测量太阳和行星的子午线高度,进而确定纬度、黄道倾斜角和观测地点的恒星坐标。

通过天文学的发展历史我们可以清楚地看到,天文观测仪器起到了重要作用。管中窥豹,在自然科学的很多分支中都可以看到仪器推动其发展的影子,所以仪器科学对科技文明的推动作用是毋庸置疑的。

(a) 哥白尼进行天文观测

(b) 哥白尼研制的观测仪器

图 1-7　哥白尼博物馆陈列的天文观测仪器

1.3.2　科学文明的发展推动了仪器科学的进步

　　科学技术的发展不仅能够让我们更为深入地了解客观世界,还提供了研制更高水平仪器的可能。无论是机械式仪器、电磁式仪器,还是后来的光电式、量子式仪器,都是科学技术发展到相应的阶段才应运而生的仪器。下面以计时仪器为例简述科学技术的进步对仪器科学发展的推动作用。

　　人类早期科学技术基础薄弱,计时的方法源于对身边自然现象的仔细观察,无论是诞生于古巴比伦时期的日晷,还是诞生于中国的圭表,都是利用太阳的射影长短和方向来判断时间的,但是这种原理的计时仪器受天气条件的影响很大。为此,人们根据流沙从一个容器漏到另一个容器的时间来计时,从而摆脱了天气条件的影响,这一器具称为沙漏,如果用水作为流动介质,那就是水漏。早期的计时仪器如图 1-8 所示。

　　由此可见,人类早期计时仪器的研制是与人类科学技术的发展相匹配的,无论是早期的日晷、沙漏、水漏,还是后来的水运仪象台,由于原理的局限以及众多干扰因素的影响,精度普遍不高。1582 年,伽利略在意大利比萨的教堂中,发现天花板上的吊灯在被风吹动后逐渐停止的过程中,每次摆动所用的时间保持不变,经研究表明,这个时间只取决于摆线长度的二次方根,从而发现了摆的等时性原理。1657 年,荷兰物理学家惠更斯基于该原理发明了摆钟,使人类的计时仪器向前跨进了一大步,如图 1-9 所示。

　　1880 年,法国物理学家皮埃尔·居里和他的哥哥雅克·居里发现,电气石和石英晶体

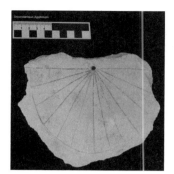

(a) 古埃及的日晷残片　　　　(b) 西汉时期的水漏

图 1-8　早期的日晷与水漏

(a) 伽利略发现摆的等时性　　　　(b) 惠更斯设计的摆钟

图 1-9　摆的等时性原理与摆钟的发明

等晶体材料具有压电效应,之后他们对石英晶体的压电效应进行了精确测量,这为石英表的研制奠定了理论基础。1921 年,英国人凯迪研制出世界上第一台石英晶体振荡器,石英晶体振荡不受外界温度、湿度和振动的影响,具有很高的稳定性,因此将其应用于计时仪器的探索受到了研究人员的广泛关注。1927 年,贝尔实验室的莫里森研制出世界上第一台石英钟,由此拉开了石英表研制的序幕。直至 20 世纪 60 年代半导体技术的迅速发展才令石英钟的小型化和民用化成为可能,日本精工公司于 1969 年推出了世界上第一款商用石英手表 Astron。石英表的精度理论上可以达到每天误差不超过千分之一秒的水平,如图 1-10 所示。但即便如此精确,仍然不能满足科学家们研究爱因斯坦相对论的需要。因为根据爱因斯坦的理论,空间和时间在引力场内都会弯曲。所以,在珠穆朗玛峰顶部的一个时钟,比海平面处完全相同的一个时钟平均每天快三千万分之一秒,因而更为精确地测定时间的需求横亘在研究人员面前。

　　1936 年,美国物理学家拉比在哥伦比亚大学开展了波谱学研究,提出了原子和分子束谐振技术理论并进行了相应的实验,得到了原子跃迁频率只取决于其内部固有特征而与外界电磁场无关的重要结论,为利用原子跃迁实现频率控制奠定了理论基础。拉比也因此获得了 1944 年诺贝尔物理学奖。1949 年,他的学生拉姆齐提出了分离振荡场的方法,使原子两次穿过振动电磁场,其结果可使时钟更加精确,为原子钟的研制奠定了坚实的基础,拉姆齐也因此获得了 1989 年诺贝尔物理学奖。1955 年,埃森和帕利在英国皇家物理实验室成功研制世界上第一台铯束原子频率标准钟,精度达到百万年偏差 1 s 的水平,开创了原子钟实际应用的新纪元。2013 年,美国科学家研制出镱原子钟,其精度可以达到百亿年不超过 1 s。图 1-11 给出了典型的原子钟实物图。

(a) 世界上最早的石英钟   (b) 日本精工公司的Astron石英表

图 1-10   人类早期的石英钟和石英表

(a) 世界上第一台铯原子钟   (b) 镱原子钟

图 1-11   铯原子钟和镱原子钟

纵观计时仪器的发展史,从早期的沙漏、水漏,到后来的摆钟、石英表,直至最近的原子钟,外观形态虽然发生了巨大变化,但是深入思考之后却发现,这些计时仪器的基本原理却是亘古未变,都是先产生一个标准的脉冲,然后在这个基础上进行计数。产生标准脉冲的过程取决于科学技术的进步,从摆的等时性原理,到压电效应的发现,直至发明分离振荡场的方法并应用于原子钟,是一个典型的科学技术发展推动仪器进步的过程。

1.3.3   仪器科学与科技文明相伴相生的关系

马克思认为,人区别于动物的根本标志在于制造和使用工具。人类也正是在制造和使用工具的不断发展中加快了认识世界、改造世界(包括人类本身)的进程。《论语》中讲到:"工欲善其事,必先利其器。"在人类进化和社会发展的历史长河中,在创造、制作、使用工具改变生活环境和自身的过程中,仪器仪表是直接扩展人类感知与操作能力的工具,为人类建立和发展科学研究、扩展生产规模创造了有利条件。

换句话讲,仪器仪表能够走到今天,一方面,人类面对未知可以自由尝试各种理论和猜测,但是到头来必定需要通过仪器进行验证;另一方面,当人类发现新理论之后,不应该束之高阁,而应当将其转变成挑战未知、征服未来的利器,这就是仪器。因此,仪器科学与科技文明在人类历史发展过程中始终相伴相生、互相促进、共同发展,为人类文明的萌芽及人类社会的进步与发展奠定了坚实基础。

最后,我们定义一下仪器科学与技术的内涵,通过前面仪器仪表发展史的介绍及其与科技文明间关系的阐述可以看出,仪器是建立标准的工具,有了标准才有了测量的基础,才能够对客观世界有更为准确的认识。在这一抽象概念的基础上,中国仪器仪表学会提出:仪器科学与技术是专门研究、开发、制造、应用各类仪器以使人的感觉、思维和体能器官得以延伸的科学技术学科,从而使人类具有更强的感知和操作工具的能力来面对客观物质世界,能以最佳或接近最佳的方式发展生产力、进行科学研究、预防和诊疗疾病及从事社会活动。

在了解仪器科学与技术内涵的基础上,我们可以在本书后面的章节中进一步看到仪器科学与技术在人类科学研究、社会生产等诸多领域的广泛应用,从而更加深入地理解什么是仪器,以及仪器为人类文明带来了什么。

参 考 文 献

[1] 许慎.说文解字[M].徐铉,校.北京:中华书局,2013.
[2] 国家质量监督检验检疫总局.通用计量术语及定义:JJF 1001—2011[S].北京:中国标准出版社,2012.
[3] 林玉池.测量控制与仪器仪表前沿技术与发展趋势[M].天津:天津大学出版社,2008.
[4] 张玘,刘国福,等.仪器科学与技术概论[M].北京:清华大学出版社,2011.
[5] 潘仲明.仪器科学与技术概论[M].北京:高等教育出版社,2010.
[6] 现代测量与控制技术词典编委会.现代测量与控制技术词典[M].北京:中国标准出版社,1999.
[7] 奎恩.从实物到原子:国际计量局与计量标准的探寻[M].张玉宽,译.北京:中国质检出版社,2015.
[8] 张宝武,李东升,郭天太.量子计量学概论[M].武汉:华中科技大学出版社,2015.
[9] 费业泰.误差理论与数据处理[M].北京:机械工业出版社,2017.
[10] 卜雄洙,朱丽,吴键.计量学基础[M].北京:清华大学出版社,2018.
[11] 沈珠江.论科学、技术与工程之间的关系[J].科学技术与辩证法,2006,23(3):21-25.
[12] 恩格斯.自然辩证法[M].于光远,等译.北京:人民出版社,1984.
[13] 王玉仓.科学技术史[M].北京:中国人民大学出版社,2005.
[14] 王守泉.科技革命与中国现代化[D].北京:中国科学院研究生院,2002.
[15] 赵兴太,王国领.世界科学活动中心转移与21世纪的中国科技[M].郑州:河南人民出版社,2007.
[16] 伽利略.关于托勒密和哥白尼两大世界体系的对话[M].周煦良,等译.北京:北京大学出版社,2006.
[17] 黄佑然,许敖敖,唐玉华,等.实测天体物理学[M].北京:科学出版社,1987.
[18] 霍斯金.天文学简史[M].陈道汉,译.南京:译林出版社,2013.
[19] 陈美东,华同旭.中国计时仪器通史:古代卷[M].合肥:安徽教育出版社,2011.
[20] 张遐龄,吉勤之.中国计时仪器通史:近现代卷[M].合肥:安徽教育出版社,2011.
[21] TURNER A J.Sun-dials:history and classification[J].History of Science,1989,27(3):303-318.
[22] 中国社会科学院考古研究所,等.满城汉墓发掘报告[M].北京:文物出版社,1980.
[23] RABI I I,ZACHRIAS J R,et al. A new method of measuring nuclear magnetic moment[J].Physical Review,1938,53(4):318.

[24] RAMSEY N F. A molecular beam resonance method with separated oscillating field[J]. Physical Review,1950,78(6): 695-699.

[25] ESSEN L,PARRY J V L. The Caesium Resonator as a Standard of Frequency and Time[J]. Philosophical Transactions of the Royal Society of London,Series A,Mathematical and Physical Sciences,1957,250(973): 45-69.

第2章

科技文明发展概述

人类有了科技文明的萌芽之后,中西方科技文明走过了相对独立的发展历程,发展方向和重点不同,凸显了中西方不同文化背景对科技文明发展的影响。鸦片战争之后,闭关锁国的政策彻底被打破,我们也第一次认识了西方的科技文明。那么导致中西方科技文明发展差异的原因是什么? 中西方科技文明发展各有什么特点? 通过对这些特点的比较和反思能够带来什么启示呢?

第 2 章
彩图

2.1 科学与科学精神的思考

关于中西方科技文明发展差异的思考由来已久,英国科学家李约瑟在诸多中国学者的帮助下,出版了《中国科学技术史》,进而提出了著名的李约瑟之问:为什么近代科学和科学革命只发生在欧洲? 为什么直到中世纪中国还比欧洲先进,后来却让欧洲人着了先鞭呢? 为什么会发生这样的改变呢?

对于这些问题,仁者见仁、智者见智,人们尝试从不同的角度进行探讨,包括精神上的、思想上的、文化上的、制度上的等。近年来,这些问题逐渐聚焦在一个问题上,那就是古代中国有没有科学,科学以及科学精神的欠缺是不是影响中国科技发展的主要障碍,这需要对科学与科学精神进行思考。

2.1.1 科学精神的萌芽

第 1 章中已经讲到,"科学"一词最早出现于 18 世纪末期到 19 世纪初期,之前的科学被称为自然哲学,那么再往前追溯,在人类文明的初期,有没有科学,如果有的话,又是以什么方式存在的呢?

这首先要界定科学的内涵,爱因斯坦曾经说过:"科学作为一个存在的事物和完整的事物来看,是人类所知事物中最客观的。但科学在形成中,和作为追求的目的来看,却如同人类的其他部分一样,是主观的,也是受心理制约的,唯其如此,对于'科学的目的和意义是什么'这一问题的答案,因时代不同和来自不同的人,就很不一致了。"从这段话可以看出,一方面可以认为科学的存在是客观的,和人类文明是否存在并无直接的关联;另一方面,科学的认识和发展过程又是主观的,所以人类文明初期的科学是什么,不同的人从不同的角度出发就有不同的说法。科学究竟是一种认识活动,是一种建制,是一种方法,是一种积累的知识传统,是一种维持或发展生产力的主要因素,还是构成我们各种信仰和对宇宙和人类各种态度的最强大势力? 众说纷纭,我们尝试从人类早期文明发展的基本特点进行分析和讨论。

马克思认为,人和动物最根本的区别在于人能够制造和使用生产工具从事生产劳动,也正是在生产劳动的过程中,如在制造工具进行大规模捕猎和采集食物时,需要人和人之间的配合,所以诞生了语言和文字。文字的发明和使用标志着人类文明时代的正式诞生,也是古代能够发展出哲学和科学的先决条件。纵观人类早期文明,古埃及和美索不达米亚从公元前 3000 年左右开始使用词的符号或语标文字,语标文字难以掌握而且效率低下,被少数学者精英把持,影响了科学的发展和传播。到了公元前 5、6 世纪的古希腊,拼音文字的广泛传播促进了哲学和科学的快速发展,再加上社会繁荣以及宽松的政治组织新形态,与东方文化的接触以及把竞争风格引入古希腊精神生活,孕育出了影响至今的古希腊"科学精神"。

古希腊之所以成为"科学精神"的发源地,其原因是多方面的。一方面是地理位置的独特优势。希腊处于东西方文明的交汇处,可以从古埃及与美索不达米亚文明中吸取充分的养分。另一方面,要归功于古希腊人的文化传统。古希腊奴隶主民主政治的兴起和城邦制度的建立形成了比较开明的政治氛围,人们的思想更为自由,求知作为人的天性逐渐显现并发扬光大,正如亚里士多德所说:"吾爱吾师,吾更爱真理。"勇于探索的古希腊人不断思考自然界的真相和奥秘。此外,古希腊人的理性精神也是形成科学精神的一个源泉,他们追求逻辑上的尽善尽美,因而在科学研究中能够升华,这也是古希腊自然科学成就能够超出同时代其他地区的一个原因。最后,必须提到的是继承并创新的精神,他们能够在继承前人理论和经验的基础上,不断开拓创新。这一点在苏格拉底、柏拉图和亚里士多德三代师徒的传承上都得到了充分体现。柏拉图没有囿于苏格拉底的成就,在继承的基础上发扬光大,撰写了《理想国》这部影响至今的鸿篇巨著;亚里士多德受教于柏拉图,却不迷信权威,开创了属于自己的时代,被马克思尊崇为古希腊哲学家中最博学的人。

古希腊灿耀星河的文明成就在历史的长河中也没有经得住岁月的洗涤,逐渐黯淡了下去。究其原因,其一是民主城邦下政治的分散性使得城邦间矛盾重重,对内战争不断,对外不能团结一致,社会矛盾愈演愈烈,奴隶和统治阶级之间的长期斗争严重削弱了古希腊文明的社会经济基础。其二是外族入侵直接导致了古希腊文明的衰落。古罗马帝国发展壮大之后,自然将目光投向了相邻的古希腊,并最终战胜了古希腊,古罗马重实用的功利主义阻碍了古希腊科学精神的发展,随着公元 476 年日耳曼人废黜了西罗马帝国最后一个皇帝,古罗马帝国的灭亡也标志着日耳曼人的游牧文明彻底摧毁了古希腊文明。其三便是基督教的影响。随着基督教在古罗马帝国从广受迫害,到逐步合法化再到最后被定为国教,其影响不断扩大,基督教将其信仰的全部真理和核心归纳为爱上帝和爱人如己,对异教学术多持抵制态度,古希腊科学也就失去了继续繁衍发展的空间。

所以说,古希腊科学精神是对于真理无私的爱,是知识的源泉,但是这种精神最终被之后兴起的古罗马功利主义和基督教早期抵制学术的态度窒息了。可以设想,如果古希腊人和基督徒能够看到彼此的长处,会出现什么样的结果呢? 如果他们能够和谐一致,今天的世界会是什么样子? 但是历史从来不会有假设,就像人类文明进步的步伐不会笔直一样,我们只能在千年之后,通过意大利的文艺复兴运动再次弘扬古希腊的科学精神,并在伽利略、哥白尼、达·芬奇、培根、波义耳、牛顿等科学巨匠的推动下，孕育出新的科学思想和方法，两者相互融合并延续至今，推动了人类科技文明的跨越式发展。

2.1.2　科学精神的复兴与发展

公元 330 年，君士坦丁大帝把古罗马帝国的政治中心迁移到新首都——君士坦丁堡，在西罗马帝国灭亡之后，东罗马帝国一致延续到 1453 年被奥斯曼帝国灭亡。东罗马帝国也叫拜占庭帝国，长期实行政教合一的体制，古希腊诞生的科学精神处于休眠状态，也在欧洲绝迹，但却传递到了阿拉伯世界。

阿拉伯帝国初期文化环境相对开放，伊斯兰学者在贤明君主的支持下，大量翻译了古希腊的科学文献，并且通过自己的独创性研究推动了古希腊科学的发展。从 8 世纪到 12 世纪的 400 年间被誉为伊斯兰的黄金时代，其间出现了一大批杰出学者，但是后来并没有持续下去。普遍的分析认为，伊斯兰教的崛起相对快速和顺利，与饱受苦难和打压而缓慢崛起的犹太教或基督教形成了鲜明的对比。这导致在阿拉伯帝国的强盛时期，统治者处于强者的心态，强者面对弱者往往是宽容的。但是当强者跌落，强弱地位互换之后，这种宽容就很难延续了，因为这种宽容并没有包含妥协的元素，阿拉伯人很少想到过改造伊斯兰神学以适应"外来科学"，而基督教在发展初期就接受了许多希腊哲学的元素。因此，在阿拉伯帝国后期，随着境内异教徒的不断同化，文化从多元趋于一元，再加上外部面临基督徒和蒙古人的压力，阿拉伯帝国趋于保守，从宽容逐渐走向了排外，也就丧失了孕育现代科学的机会。

而反观这个时期的欧洲，从公元 11 世纪开始出现复苏迹象，从 1096 年到 1291 年持续约 200 年的十字军东征，促成了拜占庭帝国保存的古希腊文明、阿拉伯文明以及通过阿拉伯人传到欧洲的中国文明与欧洲地区继承的古罗马文明相融合，古希腊的科学文献通过阿拉伯文再次在欧洲出现。西班牙和意大利成为这一时期欧洲大翻译运动的中心，亚里士多德、希波克拉底、欧几里得、托勒密的著作都被译成了拉丁文，欧洲告别了黑暗时代，迎来了第一次学术复兴。这次复兴并没有像阿拉伯世界那样只有短暂的辉煌，而是稳扎稳打，实现了古希腊文明与基督教文明的融合，为之后的文艺复兴以及现代科学的诞生奠定了制度基础和观念基础。

制度基础就是大学。普遍意义上的现代大学诞生于 1088 年的意大利博洛尼亚，之前也有古希腊的柏拉图学院、汉武帝兴办的太学，但都不能称之为大学，这是因为它们缺乏大学的核心精神——自由学术的探索。大学的英文 university 的词根是 universe，是普遍、整个、世界和宇宙的意思，其精神气质首先就是普遍主义的，就是抱着对宇宙中未知的一切的好奇精神，基于纯粹的好奇心而诞生的一种系统的思想，不带有任何功利主义性质，去关心一切、怀疑一切和探索一切。因此，虽然在中世纪时期，教会统治着精神世界，封建领主统治着世俗世界，但恰恰是这样的环境孕育出了大学诞生的土壤，人们对独立于两种统治之外的自由环境有着强烈的渴望。1158 年，神圣罗马帝国的皇帝腓特烈一世签署了被称为学术特权的法律文件，后来也被教皇亚历山大三世认可。其中最重要的内容包括：大学人员有类似于神职人员才有的自由和豁免权，大学人员有为了学习的目的自由旅行和迁徙的权利，大学人员有免于因学术观点和政见不同而被报复的权利，大学人员有权要求由学校和教会而不是地方法庭进行裁决。这些特权赋予了大学管理上和学术上的充分自由，自由探索成为大学的法定特权，大学也就成了自由学术的制度保障。

观念基础就是经院哲学。从大学的诞生就可以看出,基督教对于科学的影响并不全是负面的,在基督教刚刚占据统治地位的时候,为了维护来之不易的地位,确实禁锢了人们的思想。但是随着统治地位的稳固,教会的思想家们开始正视信仰与理性之间的关系,并得出了"信仰先于理性"的结论,这是中世纪早期基督教中信仰和理性、哲学和神学的一种结合方式。但是随着11世纪经院哲学的出现,这种结合方式发生了重大变化。所谓经院哲学,字面上的意思就是在学院里流行的哲学,其实质内容就是用理性的方式对基督教义进行论证。而这种理性方式恰恰是欧洲重新收获和审视了古希腊科学的文献之后,面对博大精深的古希腊科学思想,教会的思想家们感受到了巨大的压力,对理性和信仰、哲学和神学的结合进行了更深层次的思考。经院哲学出现的背景是中世纪中期阿拉伯文明传播到欧洲并与之进行融合,其结果就是古希腊以"理性科学"为代表的科学精神的全面复兴。

从社会制度上看,古希腊"科学精神"诞生并兴盛于奴隶制社会,在中世纪被欧洲封建社会所压制。到了14世纪中叶,一方面封建社会制度的弊端积重难返,教会对人们思想的控制引起了广泛不满,资产阶级的逐渐兴起推动了封建社会向资本主义社会过渡;另一方面第一次学术复兴奠定的制度基础和观念基础继续发展壮大,两者相辅相成,推动了文艺复兴运动的发展与壮大。文艺复兴运动使人的思想从传统封建神学的束缚中慢慢解放,开始探索人的价值并给予其充分肯定,继而开始重视人性,这成为人们冲破中世纪层层纱幕的有力号召。文艺复兴运动对当时的政治、科学、经济、哲学、神学世界观都产生了极大影响,是新兴资产阶级在意识形态领域里的一场革命风暴。恩格斯高度评价文艺复兴运动的进步作用,他写道:"这是一次人类从来没有经历过的最伟大的、进步的变革,是一个需要巨人而且产生了巨人——在思维能力、热情和性格方面,在多才多艺和学识渊博方面的巨人的时代。"

对于现代科学精神,文艺复兴带来的革命性变化主要有两方面。一方面是古希腊科学奉自然为神明,从未想过对其进行操作和干预,而文艺复兴时期的伽利略通过实验发现了自由落体定律、单摆定律,哥白尼通过实验观测证实了日心说,实验科学开始成为现代科学的重要组成部分。另一方面是数学开始大量应用,古希腊科学尊重数学,据说在柏拉图学院门口曾写着"不懂数学者不得入内",但是拒绝将数学应用在其他学科;伽利略则主张用实验-数学的方法研究自然规律,反对经院哲学的神秘思辨,他深信自然之书是用数学语言书写的,只有能归结为数量特征的形状、大小和速度才是物体的客观性质;同时代的英国哲学家培根看到了实验对于揭示自然奥秘的效用,把实验和归纳看作相辅相成的科学发现工具,提出了归纳法。

培根提出的归纳法和以古希腊科学为代表的演绎法的结合孕育出了现代科学精神,两者的和谐统一决定了现代科学的发展基调。如果说古希腊科学是理性科学,那么现代科学就是数理实验科学,一方面继续探索人类未知的领域,揭开自然界神秘的面纱;另一方面能够转化为技术,转化为生产力,从而深刻影响了人类文明的发展历程。

2.1.3　中国古代有没有科学

中国古代无科学曾经是中国学界的共识,多位科学家经过自己的分析和考证在不同场合进行了论述。1915年在中国现代史上最早的科学杂志《科学》的创刊号上,任鸿隽即著有《说中国无科学之原因》。1922年,冯友兰在《国际伦理学杂志》上发表文章,题为《为什么中国没有科学》。

到了 20 世纪 50 年代,李约瑟在梳理中国科学技术发展历史的过程中,提出了前面提到的李约瑟之问,其隐藏的含义就是:中国古代科学技术很发达,为什么没有产生近代科学?这就和中国学者的共识产生了矛盾,分析其原因,关键还是在于怎么定义"科学"。关于科学的定义在 1.2 节中已经进行了论述,而任鸿隽在其撰写的文章中提到,科学有广义与狭义之分,广义的科学就是系统的知识,狭义的科学就是"其推理重实验,其察物有条贯",和我们前面对科学的定义是吻合的。

如果对科学的定义没有歧义,我们可以讨论一下李约瑟提到的中国古代科技成就中有没有科学的影子。

前哈佛大学校长埃利奥特在考察完东方各国后曾经说过:"教育方面我们西方有一个法宝,可以作为东方人的度人金针,那就是归纳法。东方学者耽于空想,他们往往陷入深深的沉思,通过冥想来顿悟,所研习的都是哲理。他们奉为教义的全部是祖宗传授下来的知识,从未尝试用归纳法通过实验来探求真知。西方近百年的进步,即受赐于归纳法……我们要拯救东方人耽于空虚的毛病,从而使他们具有独立不倚、格物致知、研求科学、追求真理的精神,只有教给他们自然科学,以归纳的推理和科学实验的方法简化锻炼他们外在的感官经验与能力,才能使他们具有从日常观察中获得正确知识的能力。"这段话的核心思想其实就是中国古代缺乏开展科学研究的方法,乍听起来如鲠在喉,可是细细品味起来还是有其道理的。中国古代的技术成就辉煌而灿烂,建于隋朝的赵州桥是世界上第一座敞肩圆弧拱桥,通过在大拱两肩砌出 4 个并列小孔的方式,既增大了流水通道、节省石料且减轻了桥身重量,又利于利用小拱对大拱的被动压力增强桥身的稳定性。始建于辽代的应县木塔,采用两个内外相套的八角形,将木塔平面分为内、外槽两部分,再分别以地栿、栏额、普柏枋和梁、枋等纵向和横向相连接,构成了一个刚性很强的双层套桶式结构,增强了木塔的抗倒伏性能;而斗拱和卯榫结构的应用,能够有效地吸收能量,提升抗震性能。这些建筑之精巧举世震惊,但是设计者们却没有对这些精巧的设计进行总结,构建出完备的力学体系,这恰恰说明了中国古代缺乏对归纳推理这一科学研究方法的应用。

我们再从现代科学精神的构成来剖析中国古代有没有科学,前面已经讲到,现代科学可以认为是建立在古希腊理性科学基础上的数理实验科学,也就是说决定现代科学出现的根本原因是古希腊的理性科学。那么,中国古代有没有理性科学?冯友兰在其文章中明确提出中国古人求内心、求享受、求自然,没有诞生科学的环境和土壤,他提到:中国没有科学,是因为按照他自己的价值标准,他毫不需要。吴国盛在其著作《什么是科学》中提到:"仁-礼"表现了农耕文化、血缘文化和亲情文化的人文内涵。在仁爱的旗帜下,中国精英文化的表现形式更多的是礼学、伦理学,是实践智慧,而不是科学,也不是纯粹理论的智慧。因此,从人性理想的差异出发,中国古代文化中确实缺乏诞生理性科学的土壤,也就缺乏了科学诞生的基因。

2.1.4　中西方科学思想的融合

我们分别解释了科学精神的萌芽、科学精神的复兴与发展以及中国古代有没有科学这三个问题,其实就是想说明:科学在人类文明发展历程中尚未发挥出重要作用之前,中西方科技文明的成就各具特色,但是在科学已经成为人类社会进步的决定性力量之后,由于在科学精神和科学方法上的欠缺,我们确实落后了,这是不争的事实,我们要勇于直视这个差距。

但是,我们要提出新的问题:诞生于西方的现代科学方法是不是就是最科学的方法?现代科学方法取得了巨大成功,是不是就不存在问题了?

诺贝尔化学奖获得者比利时科学家普里高津对此提出了质疑,他在《从混沌到有序》《从存在到演化》等论著中,精辟地分析了西方近代科学思想发展中的一系列重大问题,得出的结论是:牛顿力学把一切物理和化学现象都归结为"力",自然界被描述成为一个静态的、沉寂的世界,被过分简单化了,这不是科学发现的终点。也就是说,现代西方科学方法虽然有过黄金时代或者仍然处于黄金时代,但是由于自身不可避免的局限性,只能以机械论的方法探索客观世界,这是不能完成对以"自组织、有机体"为特征的自然界的探索的。

普里高津在进行科学思想的研究时,有一个极其重要的发现,那就是在中国古代辩证自然观的核心是注重自然界的整体性和有机性,具有自发的自组织观点,而这与牛顿的机械论的科学思想属于完全不同的哲学传统。他提到:中国传统的学术思想是着重于研究整体性和自发性,研究协调和和谐。现代科学的发展,特别是近 10 年物理学和数学的研究,如托姆的突变理论、重整化群、分支点理论等,更符合中国的哲学思想。因此,他明确提出了自己的观点:我们正朝着新的综合前进,朝着一种新的自然主义前进。也许我们最终能够把西方的传统(带着它对实验和定量描述的强调)与中国的传统(带着它那自发的、自组织的世界观)结合起来。

普里高津关于现代科学思想与中国自然哲学思想相结合的观点是科学史上的一个重大发现。但这绝不是由其一个人做出的,1937 年丹麦著名物理学家玻尔访问中国时就发现,他最得意的科学创见"互补原理"早在中国古代的太极图中就已经得到了很好的体现。以至于他把太极图放在象征他所获得最高荣誉的纪念碑纹章图案的中心,并说道:中国古代哲学中的一些互补关系是令人难忘的。而美国科学史专家萨顿认为,在科学发展的漫漫长河中曾出现过几次东方智慧的大浪潮,他热情地疾呼:不要忘记东西方之间曾经有过协调,不要忘记我们的灵感多次来自东方,为什么这不会再次发生?伟大的思想很可能悄悄地从东方来到我们这里,我们必须展开双臂欢迎它。中西方科学思想的融合必将形成未来崭新的科学传统。

综上所述,我们通过对科学和科学精神的思考,理解了西方现代科学方法自文艺复兴之后取得巨大成功的原因,面对这样的成功,我们需要坦率地承认,科学精神和科学方法的缺乏应当是中国科技近几百年落后的主要原因。但是,我们也不能妄自菲薄,人类对自然界的探索永无止境,当前阶段西方科学思想的成功并不意味着其尽善尽美,对于自然界中整体性、自组织特性的深刻把握必将使得中国科技思想的精髓发挥应有的作用。我们期待着中西方科学思想的碰撞与融合能够迸发出耀眼的火花,诞生全新的科学思想,引领人类步入崭新的科学殿堂。

2.2　中国科技文明发展概述

在有限的篇幅内对中国科技文明发展的脉络做一个概述,是一件非常有挑战性的事情,因为中国古代的科技成就突出,在很长一段时间是走在世界前列的,但是为了能够从总体上把握科技发展的特点与规律,还是应当进行归纳和总结。下面就按照时间顺序粗线条地进行梳理,挂一漏万,希望大家能够抓住本质、看到主线。

2.2.1 史前时期的科技成就

所谓史前时期,一般是指有文献记载之前的历史时期,即西周有了共和纪年之前的阶段,但是考虑到夏、商、周三朝具有相似的特点,因此这里的史前时期再往前推一段时间,是指从元谋人开始,到尧舜禹禅让制度的终结为止。

学会用火是人类进化史上的里程碑,是人类技术史上的一项伟大发明,也是使原始人类从蒙昧走向文明的里程碑式事件。恩格斯曾经说过:"就世界性的解放作用而言,摩擦生火还是超过了蒸汽机,因为摩擦生火第一次使人支配了一种自然力,从而最终将人同动物界分开。"在中国,在已知最早的古人类遗址——元谋人遗址发现了用火的遗迹,到北京猿人时已经能够熟练使用和保存天然火,山顶洞人则已经能够人工取火。此外,石器作为古人类用以改造世界的最直接工具,在史前时期经历了从旧石器时代到新石器时代的转变,两者之间的区别在于旧石器时代的制作方法主要是打制方法,而新石器时代的制作方法主要是磨制,这就是制作手段的进步。手工制作工艺的进步还催生了深刻影响中国文化发展的玉器,就在7 000 年前,新石器时代晚期河姆渡文化的先民们在制作石器的过程中,有意识地把捡到的美石制成各种装饰品,打扮自己、美化生活,拉开了中国玉文化的序幕。

旧石器时代晚期,人们开始有了初步的审美,随着部落人口的增加,人们开始有规模地采集和渔猎,并研制出一系列有用的工具,如图 2-1 所示。山顶洞人遗址出土的骨针,针身保存完好,仅针孔残缺,刮磨得很光滑,是迄今为止出土最早的旧石器时代缝纫编织工具,缝制衣服和审美意识的出现密切相关。山西朔县峙峪村旧石器晚期遗址出土的燧石箭镞,体型轻薄精巧,后部已经敲打出类似于铤的结构,是目前中国考古发现中最早的箭镞,是人类在和野兽的搏斗中的决胜性武器之一。在河姆渡遗址出土的骨哨,是用一截禽类的骨管制成的,一侧刻孔,有的骨管内还插一根可以移动的肢骨,用以调节声调,骨哨可以模拟鹿的鸣叫,用以吸引异性,伺机捕杀。

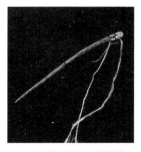  

(a) 山顶洞人遗址的骨针　　(b) 峙峪村遗址的燧石箭镞　　(c) 河姆渡遗址的骨哨

图 2-1　史前文明时期的缝纫、采集与渔猎工具

农业的发明是人类历史上一件划时代的大事,是从攫取经济到生产经济的伟大革命性转变,人类第一次通过自己的活动来增殖天然产品,从而深刻改变了人类社会的经济面貌。一般认为,原始农耕时代对应于新石器时代,半坡遗址和河姆渡遗址则是我国原始农耕文化的典型代表,黄河流域降水量偏少,因此半坡文化以种植耐旱的粟为主,长江流域水量充沛,河姆渡文化开始大量种植水稻,而一系列农耕工具的应用使得原始农业社会走上了顶峰,如

图 2-2 所示。此外,半坡居民居住的地区气候干旱寒冷,由此发展起来的半地穴式房屋,既能遮风挡雨又保暖;河姆渡居民生活的区域地势低洼、潮湿闷热,由此发展起来的干栏式房屋,兼顾良好的通风和防潮功能。社会生产力的进步使以彩陶、玉器、养蚕为代表的手工艺和纺织技术也得到了蓬勃发展。原始农耕文化的产生、发展与繁荣,是人类向文明社会过渡的重要里程碑。

(a) 半坡遗址的石锛复原图　　　　(b) 河姆渡遗址出土的骨耜

图 2-2　史前时期半坡遗址与河姆渡遗址出土的农具

我国医药知识起源很早,火的应用不仅可以烤熟食物,改善饮食条件,还可以防寒、防潮湿,改善生存条件。通过烤火取暖,人们把烧热的石头或砂土用植物的叶或毛皮包裹后放在身体的某些部位,能够缓解疼痛,之后经过实践,又发现将干草点燃,进行局部的温热刺激能够治疗疾病,这就是"灸"法的开端。同一时期,人们又打制出砭石,还有荆棘刺、竹针等,均可以刺激人体的某些部位,达到治疗效果,这就是"针"法的开端,所以使用至今的针灸疗法,溯其渊源是很早的。我们的祖先在采集植物的过程中,逐步辨识了某些植物吃了对人体有益,能治病;某些植物吃了则对人体有害,会引起不适甚至死亡。通过渔猎、畜牧等生产实践,人们还积累了不少动物药和矿物药的知识,中医药体系就是在这样的探索与实践过程中萌芽的。

而史前时期自然科学的萌芽主要来自于身边的实践,天文学和数学是这一时期的杰出代表。

早期的天文学与农耕文化关系密切,史前时期古人最早注意的天象,除了日、月、风、雷、雨、雪外,就有可能是对天蝎座主星(中国古称大火)的观测。传说颛顼、尧时就有火正,负责观测大火星的位置以指导农事。据文献记载,公元前 2400 年左右,黄昏时在地平线上见到大火,表示正是春分前后的播种季节。此后白昼越来越长,进入农忙季节。而中国最早的据说出自帝尧时期的《尚书·尧典》记载:帝尧曾经组织一批天文官员,到东、西、南、北 4 个地方观测天象,编制历法向人们预报季节。书中还写到,羲和专管"历象日月星辰,敬授人时",是负责观象授时、确定时间的官员,这些都反映出编制历法和观象授时在农业社会中的重要地位。

在史前时代,数学是为了实际应用而出现的,源自计算时间,如结绳记事;源自社会生产,如计算羊群中羊的数量;源自装饰生活,如彩陶等生活用品上的符号和形状。我国考古学上能够发现的早期数学印迹存在于仰韶文化和稍晚的马家窑文化出土的彩陶钵口沿上,在上面发现了各种各样的刻画符号,很可能是数字的起源,甚至是文字的起源。而陶器的器形和纹饰则反映出新石器时期的古人应该具有一定的几何图形概念,而且应当注意到了几何图形的对称、圆弧等分等问题。西安半坡出土的人面鱼纹彩陶盆,内壁以黑彩绘出两组对称人面鱼纹,嘴巴左、右分置1条变形鱼纹,双耳部位也有两条小鱼分置左、右,两个人面间有两条大鱼做相互追逐状;新石器时代晚期四川大溪遗址出土的彩陶空心球,球面上布满由三股一组的篾纹或刻画纹彼此相交构成的6个对称的"米"字纹;河姆渡遗址出土的猪纹陶钵,器形为圆角长方形,外壁以写实的手法刻绘了猪纹,形态逼真,蕴含的几何信息丰富,这些现存于世的稀世珍品都说明当时人们已经有了很高的几何认知水平。图 2-3 给出的就是这个时期出土的代表性考古实物。

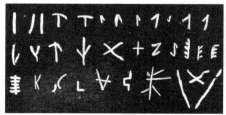

(a) 仰韶文化陶器上的刻画符号和人面鱼纹盆

(b) 大溪遗址的彩陶空心球　　　(c) 河姆渡遗址的猪纹陶钵

图 2-3　史前时期的数字和几何图形

2.2.2　夏商周时期的科技成就

国家的出现,是社会经济水平发展到一定阶段的必然产物,也是人类社会进入文明时代的标志。夏、商、周是中国早期国家的产生和发展时期,也是中国奴隶制社会的形成和消亡时期。一种新的社会制度的诞生必然会带来生产力的爆发和科学技术水平的进步,所以这段时期发展起来的诸多科技成就影响深远。

首先映入眼帘的就是甲骨文和青铜器。甲骨文是汉字形成与发展的重要阶段,是中国已发现的年代最早、体系较为完整的文字,是商朝存在的实物证据,也是中华文明能够绵延至今的重要支撑因素。青铜器的出现与繁荣,标志着这个时代冶炼水平的高度发达,青铜实际上是铜、锡、铅的合金,从这个角度讲,已经有了原始意义上的化学。此外,青铜器上铭刻的金文,也是考证中国古代历史的重要依据。夏商周时期闻名于世的青铜器数不胜数,下面以出土于山西曲沃北赵村晋侯墓地的晋侯苏钟为例进行说明。晋侯苏钟是一组全套 16 件的编钟,1992 年出土之后其中的 14 件被盗出境,后被上海博物馆抢救收回,剩余的两件在之后的抢救性发掘中被发现,收藏于山西博物院,如图 2-4 所示。这套编钟的神奇之处在于青铜器上 355 个字的铭文是完整的,记录了周厉王 33 年晋侯苏率兵随周王巡视东土、征讨叛乱部落,并立功受赏的事迹。这段历史任何史书上都没有记载,对于研究春秋时期晋国的历史具有重要的支撑作用。而且由于铭文的完整性,上海博物馆在整理铭文的时候推断应当还有两枚编钟存在,这也被随后的抢救性发掘所证实。更令人称绝的是,这套编钟上的铭文不是铸造的,而是刻上去的,专家们配置了不同硬度的青铜利器尝试在青铜上刻凿文字,都以失败告终,这说明早在距今 3 000 年的西周时期,古人们已经制造出了像钢铁一样坚硬的工具在青铜器上刻字,这一发现彻底改写了中国的冶金历史!

图 2-4　晋侯苏钟

冶炼技术的进步对于中国古代农业的发展有着深远的影响,如图 2-5 所示,从早期青铜农具的出现,再到战国时期铁质农具的出现及应用,以及牛耕方式的大规模推广,是夏商周时期生产力水平提高的重要标志,促进了生产关系的深刻变革。

(a) 商朝时的青铜农具　　　　　　(b) 战国时期的铁质农具

图 2-5　青铜农具和铁质农具

夏商周的早期,巫术和医学是不分的,但是也在逐步发展。在龟甲兽骨上记录占卜的文字——甲骨卜辞中,关于疾病记载的记录有近 500 条,虽然是贵族阶层期望通过占卜治疗疾病的迷信活动,但是从中可以看到人们对疾病的认识在逐渐提高。到了西周时期,医药知识又有了进步,巫术和医学已经分家,建立了专职的医事制度,也开始出现专职医生。到了夏商周的后期——春秋战国时期,中医药的理论体系已经比较完善了,医学经典著作《黄帝内经》从宏观的角度论述了天、地、人之间的相互联系,讨论和分析了医学科学中最基本的命题——生命规律,创建了相应的理论体系和防治疾病的原则和技术,普遍认为的成书年代是在战国时期。战国时期的名医扁鹊在诊疗疾病的实践中,提出了望、闻、问、切四诊法。史书记载,扁鹊行医"随俗为变",能够根据病人的情况,有时是妇科、有时是儿科、有时是五官科等,这说明扁鹊有着全面的医术,也说明医学分科的专门化有着悠久的历史。当然,《黄帝内经》的作者以及扁鹊是否真有其人都存在争议,普遍的说法是这些工作不是由一个人完成的,而是中国古代医生们集体智慧的结晶与缩影,他们的杰出工作是医学成为中国古代最完善学科之一的重要保障,即使到了 21 世纪的今天,仍然在发挥着重要的作用。

天文学和数学的发展也在不断前行。夏朝开始已经有了专司天文的人员,可以从事比较系统的观测和计算。《夏小正》是我国现存最早的天文学文献之一,普遍认为成书的时间是在战国中期,但在内容上对夏朝采用的历法有所反映,其中的描述表明夏朝已经采用 1 年 12 个月的历法,而且已经以 4 组恒星黄昏时在正南方天空的出现来确定季节。夏朝后期已经出现了天干纪日法,采用甲、乙、丙、丁等 10 个天干周而复始地纪日,并有了"旬"的概念,10 天为 1 旬的方法使用至今。商朝在此基础上加入了子、丑、寅、卯等 12 个地支,两者相结合组成了 60 干支进行纪日,有证据表明,商朝已经有了大、小月和闰月的说法,但是还存在争议。周朝已经出现了圭表测影的方法,能够确定冬至和夏至等节气,这也为之后回归年的测定奠定了基础。早在春秋时期即把天球黄赤道附近的恒星分为 28 组,这就是 28 星宿的来历。此外,这一时期对于天文现象的系统观测与记录也是世界领先的,留下了丰富的日食、月食、流星雨和彗星的观测记录,为现代天文学研究提供了宝贵的记录。数学方面则出现了十进制的计数方式,并且考古证据表明商朝已经有了奇数、偶数和倍数的概念,说明当时的人们已经掌握了初步的计算技能。算筹是一种计算用的小木棍,筹算则是用算筹计算的方法,算筹和筹算的出现对中国古代数学的发展产生了巨大影响。在此基础上发展起来的四则运算,被广泛地应用于人们的生活,而且已经证实,《九章算术》中方田、粟米、衰分等章节的内容绝大部分产生于秦之前的年代。图 2-6 给出了夏商周时期一些典型的天文学及数学实物证据。

(a) 曾侯乙墓出土的天文图衣箱　　　(b) 战国时期左家公山楚墓出土的竹算筹

图 2-6　夏商周时期的天文学与数学实物证据

手工业生产在这一时期得到了丰富和发展,出现了中国目前所见年代最早的手工业技术文献——《考工记》,比较一致的看法是该书为春秋末年齐国人的著作。据《考工记》记载,当时国有六职——王公、士大夫、百工、商旅、农夫和妇功,这表明手工业者占有重要的社会地位。《考工记》分别介绍了车舆、宫室、兵器以及礼乐之器等的制作工艺和检验方法,涉及数学、力学、声学、冶金学、建筑学等方面的知识和经验总结。战国早期的《墨经》是墨家学派著作的总集,是这个时期另一部影响深远的科技著作。以墨翟为代表的墨家学派,其主体是手工业小生产者,多半是来自社会下层的能工巧匠,他们广泛地接触生产实践中遇到的各种问题,并且善于总结,书中包含了丰富的关于力学、光学、数学等方面的科学知识,反映出古人在科学研究道路上的开拓精神。战国时期的"百家争鸣"也是这个时期科学技术发展的一个显著特点,也是科学技术发展的一个重要动因,显著地推动了我国科学技术的发展。

2.2.3　秦汉时期的科技成就

秦汉时期是中国社会的转型期,也是中国文化的整合期。经历过战国时期的"百家争鸣",百家之间相互辩驳、相互影响、相互融合,奠定了之后中国思想文化发展的基础。从秦始皇建立起中国第一个中央集权的封建王朝,开始焚书坑儒,再到汉武帝"独尊儒术",中国社会渐入思想专制的时期,封建社会延续了 2 000 多年。秦汉时期是中国封建社会的第一个昌盛时期,我们被称为"汉族"就是从这个时候开始的。

秦始皇对中国社会文化的影响是全面的,其"书同文,车同轨,行同伦"也被认为是中华文明能够绵延不绝的重要原因之一。当然,科技方面的贡献就是统一了度量衡,如图 2-7 所示。所谓度量衡,对应的是长度、容积和质量 3 个物理量,泛指计量标准器具。统一度量衡的主要原因是源于战国时期各国之间度量衡的不一致影响了工商业的发展和社会的进步。秦始皇统一中国后,采用的是商鞅变法时期制定的标准器具,并将统一度量衡的诏书刻在标准器具上。

(a) 商鞅方升　　　　　　　　　　(b) 诏书铁权

图 2-7　秦始皇统一度量衡的器具

秦汉时期的天文学进展显著,西汉时期的天文学家落下闳研制出浑天仪,一般认为包括观测天象的浑仪以及模拟天体运行的浑象,但是落下闳的浑象不够完善,被稍晚一些的大司农耿寿昌进行了改进,如图 2-8 所示。在更为精确的天文观测基础上,落下闳等人制定出《太初历》,首次将二十四节气纳入历法,是我国历法史上的第一次历法改革,对于中国农业的发展影响深远。此外,秦汉时期的农业工具也有了突飞猛进的发展,标志性成果如图 2-9 所示。西汉晚期出现了脱粒的水碓和清选粮食的扇车,水碓巧妙地利用了水力、杠杆和凸轮的组合进行稻谷等谷物粮食的加工,扇车则通过产生的气流吹走谷物中的颖壳、灰糠及瘪粒等杂物以实现粮食的清选;东汉初期研制出的水力鼓风机利用水力推动多个排囊鼓风,用于冶铁,提升了冶金锻造技术的效率和性能,使铁制农具得到了进一步改进和普及。天文学的发展和农业工具的革新使得这一时期的中国农业发展进入了黄金期。

(a) 落下闳的浑仪　　　　　　　　(b) 浑象复原图

图 2-8　西汉时期的天文观测仪器

(a) 水碓结构图

(b) 洛阳汉墓的陶扇车和陶石堆

(c) 东汉时期的水力鼓风机复原图

图 2-9　汉代的水碓、扇车和水力鼓风机

　　这个时期的医学发展也是成就斐然。东汉末年的医圣张仲景留有传世巨著《伤寒杂病论》,其所确立的六经辨证的治疗原则,是中医临床的基本原则,也是中医的灵魂所在,受到历代医学家的推崇,是中国医学史上影响最大的著作之一;在方剂学方面,《伤寒杂病论》也作出了巨大贡献,创造了很多有效的方剂,有些至今仍在发挥着重要作用。《神农本草经》则是现存最早的中药学著作,源头可以追溯到神农氏,代代口耳相传,在东汉时期集结整理成书,是那个时代众多医学家搜集、总结和整理的结果,其中规定的大部分中药学理论和配伍规则以及提出的“七情和合”原则在几千年的用药实践中发挥了巨大作用,是中医药药物学理论发展的源头。华佗也是东汉末年闻名遐迩的名医,精通内、外、妇、儿、针灸科各科,首创用于外科手术的麻醉药——麻沸散,并且提倡积极的体育锻炼,发明了“五禽戏”,这被认为是运动仿生学的先河。

　　东汉时期还诞生了中国古代第一部数学专著《九章算术》,是对战国、秦、汉时期数学成就的一次全面总结,具有里程碑的意义。《九章算术》最早提到了分数问题,也首先记录了盈不足等问题,其中的“方程”一章还在世界数学史上首次阐述了负数及其加减运算法则。《九章算术》被公认为是一本数学专著,是当时世界上最简练有效的应用数学,标志着中国古代数学形成了比较完整的体系。

　　东汉时期还诞生了一项人类文明史上的杰出创造——蔡伦改进的造纸术,其流程如图 2-10 所示。在这之前人们通常用甲骨、竹简和绢帛来进行书写与记载。甲骨、竹简比较笨重,绢帛则成本高昂。蔡伦首次用树肤、麻头及敝布、渔网等材料造纸,试制出既轻薄柔韧,又取材容易、来源广泛、价格低廉的蔡侯纸,对推动中国乃至世界文化的传播与发展产生了重要影响。

① 切割 ② 洗涤 ③ 浸灰水
④ 蒸煮 ⑤ 舂捣 ⑥ 打浆
⑦ 抄纸 ⑧ 晾纸 ⑨ 揭纸

图 2-10　蔡伦造纸流程

2.2.4　魏晋南北朝时期的科技成就

魏晋南北朝是中国历史上政权更迭最为频繁的时期,前承秦汉,后启唐宋,在 30 余个大小王朝交替兴灭的过程中,诸多新的文化因素互相影响,交相渗透,使这一时期中国文化的发展趋于多样化和复杂化。

这一时期农业的标志性成果当属北魏末年贾思勰所著的《齐民要术》,在北魏孝文帝迁都洛阳,推进汉化改革,并实行三长制和均田制等一系列改革之后,刺激了农业生产的发展和社会经济的进步,这段时间也正值贾思勰的青年时代,在目睹了统治者的励精图治和农业生产的蒸蒸日上之后,为其撰写《齐民要术》奠定了坚实的基础。《齐民要术》系统地总结了秦汉以来我国黄河流域的农业科学技术知识,涵盖内容广泛,是中国现存最早、最完整的大型农业百科全书。达尔文在研究进化论时,曾参考过一部"中国古代百科全书",普遍认为是《齐民要术》。

魏晋南北朝时期也出现了一些影响深远的杰出农业技术,比较典型的有龙骨水车和水转连磨,如图 2-11 所示。龙骨水车约始于东汉,为三国时期的发明家马钧予以改进。水车采用龙骨叶板作链条,卧于矩形长槽中,车身斜置河边,下链轮和车身的一部分没入水中。驱动链轮,叶板就沿槽刮水上升,到长槽上端将水送出,这样循环往复把水输送到需要之处。水转连磨则出现于晋代,是由水轮驱动的粮食加工机械,其原动轮是一具大型卧室水轮,水轮的长轴上有 3 个齿轮,各自联动 3 台石磨,共 9 台石磨。这两种农业领域应用的新技术都是以提高效率为突破口,直到近现代还在发挥着重要作用,在中国农业发展史上留下了浓墨重彩的一笔。

东晋天文学家虞喜是中国第一个发现岁差的人,虽然比古希腊的喜帕恰斯晚,但是测量的结果要比喜帕恰斯精确。南朝时期宋朝的祖冲之对金、木、水、火、土五大行星的运行轨道

(a) 龙骨水车示意图   (b) 水转连磨实物复原图

图 2-11 龙骨水车和水转连磨

进行了精确观测,确定了木星的公转周期及五星会合周期,都和现在的观测结果非常接近,此外,祖冲之确定的一个回归年为 365.242 814 81 日(今测为 365.242 198 78 日)。祖冲之将这些天文观测结果以及岁差都引入了《大明历》,这是我国历法史上的第二次历法改革,得到了广泛认可和高度评价。

这一时期标志性的数学成就主要是由刘徽和祖冲之做出的。刘徽的数学成就主要表现在两个方面:一方面是整理中国古代数学体系,主要体现在《九章算术注》,他对《九章算术》中的许多结论给出了严格证明,提出了一些独创性的方法,为中国古代数学理论体系的建立奠定了坚实的基础;另一方面就是首创割圆术,即利用圆内接正多边形的面积无限逼近圆的面积并以此求取圆周率的方法,刘徽求取的圆周率为 3.14。之后,祖冲之进行了精益求精的计算,得出圆周率在 3.141 592 6~3.141 592 7,这个结果直到 1424 年才被波斯数学家阿尔卡西打破。所以国际上曾提议将"圆周率"定名为"祖率"。祖冲之的数学代表作《缀术》中已经给出了相当精确的球体积计算公式,并且提到了"开差幂"和"开差立"的问题。"开差幂"是已知长方形的面积和长、宽的差,用开平方的方法求其长和宽,实际上就是用二次代数方程求解正根的问题。"开差立"就是已知长方体的体积和长、宽、高的差,用开立方的办法来求它的边长,实际上是用三次方程求解正根的问题。《隋书》曾经评论《缀术》,认为"学官莫能究其深奥,故废而不理",意思是《缀术》理论十分深奥,计算相当精密,学问很高的学者也不易理解它的内容,在当时是数学理论书籍中最难的一本。《缀术》在隋唐时期被列为官方教科书,并且传入朝鲜、日本等国,不过很可惜的是在 10 世纪以后完全失传了。

中医药学的理论体系在这个时期得到了极大的丰富和发展。西晋名医王叔所著《脉经》是我国现存最早的脉学专著,书中首次系统归纳了 24 种脉象,并对其性状做出具体描述,初步肯定了有关三部脉的定位诊断,为后世脉学的发展奠定了基础。民间医生皇甫谧所著《针灸甲乙经》,采用分部和按经分类法,厘定了腧穴,详述了各部穴位的适应证和禁忌、针刺深度与灸的壮数,是我国现存最早的一部理论联系实际的针灸学专著。东晋时期的葛洪所著《肘后备急方》是中国第一部临床急救手册。南朝时期梁朝名医陶弘景所著《本草经集注》中共收录药物 730 种,将《神农本草经》收录的药物数量翻了 1 倍,成为我国本草学发展史上的里程碑。

北魏晚期的地理学家郦道元所著《水经注》是一部规模空前的地理学巨著,是为《水经》做注的。据推算《水经》是一部在三国时期成书的记录水利情况的专著,介绍了一些重大河流的情况,但是记载非常简略,且晦涩难懂。因此,虽然《水经注》的出发点是为《水经》做注,但是实际成就却远远超出了《水经》,是一部创造性的著作。《水经注》全书约 30 万字,所记载的河流有 1 252 条,数量是《水经》中的 8 倍多。该书以水道为纲,记载了水流的发源和流向,对水道流经地区的山岳、丘陵和陂泽的位置,以及重要的关塞亭障、城池地址及遗址都有详细准确的记录,因此后人认为是郦道元亲自走遍北魏实践观察的结果,具有重要的地理科学、历史科学以及文学价值。明清以来对《水经注》的研究兴盛,以至于形成了一门"郦学",影响至今。

图 2-12　马钧所造指南车复原图

三国时期,魏国的工匠马钧造出了指南车(见图 2-12),这是有史为证的。指南车的历史可追溯到上古传说,传说中黄帝和蚩尤作战时,蚩尤为使自己的军队不被打败,便作雾气,使黄帝的军队迷失了方向。后来,黄帝的部下风后造出指南车,靠指南车辨别了方向,并最终打败了蚩尤。但到了三国时期,人们普遍怀疑这个传说,所以当马钧决心要制造指南车时,遭到人们的冷嘲热讽,不过马钧迎难而上,在没有资料、没有模型的情况下,刻苦钻研,反复实验,终于运用差动齿轮的构造原理制成了指南车,并且经历了战火纷飞、硝烟弥漫的战场考验,赢得了人们的钦佩。

2.2.5　隋唐时期的科技成就

隋唐时期是中国 2 000 余年封建社会历史中的强盛时期。隋朝结束了魏晋南北朝数百年分裂割据的状态,创立了影响深远的科举制度,开凿了大运河,非常具有开创精神,但是由于暴政,不久便灭亡了。唐朝审时度势,推行了一系列政治、经济、文化措施,在民族思想上也比较开放,使社会繁荣昌盛。隋唐时期的中国是亚洲乃至世界经济文化交流的中心,我们今天走在世界各地的知名大城市中,都能够看到"唐人街"的身影,这足以说明隋唐时期的中国对世界的影响。

先从农业谈起,秦汉时期耕犁已经基本定型,但采用的是长直辕犁,耕地时回头转弯不够灵活,起土费力,效率不高。唐朝中晚期,江南地区的劳动人民针对水田面积小的区域特点,在长期的生产实践中创造出了曲辕犁,如图 2-13(a)所示。曲辕犁由犁铧、犁壁、犁底、犁评、犁箭和犁建等 11 个部件组成,操作时犁身可摆动,富有机动性,便于深耕,而且轻巧便利,利于回旋,特别是曲线优美,体现出了当时的劳动人民在繁重农业耕作的同时不忘加入审美情趣。魏晋南北朝时期的龙骨水车是一次革新,但是需要人力驱动。隋唐时期发明了筒车,即将一个大轮放置在水边,上半部高出堤岸,下半部浸在水里,轮辐外受水板上斜系有多个竹筒,岸旁凑近竹筒的位置设有水槽,当受水板受急流冲击时轮子转动,竹筒中灌满水,转过轮顶时筒口向下倾斜,水恰好倒入水槽,并沿水槽流向田间,只借助水力,不用人畜之力,显著提高了使用效率。为了适应水很低而岸很高的地方,又进一步改进为高转筒车,使其适用范围更为广泛,如图 2-13(b)所示。

隋唐时期的医药学仍然在稳步发展,隋代医学家巢元方所著《诸病源候论》,共 50 卷,67门,1 700 余候,为我国第一部论述各种疾病病因、病机和症候之专著。该书对疾病的记载广泛而准确,对症候的描述细致而准确,在病源认识上颇具科学性,对于中医理论的丰富、发展

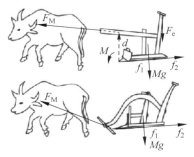

(a) 曲辕犁的受力图和实物图

(b) 筒车和高转筒车

图 2-13　隋唐时期的曲辕犁和筒车

和提高起到了推动作用。唐代医学家孙思邈的《千金要方》和《千斤翼方》分别约成书于公元652 年和 682 年,后者是作者集晚年 30 年的经验,以补《千金要方》的不足,所以称为翼方。中唐时期的医学家王焘汇集了初唐及以前的医学著作,进行了系统整理,著有《外台秘要》。孙思邈和王焘的工作侧重于药方方面的研究,孙思邈在治病的过程中强调综合治疗,注重辨证用药,并对药物进行了深入研究,人称"药王";王焘对于方剂的收载,不但广引博采,而且精挑细选,所收载的治疗方法和方剂切实可用。《新修本草》由苏敬、长孙无忌、李勣等 20 余人撰写完成,公元 659 年由唐政府颁布,是世界上最早的国家"药典",该书较《本草经集注》新增 114 味药,并首创药图的方式,图文并茂,为后世所沿用。

　　唐朝时期的《大衍历》是我国历史上第三次历法改革的成果,据考证是唐朝僧人僧一行所著,共分 7 篇,包括平朔望和平气、七十二候,日月每天的位置与运动,每天见到的星象和昼夜时刻,日食,月食和五大行星的位置,该历法系统周密,历法格式为后世所沿用,标志着中国古代历法体系的成熟。当然历法的成熟是建立在天文仪器的革新和精确的天文观测基础上的,僧一行在天文仪器上的成果有黄道游仪和水运浑天仪,主要是和梁令瓒合作完成的。所制黄道游仪与之前的不同之处在于,僧一行的黄道游仪中,黄道环能够在赤道上移动,能够反映出黄道和赤道的相对位置因岁差而发生的缓慢变化,如图 2-14 所示。而水运浑天仪除了表现星宿的运动以外,还能够表现日升月落,测定朔望,

图 2-14　黄道游仪实物复原图

并且水运浑天仪上还设有两个木人,用齿轮带动,一个木人每刻(古代把一昼夜分为一百刻)自动击鼓,一个木人每辰(合现在两小时)自动撞钟,这被认为是世界上最早的机械时钟装置,是现代机械类钟表的祖先。

虽说在数学上,隋唐时期并没有产生与之前魏晋南北朝或者之后宋元时期相媲美的大师,但是在数学教育制度的建立和数学典籍的整理方面颇有建树。最具代表性的成果就是《算经十书》的整理和出版,这是唐高宗李治下令编撰的。负责编撰的是初唐天文学家、易学家、数学家李淳风,包括《周髀算经》《九章算术》《缀术》《缉古算经》等。其中《缉古算经》成书于初唐,由当时的算学博士王孝通编著,涉及天文历法、土木工程、仓房和地窖等系列实用问题,值得一提的是书中给出了 28 个三次方程的正有理数根,但是没有具体的解法,但这已经是世界数学史上关于三次方程数值解及其应用最古老的文献了。

汉朝发明纸以后,虽然书写材料轻便、费用大幅下降,但是仍然采用抄写的方式,远远不能适应文化传播的要求。唐朝初期发明了雕版印刷术,主要包括刻板、印刷及阴干等步骤,到了唐朝中晚期,雕版印刷已相当普遍。现收藏在英国伦敦大英博物馆的《金刚经》,刻于公元 868 年,是现存最早标有年代的雕版印刷品,如图 2-15 所示。《金刚经》于 1900 年在敦煌藏经洞被发现,1907 年英国人斯坦因首次到敦煌即将其掠去。《金刚经》卷首刻印佛像,下面刻有全部经文,雕刻精美、刀法纯熟、图文浑朴凝重,印刷的墨色浓厚匀称,清晰鲜明,说明当时刊刻技术已经达到了非常高的水平。

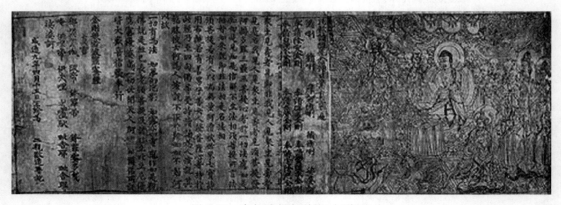

图 2-15　唐朝雕版印刷的《金刚经》

唐朝是中国陶器发展的高峰,出现了著名的唐三彩,之后陶器就渐渐退出了历史舞台,瓷器进入了蓬勃发展的时期。陶器和瓷器的不同主要在于三个方面:一是烧造的原料不同,二是烧结温度不同,三是吸水率和透光率不同。唐三彩的釉彩有多种颜色,以黄、绿、白三色为主,所以习惯称之为"唐三彩"[见图 2-16(a)]。普遍认为科学意义上的瓷器应该产生于东汉时期,之后发展缓慢,唐代瓷器发展进入井喷期,出现了南青(越窑)北白(邢窑)两强并驾齐驱的局面。晚唐时期越窑出现了"秘色瓷",之前只见于文献,在 1987 年法门寺地宫的挖掘中终于揭开了其神秘面纱[见图 2-16(b)],这表明晚唐时期的瓷器发展达到了相当高的水平,为宋元瓷器巅峰的到来奠定了基础。

(a) 唐三彩胡人牵骆驼俑 (b) 秘色瓷

图 2-16 唐三彩珍品与法门寺秘色瓷

2.2.6 宋辽夏金元时期的科技成就

唐朝灭亡之后,中国历史进入了一个短暂的大分裂时期,史称"五代十国"。公元 960 年,赵匡胤发动陈桥兵变,宋朝建立,宋朝先后统一了中原及江南地区。同一时期辽夏相继在东北和西北地区发展壮大,辽国衰落后金国兴起,消灭了北宋,宋朝被迫南迁至杭州,几经挣扎,最终全部被元朝消灭,元朝再度统一中国,这就是历史上的宋元时期。

宋元时期中国的科学技术进入了一个蓬勃发展的时期,诸多领域达到了新的高度。据估计,中国人口在这个时期首次突破 1 亿,耕地不足的压力陡增,梯田、圩田、架田等多种形式的土地利用方式得以广泛应用,特别是丰富和发展了地力维持的经验,农田精耕细作技术进入全面成熟时期。南方稻作勃兴,自唐代出现以曲辕犁为代表的水田整地农具之后,到了宋朝耖得以普及,水田整地农具进一步完善,此外还出现了秧马、秧船等水稻移栽农具,耘爪、耘荡等水稻中耕农具以及掼稻筜、乔扦等晾晒工具也相继发明、完善和普及,如图 2-17 所示。北方的旱地耕作技术则在魏晋南北朝时期就基本定型了,宋朝主要是改进和完善。以耧车为例,汉代已经出现,宋朝时期进行了改进,发展出耧锄以及下粪耧种两种新的蓄力农具。元朝虽然持续了不到 100 年的时间,但是却在中国农学史上留下了 3 部比较出色的农学著作:元初司农司官方机构编写的《农桑辑要》、王祯的《农书》以及鲁明善的《农桑衣食撮要》,其中尤以王祯的《农书》影响最大。《农书》具有 4 个特点,即全面系统地论述了广义的农业、对南北农业的异同进行了分析和比较、给出了比较完备的"农器图谱"以及在"百谷谱"中对植物性状进行了描述,因而成为后代农书的范本。

(a) 耘荡 (b) 耖

图 2-17 用于水稻种植的耘荡和耖

　　宋元时期政府对中医药非常重视,儒医的出现推动了医学理论的发展和临证经验的总结,使中医学的发展呈现了质的飞跃,并出现了四大医学流派:刘完素的"寒凉派"提出火热论,认为伤寒各症多与火热有关,而且六气皆能化火,故行医以清热通利为主,善用寒凉药物,以降心火、益肾水为主;张从正的"攻下派"首创攻邪论,认为一经致病,即可攻邪,邪去病止,不可妄用补药,行医主张重在驱邪,邪去则正安,不可畏攻而养病,攻邪时主张用汗、吐、下三法;李杲的"补土派"提出脾胃论,认为"内伤脾胃,百病由生",并把内科疾病概括为外感与内伤两大类,行医时善于运用分别补上、中、下三焦元气而以补脾胃为主的原则,总结出一套以调理脾胃、升举清阳为主的治疗方法;朱震亨的"养阴派"提出相火论,认为"阳常有余,阴常不足",行医时主张"因病以制方",反对拘泥于"局方",善用滋阴降火之剂。金元四大家的学说标志着中医的发展进入了一个新的阶段,对后来的中医发展产生了深远影响。此外,南宋医学家宋慈长期担任广东、湖南等地的提点刑狱公事,主要负责地方审理的命案,在办案过程中他发现地方验尸官员通常因缺乏经验而导致检验结论出现错误,在广泛吸取前人经验的基础上,他注重实地检验及经验的总结,首创"法医鉴定学",于 1247 年完成了《洗冤集录》的撰写,这是世界上最早的法医专著,比欧洲 1517 年出版的《报告的编写及尸体防腐》法医学专著要早 200 多年,因此宋慈被尊崇为"世界法医学之鼻祖"。

　　天文学则出现了以郭守敬、沈括、苏颂等为代表的一系列天文学家。北宋中期的天文学家苏颂等人首创水运仪象台,分三层设计,上层是唐朝李淳风风格的浑仪,中间一层为浑象,最下面一层为机械装置——木阁,也就是报时系统。水运仪象台兼有观测天体运行、演示天象变化以及准确报时的功用,是前无古人的成就。同时期的科学家沈括在担任提举司天监期间,对浑仪做了革新,取消了上面不能正确显示月球公转轨迹的月道环,并且放大了窥管口径,便于观测的同时提高观测精度,而郭守敬在这个基础上创制了新的天文观测仪器——简仪。此外,郭守敬还创制了中国钟表史上最为著名的计时仪器之一——大明殿灯漏,采用的是漏水计时的原理。郭守敬为了完成新编历法的编制工作,累计创制了包括简仪在内的12 件天文仪器,在进行了翔实准确的天文观测之后,最终于 1281 年完成了《授时历》的编制工作,该历法以 365.242 5 日为一年,距今 365.242 2 日的观测结果仅差 25.92 秒,其精度与 1582 年欧洲的《格里高利历》相当,但是比其早了 300 余年,而且一直使用到明朝末年,前后达 364 年,这是我国历法史上的第四次大改革。宋元时期的天文仪器如图 2-18 所示。

(a) 简仪　　　　　　　　　　　(b) 水运仪象台

图 2-18　宋元时期的天文仪器

　　中国古代数学在宋元时期达到了顶点,涌现出一大批卓有成就的数学家。其中秦九韶、杨辉、李冶和朱世杰成就最为突出,被誉为"宋元数学四大家"。秦九韶著有《数书九章》,其中最重要的两项就是"开方正负术"和"大衍总数术","开方正负术"给出的是一般高次代数方程的解法,方程的系数可正可负;"大衍总数术"则给出了孙子定理的严格表述,并给出了严密的求解过程,史称"大衍求一术"。杨辉一生独立完成了 5 种数学著作的撰写,最有名的"杨辉三角"可用来进行高次开方运算。当然"杨辉三角"并不是原创,首创者应该是北宋时期的数学家贾宪,而欧洲是直到 1654 年才由帕斯卡发现这一规律的。此外,杨辉在中国率先提出了素数的概念,还利用垛积法导出了计算正四棱台的体积公式,并且对幻方也有突出的贡献。李冶一生著作颇丰,其中最得意的是《测圆海镜》,该书奠定了中国古代数学中"天元术"的基础。天元术是一种用数学符号列方程的方法,此前方程理论一直受几何思维束缚,常数项只能为正而且方程次数不超过三次,李冶首次创设设"天元一为某某"的设未知数的方法,从而解决了困扰中国数学家千年的 n 次代数方程的表达问题,此外,李冶还引进符号"O"表示空位,发明了负号和一套相当简便的小数记法。朱世杰在 4 人中出生最晚,因此全面继承了前三位数学家的成就,并且有创造性发展。在他的著作《四元玉鉴》中,把李冶的"天元术"从一个未知数推广到二元、三元乃至四元高次联立方程组,这就是"四元术",进而发明了消元法依次消元,最后只留一个未知数,从而求得整个方程的解。他还对高阶等差级数求和进行了深入探讨,并在牛顿之前给出了插值法的计算公式,朱世杰卓越的数学成就得到了中外数学史家的高度评价。

中国的四大发明在宋元时期得到了进一步发展和完善。火药的发明与炼丹术密切相关,在晚唐时期的《太上圣祖金丹秘诀》中提到了"伏火矾法",这其实就是一种火药的配方。从五代十国到北宋初年,火药已经用于军事,在公元 1023 年,"火药"一词首次出现在《宋会要》一书中,13 世纪蒙古大军西征时把火药技术带到了阿拉伯,之后于 14 世纪初被阿拉伯人带到了欧洲。虽然在春秋战国时期的文献中提到过司南,但是指南针最早的确凿证据则是来自唐代的《管氏地理指蒙》。北宋时期的文献《武经总要》和《梦溪笔谈》中分别提到了不同的铁针磁化方法,而北宋科学家朱彧所著的《萍洲可谈》中则最早提到了指南针用于航海的事实。罗盘可以分为水罗盘和旱罗盘两大类,水罗盘就是将磁针漂浮在水上,旱罗盘则是用尖柱支撑磁针,考古学证据证明在两宋时期,我国已经发明并应用了水罗盘和旱罗盘[见图 2-19(a)]。活字印刷是指预制大量独立的活字(阳文反字),进行组合排列,涂墨覆纸印刷,拆版之后,活字可以重排再印刷别的内容。活字印刷始于北宋时期,毕昇发明的是胶泥活字,《农书》的作者王祯发明的木活字如图 2-19(b)所示。15 世纪后期欧洲兴起的金属活字印刷机械化程度较高,但其方法与中国的活字印刷术基本一致,有可能是受到了中国印刷术的启发。

(a) 旱罗盘——南宋张仙人俑　　(b) 王祯活字板韵轮图

图 2-19　旱罗盘及活字板韵轮图

中国的瓷器发展在宋元时期进入了巅峰。宋瓷有官窑和民窑两大系统,官窑系统包括汝、官、哥、钧、定五大名窑,除了定窑属于白瓷体系外,其他4种均为青瓷体系,民窑中的建窑、吉州窑则属于黑瓷体系。在中国古代瓷器中,宋瓷以其器形优雅、釉色纯净、图案清秀在中国陶瓷史上独树一帜。但因多远销海外,另外加上宋朝不流行陪葬瓷器,因此国内现存的宋瓷珍品稀少,愈显珍贵。元青花瓷始于元代中晚期,开启了由素瓷向彩瓷过渡的新时代,元青花突出的特点是气势宏大、饱满雄健,从器物造型到装饰都有一种阳刚之美,其独特的品类、造型、纹饰具有浓郁的时代特征,与中华民族传统的审美情趣大相径庭,开创了中国陶瓷装饰的先河,也是中国瓷器史上的一朵奇葩。元青花体现了元瓷工艺从原料、制作、绘画到烧成的完美程度,因此备受国内外收藏界的瞩目。宋元时期的瓷器精品如图2-20所示。

(a) 宋汝窑天青釉洗　　　　(b) 元青花鬼谷子下山图罐

图 2-20　宋汝窑和元青花珍品

中国古代建筑技术发展到宋朝也进入了一个较高的阶段,中国古代最完整的建筑技术书籍《营造法式》于北宋末年出版。《营造法式》的现代意义在于完整地揭示了北宋时期统治者的宫殿、寺庙、官署、府第等木构建筑所使用的方法,使得今天的我们能够在实物遗存较少的情况下,对当时的建筑有非常详细的了解,填补了中国古代建筑发展过程中的重要环节。此外,被英国科学史家李约瑟评价为"中国科学史上的里程碑"的《梦溪笔谈》也成书于北宋末年,沈括晚年归隐之后,于居处"梦溪园"潜心写作完成。现存最古老的版本为元大德刻本。全书共分30卷,其中《笔谈》26卷,《补笔谈》3卷,《续笔谈》1卷。全书内容涉及天文、数学、物理、化学、生物等各个门类学科,详细记载了劳动人民在科学技术方面的卓越贡献和沈括自己的研究成果,反映了中国古代特别是北宋时期自然科学的辉煌成就。

2.2.7　明清时期的科技成就

明清时期是中国封建社会由盛而衰的时期,封建社会的制度在明清时期已经高度完备,对思想的控制也愈加严苛,因此科技成就的发展缓慢。到了清末,"洋务运动"的兴起吸收了西方先进的科学技术,打开了封建教育制度的缺口,刺激了民族资本主义的发展。其积极作用就是促进了社会生产力的发展,对之后现代科学技术的引入和发展起到了推动作用,也为新中国科学技术的发展奠定了基础。

明清时期的科技成就亮点不多,而朱元璋的九世孙朱载堉就是这为数不多的亮点之一。朱载堉是一位百科全书式的学者,在数学方面首创珠算开方的方法,并对等比数列进行了深入研究,是世界上最早给出已知等比数列首项、末项和项数,进而求得中间各项的方法的学者。他在此基础上创建了"十二平均律",解决了一个音乐领域遗留千年的学术难题,成为乐器定音的理论基础,他还精心制作出世界上第一架定音乐器——弦准,把十二平均律的理论推广到音乐实践中。1722年,音乐之父巴赫创作《平均律钢琴曲集》,最终确立了十二平均律在钢琴上的应用,这部作品也代表了巴赫器乐创作的最高成就。肖邦曾经感叹:"《平均律钢琴曲集》是音乐的全部和终结。"在天文学方面,朱载堉经过仔细的观测和计算,求出了计算回归年长度值的公式,1986年专家用现代测试手段对其1554年和1581年的计算结果进行了验证,发现1554年计算出的长度值与今天计算的仅差17秒,1581年的差21秒。此外,朱载堉还是中国历史上第一个精确计算出北京地理位置的人。在计量学方面,朱载堉对历代度量衡制变迁的研究一直影响到今天,此外他还精确地测定了水银的密度。这些杰出的成就使得国内外学者尊崇其为"东方文艺复兴式的圣人"。

从另一个角度看,明清时期对中国历代科技成就的总结达到了一个新的高度,其标志就是《农政全书》《本草纲目》《天工开物》等著作的问世。徐光启的《农政全书》成书于明朝万历年间,是我国四大农书中内容最全的一部,之前的《氾胜之书》《齐民要术》《农书》多是从农业生产技术和知识角度介绍农业,而徐光启的《农政全书》则把农业放在社会大背景下进行介绍,突出体现了徐光启治国治民的"农政"思想,"富国必以本业""水利者,农之本也",备荒救荒中"预弭为上,有备为中,赈济为下"等一系列重农思想的提出,直到今天仍有重要的借鉴意义。李时珍的《本草纲目》撰写于嘉靖三十一年至万历元年,他有感于当时流传的本草学著作普遍存在药物分类混乱、药物记载混淆、药物功能收录不全等问题,遂立志编撰一本本草专著,以正视听。李时珍亲自翻检文献并进行田野调查,积累了丰富的经验和材料,历时27年,终于完成了撰写工作,完稿后为慎重起见,又"稿凡三易",进行了多次修订。《本草纲目》创建了当时世界上最先进的分类方法,对植物和动物的分类方法更是与达尔文的进化论理念不谋而合,成书后不久即传播海外,达尔文多次引用该书,并称之为"古代中国百科全书"。宋应星的《天工开物》成书于明崇祯年间,全书分为上、中、下3卷,上卷记载了谷物豆麻的栽培和加工方法,蚕丝棉苎的纺织和染色技术,以及制盐、制糖工艺;中卷包括砖瓦、陶瓷的制作,车船的建造,金属的铸锻,煤炭、石灰、硫黄、白矾的开采和烧制,以及榨油、造纸方法等;下卷记述了金属矿物的开采和冶炼,兵器的制造,颜料、酒曲的生产,以及珠玉的采集加工等。该书是世界上第一部关于农业和手工业生产的综合性著作,是中国古代一部综合性的科学技术著作。李约瑟博士认为《天工开物》可与18世纪法国启蒙学者狄德罗主编的《百科全书》相匹敌。

上述3部著作再加上《徐霞客游记》均成书于明朝晚期,这说明明朝晚期的学术氛围相对活跃和开放,其原因很多,但有一个原因不能忽略,就是以西方传教士来华为标志的科技交流。意大利的天主教耶稣会传教士利玛窦可以说是拓荒者,他也是第一位阅读中国文学并对中国典籍进行钻研的西方学者。1607年,利玛窦与徐光启合作,出版了欧几里得所著《几何原本》前六卷的译本,我们如今耳熟能详的几何词汇,基本上都出自这个译本,给当时的中国带来了先进的科学知识和哲学思想。

在鸦片战争之前,西方传教士的数量虽然在增加,但是科学技术的传播却基本上局限于紫禁城内。中国封建王朝的最后一个盛世——康乾盛世的出现,使社会稳定、国力强盛、疆域辽阔,然而在这些表象下却隐藏着巨大的危机。清王朝的统治者没有意识到工业革命对世界带来的翻天覆地的变化,以至于当乾隆晚期英国的马嘎尔尼使团访华时,仍然以泱泱大国自居的乾隆皇帝断然拒绝了英国提出的全部要求。而实际上也正是这次访华,让英国人认清了当时清王朝的腐朽和落后，马嘎尔尼对清王朝统治下的中国给出了这样的描述："自从北方或满洲鞑靼征服以来，至少在过去的100年里没有改善，没有前进，或者更确切地说反而倒退了；当我们每天都在艺术和科学领域前进时，他们实际上正在成为半野蛮人。"目前普遍认为，马嘎尔尼的结论其实也是英国政府在鸦片战争中笃信自己能够成为最后胜利者的源头所在。

鸦片战争之后，内忧外患纷至沓来，一些有识之士开始思考中国落后的原因，并开始探索摆脱困境的方法。林则徐则被一些历史学家誉为近代中国"开眼看世界的第一人"，他在广东主持禁烟期间，主持翻译了《四洲志》，这是近代中国第一部比较系统的世界地理志书，此外他还主持摘译了《滑达尔各国律例》，这是中国国际法史上划时代的事件。可以说，林则徐开了近代中国认识世界的风气之先。魏源在林则徐《四洲志》的基础上，广泛搜集资料进行扩编，完成了《海国图志》的撰写工作，明确提出了"师夷长技以制夷"的主张。之后，李善兰翻译完成了《几何原本》的剩余9卷，徐寿翻译了《化学鉴原》，严复翻译了赫胥黎的《天演论》、亚当·斯密的《原富》（即《国富论》）等著作，并提出了翻译中应遵循的信、达、雅三原则，一大批西方自然科学、社会科学名著的翻译与出版，对于全面深入地认识西方科学技术的发展具有重要的推动作用，当然对于清醒地认识中国存在的不足也有很好的启示作用。

清朝末年开始的留学运动对推动现代中国科技的发展功不可没。中国第一批留学生可以追溯到1847年，澳门马礼逊纪念学校校长勃朗牧师返回美国时，携容闳、黄宽及黄胜3人前往美国留学。其中：容闳1854年毕业于耶鲁大学，获文学学士学位，是中国拿到美国大学学位的第一人；黄宽1849年在马萨诸塞州孟松学校毕业后，于1850年赴英国爱丁堡大学学习医学，1857年获医学博士学位，是中国第一位留英博士学位获得者。容闳在大学毕业后毅然回到祖国，他首倡、策划、促成和领导了近代中国第一代官费留美学生的派遣，因此被誉为"中国留学生之父"。

在容闳的努力下，从1872年到1875年，清朝政府先后派出4批共120名官费留美学生，这就是官费留学的开端。虽然在清政府顽固守旧分子的阻挠下，这批留学生未能按照事先的计划完成留学任务，但是仍然涌现出了一批优秀的人才，如中国第一条铁路——京张铁路的总设计师詹天佑、清华学校首任校长唐国安、"中华民国"第一任总理唐绍仪等。第二代留学生是"洋务运动"中期派往英国的船政留学生，1877年首批学生30人赴英国和法国学习，前后近百人，其中的杰出代表就是被誉为"精通西学第一人"的严复，以及在中日甲午海战中英勇牺牲的刘步蟾、林泰曾等。第三代留学生是20世纪初的留日群体，在甲午战争失败之后，清朝政府鼓励学习日本，特别是1903年张之洞的《奖励游学毕业生章程》得到清朝政府批准后，留日学生络绎不绝，形成高潮，涌现出了包括鲁迅、蔡锷、秋瑾、黄兴、宋教仁、蒋介石在内的一批影响了中国近代历史发展进程的关键人物。第四代留学生源于1907年，美国总统罗斯福提议将美国分到的庚子赔款中超过实际消耗的部分减退1 078万美元，用于中国兴办高等教育和招收中国学生留美，清华大学的兴办即与此相关。此后，英、日、法等国纷纷效法美国，退回部分庚子赔款，因此这批留学生的目的地以美国为主，兼有部分其他国家。这一批人多数成为中国现代科技事业的开拓者或奠基人，早期的庚子赔款留学生有中国物理学奠基人叶企孙、饶毓泰、胡刚复等，中国近代数学的先驱胡明复、胡敦复等，中国化学工业的先驱侯德榜，中国气象学的先驱竺可桢，清华大学的终身校长梅贻琦，中国社会学先驱潘光旦等，再往后的庚子赔款学生包括中国航天之父钱学森、中国建筑学奠基人梁思成、中国电机事业的先驱顾毓秀等,灿若星河的先驱点燃了中国近代科技发展的火炬,这些星星之火燎起了处于沉睡中的中国科技发展之原,中国科技发展能够取得今天的成就,我们不能忘记这些留学先驱的努力和付出。

2.2.8　总结

纵观中国科技文明发展的历史,首先就是敬佩和感叹,虽然社会经济发展水平并不发达,但是先人们不畏艰难、开拓创新、勇于突破、成就斐然,这就是中国科技文明发展能够屹立于世界东方的精神所在,传承到今天,我们当然有责任继承先人的衣钵,并且发扬光大,为中华民族的伟大复兴添砖加瓦。

其次就是思考一下中国科技文明发展成就的主脉络,由于地理位置相对封闭,加上政治环境相对稳定,中国科技文明的发展自成体系,有着鲜明的特色和风格。我们可以设想这样一个场景:2 500年前,当古希腊的哲学家在希腊海边思考的时候,古印度的哲学家在恒河岸边打坐,而中国的哲学家则在黄河岸边散步;古希腊的哲学家思考的是人和物的关系,古印度的哲学家思考的是人和神的关系,而中国的哲学家思考的则是人和人的关系。所以中国的科技文明发展是围绕人展开的,侧重于解决人在生活中遇到的各种问题,因此农学、天文学、数学、医学是贯穿各个历史时期的学科发展重点,而陶瓷、纺织和建筑则是独具特色且蜚声世界的技术成就。至于闻名遐迩的四大发明,则是因为对欧洲近代科学的诞生起到了重要推动作用才声名鹊起的,也是古代中国人民对近世文明的卓越贡献。从这个角度看,还是可以梳理出中国科技文明发展的主脉络的,这也是前面介绍中国科技文明发展史的主线所在。

最后,我们放眼当今世界来看中国科技发展的潜力。坦率地讲,明清以后我们的科技发展停步不前,确实落后于世界的发展,鸦片战争的惨败让有识之士认清了这个差距,掀起了留学运动的高潮。向发达国家学习先进的科学技术,将会迅速拉近之前的差距,前面介绍了截至清末的第四代留学生,其实在"民国时期"和中华人民共和国成立后,也有多次留学高潮,"民国时期"的赴法、赴英、赴美,中华人民共和国成立初期的赴苏联和东欧,改革开放之后的赴美、赴德等,大批的留学生学成归来,带来了新的知识和思想。而改革开放带来的经济腾飞,使得中国已经成为世界第二大经济体,这为中国科技的发展奠定了物质基础,再加上中华民族从来不欠缺的勤劳刻苦、勇于创新的精神,我们有充分的理由相信,在不久的将来,中国的科技一定会全面走上世界之巅。

2.3　西方科技文明发展概述

对西方科技文明发展进行概述,由于涵盖的国家和成就更为广泛,挑战性更大,我们按照分阶段选取重点的原则进行介绍。在从人类文明初期、到中世纪、再到文艺复兴之后的3个阶段中分别选取典型的文明成就进行介绍,管中窥豹地领略一下西方科技文明的辉煌成就。需要说明的是,古希腊的科学成就不在本节进行介绍,由于其全面性,本书将会对其进行分解,放到后面相应学科的发展中加以介绍。

2.3.1 文明初期世界各地的科技成就

1. 美索不达米亚文明的科技成就

普遍认为世界上最古老的文明发源于底格里斯河与幼发拉底河的中下游地区,希腊人称之为美索不达米亚,意思是两河之间的地方。由于地处平原地带,所以在公元前数千年的发展历史中,苏美尔人、巴比伦人、亚述人和迦勒底人等先后问鼎两河流域,从苏美尔王国,到古巴比伦文明,再到亚述帝国,直至新巴比伦王国,最终于公元前 539 年被波斯人征服,两河流域的风起云涌有利于不同民族间文化的碰撞和融合,因此可以说美索不达米亚文明是由多个文明共同创造的。

早在公元前 3500 年左右,苏美尔人就发明了象形文字,后来不断完善,由于这种文字通常刻在砖、石或泥板上,笔画成楔形的缘故,所以被称为楔形文字。源于大河流域的文明通常在天文学、农学方面高度发达,两河流域的文明也表现出了这样的特征。世界上可考的最早的观象台——乌尔观象台就位于幼发拉底河南部的乌尔城,如图 2-21 所示,约建于公元前 2150 年,4 层台面的色彩由下至上分别为黑色、红色、青色及白色,分别寓意着地下世界、人间、天堂和太阳。美索不达米亚文明首创太阴历,即以月亮的阴晴圆缺作为计时标准,每月 29 天或 30 天,为了与回归年相吻合将每年的第 1 天固定在春分时节,发明了置闰的方法,并通过长期的实践确定出 19 年 7 闰的规则,这与古希腊天文学家默冬公元前 432 年的观测结果是吻合的。

图 2-21　乌尔观象台

太阳在恒星背景下所走的路径,在天文学上叫作黄道。古代美索不达米亚人已经知道了黄道,并且将黄道划分为 12 个星座,被广泛应用。亚述人统治时期发明了 7 天 1 个星期的计时方法,即把日、月和当时观测到的火、水、木、金、土五大行星合在一起,主管每个星的神各自主管 1 天,这种计时方法最终于公元 321 年由罗马皇帝君士坦丁颁布法令确定,现在世界各国都在采用。编制了日月运行表被认为是美索不达米亚文明最重要的天文学成就,被用于预测日食和月食。

两河流域形成的冲积平原为灌溉农业的繁荣发展奠定了坚实的基础。美索不达米亚文明开始种植的植物种类繁多,并且驯养了牛、羊、猪等多种动物,建立起包括汲水吊杆、运河、水渠、堤坝、堰和水库在内的复杂的灌溉系统。其农业技术高度发达,普遍认为美索不达米亚文明最早发明了用于耕地的犁,最早发明了轮子。世界上最早的冶铁术也源于两河流域,当时主要应用于武器,但是有了冶铁的基础,发明并应用铁制农具是有可能的。美索不达米亚文明的标志性发明如图 2-22 所示。

美索不达米亚人有着丰富的数学知识,他们发明了六十进制的计数系统,会进行加减乘

(a) 美索不达米亚文明的犁

(b) 基什文明时代的轮子

(c) 赫梯文明时代的刀

图 2-22　美索不达米亚文明的标志性发明

除的四则运算,能够求解一元二次方程;他们把圆分为360°,知道圆周率 π 近似为3,甚至会计算不规则多边形的面积及一些锥体的体积。源于公元前3000年的《药典》是目前已发现的人类文明史上最古老的一部药书,可以看到两河流域的药物主要是从植物中提取的,书中描述了一些配药的方法,也给出了一些制药工具的插图。美索不达米亚文明已经将医生和巫医分开了,有了专职的医生,主要分为一般医生、外科医生和兽医。而楔形文字记录下来的公元前2000年左右的一次剖腹产手术,则足以证明美索不达米亚文明医学的高度发达。

最后,就是美索不达米亚文明给人类文明留下的浓墨重彩的一笔,那就是世界上最早的法律文件——法典发源于此地。《乌尔纳姆法典》是现存最早的法典,是由乌尔第三王朝(公元前2113—2008年)开国君主乌尔纳姆制定的,法典包括序言和正文两部分,据估计是由30～35块泥板组成的,但是大多数未能保存下来。现在发现的最早抄本大约是巴比伦时代的,大部分已经毁损,仅存几块残片。从破损较严重的法典残片可以依稀看出,法典主要是对奴隶制度、婚姻、家庭、继承、刑罚等方面做出的规定。而晚于《乌尔纳姆法典》近300年的《汉谟拉比法典》则是现存的世界上第一部比较完备的成文法典。法典由序言、正文和结语3部分组成,序言和结语约占全部篇幅的1/5,充满神化、美化汉谟拉比的言辞,正文则包括282条法律条文,对刑事、民事、贸易、婚姻、继承、审判等制度都做了详细规定。如图2-23所示的两部法典标志着美索不达米亚文明的法律体系已经相当完备,对后世西方的法律文化也产生了深远影响。

(a)《乌尔纳姆法典》残片

(b)《汉谟拉比法典》全图

图 2-23　美索不达米亚文明的两部法典

2. 古埃及文明的科技成就

非洲的尼罗河是世界上最长的河流,孕育了灿烂的古埃及文明。公元前 3100 年,上、下埃及实现了统一,建立起法老王统治时代,之后 2000 多年的时间里古埃及文明繁荣发展,在诸多领域取得了卓越的成绩。但是随着公元前 525 年被波斯王朝征服,再到古希腊人的占领,直至公元 47 年罗马帝国的入侵,古埃及文明开始风雨飘摇,公元 641 年阿拉伯人征服埃及,原有的文化习俗和文化历史被彻底毁灭了,从此古埃及文明湮灭在了历史的长河中。

古埃及文字最早可以追溯到公元前 3500 年左右,是用鸟兽、山川等象形符号表示语义的,因此属于象形文字。按照应用场合的不同,可以分为圣书体、僧侣体和世俗体 3 类。但是随着古埃及文明的消失,人们已经无法解读其文字,直到 1799 年拿破仑征战埃及时偶然发现了图 2-24(a)所示的罗塞塔石碑,才揭开了古埃及文字的神秘面纱。石碑上用希腊文字、圣书体和世俗体 3 种文字篆刻了同样的内容,使得考古学家在对照各语言版本的内容后,解读出了失传千余年的古埃及象形文之意义与结构。此外,早在公元前 3000 年古埃及人就研制出了图 2-24(b)所示的用于书写的莎草纸,成本相对低廉而且结实耐用,一直被应用到了 11 世纪左右。

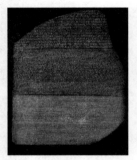

(a) 罗塞塔石碑　　　　　(b) 记录金字塔水路运输方式的莎草纸

图 2-24　罗塞塔石碑和莎草纸

古埃及文明的医学高度发达,生活在公元前 2980 年左右的伊姆荷太普被誉为古埃及医学的奠基人,据传是他发明了木乃伊的制作方法,而通过制作人体木乃伊和动物木乃伊,古埃及人熟知人和动物各个器官的形状和位置,并且知道了某些器官的功能。古埃及的外科医术特别发达,最古老的医学文献《史密斯纸草文》的内容就是关于外科方面的医书。发现于底比斯的《艾贝尔斯纸草》则是古埃及人的一部医学百科全书,包含 900 多个医治各种疾病的处方。古埃及的建筑成就享誉世界,神庙和金字塔则是其中的杰出代表,塞加拉阶梯金字塔被普遍认为是古埃及最早的金字塔,也是由伊姆荷太普主持设计的,而在底比斯修建的卡尔纳克神庙和卢克索尔神庙则是神庙建筑的典范,这两大神庙均以众多巨大的圆柱著称于世,神庙的柱子和墙壁上满是各种雕刻以及象形文字的铭文。古埃及的医学和建筑成就如图 2-25 所示。

古埃及的天文学成就辉煌,那时的人们发现,当天狼星清晨出现在东方地平线上的时候尼罗河就开始泛滥,因此根据对天狼星偕日升和尼罗河泛滥周期的长期观测,古埃及人把一年由 360 日增加为 365 日,分为 3 季(泛滥季、播种季、收割季),这就是太阳历。罗马共和国晚期的凯撒根据太阳历制定了儒略历,成为现代历法的基础。古埃及人还发明了圭表、日晷

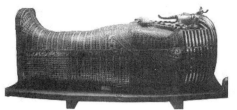
(a) 图坦卡蒙木乃伊金棺

(b) 史密斯纸草文

(c) 塞加拉阶梯金字塔

(d) 卢克索尔神庙

图 2-25 古埃及的医学和建筑成就

及夜间进行星象观测的仪器——麦开特,如图 2-26 所示。根据近代测量结果,埃及最大金字塔底座的南北方向非常准确,在古埃及没有罗盘的条件下,据推断这必然是用天文方法测量得到的。

古埃及人在数学方面也有很高的成就,数学方面的知识包括算术、代数和几何三大类。我们先前对于古埃及人数学成就的了解,主要是源于两部纸草书:

图 2-26 古埃及的麦开特

《莱茵德纸草书》(见图 2-27)和《莫斯科纸草书》。从中我们知道,古埃及人的数字体系是十进制的,他们发明了自己的计数体制和数字符号。算术采用的方法是叠加法,乘除法也化作叠加法的步骤来解;代数能够求解一次方程;几何的发展则要归功于"尼罗河的赠礼",主要是因为尼罗河定期泛滥后会淹没谷地,水退后又要重新丈量居民的耕地面积,在这个基础上几何学得到了蓬勃发展。古埃及人在体积的计算上达到了相当高的水平,他们已经知道圆柱体的体积是底面积乘以高,而对于上、下底面分别是不同长度正方形的平截头方锥体的体积也能够进行计算,这样的数学成就令人叹为观止。

古埃及有着完备的度量衡系统。长度单位是腕尺,是指从肘至中指尖的长度,约为 20.62 in,腕尺又被分成 7 掌或者 28 指。腕尺乘以 100 则被叫作哈特,是丈量土地的基本单位。容量的基本单位叫作哈努,合 (29.0 ± 0.3) in^3。此外,还有一个容量单位叫作哈尔,等于一立方腕尺的 2/3。重量单位的基本单位叫德本,与容量之间存在换算关系,即 1 哈努的水重 5 德本。古埃及的度量衡在日常生活中发挥了重要作用,即使进入阴间,也会进行"秤心",如图 2-28 所示,以秤重结果决定是否能够得到永生。

3. 古印度文明的科技成就

古印度文明最早可以追溯到源于印度河的哈拉巴文化,但是公元前 1750 年左右,哈拉巴文化却突然销声匿迹了。大约从公元前 1500 年开始,外来的入侵者就持续不断地从印度

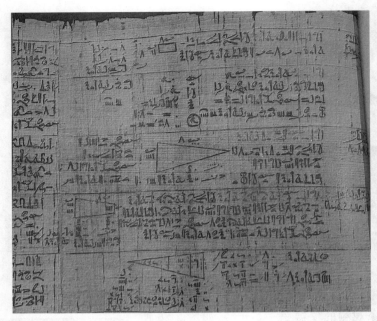

图 2-27 《莱茵德纸草书》上记载的古埃及数学成就

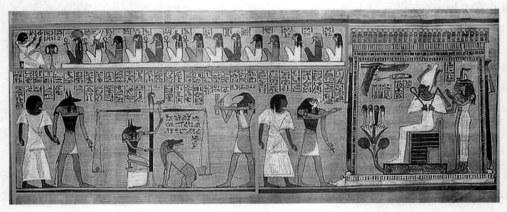

图 2-28 古埃及壁画上的"秤心"仪式

的西北部攻入印度,先是来自北方的游牧民族雅利安人,开创了"吠陀"文化时代,之后古波斯人、古希腊人、阿拉伯人、蒙古人等相继入侵,直到成为英国的殖民地,最后于 1947 年独立,成立了今天的印度共和国。

纵观古代印度的发展历史,哈拉巴文化是源于印度河流域的本土文明,在其遗址中,石器占据了巨大的数量,但是也有青铜器的农具和武器;哈拉巴文化的民众还掌握了金、银、锡、铅等金属的加工技术,出土了大量首饰。令人叹为观止的是其城市建设水平,所建城市有着宽阔的街道和良好的排水系统。哈拉巴文化遗址还发现了 2 000 多枚印章,或多或少地刻有文字,有些是象形的,也可能有些是表示音节的,至今尚未完全破译。自哈拉巴文化谜一般的消失之后,严格意义上的古印度文明就已经中断了。而且由于印度历史上从来没有高度统一的中央集权国家,也从来没有统一的语言,这为了解印度文明的发展过程带来了困难。古代印度人也不注意记述自己的历史,只是喜欢讲神话故事,所以历史学家大多不得不借助同时期的罗马、波斯和中国的史书记载来了解这扑朔迷离的南亚次大陆。我们应当看到,古印度本土文明虽然中断了,但是印度人民却在多次的外族入侵中不断学习外部文明,仍然创造出了独具特色的文明类型,在数学和医学等领域有着自己独特的贡献。

　　大约在哈拉巴文化时期,印度人就采用了十进制,到公元前3世纪前后出现了数的记号,但是没有零,也没有进位法。《绳法经》是古印度现存最早的数学著作,成书于公元前5世纪至公元前4世纪,其中包含一些几何学方面的知识,如提到了勾股定理,并且记载了圆周率 π 约为3.09。公元3世纪以后,希腊数学传到了印度,印度的几何学取得了显著进步,印度人自己进一步发展了算术和代数。在这个时期的巴赫沙利手稿中出现了数字0的雏形,是一个实心的黑点,之后0的概念和运算规则不断发展,最迟于公元9世纪完成,在一块公元876年的石碑(瓜廖尔石碑)上已经有了明确的数字0,如图2-29所示。阿耶波多在其撰写的《圣使历数书》中对十进位制数值体系进行了详细介绍,后来因被阿拉伯人传到了欧洲而被误称为阿拉伯数字。《圣使历数书》中还出现了平面图形的求积以及算术级数的求和方法,并且算出了圆周率等于3.141 6。此外,印度人还引进了负数、无理数运算,学会了处理二次方程的求根问题和解不定方程,在世界数学发展史上留下了自己的烙印。

(a) 公元3世纪的巴赫沙利手稿　　　　(b) 公元876年的瓜廖尔石碑

图2-29　标志着0演变的巴赫沙利手稿和瓜廖尔石碑

　　古印度文明的自然科学整体上发展水平不高,但医学是个例外,这有可能和印度思想中的大慈大悲、普度众生的仁爱思想相一致。印度的古老医学可以追溯到公元前2000年,比较著名的是阿育吠陀医学,被认为是世界上最古老的医学体系,几千年来在无数印度传统家庭中使用着,其影响几乎波及全球所有的医学系统,因此印度阿育吠陀被誉为"医疗之母"。成书于公元前600年左右的《阿闼婆吠陀》中已经记载了77种病症,并且开出了对症的药方。另外两部最著名的医学著作是《阇罗迦本集》和《妙闻本集》。阇罗迦生活在公元2世纪,相传是迦腻色迦的御医,他的书被誉为医学百科全书,书中提到了500余种药物,探讨了诊断、疾病预后和疾病分类问题,并把营养、睡眠与节食视为维护人体健康的三大要素。妙闻稍晚于阇罗迦,他的书内容比较广泛,除解剖学、生理学、病理学外,还研究了内科、外科、妇产科和儿科病症,多达1 120种。尤其是外科手术具有相当高的水平,书中记载了120种外科器具,并有拔除白内障、除疝气、治疗膀胱结石、剖腹产等手术方法,书中所记药物多达760种。在几千年的历史中,印度医学不断发展,形成了具有自身特色的医学体系。古印度的医学代表性著作和人物如图2-30所示。

(a) 阿育吠陀七脉轮

(b) 阁罗迦塑像

图 2-30 古印度的医学代表性成就和人物

2.3.2 中世纪时期的科技成就概述

基督教的兴起是西方科技文明发展史上的一个标志性事件,总体来讲,其对科技发展的影响是负面的,因为信仰和天启取代了事物的钻研,阻碍了人们探索自然的热情。所以,在公元 4 世纪基督教被罗马帝国定为国教后,西方自然科学的发展基本上停滞了,再加上亚历山大图书馆被烧毁、西罗马帝国灭亡、柏拉图学园被封闭等一系列事件的出现,西方科技文明发展的脚步迈进了中世纪的黑暗,并没有做出特别有意义的工作。但是这给阿拉伯文明的发展和壮大提供了千载难逢的契机,阿拉伯文明因此成为中世纪时期世界科技文明发展的一面旗帜。

公元 570 年,阿拉伯人的领袖穆罕默德在圣城麦加诞生,公元 610 年开始在麦加宣传伊斯兰教义,但是受到了保守势力的阻碍,他于公元 622 年来到麦地那,建立了自己的权威和力量,这一年被誉为"伊斯兰教"的元年。公元 630 年,穆罕默德重返麦加并在之后顺利统一了阿拉伯半岛,公元 632 年病逝。新兴的阿拉伯帝国迸发出强大的战斗力,在之后一个半世纪的战争中,开疆拓土,形成了西至西班牙,东抵中亚并对中国形成威胁的辽阔帝国,阿拉伯帝国进入鼎盛时期。到了 13 世纪初,随着强大的蒙古帝国的快速崛起,阿拉伯帝国最终于 1260 年消失在蒙古人的铁骑下。

阿拉伯帝国阿拔斯王朝第七任哈里发马蒙对阿拉伯科学的兴盛功不可没,他于公元 830 年在巴格达创办了"智慧宫",其想象如图 2-31 所示,设有两座天文台、一座翻译馆和一座图书馆,翻译员受命由希腊语、波斯语、叙利亚语翻译古希腊科学著作,也由梵文翻译古印度的数学和医学著作,欧几里得的《几何原本》、托勒密的《至大论》都是这一时期被翻译成阿拉伯文的,翻译运动使阿拉伯人很快掌握了当时最先进的科学知识,为进一步的科学创造打下了基础,巴格达也成为当时的世界学术中心。

阿拉伯的数学成就是在吸收古希腊和古印度数学成就的基础上发展起来的,而花拉子米就是其中的杰出代表。花拉子米是"智慧宫"学术工作的主要领导人之一,他将古印度的算术和代数介绍给了西方,从而导致印度数字被误称为"阿拉伯数字"。花拉子米编写了《还原和简化的科学》,如图 2-32 所示,比较完整地讨论了一次、二次方程的解法,并首次在解方程的过程中提出了移项与合并同类项,他将移项称为"还原"(al-jabr),后来被译成拉丁文 algebra,这就是代数学一词的源头。

图 2-31 巴格达"智慧宫"的想象图

(a) 花拉子米雕像　　　(b)《还原和简化的科学》中的一页

图 2-32 阿拉伯文明的代表性数学人物与成就

　　阿拉伯学者的物理学贡献主要集中在光学和静力学上。阿尔·哈曾由于在光物理性质以及几何光学方面的研究贡献,被誉为"光学之父"。他认为光在同一物质中是以有限速度沿直线传播的;在古希腊人反射定律的基础上,他进一步提出入射光线、反射光线和法线在同一平面内;他成功地设计出测定入射光线与折射光线的方法,遗憾的是没有进一步得到折射定律。他讨论了月亮如何反射太阳光的问题并且指出,人的眼睛并不发射光线,所有的光线都来自太阳,人之所以能够看见物体,是因为物体反射了太阳光,这些都是光学史上开天辟地的观念变革。他还研究了透镜的成像原理,发现透镜的曲面是造成光线折射的原因,而并非组成透镜的物质有什么特殊的魔力。他的这些成就全部收录在 7 卷本的《光学书》一书中,如图 2-33 所示。在静力学方面,阿尔·哈曾在其公元 1137 年出版的《智慧秤的故事》中详细描绘了他自己发明的杆秤,既可以作为杆秤使用,也可以用一个可动的秤盘在没有砝码的情况下测量重物,还可以在水中测定物体的质量。阿尔·哈曾发现空气也有重量,因此他把阿基米德的浮力定律从液体推广到了气体。他还发现"大气的密度随高度的不断增加而越来越小,因此物体在不同高度测量时,重量会有所不同。"这些发现推动了力学理论的发展。

(a) 理性的阿尔·哈曾和感性的伽利略   (b) 阿尔·哈曾的《光学书》卷首

图 2-33   阿拉伯物理学的杰出代表——阿尔·哈曾及其著作

　　中世纪时期,化学尚未成为一门独立的学科,但是作为化学前身的炼金术却在世界范围内蓬勃发展起来,当然也引起了阿拉伯人的浓厚兴趣,其中的杰出代表就是查比尔·伊本·赫扬,如图 2-34 所示。

图 2-34   查比尔开展炼金术的研究与教学工作示意图

　　查比尔的学术思想源自亚里士多德的元素学说。他特别重视对硫和汞的研究,提出了凡金属皆能由硫和汞按不同比例组成的炼金学说。他注意实验技术的研究,改进了古代的煅烧、蒸馏、升华、熔化和结晶等方法。著有《物性大典》《七十书》《炉火术》等专著,全面介绍了金属、矿物、盐类等方面的知识,记载了硝酸、王水、硝酸银、氯化铵、氯化汞等的制作方法,并首先引用了碱、锑等化学术语,包含有丰富的化学知识和实践。他的大量著作传入欧洲后,对中世纪欧洲炼金术的发展产生了重要影响,并对之后化学学科的形成起到了重要的支撑作用。

　　阿拉伯医学继承了古希腊和古罗马的精髓,并且不断发扬光大。在拉希德统治时期巴格达建起了第一座医院,并迅速辐射全国,在发达的炼金术支持下,制造出很多无机药物。阿拉伯医学领域最杰出的代表非阿维森纳莫属,如图 2-35 所示。出生于 980 年的他所生活的年代已经不是阿拉伯文明的黄金时代,但就是在这样不稳定的生活中,他博采众长,把亚里士多德的理论全面系统地运用到了医学领域,并有所创新和发展。他发现肺结核是一种传染性疾病,阐述了胸膜炎和多种神经失调症,还把心理学应用于医学治疗,此外他还发现污染后的水和土壤可以传播疾病。在他的 100 多本哲学和医学著作中,《医典》的影响最为广泛和深远,书中记载了 760 多种药物的性能和丰富的临床经验,代表了古代阿拉伯医学的最高成就,被欧洲各大学用作医学教科书。从 12 世纪到 17 世纪,这部书被西方医学界看作权威著作。

(a) 阿维森纳的雕像　　　(b) 阿维森纳墓　　　(c) 阿维森纳的《药典》手稿

图 2-35　阿拉伯医学的杰出代表——阿维森纳及其著作

阿拉伯文明在中世纪闪耀世界,但是随着阿拉伯帝国的日渐衰落,以及阿拉伯宗教势力的日益保守,从 12 世纪开始,阿拉伯文明逐渐黯然失色。

2.3.3　文艺复兴之后的科技成就概述

近代科技文明源于 14—16 世纪的文艺复兴运动,始于意大利,此后在世界各地蓬勃发展。经过几个世纪的发展,世界各国的研究人员开始思考一个问题,那就是世界科学技术的中心是否会更迭,以及是否存在一定的规律性。

20 世纪 50 年代,著名科学社会学家贝尔纳在《历史上的科学》中第一次描述了“科学活动的主要区域随时间变化而更迭”的现象。随后日本学者汤浅光朝通过对 1501—1950 年的科技成果的系统梳理,提出了科学技术中心的转移理论。他认为:“如果一个国家在一定时段内的科学成果数量超过全世界科学成果数量的 25%,那么这个国家在此时段内可成为世界的科学中心。”这一理论被称为“汤浅现象”,基于该理论可以得到图 2-36 所示的世界科学技术中心转移顺序图。由于该理论在某种程度上揭示了世界科技发展的跳跃性和不平衡性,因此得到了越来越多的研究人员的认同。

1. 第一个科学技术中心——意大利

从 13 世纪开始,中国的四大发明陆续传入欧洲,对欧洲的文艺复兴运动乃至资本主义社会的发展起到了催化作用。资本主义在欧洲地中海沿岸开始萌芽,以意大利为代表的欧洲国家的新兴资产阶级掀起了文艺复兴运动,出现了一批号召人们从中世纪的精神桎梏中解放出来的思想家和科学家,他们强调通过实验和观察来认识自然、认识世界,反对片面地依靠逻辑推理来认识事物。例如,反对把地球看成宇宙中心的哥白尼和开创实验科学的伽利略。近代科技的第一个中心在意大利形成。科技的大发展推动了意大利的经济发展,使

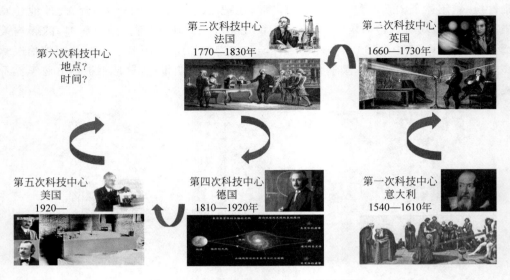

图 2-36　5 次科学技术中心的转移示意图

其成为当时世界经济发展的中心。

2. 第二个科学技术中心——英国

16 世纪末,先进的意大利分裂为许多小国,为英国的发展创造了外部条件。世界科技中心从意大利转移到英国。英国哲学家培根在《伟大的复兴》中重点论述了知识的价值,提倡科学实验、研究自然科学,在英国乃至欧洲产生了深远的影响,之后牛顿发表了影响人类科技文明发展的巨著——《自然哲学之数学原理》。当时的英国政府重视科学技术,批准成立了皇家学会等学术组织,还鼓励人们从事工具机的发明和改进,其标志性成果就是瓦特在前人发明的基础上完善了高效蒸汽机,将蒸汽机推向市场,引起了第一次工业革命,改变了整个生产和社会生活的面貌。然而从 19 世纪末开始,英国的工业优势不断衰退,导致英国在科研开发上的投入相对下降,再加上英国的学术界越来越重视理论轻视应用、重视科学轻视技术,使英国在国际经济以及科技等方面的地位不断下滑。

3. 第三个科学技术中心——法国

法国科技中心的形成开始于 18 世纪末,在 19 世纪初进入高峰。这个时候虽然英国的经济仍然处于繁荣的状态,但是,一方面,法国由于其特殊的政治情况成为激烈的大革命场所,以狄德罗为首的一批启蒙运动哲学家形成了"法国百科全书派",他们宣传自由平等和人道主义,提倡民主和科学,出现了一次思想大解放;另一方面,在牛顿学说的影响下,法国出现了一批科学家和科研成果,如著名数学家及力学家拉格朗日,数学家和天文学家拉普拉斯,开创定量分析、创立燃烧氧化学说的现代化学之父拉瓦锡等。思想上的大解放加上科学成就的不断涌现,再加上创建了科学的教育制度,使法国成了第三个科技中心。但是,法国的研究工作过分地学院式,教育制度培养的人才相当一部分是科学家-数学家-哲学家类型,不善于将科学转化为生产力,再加上社会过于动荡,影响了法国的经济发展。

4. 第四个科学技术中心——德国

在1830年第一次工业革命达到高潮时,德国人不甘落后,大批德国人去英国和法国留学并且学成回国。由于德国人重视理性和应用,德国政府重视知识,整顿教育制度,创新了教学、科研相统一的高教体系,因而涌现出一大批著名的科学家,如世界著名的数学家雅可比、高斯,发现欧姆定律的物理学家欧姆,发展了有机化学的化学家李比希等。德国也特别注意科学技术和工业的结合,造就了一批克虏伯、西门子这样集科学家、工程师、企业家于一身的人才,其科技成就和经济水平能够迅速超过英法,在一定程度上也得益于这一点,从而使德国迅速成为第二次工业革命的中心。但是随着第一次世界大战德国的战败,国家便衰落,而且希特勒上台之后,把大批优秀的科学家赶出了德国,德国的科学技术也就日落西山了。

5. 第五个科学技术中心——美国

美国在独立战争后的宪法中明确了科学技术的发展方针,并确定了以教育带动科研的发展策略。在两次世界大战期间,美国采用移民政策大力吸引人才,如著名物理学家爱因斯坦、费米等;同时,美国还留下了大批来自世界各地特别是中国的科技人才,如杨振宁、李政道等。美国政府利用战争中获得的资金大幅度地增加对科技的投入,相继推动了原子能、计算机、微电子、互联网等技术的发展,领先世界进行了第三次技术革命,并在20世纪80年代后期迅速地商业化和产业化,使美国成为第三次工业革命的中心。虽然近年来美国的经济垄断地位有所下降,但美国抓住了"信息高速公路"带来的全球市场发展新契机,及时进行产业结构调整,推动了经济复苏,因此美国仍然是全世界经济活动的中心之一,而且这种状况还将持续相当长的时间。

2.4　中西方科技文明发展的比较

对中西方科技文明发展历程进行比较是一个复杂的系统问题,其中涉及文化、环境、思想、宗教等诸多因素,为了简化问题,采取提纲挈领的方式,在几千年的发展历程中我们抓住几个关键的时间点来进行分析和比较,如图2-37所示。

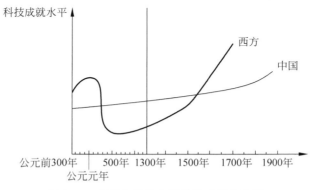

图2-37　中西方科技文明发展成就对比图

图2-37中的横坐标是历史发展的脚步,纵坐标是每个时间点上的科技成就水平。可以看出,西方科技文明的发展犹如过山车般起起伏伏,而中国则由于没有强敌入侵的干扰,发展相对稳定,呈现出稳步增长的态势。

　　总体来看,科技文明发展的早期由于美索不达米亚文明、古埃及文明、古希腊文明的合力作用,使西方在整体水平上要略胜中国一筹;到了公元 4 世纪左右,西方科技文明的发展显著滑坡,中国则仍然在稳步发展,因此一跃超过了西方科技文明的水平;随着时间的流逝,西方科技文明开始发力追赶,到了公元 16 世纪前后,西方的整体水平又走在了中国的前面。可以看出,在这个历程当中有两个关键的交叉点以及一条关键的垂直线。那么,它们分别是什么呢?

　　第一个交叉点就是基督教的合法化以及被古罗马帝国定为国教。基督教从诞生之日起,由于从犹太教那里继承了一神论和救世主的信仰,与古罗马帝国多神教的传统相冲突,因此发展受到了限制,但是古罗马帝国并没有取缔基督教,从而导致基督教在中底层群众中的影响日益增加。公元 313 年,古罗马帝国君主君士坦丁宣布宗教信仰自由,基督教正式合法化。公元 324 年,君士坦丁在完成帝国的统一后,其政治生涯达到巅峰。公元 325 年,君士坦丁主持召开了第一次尼西亚会议,形成了《尼西亚信经》,确立了一些至今仍被大部分天主教会采纳的教义。后世公认,君士坦丁"完成了一场波澜壮阔的宗教与社会革命",为教会开启了一个新时代,在相当大程度上影响了整个西方文明的面貌。古罗马帝国最后一位统治统一的罗马帝国的皇帝狄奥多西一世在公元 393 年宣布基督教为国教,并认为古奥运会有违基督教教旨,是异教徒活动,因此于翌年宣布废止古奥运会,这被视为将基督教正式捧上神坛而添加的最后一块砖瓦,基督教在随后的千年里统治了欧洲大陆,并影响至今。基督教合法化过程中的关键人物如图 2-38 所示。

(a) 第一次尼西亚会议时的君士坦丁大帝　　　　　(b) 狄奥多西一世像

图 2-38　基督教合法化过程中的关键人物

　　前面已经对基督教合法化后对科学技术发展的影响进行了分析,总体来讲,由于其限制异教学术的发展,因此对科学技术的发展总体上是起负面作用。就算已经到了文艺复兴时期,其对科学发展的阻碍力量仍然非常强劲。意大利物理学家伽利略因撰写的《关于托勒密和哥白尼两大世界体系的对话》支持哥白尼的日心论,被迫在宗教裁判所中签字认错,然后从狱中迁往受监视的小屋度过了 9 年的忧苦生活,于 1642 年病逝。撰写了《人体的构造》的意大利医学家维萨留斯,也因为对盖仑医学的错误予以否定而受到教会的迫害,教会逼迫他去耶路撒冷朝圣以"忏悔罪过",使其在朝圣的归途中困死在希腊的一个岛上。从中也就不难看出,为什么在这个时间点上西方科技文明的发展陷入低潮,从而被中国全面超越了。

　　一条垂直线对应的就是文艺复兴运动的起点。普遍认为文艺复兴运动源于意大利的佛罗伦萨,但是对于文艺复兴运动发起的原因,仍然存在诸多争议。现在越来越多的观点认为,1096—1291 年,持续近 200 年的十字军东征对于文艺复兴的出现有直接的推动作用。当时由于原属罗马天主教的圣地耶路撒冷落入了伊斯兰教手中,因此罗马天主教会为了收复失地,动员西欧的封建领主和骑士进行了多次东征。抛开战争的负面作用,十字军东征促进了东西方文化的交流,欧洲人到了东方后,发现在欧洲已经消失了的仍在当地存在的古希腊文化残片,欧洲人将它们带回后,最终导致了文艺复兴的出现。文艺复兴运动通常被分为三个时期,即 14 世纪初至 15 世纪中期的第一时期、15 世纪中期至 16 世纪末的第二时期以及 17 世纪初期至 17 世纪中期的第三时期。

　　第一时期主要是人文主义的教育文学、诗歌和史学方面的巨大成就,带来的显著变化是基督教神学被人文科学所代替。文艺复兴初期的思想家对封建专制和经院哲学进行了批判,从根本上动摇了整个神学世界观的基础,推动了资产阶级文学、艺术和哲学的新生。代表作品有但丁的《神曲》、彼特拉克的《诗集》以及薄伽丘的《十日谈》等。第二时期则以绘画艺术、戏剧和政治学为主要内容,其特点是新文化运动全面繁荣,并越出意大利国界扩展到欧洲各国,新文化表现出旺盛的创造力,尤其是在造型艺术方面成就卓著;新的文学戏剧表现了民族意识、热爱祖国、渴望国家统一和强大的愿望。代表作品有达·芬奇的《蒙娜丽莎》、米开朗基罗的大卫像以及拉斐尔的圣母像等。第三时期最突出的成就是自然科学和哲学的诞生,在科学技术方面有了重大进步,突出特点是天文学革命和实验科学的创立使旧哲学成为新哲学。代表作品有笛卡儿的《物理学》《形而上学的沉思》以及斯宾诺莎的《伦理学》等。文艺复兴时期的部分代表性作品如图 2-39 所示。

(a) 手持《神曲》的但丁　　　　　　(b) 1492年出版的《十日谈》

(c) 达·芬奇的《最后的晚餐》　　　　(d) 米开朗基罗的大卫像

图 2-39　文艺复兴时期的代表性作品

　　毋庸置疑,文艺复兴运动带来的思想解放对于欧洲乃至世界的发展产生了深远的影响。我们可以引用恩格斯对文艺复兴运动的高度评价,他写道:"这是一次人类从来没有经历过的最伟大的、进步的变革,是一个需要巨人而且产生了巨人——在思维能力、热情和性格方面,在多才多艺和学识渊博方面的巨人的时代。"因此也就不难看出,文艺复兴运动对之后欧洲科技文明发展带来的强大支撑力量。

　　第二个交叉点则是大航海时代的开启。大航海时代的源头可以追溯到1298年《马可波罗游记》的出版,激起了欧洲人对东方文明与财富的倾慕与贪婪。1492年哥伦布发现了新大陆,但他直到去世都认为到达的是印度;1501年意大利航海家亚美利哥·维斯普奇对南美洲东北部沿岸做了详细考察,确认这是一块新的大陆,而不是印度,因此这块大陆就以他的名字"亚美利加"来命名了;1519—1522年,麦哲伦及其助手完成了人类历史上首次环球航行,这些大海航时代的标志性事件深刻影响了世界,使世界政治版图发生了重大变革,殖民主义的兴起促进了欧洲资本主义的蓬勃发展。

　　大航海时代带来的地理大发现给欧洲的发展带来了重大转机。欧洲由于地理位置的原因,处于高纬度近北极地区,因此大多数国家缺乏自给自足的发展能力,只有通过国际贸易以及掠夺的手段来取长补短,发展壮大自己,这也是他们热衷于海外发展的重要原因。发现美洲大陆带来的直接后果就是美洲蕴藏丰富的白银源源不断地流入欧洲大陆,最先受益的是西班牙和葡萄牙,而英国则后发制人,公元1588年的英西大海战中英国几乎全歼西班牙无敌舰队,从而走上了世界海洋霸主的崛起之路。在大量白银资本流入的情况下,经过财富的重新分配,孕育产生了新的贵族阶层,进而开创了新的金融制度,最终引发了第一次工业革命。

　　之所以要回顾大航海时代的历程,是想解读出影响西方科技文明快速发展的另一个重要原因——经济发展带来的影响。有了文艺复兴运动带来的思想解放,再有大航海时代带来的经济飞速发展,既不缺开展科学研究的头脑风暴,又不缺支撑科学研究的经济基础,两者的结合必然会推动科技文明的跨越式发展,这也是西方科技文明在文艺复兴和大航海时代之后能够反超中国科技文明的重要原因。

　　时间来到了21世纪,风云变幻、斗转星移,在改革开放走过了40年之后,以中国为代表的新兴力量的崛起已经成为不可逆转的趋势,当今世界也面临着百年未有之大变局,相信在这样全新的世界格局下,中华民族的伟大复兴必将能够在未来得以实现,中国科技文明的发展也必将再次屹立于世界之林,成为世界科技文明发展中不可或缺的磅礴力量。

参 考 文 献

[1]　贝尔纳.科学的社会功能[M].陈体芳,译.北京:商务印书馆,1995.
[2]　贝尔纳.历史上的科学:科学萌芽期[M].伍况甫,彭家礼,译.北京:科学出版社,2015.
[3]　贝尔纳.历史上的科学:科学革命与工业革命[M].伍况甫,彭家礼,译.北京:科学出版社,2015.
[4]　林德伯格.西方科学的起源[M].张卜天,译.长沙:湖南科学技术出版社,2013.
[5]　钮卫星,江晓原.科学史读本[M].上海:上海交通大学出版社,2008.
[6]　吴国盛.什么是科学[M].广州:广东人民出版社,2016.
[7]　普里高津.从存在到演化[M].曾庆宏,译.上海:上海科学技术出版社,1986.
[8]　萨顿.科学与生命[M].刘珺珺,译.上海:上海交通大学出版社,2007.
[9]　林可济.中国古代辩证自然观与现代科学思想的变革[J].福建师范大学学报(哲学社会科学版),

1998(2)：15-21.

[10] 吴国盛.科学的历程[M].长沙：湖南科学技术出版社,2013.

[11] 王志俊.关中地区仰韶文化刻划符号综述[J].考古与文物,1980(3)：14-22.

[12] 富严.史前时期的数学知识[J].史前研究,1985(2)：104-110.

[13] 汤斌,刘红艳.四川博物院藏巫山大溪遗址出土彩陶球制作工艺研究[J].四川文物,2015(6)：82-85.

[14] 中国科学院自然科学史研究所.中国古代重要科技发明创造[M].北京：中国科学技术出版社,2016.

[15] 史晓雷.汉代水碓的考古学证据[J].农业考古,2015(1)：193-196.

[16] 余扶危,贺官保.洛阳东关东汉殉人墓[J].文物,1973(2)：55-62.

[17] 鲁滨逊.测量的故事[M].《测量的故事》编译组,译.北京：中国质检出版社,2017.

[18] 潘鼐.中国古天文仪器史：彩图本[M].太原：山西教育出版社,2005.

[19] 蔡天新.数学与人类文明[M].北京：商务印书馆,2012.

[20] 曹尔琴.郦道元和《水经注》[J].西北大学学报(哲学社会科学版),1978(3)：77-84.

[21] 李崇州.中国古代各类灌溉机械的发明和发展[J].农业考古,1983(4)：141-151.

[22] 龙吉泽.农具史话：耒耜、耧车[J].时代农机,2015(3)：170-171.

[23] 沈克.理性的图像：元·王祯《农器图谱》图像研究[D].南京：南京师范大学,2004.

[24] 贾静涛.世界法医学与法科学史[M].北京：科学出版社,2000.

[25] 潘吉星.中国古代四大发明：源流、外传及世界影响[M].合肥：中国科学技术大学出版社,2002.

[26] 戴念祖.朱载堉的生平及其数学成就：纪念朱载堉诞生480周年[J].自然科学史研究,2016,35(4)：417-426.

[27] 刘明.论徐光启的重农思想及其实践：兼论《农政全书》的科学地位[J].苏州大学学报(哲学社会科学版),2005(1)：97-100.

[28] 陈昱良.享誉世界的博物学巨著《本草纲目》：纪念李时珍诞辰500周年[J].文史知识,2018(7)：11-16.

[29] 温诚.两河流域古代医学絮话[J].阿拉伯世界,1983(1)：13-16.

[30] GRIMAL NICOLAS, SHAW, IAN. A history of Ancient Egypt[M]. London：Blackwell Publishing, 1992.

[31] STOCKS DENYS A. Experiments in Egyptian Archaeology：stone-working technology in Ancient Egypt[M]. London：Routledge,2003.

[32] 吕鹏,纪志刚.古代印度数系的历史发展[J].上海交通大学学报(哲学社会科学版),2018,26(5)：86-93.

[33] AL-KHALILI JIM. The House of Wisdom：how Arabic science saved ancient knowledge and gave us the renaissance[M]. New York：Penguin Press,2011.

[34] DAVID A KING. A medieval arabic report on algebra before al-khwārizmi[J]. Journal of the Medieval Mediterranean,2009,22(9)：25-32.

[35] SIMON G. The gaze in Ibn al-Haytham[J]. The Medieval History Journal,2006,9(1)：89-98.

[36] MARYAM K,ELIZA S,MAJID K,et al. Contribution of Iranian chemists in research activities,on the occasion of the International Year of Chemistry[J]. Rev. Colomb. Cienc. Quím. Farm. ,2011, 40(2)：240-260.

[37] HENRY C. Avicenna and the visionary recital[M].Princeton：Princeton University Press,2014.

[38] 汤浅光朝.解说科学文化史年表[M].北京：科学普及出版社,1984.

[39] 袁波.君士坦丁对基督教发展的贡献[J].辽宁师范大学学报(社会科学版),2009,32(3)：120-124.

[40] 徐台榜.论十字军东征对欧洲文艺复兴运动的推动作用[J].宁夏大学学报(人文社会科学版),2004,26(4)：19-24.

第3章

仪器科学与数、理、化的发展

第 3 章
彩图

　　人类认识客观世界是从自然科学开始的,自然界当中蕴含的规律通常是需要通过测量来揭示与证实的,因此在科学发现的过程中,处处可以看到测控技术与仪器的身影,本章将以数学、物理、化学三大基础学科为例,通过鲜活的实例,使学生对测控技术与仪器能够有更具象化的认识。

3.1　仪器科学与数学的发展

3.1.1　数学与测量的关系

　　数学,顾名思义,就是研究"数"的科学。那么,人类历史上数的概念是从什么时候开始的呢? 简单来讲,当抽象出符号化的数字后,应该讲数学就出现了,那么数学包括了什么? 又能够用在哪里呢?

　　数的概念源于何时,由于年代久远已经很难考证了。不过可以肯定的是,史前时期的人类由于采集、狩猎等社会活动的需要,很早就开始接触并思考数的问题了。采集带回的实物有多有少,有时绰绰有余,有时不足果腹,慢慢产生了有和无的概念,多和少的差别,在知识积累和思考问题的过程中,逐渐出现了数目的概念,进而发展出计数的方法,石子记数、结绳记数以及刻痕记数等方法在不同地区得到了应用。但是无论采用哪种记数方法,在遇到较大数量的时候,都会变得比较复杂。为了解决这些问题,先人们发明了表示数字的记号以及数制,人类的早期文明都有自己的数字记号,也有像五进制、十进制、六十进制等不同的数制。现在国际上最常用的阿拉伯数系是由 0~9 这 10 个记号及其组成表达出来的十进制体系,其源头可以追溯到古印度文明,中世纪时由阿拉伯人改造后传到西方,数字记号的出现以及数制的应用标志着数学的开始,加减乘除的运算以及埃及分数等早期数学研究工作也可以抽象出数学表达式,进而在实际生活中得以应用。

　　随着人类文明的进步,数学的另外一个重要分支——几何出现了。大约在公元前 14 世纪,古埃及国王将土地平均分封给了国民,每个人根据得到的土地进行纳税,分封时或者尼罗河泛滥冲毁土地的时候都会涉及土地面积的测量问题,这就是最初的几何。几何学的英文单词 geometry 就是这样来的,geo 是指土地,metron 则是指测量。据考证,古巴比伦人的几何学也是源于实际的测量,早在公元前 1600 年,他们已经熟悉长方形、直角三角形等常见几何形状的面积计算方法。而在古代中国,几何学的起源更多则是与天文观测相关,在中国最古老的天文学和数学著作《周髀算经》中,就讨论了很多天文测量中遇到的几何问题。

数学发展到 16 世纪,包括算术、初等代数、初等几何和三角的初等数学体系已经大体完备。进入 17 世纪之后,生产力的发展推动了科学与技术的进步,出现了变量的概念,因而进入变量数学时代,人们开始研究变化中的量与量之间的制约关系,以及图形间的相互变换等问题,解析几何、微积分、高等代数等数学分支相继出现并不断完善,数学的内涵与外延日益丰富。18 世纪与 19 世纪之交,主流观点认为数学宝藏已经挖掘殆尽,没有发展空间了。但是非欧几何与近世代数的出现则掀起了几何学和代数学的革命,以给数学分析注入严密性为目标的"分析算术化"也推动了数学研究的纵深发展。到了 20 世纪下半叶,计算机的出现又将数学的应用推进到人类社会生活的方方面面,以计算数学为代表的应用数学发展如火如荼。现代数学已经不再是简简单单的几何、代数和分析这几门传统学科了,而是一个分支众多、结构庞杂的知识体系。数学的特点也不仅仅只有严密的逻辑性,而是新增了高度的抽象性和广泛的应用性,从而使得现代数学被划分为两大领域:纯粹数学和应用数学。

纵观数学的发展历史,数学的理论往往具有非常抽象的形式,但其实质却是现实世界中空间形式和数量关系的深刻反映,因此可以广泛地应用于自然科学、社会科学和技术的各个领域,对于人类认识自然和改造自然起着重要的作用。

之所以要对数学的发展历史进行概要介绍,主要是希望大家能够意识到数学是什么,并进一步去思考数学的本质。在这个思考的过程中,去理解和感悟数学与其他学科的关系,而具体到本书,则是感悟数学和测量的关系。

一方面测量是推动数学发展的原动力之一。根据前面的介绍,人类早期的几何学发展其实就是源于土地面积的测量需求,而且当几何面积的数学模型建立之后,也是需要通过测量结果进行证实的。代数学的早期发展也是这样的,英国哲学家罗素曾经说过:"当人们发现一对雏鸡和两天之间有某种共同的东西(数字 2)时,数学就诞生了。"这句话的前提,就是人们对一对雏鸡和两天都进行了测量与分析,才能抽象出两者之间的共性所在。而且,加减乘除四则运算的出现也离不开测量的支撑,"2+3=5"这样的公式的建立,需要测量并且只有测量结果才能够证实其成立。

另一方面数学是解决测量问题的有效手段。以德国数学家高斯提出并应用最小二乘法为例,其当时是为了解决天文学测量的问题。1801 年,意大利天文学家皮亚齐发现了小行星带中最大的那颗——谷神星,他在持续观测了一段时间之后生病了,病愈之后就再也找不到谷神星的位置了,这个时候德国数学家高斯根据之前的观测结果,提出并应用最小二乘法准确地预测出谷神星的运行轨迹,指导天文学家重新发现了这颗行星,因此谷神星又被誉为铅笔尖上发现的新行星,高斯的这个方法最终发表在其著作《天体运动论》中。现代科学发展到今天,对测量结果进行数学分析与建模已经是测量过程中不可或缺的环节。

综上,测量与数学的关系密不可分,我们一般能体会到数学对测量的有力支撑作用,通过数学揭示测量结果背后隐藏的规律,但是往往会忽略测量对数学的推动作用,下面我们就通过历史上的一些具体实例来进一步思考与体会测量对数学的推动作用。

3.1.2　测量是如何推动数学发展的

数学具有非常鲜明的特点,即高度的抽象化,特别是当集合论的观点与公理化的方法在20世纪逐渐成为数学抽象的范式之后,导致了实变函数论、泛函分析、拓扑学和抽象代数等抽象数学分支的崛起。那么,一个高度抽象的数学和一个非常具象的测量之间会存在什么样的联系呢? 这是值得思考和探究的。

我们换个角度来看,抽象的规律通常源于对实际现象的观测与总结,而总结出的规律又可应用于工程实际,因此是一个"实际→抽象→实际"的循环往复的过程。意大利物理学家伽利略曾经说过:"一切推理必须从观察与实验中得来。"这对应的是从实际到抽象的过程。而恩格斯曾经说过:"在马克思看来,科学是一种在历史上起推动作用的、革命的力量。"这其中就蕴含了科学规律反作用于客观世界后所带来的革命性影响。

因此,具体到数学,我们尝试从数学常数、数学定理以及数学概念3个方面来举例说明测量对数学的推动作用。当然,这只是管中窥豹,测量对数学的推动作用仁者见仁、智者见智,欢迎大家提出自己的观点并积极参与讨论。

1. 数学常数

圆周率 π 被定义为圆的周长与直径的比值,是一个驰名数学领域的常数,并且在人类几千年的发展历史中吸引了我们经久不衰的关注。德国数学史家康托曾经说过:"历史上一个国家所算的圆周率的准确程度,可以作为衡量这个国家当时数学发展水平的指标。"

早在古巴比伦时期,一块石匾(约产于公元前1900年至公元前1600年)上清楚地记载了圆周率为25/8,即3.125。而在约公元前1650年成书的《莱茵德纸草书》中提到:"如果正方形的边长是圆的直径的8/9,那么正方形的面积与圆的面积相等。"按照这句话的描述,计算出来的圆周率为3.160 49。也有研究人员指出,古埃及人可能更早得到了圆周率的结果,因为建造于公元前2500年左右的胡夫金字塔,其底边周长和塔高之比等于圆周率的2倍。

普遍认为,人类早期文明中圆周率的计算方法源于测量,通过测量圆的周长和直径,然后将两者相除即可得到符合定义的圆周率值。但人们很快发现,源于实际测量的圆周率计算值并不稳定,不同人员、不同仪器以及不同环境下的测量,计算出来的结果并不一致。我们相信,先人们其实已经意识到了测量的基本特点,并且意识到了在测量基础上进行圆周率的求取是存在问题的。因此,先人们不断尝试更为抽象的方法,推动了圆周率计算结果的持续发展。古希腊的数学家阿基米德提出了在圆内部内接正多边形的方法,通过增加多边形的边数会使得正多边形日益接近外边的圆,然后通过计算正多边形的周长和圆直径的比值,即可得到圆周率的结果。古罗马数学家托勒密利用这个方法进行了计算,得到的圆周率值为3.141 6,已经非常接近今天公认的圆周率计算结果了。中国的数学家也在这方面作出了杰出的贡献,魏晋时期的数学家刘徽提出了"割圆术",而南北朝时期的数学家祖冲之则将圆周率精确地计算到了小数点后第7位,这个纪录直到16世纪才被人打破。

综上所述,人类最早的圆周率的计算是源于其定义基础上的测量,也得到了早期的计算结果,正是由于测量过程中发现的一系列问题,先人们才意识到对于圆周率的计算应该有更为严谨的数学方法,从而推动了圆周率的计算从实验获取阶段迈向了几何算法阶段、分析算法阶段,直至今天的计算机计算阶段。因此,可以说是测量推动了数学的发展。

2. 数学概念

极限是分析数学中最基本的概念之一,描述了变量在变化过程中的终极状态。极限从最初的出现,到最终形成严格的概念,历经了 2 000 多年的历程,也正是在极限概念形成与完善之后,微积分学才有了发展的基础。

古希腊哲学家芝诺以善于提出悖论著称,"阿基里斯和乌龟"是其中较著名的一个:假定阿基里斯的速度为乌龟的 10 倍,乌龟在先于阿基里斯 100 m 的位置上起跑,当阿基里斯追到 100 m 时,乌龟已经向前爬了 10 m;而当阿基里斯追到乌龟爬的这 10 m 时,乌龟又向前爬了 1 m,阿基里斯只能再追向那 1 m,这样循环往复的话,乌龟会制造出无穷个起点,且总能在起点与自己之间制造出一个距离,不管这个距离多么小,只要乌龟不停地奋力向前爬,阿基里斯就永远追不上乌龟,如图 3-1 所示。

在中国古代也有类似问题的记载,在《庄子·天下篇》中就有"一尺之锤,日取其半,万世不竭"的描述。这些问题的实质其实就是极限的概念,而且这类问题也和测量相关。因为在实际奔跑的时候,阿基里斯肯定可以超过乌龟,而且超过的时间也可以测量出来。那么实际测量的结果为什么和数学上的分析不同呢?由于那个时代数学理论的发展尚在初创期,所以难以解释这样的问题。

到了 17 世纪,解析几何的创立成为数学发展的转折点。随着人们对自然界中运动和

图 3-1　阿基里斯和乌龟赛跑的悖论示意图

变化研究的深入,变量和函数的概念逐步被引入数学当中,已经具备了微积分学形成的基础,牛顿和莱布尼茨分别独立地发展了微积分学,这其中必然要对极限的概念进行解释和应用。但是两位数学家的解释仍然不够严谨、客观,受到了很多人的质疑。英国哲学家伯克莱的反对和攻击是最著名的,他在《分析学家》中嘲笑无穷小是消失的量的幽灵,说牛顿的无穷小一会儿是零,一会儿又不是零,简直是"睁着眼睛说瞎话"等。这些攻击对分析数学的发展带来了危机性的困难,被誉为数学发展史上的第二次危机。直至法国数学家达朗贝尔给出了"极限"比较明确的定义,对于极限概念的攻击才逐渐湮灭在时代的浪潮中,但达朗贝尔并没有把这个定义公式化。1821 年,法国数学家柯西进一步完善了极限的定义,即当一个变量逐次所取的值无限趋于一个定值时,最终使变量的值和该定值之差要多小有多小,那么这个定值叫作所有其他值的极限。可以看到,柯西的定义使得极限的概念完全成为算术的概念,柯西还第一次使用符号"lim"来表示极限,从而最终使得极限可以抽象为严格意义上的数学表达形式,为极限概念在更广泛范围内的应用奠定了坚实的基础。

通过极限概念的发展历史可以清晰地看到,阿基里斯和乌龟赛跑的实际测量结果证明了阿基里斯是可以跑过乌龟的,但从数学层面上来描述这个过程,却有着当时难以逾越的困难,这也激励起了无数数学家解决这个难题的兴趣,最终推动了极限概念的出现及完善,并应用到了更为广阔的领域,所以测量仍然在推动数学的发展。

3. 数学定理

勾股定理被认为是第一个把代数和几何联系起来的定理,是人们用图形去研究数以及用数去研究图形的开始,是数形结合的真正体现。勾股定理还导致了无理数的发现,引发了数学发展史上的第一次危机,使人们对数的概念有了更为深入的理解。

勾股定理是谁最早提出的,已经很难考证了。从代数的角度来看,很有可能是有人通过计算,发现了两个自然数的二次方和能够用第三个自然数的二次方和来代替,而在几何领域,应该是源于测量得到的。目前能够看到的最早的关于勾股定理的描述源于《周髀算经》,书中有这样一段话,周公问商高:"夫天不可阶而升,地不可得尺寸而度,请问数安从出?"商高答曰:"数之法,出于圆方……故折矩,以为勾广三、股修四、径隅五……故禹之所以治天下者,此数之所生也。"这段话翻译过来的意思就是,周公问商高:"我想请教一下,天没有梯子可以上去,而地也没办法用尺子去一段段地丈量,那么怎样才能够得到关于天地的数据呢?"商高回答道:"数的产生,源于对圆形和方形的认识,其中有一条原理是当直角三角形的短边(勾)为三、长边(股)为四的时候,其斜边(径)就为五,这个是大禹治水的时候就总结出来的原理,基于这些原理进行测量就能够得到天地数据。"因此,勾股定理在中国也被叫作"商高定理"。但是,普遍意义上认为这段话仅仅给出的是勾股定理的特例,而这个特例是立表测影所得到的:立高为八尺之表为股,当表影(勾)为六尺时,测得从表端到影端的距离为十尺,即 $6^2 + 8^2 = 10^2$,"勾三股四弦五"则是本式化约的结果。

但是,仅仅基于测量的结果是无法让人信服勾股定理的正确性的。勾股定理的证明受到了古今中外数学家持之以恒的关注,据不完全统计,该定理已经有约 500 种证明方法,是数学定理中证明方法最多的定理之一。

我们给出中国和西方最早的证明方法。中国最早的证明方法是三国初期吴国的数学家赵爽给出的,如图 3-2(a)所示。而西方的证明方法,则由古希腊数学家毕达哥拉斯给出,所以勾股定理在西方被叫作"毕达哥拉斯定理"。

在赵爽的证明中,可以看到,以弦为边长作正方形,该正方形内有 4 个勾 a、股 b 的直角三角形,以及一个边长为 $(b-a)$ 的小正方形,根据 4 个直角三角形加上小正方形的面积和弦 c 为边长的正方形相等的原理,即可得到 $a^2 + b^2 = c^2$ 的结果,这个证明过程之巧妙令人叹服,以至于 2002 年在北京召开国际数学家大会的时候,该图形被设计成了大会会标。毕达哥拉斯的证明过程也很巧妙,其证明思路是:先在直角三角形的三条边上分别作正方形,

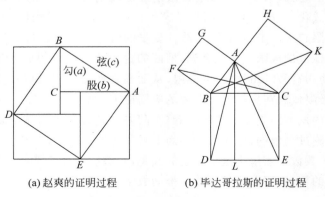

(a) 赵爽的证明过程　　　　(b) 毕达哥拉斯的证明过程

图 3-2　勾股定理的典型证明过程

然后过 A 点作 AL 平行于 BD，将大正方形 $BCED$ 分成两个小矩形，根据三角形（ABD）面积为同底等高平行四边形（左边小矩形）面积的一半以及全等三角形（ABD 和 FBC）的关系，可以得到正方形 $ABFG$ 和正方形 $ACKH$ 的面积分别等于大正方形 $BCED$ 中两个矩形的面积，从而得到 $a^2+b^2=c^2$ 的结果，如图 3-2(b) 所示。

我们不能不佩服先人的智慧，能够用非常巧妙的方法给出勾股定理的证明，也正是有了定理的证明，其证明过程中的核心思想便逐步形成了几何问题的求解方法，该方法在数学发展过程中一直发挥着巨大的作用。这个源头就是勾股定理，勾股定理很大的可能是源于测量，因此，测量实实在在地推动了数学的发展。

3.1.3 现代数学的发展是否需要测量

通过数学常数、数学概念及数学定理中的典型事例，我们能够清晰地看到一条主线：人类早期对客观世界的探索源于简单而朴素的测量，在发现了一些现象和特性后，迫切需要从数学的角度去理解和解释它们，从而抽象为科学意义上的自然规律。在这个过程中，无数先驱用他们令人叹为观止的想象力和匪夷所思的创造力破解了一个个难题，绵延不绝地推动了自然科学的皇冠——数学的发展，为人类科学技术的进步打下了坚实的基础。因此，测量发现问题，数学破解问题，测量推动数学发展，这条主线不可能是数学发展史的全部，但一定是数学发展史的重要组成部分，这点是毋庸置疑的。

前面已经提到，进入 20 世纪以来，数学的发展日益抽象化，现代数学逐渐形成了两大范围，即纯粹数学和应用数学。纯粹数学源于两大因素的推动，即集合论的渗透和公理化方法的应用，以集合论为例，在其发展历程中，英国数学家罗素提出了著名的罗素悖论，其实质就是排除悖论，这个悖论的提出引发了数学发展史上的第三次危机，在这次危机解决的过程中，使得数学基础问题第一次以最迫切需要的姿态摆到了数学家面前，激发了数学家对数学基础研究的热情，深刻影响了数学基础理论的研究与发展。纯粹的数学是以高度抽象化为特点的，研究过程中可以脱离测量，而仅以严密的逻辑推理来进行，但是纯粹数学中蕴含的是客观存在的自然规律，必将在客观世界中找到应用的影子，因此纯粹数学的验证与应用只能在客观世界中被实施和认可，数学和测量之间仍然有着千丝万缕的联系。而应用数学从名字即可看出，是结合客观世界的需求诞生与发展的，因此处处可见测量的身影。下面举例说明现代数学的发展和测量之间无处不在的紧密联系。

1. 微积分概念的发展及应用

在微积分创立之后，常微分方程理论应运而生，解决了当时科学技术发展中存在的一些问题，海王星就是在对微分方程进行分析的基础上发现的。1807 年，法国数学家和物理学家傅里叶在研究热传导现象的时候，提出了偏微分方程的思想，但是受到了同为法国数学家的拉格朗日的阻挠，直至 1822 年才在其名著《热的解析理论》中发表，从此拉开了偏微分方程发展的序幕。在 19 世纪，偏微分方程成为物理学家手中的利器，麦克斯韦方程组则是其中最为壮观的成果。在 20 世纪初，德国数学家闵可夫斯基基于偏微分方程提出了空间和时间的四维时空结构，为爱因斯坦的狭义相对论提供了最为适用的数学模型。而 19 世纪中期德国数学家格拉斯曼发展了以黎曼几何为基础的绝对微分学，这个被爱因斯坦称为张量分析的数学工具则为广义相对论模型的提出和建立奠定了基础。

可以看到,数学发展史上的第二次危机诞生了微积分,在不断发展过程中形成了常微分方程、张量分析等有力的数学工具,这些数学工具和物理中的观测与实验紧密结合,揭示了自然界中蕴藏已久的自然规律,数学和物理学的紧密结合形成了数学物理这一全新的交叉领域,并不断在新的科学探索中发挥着重要作用。

2. 统计学的发展及应用

统计学是数学最有力也是应用最广泛的分支之一,其源头可以追溯到人类史前时代的概率游戏。但是直到 17 世纪,法国数学家费马和帕斯卡才提出了概率论的几条原则,在两人之间的一封著名信件中,解决了一个著名的博彩问题,也就是抛硬币的时候猜人头和猜数字的概率问题。之后,英国商人约翰·格朗特统计了伦敦人的寿命并做了分布表,为保险精算学奠定了基础。接下来,英国数学家和天文学家哈雷在 1693 年完成了论文《根据布雷斯劳城出生和葬礼的统计对人寿命的估计以及对确定养老年金的尝试》,这是概率统计和日常生活直接结合的典型实例。可以认为,是对日常生活细致的观察开启了概率论和统计学的发展之旅。

英国数学家贝叶斯首先将归纳推理用于概率论,并创立了贝叶斯统计理论,对于统计决策函数、统计推断、统计的估算等作出了杰出贡献。1763 年,在贝叶斯去世两年后,英国数学家理查德·普莱斯将其著作《机会问题的解法》寄给了英国皇家学会,这本书对现代概率论和数理统计产生了重要影响。在 19 世纪和 20 世纪之交,英国数学家高尔顿与威尔逊一起为现代统计学奠基,提出了诸如相关性和回归分析等概念。而这些概念对于测量结果的分析与处理提供了强有力的支持,成为测量理论的重要组成部分。可以看到,源于日常生活的观察诞生了概率论和统计学,而不断完善的概率论和统计学又为测量结果的分析处理奠定了坚实的基础。

讲到这里,相信大家对数学与测量之间的关系有了新的了解。其实很多时候我们已经很难区分是测量促进了数学的发展,还是数学助力了测量的完善,这是因为在长期的发展过程中,数学和测量的关系已经水乳交融,测量时会潜移默化地应用数学工具,而数学在骨子里面是想揭示自然界的规律,这个规律又常常是由于测量结果带来的启示。因此,抽象的数学和具象的测量间是相互依托、共同发展的关系,之前和之后都是亘古不变的。

3.2 仪器科学与物理的发展

3.2.1 物理学概述

物理学是研究物质运动最一般规律和物质基本结构的学科。物理学研究大至宇宙,小至基本粒子等一切物质最基本的运动形式和变化规律,因此成为其他各自然科学学科的研究基础。

物理学的英文是 physics,最先出于古希腊文"φύσις",原意是自然。"物理学"的名称来自亚里士多德的《物理学》一书,在古代西方,物理学即自然哲学,牛顿的经典物理学奠基之作就叫作《自然哲学的数学原理》。在文艺复兴以及 17 世纪科学革命之后,物理学才逐渐成为一门独立的自然科学。在中文中,物理一词最早出现于 1643 年明末清初科学家方以智编撰的百科全书式的著作《物理小识》中。但是在很长一段时间内,我国翻译西方物理学著作时并没有采用"物理学"的译法,而是称之为"格物学"或者"格致学",这是源于《礼记·大学》中的一句话:"致知在格物,物格而后知至。"简而言之就是"格物致知",即通过探究事物的原理从中获得智慧,这确实是物理学研究的目标所在。而用"物理学"指称这门科学,则始于1900年日本物理学家饭盛挺造编纂的《物理学》。1902年陈榥编写的《物理易解》,很有可能是第一本国人自编的中学物理教科书,从那之后"物理学"一词被广泛认可。

纵观物理学的发展历史,展现出以下几个特点:

(1)物理学是一门实验科学。物理学的发展根基是实验,一切理论以实验作为唯一的检验标准。

(2)物理学是一门严密的理论科学,以物理概念为基石,以物理规律为主干,建立了经典物理学与现代物理学及其各分支的严密的逻辑体系。

(3)物理学是一门定量的精密科学,它与数学密切结合。

(4)物理学是一门基础科学,是其他自然科学和工程技术、国民经济,特别是现代新技术革命的基础。

(5)物理学是一门带有方法论性质的科学。

概括起来就是,物理学的发展源于测量,基于精确的定量测量,并且利用有力的数学工具,可以实现理论模型的抽象和建立,而这一过程中又是带有方法论的,旨在客观准确地揭示自然界的基本规律。因此,在物理学的发展历史中,俯拾皆是测量与实验,下面从中选取一些典型实例,来感悟测量发挥出的重要作用。

3.2.2 测量与经典物理学的发展

1. 测量与经典力学的发展

力学的发展具有悠久的历史,人类早期文明中的力学知识是从对自然现象的观察和生产劳动中获得的。例如,西安半坡村遗址(6000多年前)出土的汲水壶,采用尖底形式,壶空时在水面上会倾倒,壶满时又能自动恢复竖直位置,就是最朴素的力学知识的应用。

静力学是最早发展起来的力学体系,经历了从定性到定量的发展阶段,这其中就离不开仔细的观察与认真的测量。古希腊物理学家阿基米德被认为是力学的真正创始人,其在《论平板的平衡》中,提出了作用在支点两边等距的等重物处于平衡状态的公理,进而建立起杠杆原理,即在杠杆上的不同重物,仅当它们的重量与它们的悬挂点到支点的长度成反比时,才能处于平衡状态。而杠杆原理真正被大众所熟知,则源于阿基米德的一句名言:"给我一个支点,我就能撬起地球。"而在其另一部名著《论浮体》中,阿基米德讨论了流体静力学,建立起以其名字命名的浮力定律,即浸没在水中的物体重量的减少等于其所排开水的重量。对于阿基米德是如何得到杠杆原理和浮力定律的,已经很难找到确切答案了,但是在其研究成果中,可以清晰地看到观察与测量推动的影子,如图3-3所示。需要说明的是,在早于阿基米德200余年的我国春秋战国时期,墨翟及其弟子所著的《墨经》中就有了对力、杠杆、重心、浮力、强度和刚度等概念的描述。对于杠杆原理也给出了精辟的表述:称重物时秤杆之所以会平衡,原因就是"本"(重臂)短"标"(力臂)长。这个描述已经揭示出了杠杆平衡的实质,我们有充分的理由相信其结论也是基于长期的观测所得。

(a) 杠杆原理　　　　　　　　　　(b) 阿基米德浮力定律

图 3-3　阿基米德的力学贡献

　　动力学的创建则源于意大利物理学家伽利略的贡献,其于 1638 年在荷兰出版了《关于力学和位置运动的两门新科学的对话》,是动力学基础的开山之作。伽利略对亚里士多德的力学理论进行了研究,通过大量实验批判了其中的错误部分。如图 3-4(a)所示,大家耳熟能详的比萨斜塔实验就是对亚里士多德"物体下落的速度和质量成正比"理论的有力驳斥。伽利略首先从逻辑上对其提出了挑战:按照亚里士多德的理论,一块大石头会以快一点的速度下降,一块小石头会以慢一点的速度下降,那么把这两块石头捆在一起,将以何种速度下降呢?一方面,捆上速度慢的石头,应该会降低两块石头的速度,但另一方面,两块石头的质量显然大于其中任何一块,那么速度应该增加才对。因此,亚里士多德的理论不合逻辑。伽利略进而假定,物体的下降速度与其质量无关。如果两个物体受到的空气阻力相同,或者将空气阻力略去不计,那么两个质量不同的物体将以同样的速度下落,同时到达地面。最后,为了验证推论的正确性,伽利略站在比萨斜塔的塔顶扔下了两个质量不同的铁球,两个铁球同时落地的结果有力地支持了伽利略的理论。此外,伽利略还开展了图 3-4(b)所示的著名的斜面实验,他将一个直木板槽倾斜固定,然后让铜球从木槽顶端沿斜面滑下,通过测量铜球每次下滑的时间和距离来研究两者之间的关系。按照亚里士多德的理论,铜球的速度应该不变。但是伽利略却证明铜球滚动的路程和时间的二次方成比例,进而提出了加速度的概念,成为力学发展历史上的一个里程碑。

(a) 比萨斜塔实验　　　　　　　　(b) 斜面实验

图 3-4　伽利略的力学贡献

　　伽利略倡导数学与实验相结合的研究方法,促进了力学理论的快速发展,伽利略也因此被誉为近代实验科学的奠基人之一。经典力学发展的巅峰是以牛顿 1687 年出版的《自然哲学之数学原理》为标志的,书中总结了运动三定律,提出了万有引力定律,创立了经典力学体系。对于万有引力定律的发现,牛顿被苹果砸到头进而引发思考这个故事广为传颂,如图 3-5(a)所示。但事实是,1665 年牛顿为了躲避剑桥郡的瘟疫回到了林肯郡的家中,开始思考能否把地面上的重力推广到月球的轨道上,认为如果重力能够高达月球的话,这或许就是维持月球轨道的原因所在。当开普勒第三定律还在备受质疑的时候,牛顿就用其天才的想象力揭示了天体之间的运动规律,进而把地面上物体运动的规律和天体运动的规律统一了起来,在人类认识自然的历史进程中具有划时代的意义。之后,万有引力定律中引力常数的测定成为物理学家关注的焦点和难点,牛顿的英国同乡卡文迪许于 1789 年利用扭秤实验成功地测量出了万有引力常数,强有力地验证了万有引力定律的正确性,如图 3-5(b)所示。

(a) 牛顿发现万有引力定律   (b) 卡文迪许测量万有引力常数

图 3-5　万有引力定律的发现及万有引力常数的测量

2. 测量与光学的发展

　　光学既是物理学中最古老的一个基础学科,又是当前科学研究中最活跃的前沿阵地,具有强大的生命力和不可估量的前途。光学的发展历史大致分为萌芽阶段、几何光学、波动光学、量子光学、现代光学 5 个时期,下面重点介绍一下前 3 个时期中观察与测量的重要作用。

　　萌芽阶段主要是对简单的光现象进行记载并开展不系统的研究工作,制造出了凸透镜、凹面镜、凸面镜等简单的光学仪器,其持续时间从我国春秋战国时期的墨翟开始,一直到 16 世纪初,其标志性成果如图 3-6 所示。墨翟在《墨经》中,给出了 8 条关于光学的命题,其中前 5 条介绍了影子的形成及其规律,包括光的直线传播、小孔成像等,后 3 条则给出了反射镜(平面、凹面、凸面)的成像规律。这 8 条命题实质上奠定了几何光学中反射光学的理论基础,是目前已知最早的关于光学知识的描述。古代西方文明中关于光学知识的记载可以追溯到欧几里得的《反射光学》,书中提到了光的直线传播问题,并对光的平面镜和凹面镜成像问题进行了描述。之后,古希腊人托勒密研究了折射现象,在其所著的《光学》中记载了光由空气进入水中的入射角和折射角,认为两者之间成比例,虽然结论并不正确,但其探索精神还是值得肯定的。公元 10 世纪时的阿拉伯人阿尔·哈曾,推翻了欧几里得提出的人的眼睛会发出光的说法,认为眼睛能够看到物体是光线进入眼睛的缘故。他还精确地描述了反射定律,发明了凸透镜,并对凸透镜进行了实验研究,得到的结论与现代凸透镜理论非常接近。阿尔·哈曾的光学研究成果全部收入其著作《光学》中,其科学研究方法也深刻影响了开普勒、牛顿等后世物理学家,他也因此被誉为"光学之父"。

　　几何光学从时间上看涵盖了 17 世纪和 18 世纪,被誉为光学发展史上的转折点,这个阶段发明的一系列光学仪器提高了人们的观察能力,其中最典型的就是望远镜和显微镜,两者

 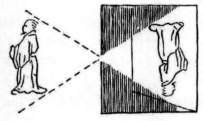 

(a) 墨翟的小孔成像　　　　　　　　(b) 阿尔·哈曾的光学成就

图 3-6　光学萌芽阶段的典型研究成果

的出现使得人们具备了观测无限远和无限小对象的可能,如图 3-7 所示。望远镜和显微镜的发明权充满争议,英国、意大利、荷兰和德国都在努力争取,目前普遍被认可的观点是望远镜由荷兰人李普塞于 1608 年发明。李普塞用水晶制造了透镜,并于 1608 年 10 月 2 日申请过专利,审核人要求李普塞做一个能用双眼来观察的仪器,他在同一年完成了这台仪器的制造。之后伽利略和开普勒将望远镜成功应用于天文观测,开辟了天文学的新时代,近代天文学的大门被打开了。显微镜与望远镜的发明几乎是同时代的,荷兰人亚斯·詹森和汉斯·利珀希分别独立地发明了显微镜,但是真正让显微镜名声大振的是荷兰人列文·虎克,他磨制的透镜远远超过同时代的其他人,放大率可以达到 270 倍,在这样的仪器支撑下,列文·虎克首次发现了微生物,并最早记录肌纤维、微血管中的血流,因此被誉为微生物学的开拓者。

(a) 伽利略及其制作的望远镜　　　　　(b) 列文·虎克和他的显微镜

图 3-7　几何光学发展阶段的标志性成果

几何光学阶段还建立起了光的反射和折射定律。开普勒在 1611 年发表的《折光学》中研究了折射现象,断定托勒密的折射定律是错误的。荷兰物理学家斯涅耳于 1621 年通过大量的实验总结出了折射定律,即在相同的介质里入射角和折射角的余割之比总是保持相同的值,但是斯涅耳生前并没有将这个成果发表出来,这个成果是在其去世后惠更斯等人在整理他的遗稿时发现的。法国物理学家笛卡儿则是完全基于理论推导得到了折射定律,在 1637 年出版的《屈光学》中,笛卡儿用正弦之比代替了余割之比,给出了现代形式的折射定律。法国数学家费马于 1657 年利用其提出的最短时间作用原理,从数学家的角度推导出了反射定律和折射定律。反射定律和折射定律的精确建立,使得几何光学的精确计算成为可能,也推进了人们探索光学本质研究的步伐。

光的本质是波动的还是微粒的,是几何光学发展阶段的一个热点。牛顿在 1704 年出版的《光学》中,系统地阐述了他在光学方面的研究成果,详细介绍了光的粒子理论,而这个理论的建立则要源于其早在 1666 年就完成的棱镜分光实验,如图 3-8(a)所示。当时牛顿把三棱镜放在太阳光下,透过三棱镜太阳光被分解成了不同的颜色。棱镜分光实验强有力地证明了白光是由不同颜色的光组成的,不同颜色的光由于折射率不同才导致了分光现象,是光的粒子说的完美体现。但是,这个阶段也出现了很多用粒子说无法解释的光学实验,牛顿本身就曾把一个凸透镜的凸面压在一个十分光洁的平面玻璃上,在白光照射下可以看到,中心的接触点是一个暗点,而周围则是明暗相间的同心圆圈,如图 3-8(b)所示,牛顿环实验难以用粒子说进行解释。此外,对于光速的有无及其测量方法的问题也是从这个阶段开始被关注的。

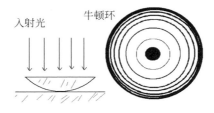

(a) 棱镜分光实验　　　　　　　　　　(b) 牛顿环实验

图 3-8　牛顿的光学贡献

光的衍射最早是由意大利物理学家格里马第于 1665 年发现并加以描述的,他也是"衍射"一词的创始人。之后,英国物理学家胡克也发现了衍射现象,并和另一位英国物理学家波义耳分别独立地研究了干涉现象,这些实验对微粒说提出了严峻挑战。荷兰物理学家惠更斯在 1690 年发表的论文《光学》中提出了惠更斯原理,这是目前能够见到的最早的解释光的波动理论的尝试。但牛顿却并不认可惠更斯的观点,他认为波动说无法解释光的直线传播,由于牛顿的巨大权威,波动说在此后长达一个多世纪的时间里被人们遗忘了。直至 1807年,托马斯·杨在其出版的《自然哲学讲义》中第一次描述了双缝干涉实验,如图 3-9(a)所示,光的波动学说才再次被提起。之后,菲涅耳用杨氏干涉原理补充了惠更斯原理,提出了惠更斯-菲涅耳原理,完美地解释了光的干涉、衍射及直线传播现象,波动光学的发展进入了黄金时期,研究成果呈现出井喷状态,例如,法国物理学家马吕斯发现了光的双折射现象,德国物理学家夫琅和费发明了分光仪并发现了太阳光谱中的夫琅和费线,英国物理学家麦克斯韦提出并经德国物理学家赫兹验证的光是一种电磁波,法国物理学家菲索和傅科实现了实验室内的光速测量等。直至 19 世纪末"黑体辐射与紫外灾难"出现,如图 3-9(b)所示,由于光学理论无法解释黑体辐射能量与波长分布之间的关系,新的理论呼之欲出。德国物理学家普朗克提出了量子的概念,并且认为物体在发射辐射和吸收辐射时,能量不是连续变化的,由此拉开了量子光学发展的序幕。

纵观经典物理学阶段的光学发展史,先贤们从身边的自然现象入手,一方面充分发挥自己的想象力,敢于提出富有创意的想法,另一方面则仔细观察,尝试通过精巧的实验来探究光的特征。走过弯路也犯过错误,但是不可否认的是,站在巨人肩膀上的一代又一代科学家,秉承着对真理不懈追求的精神,利用不断涌现出的光学仪器巧妙地开展了科学研究工作,取得了一个个丰硕成果,使光学研究始终活力四射,直到今天仍生机盎然。

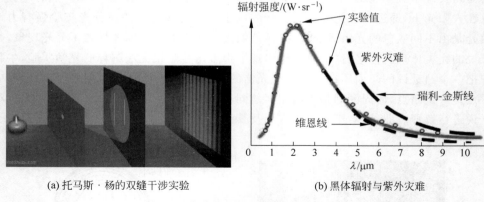

(a) 托马斯·杨的双缝干涉实验　　　　　　(b) 黑体辐射与紫外灾难

图 3-9　波动光学发展阶段的里程碑实验

3.2.3　测量与现代物理学的发展

1874 年在慕尼黑大学,当普朗克决定要学习物理时,他的物理学教授劝阻他说:"这门科学中的一切都已经被研究了,只有一些不重要的空白需要被填补。"但是,普朗克回复道:"我并不期望发现新大陆,只希望理解已经存在的物理学基础,或许能将其加深。"正是这份坚持成就了普朗克,成为名垂青史的物理学家。或许热力学的开创者之一英国物理学家威廉·汤姆森(开尔文勋爵)的话更具代表性,他于 1900 年 4 月 27 日在英国皇家学会发表的题为《在热和光动力理论上空的 19 世纪的乌云》的演讲中,认为动力学理论可以解释一切物理问题,但是其优美性和明晰性被两朵乌云遮蔽得黯然失色。第一朵乌云是随着光的波动论开始出现的,地球如何能够通过本质上是光以太这样的弹性固体运动呢?第二朵乌云是麦克斯韦与玻尔兹曼关于能量均分的学说。也正是这两朵乌云所引起的讨论和研究,发展出了 20 世纪物理学的两个最重要范畴:相对论和量子论。物理学的发展从此步入现代物理学阶段。

1. 拉开现代物理学序幕的三大发现

如图 3-10 所示,1895 年伦琴发现 X 射线、1896 年贝克勒尔发现放射性以及 1897 年汤姆逊发现电子,这三大发现猛烈地冲击着经典物理学理论,深刻影响了物理学的发展轨迹,被誉为现代物理学发轫的重要标志。而在这三大发现的实现过程中,实验与测量带给我们的启发与思考是毋庸置疑的。

从物理学发展的角度看,三大发现颠覆了道尔顿关于原子不可分割的概念,从而开启了原子和原子核内部结构的大门,为人们探索微观世界更深层次的奥秘提供了新的方向。20 世纪物理学革命的帷幕缓缓拉开,相对论和量子论跃然纸上。

2. 相对论发展过程中的测量与实验

经典物理学家认为光的传播介质是以太,而为了证明以太的存在,美国物理学家迈克耳孙和莫雷开展了著名的迈克耳孙-莫雷实验,但是实验给出的是否定的结果,也就是说以太不存在,从而彻底动摇了经典物理学和经典时空观的基础。

随后,英国物理学家斐兹杰惹和荷兰物理学家洛伦兹都在尝试解释迈克耳孙-莫雷实

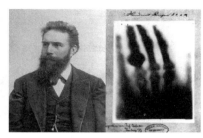

(a) 伦琴实验室及世界上第一张X射线照片

(b) 贝克勒尔实验室及第一张证明放射性的照片

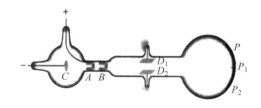

(c) 汤姆逊发现电子及阴极射线管示意图

图 3-10　揭开现代物理学序幕的三大发现

验,他们假定运动着的物体在其运动方向上收缩,速度增加时收缩也增加,这个假定能够解释实验,但是爱因斯坦比他们走得更远。1905 年,他发表了《论动体的电动力学》一文,基于相对性原理和光速不变原理,提出了"狭义相对论",但是这个理论仅适用于匀速运动,1915年他把这个理论推广为一切运动的相对性理论,就是今天广为人知的"广义相对论"。广义相对论刚刚提出时遭受了巨大非议,为了证明其正确性,爱因斯坦提出了 3 个验证性实验:一是水星的近日点进动,二是光线在引力场中的弯曲,三是光谱线的引力红移。后面两个实验的验证如图 3-11 所示。

水星的近日点进动是当时已经观测到的事实,并且只有爱因斯坦的广义相对论给出了与实际测试值相符合的结果。1919 年 5 月,剑桥大学天文台台长艾丁顿爵士远赴非洲普林西比岛观测日食,验证了光线受引力影响而偏折的结果,逆转了广义相对论的命运。所谓光谱线的引力红移,是指光波或者其他波动从引力场源(如巨大星体或黑洞)远离时,整体频谱会往红色端方向偏移。美国天文学家哈勃早在 20 世纪 20 年代即发现大多数星系都存在红移现象,但是在实验室内观测到红移还要推迟到 1958 年穆斯堡尔效应被发现之后,穆斯堡尔效应的发现使得频移的精确测量成为可能。1959 年,美国物理学家庞德和雷布卡在哈佛

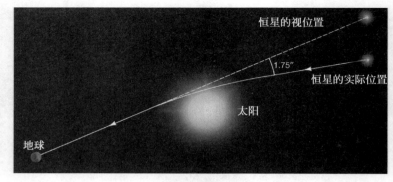

(a) 光线在引力场中的弯曲

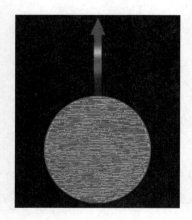

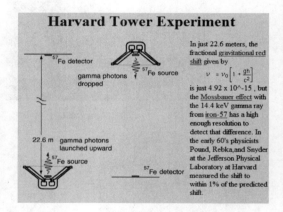

(b) 光谱线的引力红移

图 3-11 验证广义相对论的实验

大学提出并完成了红移实验,广义相对论再次被证实是正确的。

3.3 仪器科学与化学的发展

3.3.1 化学概述

化学是研究物质(单质及化合物)的组成、结构、性质及其变化规律的科学,起源于人类的生产劳动和科学实践。

化学的英文是 chemistry,其来源有多种说法,普遍认可的说法是由炼金术 alchemy 一词衍生出来的。英语单词 alchemy 源于古法语的 alkemie 和阿拉伯语的 al-kimia,意为形态变化的学问。而在中国,曾经认为"化学"一词是徐寿翻译英国人的著作 *Well's Principles of Chemistry* 时(1871 年)发明的,但实际上"化学"一词最早出现在 1856 年英国传教士韦廉臣出版的书《格物探源》中。

化学的发展历史非常悠久,人类学会使用火后就开始了最早的化学实践活动。人类学会在熊熊烈火中由黏土烧制出陶器、由矿石炼制出金属,学会由谷物酿造出酒、给丝麻等织物染上颜色,这些都是在实践经验的直接启发下经过长期摸索得来的最早的化学工艺。此外,古人也在思考物质的组成,古代中国的五行学说(金、木、水、火、土)以及古代希腊的四元素学说(水、火、土、气)都在尝试着解释物质的组成方式。而这其中由古希腊哲学家留基伯首先提出,并经其弟子德谟克利特进一步完善的原子学说无疑是一道靓丽的风景,两位哲学家认为万物的本质是原子和虚空,原子是一种最终不可分割的物质微粒,虽然这不可能是通过实验得出的科学结论,但是两位哲学家通过对自然现象的观察与思考,从哲学的角度提出的原子论,对后世物质观的形成是具有重要的启示作用的。

化学发展史如何分期存在争议,但是 17 世纪中叶之前以及 19 世纪末到现在这两个阶段是没有争议的,前者被称为化学的萌芽期,后者被称为现代化学时期。争议的焦点是 17 世纪后半期到 19 世纪末这个时期,一种分法是把这个时期分为两段,即 17 世纪后半期到 18 世纪末被称为化学的形成期,19 世纪初到 19 世纪末被称为近代化学时期;另一种分法就是这个时期不再细分了,统称为近代化学时期。本书采用后一种分法,下面就对测量与近代化学、现代化学的关系进行简单梳理。

3.3.2 测量与近代化学的发展

1. 化学学科的奠基人波义耳

化学史家都会把 1661 年作为近代化学的开端,这是因为这一年英国化学家波义耳的《怀疑的化学家》问世了。波义耳主张实验和观察是一切的基础,并在笛卡儿创建的机械论哲学基础上提出了微粒哲学,尝试用微粒哲学去解释化学实验中的现象及性质,是第一个把化学当作自然科学的一个分支来处理的人,因此恩格斯赞誉"波义耳把化学确立为科学"。

在波义耳所处的时代,空气是否存在弹性吸引了科学家浓厚的兴趣。法国科学家制造出一个黄铜气缸,中间有一个安装得很紧的活塞,人们用力按下活塞以压缩缸里的空气,然后再松开活塞,但是活塞并没有完全弹回来。因此,法国科学家认定空气会保持轻微的压缩状态,但是不具备弹性。波义耳则认为实验中的活塞太紧,因此得出的结论是错误的。为此他对实验进行了改进,设计了一个不匀称的 U 形管,U 形管的一端又短又粗且端顶密封,另一端则又细又长。波义耳首先把一小段水银注入管中,堵住一段空气,这个时候的水银实际上就是一个活塞;然后他不断增加水银的注入量,发现当向堵住的空气施加 2 倍压力时,空气的体积就会减半,施加 3 倍压力时体积就会变成原来的 1/3。由此得出空气是具有弹性的,气体体积和气体压力成反比,从而诞生了人类历史上第一个被发现的定律,如图 3-12 所示。随后法国化学家马略特也独立发现了这个定律,只不过他的表述更为准确,认为温度不变是定律适用的前提条件。因此这个定律最后被命名为波义耳-马略特定律。

波义耳还发明了能够检测溶液酸碱性的石蕊试纸。据说在他的女友去世后,他就一直把女友最爱的紫罗兰花带在身边。在一次紧张的实验中,放在实验室内的紫罗兰被溅上了浓盐酸,爱花心切的波义耳急忙将冒烟的紫罗兰用水冲洗了一下,然后插在花瓶中。过了一会儿他发现深紫色的紫罗兰变成了红色的。这个奇怪的现象让波义耳很兴奋,他认为紫罗兰变色的原因应该是盐酸作用的结果,为此他开展了许多花木与酸碱相互作用的实验,其中以石蕊地衣中提取到的紫色浸液效果最明显,其遇酸变成红色,遇碱变成蓝色。波义耳用石蕊浸液把纸浸透,然后烤干,发明了最早的酸碱试纸——石蕊试纸。波义耳之所以取得这么大的成就,正如他所说:"人之所以能效力于世界,莫过于勤在实验上下功夫。"

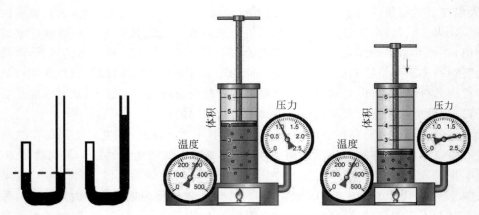

图 3-12　波义耳-马略特定律的演示实验

2. 定量化学的创始人拉瓦锡

波义耳奠定了化学作为一门独立学科的地位,并通过大量实验推进了化学的发展,但是多为定性实验。法国化学家拉瓦锡则是将化学从定性推向定量的第一人,他也因此被誉为"近代化学之父",其化学成就主要载于 1789 年出版的《化学基础论》中。

天平在拉瓦锡的研究工作中起到了举足轻重的作用,人们普遍认为拉瓦锡正是利用天平这一古老的仪器发现了氧气、推翻了燃素学说、发现了质量守恒定律、确定了化学方程式的书写原则等,这也是拉瓦锡被誉为定量化学第一人的原因所在,图 3-13 给出了法国工艺博物馆的拉瓦锡实验室复原图。

图 3-13　法国工艺博物馆的拉瓦锡实验室复原图

拉瓦锡发现氧气的"20 天实验"是化学史上的著名实验,实验装置如图 3-14(a)所示。实验中曲颈瓶与玻璃钟罩中的空气相连,拉瓦锡通过炉子加热曲颈瓶中的水银,在前 12 天的时间内,水银表面的红色渣滓不断增加,而玻璃钟罩内的气体则在不断减少,从第 12 天到第 20 天,红色渣滓的质量不再增加,玻璃钟罩内的气体体积也减少了大约 1/5,于是在第 20 天的时候拉瓦锡停止了实验。随后拉瓦锡将加热得到的红色渣滓进行高温加热,分解出来的气体体积含量和玻璃钟罩内减少的气体体积含量相等,这个实验结果是对质量守恒定律的强力支持。拉瓦锡将占空气总体积 1/5 的气体称为氧气,而剩余的 4/5 部分的气体称为氮气。其实早在 100 年前,波义耳就曾经做过类似的实验,只不过波义耳的实验装置并没有密封,所以波义耳与氧气的发现擦肩而过了,实验对比图如图 3-14 所示。在发现氧气之后,拉瓦锡进一步研究了燃烧现象,提出只有在氧气存在时才会燃烧,这个科学的燃烧学说完全颠覆了当时流行的燃素学说。质量守恒定律的发现和燃烧学说的提出是促进 18—19 世纪化学蓬勃发展的重要原因。

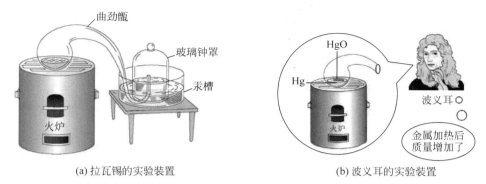

图 3-14　拉瓦锡发现氧气的实验装置及其与波义耳的实验对比图

3. 原子-分子学说的形成与发展

拉瓦锡掀起的化学革命促进了化学理论新秩序的建立。1791 年德国化学家里希特发现了酸碱反应中的当量关系,1799 年法国化学家普罗斯特提出了定比定律,1803 年英国化学家道尔顿在实验归纳的基础上提出了倍比定律。这一系列定量定律的发现促使人们开始从更深层次的角度去思考,应该建立起新的化学理论去分析和解释。

道尔顿对古希腊原子论和牛顿原子论进行了深入研究,敏锐地捕捉到了其中的合理成分,并结合自身长期的实验积累,引入了原子和原子量的概念,并对原子量进行了测定,提出了较为系统的原子学说。道尔顿的原子学说包含 3 个重要的观点:①原子是不能再分的粒子;原子在所有化学变化中均保持自己的独特性质,原子既不能被创造也不能被消灭。②同种元素的原子的各种性质和质量相同,不同元素的原子其形状与质量不同,各种性质也不相同;原子的质量是元素的基本特征。③化合物是由组成元素的原子聚集而成的"复杂原子";在构成一种化合物时,其成分元素的原子数目保持一定,而且保持着最简单的整数。在 1808 年出版的《化学哲学新体系》中,道尔顿全面地阐述了原子学说,原子学说揭示了化学反应中现象和本质的关系,对于化学成为一门真正的学科具有重要的支撑作用。

法国化学家盖·吕萨克在研究氢气和氧气的化合时发现,100 个体积的氧气总是和 200 个体积的氢气相化合;在进一步研究氨与氯化氢、一氧化碳与氧气、氮气与氢气的化合时,发现这些反应都具有简单整数比的关系。由此,他在 1808 年发表了以其名字命名的盖·吕萨克气体反应体积比定律,进而推断出不同气体在同样体积中所含的原子数彼此应有简单的整数比。意大利化学家阿伏伽德罗在盖·吕萨克的研究工作基础上,提出了分子假说,即相同体积的气体在相同的温度和压力时,含有相同数目的分子。由于和当时的主流学说相矛盾,阿伏伽德罗假说在很长一段时间内不被接受,直到 1860 年,意大利化学家康尼查罗发表了《化学哲学教程概要》一文,阿伏伽德罗假说才逐渐被人们所接受。康尼查罗还对当时混乱的原子和分子概念进行了系统的梳理,提出:"原子是组成分子的最小粒子,而分子是物质性质的体现者——分子是在理化性质方面可与其他类似的粒子相比较的最小粒子。"从而把原子学说和分子假说整理成一个协调的系统,原子-分子学说因此才被广泛接受。

原子-分子学说之所以能够被广泛接受,原子量和阿伏伽德罗常数的测定也在其中发挥了重要作用。道尔顿最先提出了原子量的概念,并率先开展了原子量的测定,但是道尔顿的原子量测定过于主观,以氧的原子量测定为例,道尔顿定义氢的相对原子质量为1,而水是由1个氢原子和1个氧原子组成的,按照拉瓦锡对水质量组成的测量结果,氢占15%,氧占85%,因此氧的相对原子量为85/15=5.5。道尔顿最终完成了37种原子量的测定,但是由于主观认定物质的组成,所以测量结果多数是错误的。瑞典化学家贝采利乌斯对道尔顿的错误进行了修正,并考虑到当时对氧化物的研究相对充分,因而选取氧的原子量为基准开展测定,他总共测定了40余种元素的原子量,与现在的测量结果非常接近。美国化学家理查兹采用更为纯净的试剂和样品对原子量进行测定,精确测定了60余种元素的原子量,并因此获得了1914年的诺贝尔化学奖。最早的阿伏伽德罗常数测定是1865年奥地利化学家洛施米特基于分子运动论,通过计算所得。之后法国物理学家让·佩兰通过观测布朗运动得到了测量结果,他在1923年出版的《原子》中总结了11种测量方法,结果都在$(6\sim7)\times10^{23}\mathrm{mol}^{-1}$范围内。直到今天,阿伏伽德罗常数更为精确的测定仍然是研究人员的不懈追求,其精确测定对于量子基准中"物质的量"以及"质量"基准的发展和完善有着非常重要的支撑作用。

4. 元素概念的完善与元素周期律的发现

对于第一个给出科学的元素概念的人,有观点认为是波义耳,但是目前还存有争议,而拉瓦锡给出的元素定义的科学性则是毫无疑问的。

拉瓦锡在1789年出版的《化学基础论》中提到:"如果我们想用元素这个术语表示那些构成物质的简单的、不可分割的原子,那么我们很可能对它们一无所知,但如果我们用元素或物质的要素这个术语来表达分析所能达到的终点,那么我们就可以把所有这样的物质——无论通过任何方式,我们迄今只能将物体分解成它们——都当作元素。但这并不是说,我们就可以据此断言,这些被我们视之为简单的物质不可能由两种甚至更多种要素组成;而是说,由于这些要素一时尚不能被分开,或者更确切地说,由于我们迄今尚未发现分离它们的方法,所以它们对我们来说就起着简单物质的作用,而且我们不要去猜想它们是复杂的,除非今后实验和观察证明确实如此。"与传统的元素概念相比,拉瓦锡的元素定义有3个特点:①并不能事先规定元素的数目有多少;②没有假定一定数目的元素存在于所有物质之中,并且所有物质最终应分解成同样数目的这几种元素;③操作元素仍然可能由其他更简单的物质组成,只是我们还没有发现分离它们的手段。拉瓦锡的定义揭开了发现化学元素的大幕。

1858—1859年,德国化学家本生和物理学家基尔霍夫提出了一种新的化学分析方法——光谱化学分析法,开创了分析化学的新纪元,如图3-15(a)所示。两位科学家把各种元素放在本生灯上进行烧灼,从而发出波长一定的光谱,通过谱线分析即可判断元素的成分,他们利用这种方法发现了元素铷和铯,而其他科学家则发现了铊、碘等多种元素。1882年,英国物理学家约翰·威廉·斯特拉特(瑞利勋爵)在测定氮气的密度时,从大气中分离出的氮的密度为$1.2572\ \mathrm{g/cm^3}$,而用化学方法提取的氮的密度为$1.2505\ \mathrm{g/cm^3}$。英国化学家拉姆齐关注到了这个问题,他使空气在红热的镁上通过,由于镁与氧、氮都能够发生反应,因此足够的镁可以吸收空气中的氧和氮,如图3-15(b)所示,实验结果是空气体积的79/80被吸收,但总能剩下1/80。经过精密的光谱分析发现,余下的气体出现了不为人知的谱线,第一种惰性气体——氩就这样被发现了。瑞利勋爵和拉姆齐因为惰性气体的发现分别获得了 1904 年的诺贝尔物理学奖和化学奖。

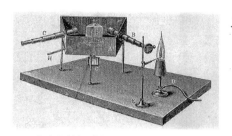 

(a) 本生和基尔霍夫发明的光谱化学分析仪　　(b) 拉姆齐研究惰性气体

图 3-15　一些新的化学元素的发现方法与过程

不断涌现的新元素促使人们去思考元素的内在规律,俄国化学家门捷列夫在对前人的研究工作进行批判和总结的过程中,于 1869 年总结出元素周期律,即元素的性质随着原子量的递增而呈周期性的变化。进而编制出第一个元素周期表,把当时已经发现的 63 种元素全部列入表中,并在表中留下空位,如图 3-16 所示。门捷列夫预言了硼、铝、硅等未知元素的性质,同时指出当时测定的某些元素原子量数值有误。这些预言最后都被证实,彰显出其科学性,深刻影响了化学乃至其他相关自然科学的发展。为了纪念元素周期表诞生 150 周年,联合国大会宣布 2019 年为"国际化学元素周期表年",并评价:"元素周期表是科学史上最卓著的发现之一,刻画出的不仅是化学的本质,也是物理学和生物学的本质。"

(a) 元素周期表手稿　　　　　　　(b) 第一版元素周期表

图 3-16　元素周期律的发现

纵观近代化学发展历程,在大量的实验积累和经验总结的基础上,化学成为一门独立的科学。随着基础理论的不断完善,兴起了电化学等化学工业,化学的发展进入了繁荣昌盛时期,也成为自然科学发展中的中心学科。

3.3.3　测量与现代化学的发展

19 世纪末,物理学的三大发现开启了人类认识微观世界的大门,人们可以在微观世界中思考和研究化学变化的性质和规律,无机化学和有机化学有了新的发展方向,物理化学和分析化学逐步发展壮大,新的化学分支也在不断涌现,化学发展进入现代化学阶段。

1. 现代原子论的发展

原子不可分是道尔顿原子论的核心,但是当汤姆逊发现电子的存在后,原子论便被无情地"击碎"了,现代电子论应运而生。

汤姆逊在发现电子以后提出了正电球体原子模型,认为原子球体内部的空间带正电,而电子以同心圆均匀地分布于球体空间。但带正电的空间并没有经过实验验证且缺乏载体,因此受到了质疑。汤姆逊的学生卢瑟福为了验证汤姆逊的电子模型,开展了α粒子散射实验,如图 3-17(a)所示。他指导学生将镭发射出的高速α粒子射向薄金属板,如果金属中的原子结构符合汤姆逊模型的话,所有的α粒子就会穿过金属板笔直前进,但是实验结果却是α粒子发生了散射,有些粒子的偏转角大于 90°,甚至被直接反弹回来。通过对实验结果的分析,卢瑟福认为原子内部一定有一个集中了全部正电荷且质量很大的核,从而提出了原子核的概念。卢瑟福的学生丹麦物理学家波尔为了解决卢瑟福原子核模型的稳定性问题,提出了轨道模型,如图 3-17(b)所示。其核心思想就是:电子在一些特定的可能轨道上绕原子核做圆周运动,离核越远能量越高;当电子在这些可能的轨道上运动时原子不发射也不吸收能量,只有当电子从一个轨道跃迁到另一个轨道时,原子才发射或吸收能量。波尔的模型取得了巨大成功,但是却不能解释多电子原子的原子光谱,因此人们转而从微观粒子的本质去思考原子的微观组成及运动规律,法国物理学家德布罗意的波粒二象性理论、薛定谔以及海森堡量子力学方程的提出完善了基于量子力学理论的原子结构模型,使今天的原子结构模型停留在了夸克层次上。

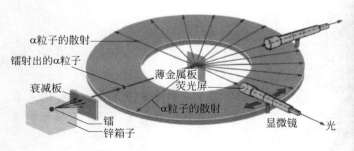 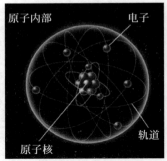

(a) α粒子散射实验示意图　　　　　　　　(b) 波尔轨道模型

图 3-17　卢瑟福的 α 粒子散射实验及波尔轨道模型

在发现原子核之前,1898 年,卢瑟福在研究放射性元素发射出的射线组成时,发现射线含有三部分,他将其命名为 α、β 和 γ。γ 是类似 X 射线的光,β 就是汤姆逊发现的电子,α 则是一种带正电荷的、质量比电子大的原子碎片(后来判明为氦原子核)。放射性元素发射出比电子大的原子碎片这一现象引起了卢瑟福的高度注意,他认为这意味着放射性元素的原子自发地破碎了,在破碎过程中较小的原子碎片,如 α 粒子和 β 粒子飞出形成射线,而较大的原子碎片则残留在样品中形成另外一种原子。随后的 3 年间,卢瑟福和化学家索迪合作,找到了这方面的大量证据,发现放射性元素铀、镭、钍经过不断发射 α 和 β 粒子,最终变成了铅。1902 年,卢瑟福和索迪共同发表了《放射性的原因和本质》这一划时代的论文,发现了放射性物质发生变化的规律,指出放射性原子是不稳定的,其通过放射出 α 或 β 粒子而自发地变成另一种元素的原子,如图 3-18 所示。元素蜕变理论彻底颠覆了元素不可变的传统化学观,加上之前的原子不可分观念的颠覆,使现代原子论不断发展和完善,成为支撑现代化学发展的基础理论。

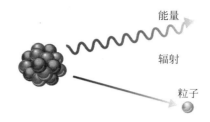

图 3-18　正在做实验的卢瑟福及放射性元素衰变示意图

2. 物理化学的发展

物理化学,顾名思义,就是用物理的手段来研究化学现象,以便找出化学过程中最具普遍性的一般规律。物理化学的概念最早由俄罗斯化学家罗蒙诺索夫提出,他第一次将物理学的研究方法应用于化学上,并称之为物理化学。

美国化学家吉布斯是化学热力学的奠基人,1873 年他提出采用图解法研究流体的热力学,并提出了三维相图方法,受到了包括麦克斯韦在内的众多科学家的称赞。之后,他发表了奠定化学热力学基础的经典论文《论非均相物体的平衡》,被认为是化学史上最重要的论文之一,其中提出了吉布斯自由能、化学势等概念,阐明了化学平衡、相平衡、表面吸附等现象的本质。1889 年,吉布斯出版了将热力学建立在统计力学基础上的经典教科书《统计力学的基本原理》,完成了化学热力学的奠基,毫无疑问是诺贝尔奖级别的成果。但 1901 年第一个诺贝尔化学奖却颁给了荷兰化学家范特·霍夫,以表彰其在化学动力学方面的贡献,不过其工作实际上是建立在吉布斯工作的基础上的。1903 年,吉布斯去世,失去了获得诺贝尔奖的机会。吉布斯和门捷列夫先后错失诺贝尔奖,确实令人扼腕,但他们的研究工作对现代化学产生的革命性影响却是举世公认的。

化学反应理论的研究是化学动力学的重要组成部分。英国化学家诺里什、波特以及德国化学家艾根致力于研究极快化学反应,其中波特改进了闪光光解法,能够测定 10^{-12} s 内的快速变化;诺里什用短暂能量脉冲干扰化学平衡,也能够观测到 10^{-12} s 的化学反应;艾根则改进了温度跳跃法,能对 10^{-8} s 内完成的极快反应进行观测和研究。3 位化学家分别发展了不同的极快化学反应观测方法,对化学快速反应动力学研究作出了重大贡献,因此分享了 1967 年的诺贝尔化学奖。1986 年,美国化学家赫施巴赫、美籍华裔化学家李远哲以及加拿大化学家波拉尼因对交叉分子束实验技术的改进,使得研究化学基元反应的动力学过程成为可能而共同获得了该年度的诺贝尔化学奖。而在 20 世纪 80 年代末,美国、埃及双重国籍化学家泽维尔用世界上速度最快的激光闪光照相机,拍摄到了一百万亿分之一秒瞬间处于化学反应中原子的化学键断裂和新形成的过程,创立了飞秒化学这个全新的物理化学分支。飞秒化学可以让人们通过"慢动作"观察处于化学反应过程中的原子与分子的转变状态,如图 3-19 所示,从根本上改变了人们对化学反应过程的认识,给化学及生命科学等相关领域带来了一场革命,泽维尔也因为这一杰出贡献获得了 1999 年的诺贝尔化学奖。

20 世纪初,当量子力学正在不断完善时,具有战略眼光的化学家就在思考如何将其应

(a) 泽维尔在做实验

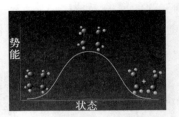
(b) 飞秒化学研究化学反应过渡态

图 3-19　泽维尔创立的飞秒化学

用于化学领域。以 X 射线为例,在伦琴发现 X 射线后,对其本质的研究吸引了德国物理学家劳厄的注意,他认为 X 射线是波长极短的电磁波,用其照射晶体应该能够产生衍射现象。1912 年,劳厄及其助手完成了 X 射线衍射实验,如图 3-20(a)和(b)所示。英国物理学家布拉格父子在获悉劳厄的实验结果后,认为既然 X 射线照射晶体能够得到衍射图像,那么通过对衍射图像的分析,应该能够反推出晶体结构。他们通过对 X 射线谱的研究,提出了晶体衍射理论,研制出世界上第一台 X 射线衍射仪,其实验记录如图 3-20(c)所示。X 射线衍射仪是促进量子化学深入发展的利器,在这方面涌现出多项诺贝尔奖成果。量子化学的先驱者之一美国化学家鲍林通过对大量离子化合物的 X 射线分析,推算出各种离子半径,总结出形成离子化合物的 5 条规则,进而阐明了化学键的本质,并因此获得了 1954 年的诺贝尔化学奖。量子化学的理论研究也在不断深入。1998 年的诺贝尔化学奖授予了提出电子密度泛函理论的库恩,以及发展了量子化学计算方法的波普尔,并且在颁奖公告中提到:"量子化学已发展成为广大化学家都能使用的工具,将化学带入了一个新时代——实验与理论能携手协力揭示分子体系的性质,化学不再是一门纯实验科学了。"这段话揭示出实验与理论在化学发展道路上的同等重要性,但实验毫无疑问是先行者。

(a) X射线衍射实验装置

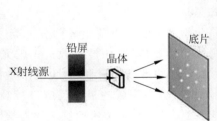
X射线源　铅屏　晶体　底片
(b) 劳厄的实验结果

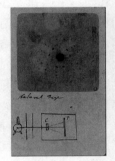
(c) 小布拉格的实验记录

图 3-20　X 射线衍射的相关实验

3. 分析化学的发展

分析化学是关于研究物质的组成、含量、结构和形态等化学信息的分析方法及理论的一门科学,是化学的一个重要分支。

客观上讲,人们从事分析检验的活动自古有之,天平应该是最早的分析仪器。早在公元前 3000 年,古埃及人就掌握了称量技术,而古巴比伦祭司所用的石制砝码尚存于世。此后天平被广泛应用在风生水起的炼金术中,这应该就是分析化学的起源。到了 17 世纪,化学成为一门独立的学科之后,多种分析检验的方法应运而生。法国化学家盖·吕萨克创立的滴定分析以及贝采里乌斯对原子量的精确测定等工作,将分析化学的发展向前推进了一大步。而分析化学作为一门科学,普遍被认为是以 1894 年德国化学家奥斯特瓦尔德出版的《分析化学的科学基础》为标志的。到了 20 世纪初,关于沉淀反应、酸碱反应、氧化还原反应及络合物形成反应的 4 个平衡理论的建立,使分析化学的检测技术一跃成为分析化学学科,被称为经典分析化学。因此,20 世纪初这个时期是分析化学发展史上的第一次革命。

　　进入 20 世纪以来,原有的经典分析实验方法被不断充实完善,并诞生了很多新的分析方法。1896 年,俄罗斯化学家茨维特发现了叶绿蛋白色素,并尝试将其从溶液中分离出来而不改变其形式与性质,最终于 1903 年成功实现。他首先制作出一根碳酸钙吸附柱,然后将其与吸滤瓶连接,使绿色植物叶子的石油醚抽取液从柱中通过。结果植物叶子中的几种色素便在玻璃柱上展开,留在最上面的是两种叶绿素,绿色层下面接着是叶黄质,随着溶剂跑到吸附层最下层的是黄色的胡萝卜素,吸附柱形成了一个有规则的与光谱相似的色层。最后,他以醇为溶剂将它们分别分离,从而得到了各成分的纯溶液,他称这种方法为色谱法,如图 3-21(a)所示。1903 年 3 月 21 日,茨维特在波兰举行的一个国际会议上发表了题为《一种新型吸附现象及其在生物化学分析中的应用》的演讲,分享了这一研究成果,但是并没

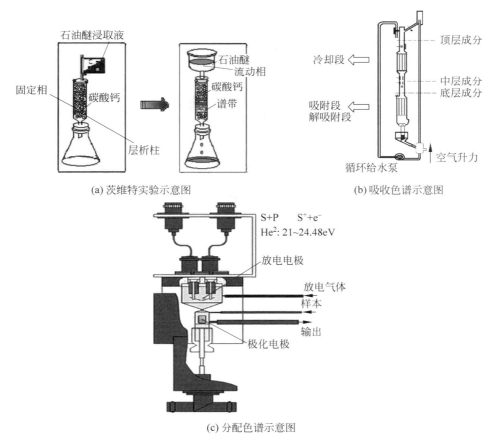

(a) 茨维特实验示意图　　　　　　　　　　(b) 吸收色谱示意图

(c) 分配色谱示意图

图 3-21　典型色谱分析的原理示意图

有引起科学界的重视。直至 1931 年,德国化学家库恩重复了茨维特的实验,用色谱的方法发现了多种类胡萝卜素,分离并且分析了维生素 A 的结构和性质,并因此获得 1938 年的诺贝尔化学奖,色谱分析法才引起了广泛关注。瑞典化学家蒂塞留斯发明了吸附色谱分析的方法,如图 3-21(b)所示,用于对血清蛋白复杂性质的分析,并因此获得了 1948 年的诺贝尔化学奖;英国化学家马丁和辛格发明了分配色谱的方法,如图 3-21(c)所示,并因此获得了 1952 年的诺贝尔化学奖;美国化学家穆尔和斯坦发明了氨基酸分析仪,这实质上是一种离子交换的色谱分析方法,将其应用于对核糖核酸酶分子活性中心的催化活性与其化学结构之间关系的研究,并因此获得了 1972 年的诺贝尔化学奖。色谱分析作为一种有效分离和分析混合物的方法,仍然在不断发展完善,已经成为分析化学及生物领域不可或缺的分离、鉴定和制备方法。

英国化学家阿斯顿长期从事同位素的研究工作,他在电子发现者汤姆逊研究工作的基础上,改进了测定阳极射线的气体放电装置,研制出包括离子源、分析器和收集器在内的可以分析同位素并测量其质量及丰度的质谱仪,如图 3-22(a)所示。阿斯顿借助质谱仪在 71 种元素中发现了 202 种同位素,并通过对同位素的研究,得到了"整数法则",即除了氢以外的所有元素,其原子质量都是氢原子质量的整数倍。他也因为这些杰出的研究工作获得了 1922 年的诺贝尔化学奖。质谱仪从发明到广泛应用,在分析化学的发展史上不时留下浓墨重彩的痕迹。例如:1934 年,美国化学家尤里因利用质谱分析的方法发现了氢的同位素氘而获得诺贝尔化学奖;1996 年,英国化学家克罗托、美国化学家柯尔和斯莫利利用质谱分析的方法发现了富勒烯及其结构,如图 3-22(b)所示,并因此获得了本年度诺贝尔化学奖;2002 年的诺贝尔化学奖授予了日本化学家田中耕一和美国化学家芬恩,因为两位科学家发展了对生物大分子进行鉴定和结构分析的方法,实现了软解析电离法对生物大分子进行质谱分析。时至今日,质谱分析已经发展成为分析化学中的重要工具。

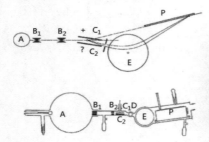  

(a)阿斯顿的质谱仪结构　　　　　　　　　　　　(b)富勒烯的分子结构

图 3-22　质谱仪及其发现

色谱仪及质谱仪等新型分析仪器的发明及广泛应用,改变了经典化学分析以化学分析为主的局面,推动了分析化学的全面纵深发展,被誉为分析化学发展史上的第二次革命。

20 世纪 70 年代之后,分析化学已经不仅仅局限于测定样品的成分及含量,而是着眼于降低测定下限、提高分析准确度。并且打破了化学与其他学科的界限,利用化学、物理、生物、数学等一系列学科的理论、方法和技术对于待分析物质的组成、组分、状态、结构、形态、分布等性质进行全面分析。由于这些非化学方法的建立和发展,有观点认为分析化学已不只是化学的一部分,而是逐步转化为一门边缘学科——分析科学,并认为这是分析化学发展史上的第三次革命。当然这个观点还存有争议,但是不管怎么讲,分析化学由于广泛吸取了当代科学技术的最新成就,因而成为不容置疑的、最具活力的发展方向。

纵观现代化学的发展,研究重点从宏观渐入微观,包括原子结构、分析结构和晶体结构的研究,化学键本质的探索及反应动力学模型的建立,分析测试方法的不断涌现与成功应用,以及限于篇幅没有涉及的合成化学及其机理,现代化学工业等。化学深入改变了人类文明发展的进程,当然仪器与测试也深刻影响了化学发展的方向。以化学收尾,再结合前面讲到的数学和物理,希望能够帮助大家进一步感悟仪器对基础科学的推动作用。

参 考 文 献

[1] 蔡天新.数学与人类文明[M].北京:商务印书馆,2012.
[2] 鲁滨逊.测量的故事[M].《测量的故事》编译组,译.北京:中国质检出版社,2017.
[3] 卡兹.数学史通论[M].李文林,王丽霞,译.北京:高等教育出版社,2008.
[4] 李锐夫.近代数学的发展[J].数学教学,1955(3):1-6.
[5] 韦金生,方乃芸.从数学发展史,谈数学学习[J].大学数学,1993(12):51-54.
[6] 纪志刚.分析算术化的历史回溯[J].自然辩证法通讯,2003,25(4):81-86.
[7] 强春晨,刘兴祥,岳育英.圆周率计算方法发展史[J].延安大学学报(自然科学版),2012,31(2):42-46.
[8] 王晓硕.极限概念发展的几个历史阶段[J].高等数学研究,2001,4(3):40-43.
[9] 王西辞,王耀杨.勾股定理及其相关历史发展:为了数学教育目的的考察[C].北京:第三届数学史与数学教育国际研讨会,2009.
[10] 吴文俊,刘卓军.几何问题求解及其现实意义[J].数学通报,1999(8):1-2.
[11] 黄勇.张量概念的形成与张量分析的建立[D].太原:山西大学,2008.
[12] 任辛喜.偏微分方程理论的起源[D].西安:西北大学,2008.
[13] 乔尔·利维.奇妙数学史——从早期的数字概念到混沌理论[M].崔涵,丁亚琼,译.北京:人民邮电出版社,2016.
[14] 弗洛里安·卡约里.物理学史[M].戴念祖,译.桂林:广西师范大学出版社,2002.
[15] 伽利略·伽利雷.关于两门新科学的对话[M].武际可,译.北京:北京大学出版社,2006.
[16] 伊萨克·牛顿.自然哲学之数学原理[M].王可迪,译.北京:北京大学出版社,2006.
[17] 周衍勋.中国古代光学的发展[J].陕西师范大学学报(自然科学版),1977(1):11-33.
[18] 李醒民.开尔文勋爵的"两朵乌云"[J].物理,1984,13(11):699-700.
[19] 王峰.引力红移的测量[J].物理教学探讨,2012,30(446):66-69.
[20] 米歇尔·霍斯金.剑桥插图天文学史[M].江晓原,关增建,钮卫星,译.济南:山东画报出版社,2003.
[21] 张钟华.量子计量基准概况及研究进展[J].中国测试,2009,35(1):1-8.
[22] 罗伯特·波义耳.怀疑的化学家[M].袁江洋,译.北京:北京大学出版社,2007.
[23] 刘立.对"波义耳把化学确立为科学"的再认识——兼论波义耳与17世纪的化学[J].自然辩证法通讯,2001,23(134):65-72.
[24] 陈仕丹.罗伯特·波义耳的微粒论与实验[D].北京:中国科学院大学,2013.
[25] 安托万·洛朗·拉瓦锡.化学基础论[M].任定成,译.北京:北京大学出版社,2008.
[26] 何法信.道尔顿与近代科学原子论[J].化学通报,1998(7):63-67.
[27] 约翰·道尔顿.化学哲学新体系[M].李家玉,盛根玉,译.北京:北京大学出版社,2006.
[28] 曾敬民,赵匡华.近代化学元素学说的奠立——纪念拉瓦锡《化学纲要》出版二百周年[J].化学通

    报,1989(7):62-65.

[29] 赵光平.现代原子物理和核物理之父——卢瑟福[J].大学化学,2000,15(5):58-60.

[30] 杨旭东.X射线与诺贝尔奖[J].化学教学,2001(12):19-20.

[31] 全俊.在炼金术之后——诺贝尔化学奖获得者100年图说[M].重庆:重庆出版社,2006.

[32] 刘艳.分析化学发展史[J].哈尔滨学院学报,2001,22(4):138-140.

第4章

仪器科学与天、地、生的关系

前一章我们通过介绍，让大家去理解并思考仪器科学与数理化的关系，本章我们再从天文学、地球科学、生命科学这 3 个自然科学的分支来阐述仪器科学与这些学科发展之间的关系，目的仍然是这样的：仪器科学源于自然科学的发展，仪器科学又助推了自然科学的发展。

第 4 章
彩图

4.1 仪器科学与天文学的关系

天文学可被分为天体测量学、天体力学和天体物理学 3 个分支。当其他自然学科尚在襁褓之中的时候，天文学就已经开始起步了，以天体测量学为主要内容的古代天文学成为人类辉煌文明成就的重要组成部分。各文明古国都在天文历法方面有着突出的成就，这些成就的取得离不开天文台、日晷、圭表、浑仪、象限仪等观测平台和观测仪器的助力；而且天文学被认为是古代世界中唯一能够体现现代科学研究方法的学科，再加上天文学自身的观赏性，经常成为业余爱好者的首选，因此天文学的发展充满了津津乐道的故事以及匪夷所思的发现，也充满了精巧的测量。

按照时间发展的顺序，天文学被分为古代天文学、近代天文学和现代天文学 3 个阶段。以 1543 年哥白尼《天体运行论》的出版为标志，这之前归为古代天文学；这之后一直到 19 世纪中叶被归为近代天文学，天体力学的发展举世瞩目；从 19 世纪中叶直到今天，以天体物理学为主要内容的现代天文学快速发展。

4.1.1 古代天文学发展概述

人类早期文明为了解决生存的需要，普遍呈现出了农耕文明的特点，农耕文明需要解决两个主要问题：一个是时间的测量，另一个就是季节的更替。日出而作，日落而息，昼夜的交替成了天然的时间计量单位，随着精细化时间管理的需要，日晷、圭表等仪器陆续出现。而在古代中国，每年开始耕种时，"大火"（心宿二）在傍晚出现于东方，为此设置了"火正"的职位，其职责就是观测"大火"来确定季节与时令；在 2 000 多年前，我国用土圭定出了冬至与夏至，到了春秋、秦汉时期，又定出了春分、秋分以及其他 20 个节气。二十四节气奠定了中国农业文明发展的基础,归根结底是天文学对人类文明发展作出的杰出贡献。

中西方在古代天文学发展史上都有着杰出的贡献,古代中国创建了一直沿用到现在的赤道坐标系,并且积累了丰富的天象观测记录,包括太阳黑子、日食、彗星、流星、超新星爆发等一系列天象的长期观测记录,还有就是提出了具有鲜明自身文化特色的宇宙学说——盖天说、浑天说和宣夜说。古代西方天文学的发展,从亚里士多德通过观测确定地球是圆形的,到阿利斯塔克提出的日心地动学说,再到埃拉托色尼通过测量得到地球的周长、希帕恰斯(也被翻译为依巴谷)给出西方天文学观测史上最早的星表,直至托勒密地心说的提出与广泛传播,都镌刻了鲜明的个人印记。客观上讲,由于历史的局限性,其中不乏错误的理论,但是科学的发展就是这样,只有在观测的基础上发现了新的问题,才能对原先的理论提出质疑和挑战,新的理论才能被提出并不断完善,科学才能进步,人类才能发展,这是亘古未变的。

在古代天文学发展中,像日地距离、地球的周长这类问题都是让人感兴趣的话题,古希腊的天文学家也为此开展了前仆后继的研究工作。

对于日地距离,提出日心地动学说的古希腊天文学家阿利斯塔克提出了一种测量方法,其原理如图 4-1 所示。他认为,当月亮正好半圆(上弦或下弦)时,由月亮、太阳、地球组成的三角形将是一个直角三角形,如果能够测出角$_{月-地-日}$的值,就可以得到该直角三角形任意两边之比。阿利斯塔克的原理是正确的,但限于当时测量条件的限制,一方面月亮的上弦或下弦时间难以精确测定,一方面角$_{月-地-日}$是一个很小的角度,也难以精确测定,因此其计算出的地日距离是地月距离的 19 倍,和实际的约 390 倍相距甚远,但是这并不能掩盖住阿利斯塔克算法中智慧的光芒。

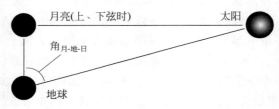

图 4-1　阿利斯塔克日地距离的测量原理

另一位古希腊天文学家埃拉托色尼也给出了他的计算结果,地球与太阳之间的距离为 4 080 000 视距或者 804 000 000 视距。关于如何正确翻译埃拉托色尼的数值存在分歧,一种观点认为,一个视距约等于一个体育场的长度,用现代的单位表示是在 157~209 m 范围,那么,不管选择哪个数值,408 万个体育场的长度都比地球到太阳的实际距离的 1% 还要小。然而,8.04 亿视距却在 1.26 亿 km 至 1.68 亿 km 之间,这个范围包括了地球到太阳的实际距离(大约)1.5 亿 km。因此,埃拉托色尼很可能已经得到了一个相当精确的地球到太阳的距离值,但是我们无法肯定。

古希腊数学家毕达哥拉斯主张用数学的方法解释宇宙,他认为球形是所有立体图形中最美好的,因此认为地球是球形的,这个结论没有任何事实依据。而古希腊哲学家亚里士多德根据月食时月面出现的地影是圆形的,则给出了地球是球形的第一个科学证据。那么,地球周长的测量就成为之后科学家关注的热点问题。埃拉托色尼成为第一个精确测量出地球周长的人,其测量原理如图 4-2 所示。

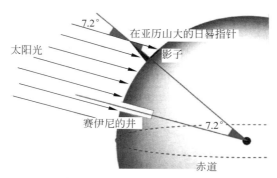

图 4-2　埃拉托色尼地球周长的测量原理

　　埃拉托色尼注意到,在埃及赛伊尼有一口深井,每年夏至的时候太阳光可以直射井底,这表明太阳光的延长线经过地球的球心。考虑到地球是球形的,在夏至当天他在亚历山大选择一座很高的方尖塔作为参照,测量出当天塔的阴影长度,从而得到方尖塔和太阳光之间的角度,即图中的 7.2°。由于太阳光到达地球之后可以认为是平行线,所以影子对应的夹角就是亚历山大到赛伊尼这段弧长对应的圆心角。因为 7.2°相当于圆周角 360°的 1/50,所以亚历山大到赛伊尼的弧长就等于地球周长的 1/50。埃拉托色尼测量出两座城市的距离是 5 000 希腊里,地球的周长即为 25 万希腊里,为了符合传统的圆周 60 等分制的特点,埃拉托色尼将该数值提高到 252 000 希腊里。一希腊里约为 157.5 m,换算为现代的公制后,地球周长约为 39 375 km,经埃拉托色尼修订后为 39 360 km,与现代测量结果 40 076 km 惊人地相近。当然,埃拉托色尼测量的是经线周长,两座城市在同一个经度上是测量结果准确的前提,而事实并非如此,他并未考虑到这个误差的影响。但是应当看到,在原始且简陋的实验条件下,埃拉托色尼能够通过细致的观察和精巧的设计得到相当精确的结果,彰显了人类文明发展过程中先贤们不断挑战自我和未知的勇气与魄力。

　　前面已经讲到,古代中国对于天文观测有着执着的追求,也留下了迄今为止最全面的观测记录,哈雷彗星、太阳黑子、超新星爆发等观测均走在了世界前列。在对观测结果的总结上面,也有着独到的地方,战国时期齐国(亦有楚国或鲁国的说法)的天文学家甘德著有《天文星占》(八卷),魏国的天文学家石申著有《天文》(八卷),但是这两部书到了唐代已经基本上散佚了,后人将两部著作的遗存部分合编成《甘石星经》,书中记录了 800 多个恒星的名称,测定了赤道附近 120 个恒星的方位,被誉为人类文明发展史上的第一个恒星星表。不过对于《甘石星经》的真伪一直存有争议,有观点认为《甘石星经》是唐代以后天文学家的作品,并非甘德、石申时代的成果。但是据中国科技史的开拓者之一席泽宗教授考证,甘德早在公元前 364 年就用肉眼观测到了木卫的存在,要比伽利略用望远镜观测到的结果早近 2 000 年,这个结论已经为国际天文学界公认。因此,有充分的理由相信古代中国的天文学家们有编制出第一个恒星星表的能力。而且在 1907 年被斯坦因盗走的 9 000 余种敦煌文物中,有一卷包含 1 350 余颗星的星图,是现存星图中星数最多且最古老的一幅,如图 4-3 所示。据考证其绘制年代可能晚于盛唐,绘制方法与现代星图画法基本一致,充分展现了古代中国天文学家卓越的观测能力、归纳能力和绘图能力。

　　古代西方星表的绘制可以追溯到希帕恰斯,他对天文学的贡献是全面的,是人类历史上发现岁差现象的第一人,测量出了地球绕太阳一周的时间和地月距离等。希帕恰斯在公元

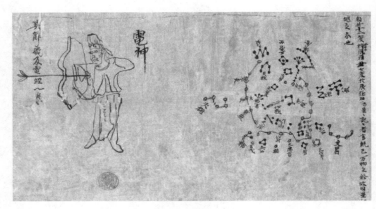

图 4-3　敦煌星图(局部)

前 141 年到公元前 127 年之间在罗得岛进行了长期的观测,在公元前 134 年他观测到了天蝎星座的一颗新星,激发了他绘制恒星星表的兴趣,最终他完成了绘制,但是业已佚失。西方世界留下来的第一部星表出自古希腊天文学家托勒密的《至大论》,晚于希帕恰斯 3 个世纪左右。为此,历史学家首先肯定托勒密是能够看到希帕恰斯的著作的,然后就展开了辩论:托勒密是自己观测到了他在星表中给出的位置,还是采用了希帕恰斯的观测位置,在做了岁差改正后,简单地将恒星位置转化为自己的结果? 无论是哪种情况,希帕恰斯创立的方位天文学都已经深刻影响了之后的天文学发展轨迹,但是其缺陷也是根本性的,由于其本质是“地心说”,所以必将在哥白尼“日心说”的光芒照耀下黯然退场。

4.1.2　测量与近代天文学的发展

近代天文学以哥白尼“日心说”的提出为标志,我们在第 1 章中对哥白尼利用测量推动天文学的革命做了详细介绍,在此不再赘述了。下面再举几个例子来展现测量对天体力学,进而对近代天文学发展起到的重要推动作用。

哥白尼的“日心说”开启了认识宇宙的大门,但是其执着于天体做匀速圆周运动,而打破对圆周运动的迷信,并进一步完善哥白尼体系的是开普勒,这其中起到承上启下作用的是丹麦天文学家第谷,因为开普勒是第谷的学生,他继承了第谷全部、翔实且准确的天文学观测记录。

第谷最伟大的天文学观测成就都是在丹麦汶岛完成的,在丹麦国王和王后的支持下,他在汶岛建立了两座天文台——天堡和星堡,并研制了一批精度极高的大型天文观测仪器。第谷在晚年离开汶岛后完成了《新天文仪器》,可以看作他对汶岛岁月的纪念,书中留下了他在汶岛两座天文台中使用过的 17 件天文仪器的图示和文字描述,其中的 3 类仪器应当引起注意。

第 1 类是浑仪。这是欧洲和古代中国都有的天文观测仪器,不同的是欧洲自古使用黄道浑仪,而中国的浑仪一直是赤道浑仪,两者的不同之处在于是以黄道为基准还是以赤道为基准。第谷在欧洲首创赤道浑仪,一生共造过 3 架赤道浑仪,其中安放在汶岛天堡的那一架他用得最多,是他认为最准确的仪器之一。

第 2 类称为象限仪,其源于刻度环是一个圆周的 1/4,又可分为两种形式:一种通常固定在子午面,即正南北方向的立面墙上,称为"墙象限仪",在第谷之前已经被广泛应用。另一种是第谷有所革新,并更为重视的,仪器被安置在地平圈上,因而可以在360°任意方位角的立面内测量天体的地平高度。第谷共造过4架,主要是通过测定太阳的地平高度来推求当地的时刻。

第3类是纪限仪,这是第谷发明的仪器。第谷的著作中指称这种仪器的拉丁原文是sextans trigonicus,词根 sex 即"六"之意,因为该仪器的主要部分是一个圆面的1/6。该仪器在英语中通常写成 sextant,恰好与航海测量用的"六分仪"是同一个词,结果造成一些混乱,有人将第谷的这种仪器也称为"六分仪"。事实上航海测量用的"六分仪"是望远镜发明之后的产物,其原理被认为是牛顿首先提出的。

第谷发明纪限仪是为了更方便地直接测量两颗恒星之间的角距离。第谷曾用它来确定1572年新星与仙后座诸恒星的相对位置,他后来进一步改进了这种仪器,仪器被安放在一个固定的球形万向接头上,观察者从金属制作的1/6圆弧向圆心的照准器观看,需要两人合作,一人沿着一根固定的半径观测恒星 A,一旦恒星 A 和这个半径共线就将仪面固定,此时另一名观测者沿一根可移动的半径观测另一颗恒星 B,这样就能直接读出这两颗恒星之间的角距离了。

第谷研制的一些典型仪器示意图如图 4-4 所示,借助这些精密的仪器,第谷的观测结果达到了"前望远镜时代"天文观测无可争议的精度巅峰。1599年,第谷来到了布拉格,不久之后开普勒也来到了这里。1600年2月3日,两位伟大的天文学家第一次见面,开普勒成为第谷的学生与助手,第谷十分欣赏开普勒的才华,临终前将所有的观测资料交给了他,两位天文学家联合吹响了近代天文学发展的号角。

(a) 第谷浑仪　　　　　　(b) 邮票上的纪限仪　　　(c) 第谷用墙象限仪观测

图 4-4　第谷的天文观测仪器

虽然荷兰人李普塞最早发明了望远镜,但是伽利略是第一个将其用于天文观测的科学家。1609年,他制作出一架放大倍率为32的望远镜,并开展了全面的天文学观测,重要的发现有:观测到了月球表面崎岖不平的现象并绘制出了第一幅月面图,观测到了金星表面周期性的圆缺变化,观测到了木星的4颗卫星,观测到了太阳黑子并据此测量出太阳的自转周期等。但是伽利略的观测多为实验结果,并没有从理论上对天文学规律进行总结和梳理,而这项工作是由开普勒开辟的。

第谷去世后,开普勒在其天文观测结果的基础上,花了大量时间去研究火星的轨道问题。他最初按照哥白尼的理论,设想火星为完美的匀速圆周运动,利用第谷的数据拟合出了火星轨道,但是一旦超出这些数据范围,拟合的轨道和第谷的观测数据就有了 8′ 的偏差,这个偏差促使开普勒最终放弃了哥白尼的匀速圆周运动假设,进行了深入研究,发表了以其名字命名的开普勒三大定律,分别是:

第一定律(椭圆定律)——行星沿椭圆轨道绕太阳运行,太阳位于这些椭圆的一个焦点处。

第二定律(面积定律)——任何行星和太阳的连线在任何地点,在相等的时间内扫过的面积相等。

第三定律(周期定律)——行星绕太阳运动的周期的二次方与椭圆轨道半长轴的三次方成正比。

开普勒三大定律把宇宙的运行秩序展现了出来,是近代天文学史上划时代的事件,开普勒也因此被誉为"天空的立法者"。而他的研究成果一方面要归功于第谷穷其一生积累下来的准确的观测数据,另一方面也得益于其自身对天文观测仪器的革新。他在 1611 年,针对伽利略望远镜放大倍数和视场都较小的缺点,利用凸透镜替代凹透镜作为目镜,使放大倍数和视场得到了显著改善,虽然成像是倒立的,但并不影响天文观测的效果,其原理图如图 4-5 所示。由此可以看出,开普勒三大定律这个近代天文学史上革命性的成果是源于精巧的仪器设计和细致的天文观测。1627 年,开普勒发表了《鲁道夫星表》,这个星表的精度是空前的,因此直到 18 世纪中叶,《鲁道夫星表》一直被天文学家和航海家们视若至宝,其形式几乎没有改变地保留到了今天。

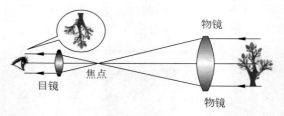

图 4-5 开普勒折射式望远镜原理示意图

开普勒的工作对于牛顿万有引力定律的提出与模型的建立是有着直接贡献的,因此也被誉为"牛顿脚下的巨人"。可以说,从哥白尼,到第谷、开普勒、伽利略,直至牛顿,这些伟大的科学家皆进行了精确的观测与深入的分析,最终以开普勒三大定律以及万有引力定律的建立为标志,成为天体力学的开端,近代天文学的发展由于他们的杰出贡献而显得熠熠生辉。

4.1.3 测量与现代天文学的发展

到了 19 世纪中叶,天文学的研究从以描绘天体的位置和运动为主要目标的天体测量学及天体力学,转向以理解天体的性质和构成为主要目标的天体物理学,进入了现代天文学阶段。现代天文学的发展建立在丰富多样的观测手段的基础上,光学观测从传统光学望远镜步入了太空望远镜、自适应光学系统;射电观测及将空间探测器送入太空进行观测从本质上拓展了我们的视野,使全波段观测成了现实。

下面仅以射电天文观测为例,管中窥豹地感悟一下观测手段的革命性变化对现代天文学发展的支撑作用。

　　射电天文学顾名思义,就是用无线电的方法来研究天文学。1888 年,德国物理学家赫兹发现了电磁波的存在。1894 年,英国物理学家洛奇即预见到太阳的辐射会延伸到可见光谱以外长得多的波段上,会有射电波的存在,但限于技术手段等原因,人们一直没有观测到太阳的射电信号。1930 年,美国贝尔实验室的央斯基建造了一台工作波长为 15 m 的可旋转简陋天线,如图 4-6 所示。1931 年在寻找干扰无线电波通信的噪声源时,他发现,除去两种雷电造成的噪声外,还存在第 3 种稳定的噪声,周期是 23 h 56 min。经过一年的分析和研究,他认为噪声来自银河系中心的人马座方向,但由于贝尔实验室重新分配给他新的工作使得这项工作没有继续下去。

(a) 央斯基的无线电天线　　　　　　　(b) 央斯基在做实验

图 4-6　央斯基的研究工作

　　1937 年,美国无线电工程师雷伯研制了一架直径为 9.6m 的金属抛物面天线,这是为天文研究建造的第一台射电望远镜,如图 4-7(a)所示。雷伯将其对准了央斯基曾经收到宇宙射电波的天空,1939 年再次发现了来自人马座方向的射电波,不同于央斯基接收到的14.6m 波长的无线电波,雷伯接收到的是 1.9m 波长的无线电波。雷伯不仅证实了央斯基的发现,还进一步发现了人马座射电源能够发射出许多不同波长的射电波。随后雷伯用他的射电望远镜完成了人类历史上的第一次无线电巡天,于 1944 年发布了第一幅银河系的射电图,如图 4-7(b)所示。

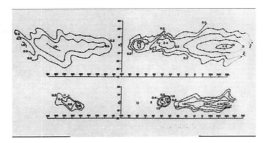

(a) 射电望远镜　　　　　　　(b) 第一幅银河系射电天文图

图 4-7　雷伯的射电望远镜及银河系射电天文图

　　20 世纪 60 年代,射电天文学刮起了一场风暴,借助于射电望远镜,类星体、星际分子、宇宙微波背景辐射以及脉冲星的发现,从深度和广度上彻底改变了人类对宇宙的认知,下面简要介绍一下宇宙微波背景辐射和脉冲星的发现过程。

现在人们广泛接受的宇宙起源观点是宇宙源于一次大爆炸，根据大爆炸学说，大爆炸之初尚未形成恒星与星系，宇宙中充斥着致密、高温的氢等离子体以及辐射。随着宇宙的膨胀以及冷却，离子和电子几乎在瞬间复合形成中性粒子，因此光子开始了宇宙中畅通无阻的穿行。从大爆炸初期走出来的光子一直穿行在宇宙中，直到撞到人类的探测器，这种辐射就是宇宙背景辐射。根据理论推算，现今的宇宙背景辐射应当相当于 3K 的黑体辐射，因此又叫微波背景辐射。如果宇宙微波背景辐射被发现，将是对宇宙大爆炸理论最有力的支持。

时间来到了 1964 年，美国天文学家彭齐亚斯和威尔逊为了改进卫星通信，建立起高灵敏度的号角式接收天线系统，如图 4-8 所示。他们将其用于测量银晕气体的射电强度。为了降低测量过程中噪声的影响，他们甚至清除了天线上的鸟粪，但是噪声依然难以有效消除。通过对检测结果的研究，他们认为，这些来自宇宙的波长为 7.35 cm 的微波噪声相当于 3.5 K 的黑体辐射，1965 年又将其订正为 3 K，并公开发表了研究成果，随后被研究人员证实为宇宙微波背景辐射。

图 4-8　彭齐亚斯和威尔逊的射电天线系统及工作照片

脉冲星是自转极快的中子星，因为其不断发出电磁脉冲信号而得名。1967 年，英国天文学家休伊什的学生贝尔在分析射电望远镜收到的信号时，无意中发现了一些有规律的脉冲信号，经过分析，两位科学家共同发表论文认为脉冲信号源于脉冲星；同一时期另外一位英国的天文学家赖尔也利用射电望远镜发现了脉冲星的存在，因此休伊什和赖尔共享了 1974 年的诺贝尔物理学奖，但是很遗憾贝尔没有得到这份应有的荣誉，甚至有人将这一届的诺贝尔奖称为"The No Bell Nobel"（没有贝尔的诺贝尔）。休伊什、贝尔以及赖尔使用的射电望远镜如图 4-9 所示。1974 年，美国的天体物理学家泰勒和他的研究生赫尔斯又利用射电望远镜发现了第一个脉冲双星，他们也因此荣获 1993 年的诺贝尔物理学奖，围绕脉冲星的发现在不到 20 年的时间里两次获得诺贝尔奖，足以说明脉冲星研究的意义及其重要价值。

(a) 休伊什及其学生贝尔使用的射电望远镜　　　(b) 赖尔的射电望远镜

图 4-9　休伊什和赖尔使用的射电望远镜

脉冲星研究涉及许多学科的一系列重要理论问题,与现代物理中的等离子体物理、广义相对论、基本粒子等密切相关,在天体演化的研究中也占有特殊地位。而且由于脉冲星的脉冲周期异常稳定,如果未来人类想走出太阳系,脉冲星导航必将是我们星际航行路上的指路明灯,但是这要依赖于足够数量的脉冲星,因此对于射电望远镜的检测能力提出了更高的要求。建于我国贵州平塘的 500 m 口径球面射电望远镜(five-hundred-meter aperture spherical telescope,FAST),是世界上最大的单口径射电望远镜,如图 4-10 所示。FAST 的综合性能是著名的阿雷西博射电望远镜的 10 倍,并且具有完全自主知识产权。FAST 于 1993 年开始论证,2016 年 9 月 25 日建成,2020 年 1 月 11 日通过国家验收,正式投入运行。

4 450块反射面板单元是FAST望远镜的重要组成部分

望远镜反射面总面积为25万m²,相当于30个标准足球场

图 4-10 举世瞩目的我国 FAST 射电天文望远镜

截至 2019 年 8 月 28 日,FAST 已发现 132 颗优质的脉冲星候选体,其中有 93 颗被确认为新发现的脉冲星。而且在 8 月 29 日,FAST 首次探测到一组能反复爆发的快速射电暴(fast radio burst,FRB),来自于 FRB121102,这个位置的射电暴最早于 2012 年首次被发现,但是之后仅是零星被观测到,而 FAST 自 29 日起连续多次记录,并且在 9 月 3 日这一天记录了多达 20 余次,这充分说明了 FAST 优异的观测能力,这个大国重器必将为人类天文学的发展留下浓墨重彩的一笔。

4.2 仪器科学与地球科学的关系

地球科学是以地球为研究对象的科学体系,从不同角度对地球的不同圈层进行研究,形成了地球科学的各个分支,主要包括固体地球科学(地质科学、固体地球物理科学)和表面地球科学(地理科学、海洋科学、大气科学、空间物理科学)两部分。而按照时间发展的脉络,普遍认为地球科学的发展经历了 3 个阶段,即古代地球科学知识的萌芽与积累阶段(17 世纪以前)、地球科学主要学科的创立与初步发展阶段(17—19 世纪)以及地球科学的革命与全面发展阶段(20 世纪至今)。

通过对地球科学的定义及其发展阶段的概要介绍可知,地球科学是一个内涵非常丰富的学科,不仅局限于地球本身的结构与特点,还涉及海洋、大气、空间环境等。因此想在有限的篇幅内概述出仪器科学与地球科学的关系,难度相当大,我们只能采取以点带面的方法,聚焦地球自身的一些关键问题来了解人类是如何借助观测和仪器来逐步揭开这些神秘问题的面纱的。

4.2.1　地球的起源及整体特征

地球的起源涉及许多相关问题,包括宇宙的起源、银河系和恒星的演化、生命和人类的起源等。

在 18 世纪后期,康德和拉普拉斯相继提出星云学说,他们认为:太阳系中的地球和其他行星是由一个围绕太阳的扁平星云盘冷凝而成的。星云学说是人类历史上第一个关于太阳系起源的假说,是在牛顿经典力学的基础上提出的。进入 20 世纪以后,基于天体物理学的发展成果,一门新的边缘学科——宇宙地质学诞生了,其综合了各种天文观测新技术,以及由此取得的资料来研究地球大气圈、生物圈、岩石圈和水圈中发生的各种过程及其形成机制,旨在把宇宙中发生的现象和地球上的现象互相论证,统一为一个整体。在这一思想的指导下,借助各种现代观测手段,人们对于地球的起源有了更多和更深的认识,但是仍然缺乏一个让大家信服的理论。只有期待将来更多的测量手段及证据的出现,地球起源的真相才有可能水落石出。

除了地球的起源之外,地球的形状、地球的年龄、地球是静止的还是运动的等问题也是人们关注的热点,下面就对这些问题的发展历程进行介绍。

1.　地球形状的测量

今天我们都知道地球是近似球形的,但是在人类文明的早期,由于生产力水平低下,对自然界的认识犹如盲人摸象。中国古代的盖天说、浑天说等学说,其实对于地球的形状都没有清晰的描述,更多的是一种想象。前面在讲地球直径的测量时,已经讲到了亚里士多德等人对于地球形状的认识,他的结论是在天文学观测的基础上得到的,是有科学依据的。到了 1522 年,葡萄牙航海家麦哲伦完成了人类历史上第一次环球航行,使地球为球体才最终被正式确认。

1672 年,法国天文学家里舍从巴黎到南美圭亚那去观测火星,发现从巴黎带去的天文钟在圭亚那每天都慢了 2 min 28 s,回到巴黎后又恢复了正常,如图 4-11(a)所示,他认为这是因为圭亚那的重力加速度小于巴黎。1687 年,牛顿的划时代巨著《自然哲学之数学原理》出版了,书中不仅对地球是球形的原因给出了最好的解释,而且也基于里舍的测量结果,判定地球的形状应当是赤道处稍凸、两极略扁的扁球体。随后法国国王路易十五决定派出两支科考队,一支远赴北极圈内的拉普兰,一支远赴南美赤道附近的秘鲁,利用如图 4-11(b)所示的斯涅尔三角测量原理,实地测量两个地区纬度 1° 所对应的经线弧长,结果是拉普兰和秘鲁的经线弧长分别为 111 950 m 和 110 655 m,证明了赤道的曲率大于高纬度地区,与牛顿的结论相符,至此地球作为一个扁球体的概念逐渐被人们接受。

现在人们已经能够借助人造卫星进行地球形状的精确测量了,1976 年在法国举行的国际天文学联合会上决定从 1984 年开始采用如下地球参数:赤道半径为 6 378.140 km,极半径为 6 356.755 km。在地球形状的确定过程中,处处可见测量的身影。

(a) 里舍在圭亚那进行观测　　　　　　　　　　(b) 斯涅尔三角的测量原理

图 4-11　地球形状测量过程中的标志性事件

2. 地球年龄的测量

地球的年龄也是人们一直关注的,这一问题难倒了古今中外数不胜数的哲学家和科学家。我国汉代著作《春秋元命苞》中提到:天地开辟,至鲁哀公获麟之岁,凡三百二十六万七千年。这里面的获麟是指鲁哀公捕获了麒麟,据考证是公元前 481 年。而在古代西方,最早对地球年龄做出论断的是《圣经》,书中认为地球距今不过有 6 000 年的历史。由于缺乏有效的理论支撑,这些结果均是源于主观臆断。

到了 17 世纪,英国物理学家牛顿基于物体的冷却规律来估算地球的年龄,他假定地球全部由铁组成,在形成时处于火红状态,估计冷却到现在的表面温度将需要 5 万年的时间。之后,法国博物学家布丰在牛顿观点的基础上,进行了一系列不同成分、不同体积球体的冷却实验,然后计算出各种星体从炽热冷却到生物可以生存的温度所需要的时间,在此基础上布丰认为地球年龄的下限是 7.5 万年。布丰的计算并不准确,但其应用物理学定律进行地球年龄的计算是历史性的突破。

1896 年,法国物理学家贝克勒尔发现了放射性,但是并没有被人意识到可以用作地质时钟。直到 1904 年,著名的物理学家卢瑟福在英国伦敦皇家学院发表演讲时,谈到了用放射性进行地球年龄测定的意义,年过八旬的开尔文勋爵也是其中的一名听众。他对地球年龄确定方法的最新见解引起了争论,但是确实为解决地球年龄的测定问题提供了一劳永逸的解决方案。随后研究人员进行了深入研究,鉴于放射性元素最终衰变为稳定的铅,因此认为基于铀-铅衰变链的方法是可靠的地球年龄测定方法。我国科学家在这方面开展了全面的测试与研究工作。针对地球铅样品,利用 1966—1968 年珠穆朗玛峰考察队采集到的样品,采用一种叫作"整合线"的统计分析方法,得出的地球年龄为 $44.9 \sim 45.9$ 亿年;针对陨石铅样品,对吉林陨石雨的同位素年龄进行了测定,结果表明地球的年龄为 (45.5 ± 0.7) 亿年。而对取自月球的土壤和岩石进行测定,得到月球的年龄最大值为 46 亿年,考虑到相近的行星很可能具有接近的年龄,因此这个结果也可以作为地球年龄的一个参照值。

在得到地球的年龄之后,我们对地球的发展历程就有了清晰的脉络。曾经有人做过这样的比喻,如果把地球的生命史浓缩为 24 小时,那么在这 24 个小时之内发生的事情如图 4-12 所示。由图可以看到,地球生命的起源、光合作用的开始、寒武纪生命大爆发、恐龙的灭绝等,都可以找到自己的时间坐标,而直到 23:59:30,距离结束一天的时光仅仅剩下 30 s 的时候,人类才在地球上诞生了。人们能够这样清晰地感受地球的发展,得益于测量方法与手段的不断完善与提高。

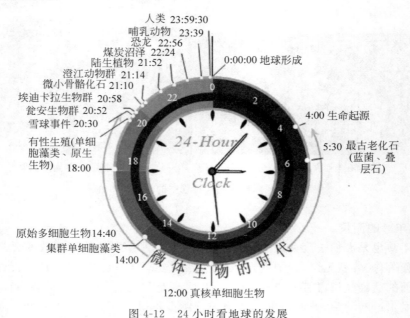

图 4-12　24 小时看地球的发展

3. 地球自转的测量

在人类文明早期,古希腊的费罗劳斯、海西塔斯等人提出了地球自转的猜想,中国战国时代的尸佼在其所著《尸子》中,也提到了"天左舒,地右辟"的论述,但是很难看到这些猜想提出的依据是什么。地球自转这一自然现象的证实和广为接受,则是在 1543 年哥白尼的日心说提出之后,其中法国科学家傅科设计的傅科摆实验,则是人类历史上第一次简单直接地展示出地球自转现象的实验。

1851 年,傅科在法国巴黎先贤祠最高的圆顶下方悬挂了一个摆,如图 4-13(a)所示,摆长67 m,摆锤重 28 kg,悬挂点经过特殊设计而使摩擦减少到最低限度。这样设计的出发点是增加摆的惯性和动量,其摆动起来之后基本上不受地球自转的影响,且摆动时间很长。在傅科摆实验中,人们看到,摆动过程中摆动平面沿顺时针方向缓缓转动,如图 4-13(b)所示,摆动方向不断变化。傅科分析了这种现象的原因,摆在摆动平面方向上并没有受到外力作用,按照惯性定律,摆动的空间方向不会改变,因此摆动方向的变化是由于观察者所在的地球沿着逆时针方向转动的结果,地球上的观察者看到的是相对运动现象,从而有力地证明了地球是在自转。

(a) 先贤祠的傅科摆实物复原图

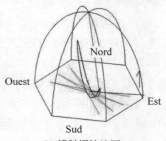

(b) 傅科摆轨迹图

图 4-13　傅科摆实物复原图及其运动轨迹

4.2.2　地球的结构及内部特征

在对地球的整体特征进行探索的同时,人们又将视野投向了地球内部,重力、磁场、内部结构的探索也是地球科学研究的主旋律。

1. 地球重力的探索过程

苹果熟了会落到地上,人跳起来之后还会落到地上,这些现象的成因始终是人们关注的话题。

古希腊科学家亚里士多德认为,没有力的作用的运动是不存在的。他认为地球上的物体会因为力的作用向正确的位置靠近,且重的物体要比轻的物体下落快。目前有证据表明,印度科学家婆罗摩及多在公元 628 年给出了重力的描述,他提到:物体向地球坠落,是因为地球对物体自然地吸引,就像水自然地流动一般。当然对这个说法的理解还存在争议,但是大家公认,伽利略在 16 世纪 80 年代完成的自由落体实验是世界上第一个直接揭示落体规律的实验。17 世纪末,英国物理学家牛顿对落体规律又进行了深入研究,得出了物体的重力等于物体的质量乘以重力加速度的结论。重力加速度概念的提出使各种重力加速度的测量方法应运而生。

伽利略的自由落体实验揭示了物体坠落的路径与其经历时间的二次方成正比的规律,而与物体自身的重量无关。在此基础上,他粗略地得到了地球重力加速度的数值为 $9.8 \, \text{m/s}^2$。而随着惠更斯提出数学摆和物理摆的理论,并研制出第一架摆钟,摆仪就成为测量重力的主要工具。1898—1904 年,在德国波茨坦,大地测量研究所的居能和富特凡格勒利用 5 个可倒摆仪器,经过 7 年的长期测量,在考虑各种因素的影响之后得到了波茨坦所在地的重力加速度数值,这一测量结果在 1909 年被国际大地测量协会采纳为国际重力基准。时间到了20 世纪 80 年代,华裔物理学家朱棣文成功使用激光冷却的方法囚禁了原子,并将其应用于重力加速度的测量。朱棣文小组利用原子干涉仪测量出了单个原子的重力加速度,发现微观原子与宏观物体下落的速度也与重量无关。然后他们利用原子干涉技术对单个原子所受的重力加速度进行了迄今为止最精确的测量,测量精度可以达到十亿分之三,比此前的重力加速度测量精度提高了 100 万倍,其实验装置如图 4-14(a)所示。如此高灵敏的磁场测量精度,可以用来精确测量地球表面不同地点重力加速度的变化,美国 NASA 宇航局完成了这一测试,得到了如图 4-14(b)所示的地球重力分布图,这有助于揭开地球上的许多谜团,在石油勘探、矿产探测、测定地球自转速度和预报地震等方面,都有重大的应用前景。

冷原子团,亮处为10^9个原子发出的荧光
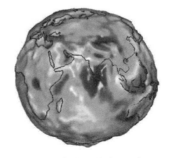

(a) 进行冷原子实验的真空落塔装置　　　(b) NASA公布的地球重力分布图

图 4-14　朱棣文团队的实验装置及 NASA 公布的地球重力分布图

2. 地球磁场的探索过程

在古代,中国人和希腊人已经发现天然磁石具有磁力的特征。普遍认为,公元前 6 世纪,希腊哲学家泰勒斯进行了最早的磁体观测;而我国在公元前 4 世纪的时候也有了关于磁石的记载,并开始利用磁石研制司南。公元 720 年前后,我国天文学家僧一行最先对磁偏角进行了观测,欧洲则直到 15 世纪才有了磁偏角的记录。1546 年,荷兰地理学家梅凯特从磁偏角的观测中认识到,磁针所指方向不可能在天上,而应该固定在地球上。而直到 1600 年,英国科学家吉尔伯特在大量观测记录的基础上写出《论磁体》,才明确指出磁针的指极性是由于地球本身像一块巨大的磁石,这是人类历史上关于地磁场本质的最早论断。

那么,什么是磁偏角呢?为什么磁偏角可以用来判断地球是一个磁体呢?所谓磁偏角,即磁子午面与地理子午面的夹角。磁子午面即通过磁北方向并与水平面垂直的平面,地理子午面即通过地理北方向并与水平面垂直的平面。因此,磁偏角反映的是地理北极和地磁北极的夹角,这个夹角的存在就力证了地球自身存在一个磁场。所以我们不得不佩服我们的先人,在简陋的实验条件下开展了原创性工作。对于僧一行是如何发现磁偏角的,有研究人员进行了考证,得出的结论是:一行尝以针与北极相较,实以针的指向与晷影相较,发现了磁偏角现象。简而言之,就是用指南针的指向与日晷的影子相比较,然后发现了磁偏角的存在,如图 4-15 所示,这也从另外一个角度说明早在唐朝初年,我国就发明了指南浮针。现在的磁偏角测量需要借助全球定位系统,感兴趣的同学可以查阅相关参考文献进行了解,限于篇幅这里不再赘述。

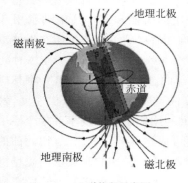

(a) 磁偏角示意图

(b) 日晷定向

图 4-15　磁偏角的定义及日晷定向示意图

在认识到地球是一个磁场后,对于地球磁场分布的测量就提上了日程,这也得益于航天技术和磁敏传感器技术的飞速发展。2016 年,欧洲航天局公布了 Swarm 卫星绘制的地球磁场变化图,地球磁场数据的来源是 3 颗卫星上的磁通门磁强计,结果如图 4-16 所示。借助卫星的连续观测,人们也可以看到地球磁场的动态变化图。

有了更为充分和全面的地球磁场数据来源,人们便可以对地球磁场的起源、产生、变化,地球内部结构,地质灾害预报等问题开展深入研究,从而为我们更加全面深入地理解地球、理解自然界提供了支撑。

3. 地球内部结构的探索过程

对于地球内部结构的认识,也是人们关注的焦点。最早人们认为地球内部是一团熊熊

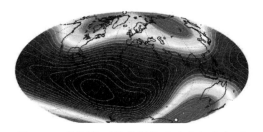

图 4-16　欧洲航天局绘制的地球磁场分布图

烈火,17 世纪的科学家牛顿和莱布尼茨根据自己的研究也认为地球中心是处于熔融状态的物质。1798 年,英国物理学家卡文迪许曾经用扭秤测量出了地球的密度是水的 5.45 倍,比普通岩石的密度大 1 倍,这个结果表明在地球内部决没有空洞,那里的物质必定是非常致密的。

　　最简单的方法当然是直接挖坑来看,苏联于 1970 年开始在科拉半岛钻探,公开报道的数据是挖到了 12 263 m,后来该数据被俄罗斯在库页岛挖掘的 Odoptu OP-11 油井(12 345 m)所打破。但是该深度和地球的直径相比,只相当于破了点儿皮,因此直接钻探来了解地球结构的方法无论是在技术上,还是在可行性上均存在问题。好在研究人员早就认识到了这一点,开始采用地震波的方式来了解地球内部的结构。

　　研究表明,地震波的速度是由介质的物质组成和温度共同决定的。因此,通过地震波信号的分析,即可推断出地球内部的结构。1909 年,南斯拉夫地质学家莫霍洛维奇意外地发现,地震波在传到地下 50 km 处有折射现象发生。他认为,这个发生折射的地带,就是地壳和地壳下面不同物质的分界面。1914 年,德国地质学家古登堡发现,在地下 2 900 km 深处,存在着另一种不同物质的分界面。后来,人们为了纪念他们的贡献,就将两个面分别命名为“莫霍面”和“古登堡面”,如图 4-17 所示,并根据这两个面把地球分为地壳、地幔和地核3 个圈层。

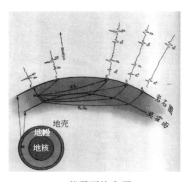

(a) 莫霍面的发现

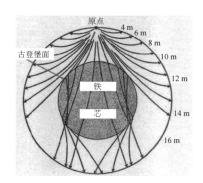

(b) 古登堡面的发现

图 4-17　莫霍面和古登堡面的发现示意图

　　1906 年英国地质学家发现液体外核,以及 1936 年丹麦地质学家莱曼发现固体内核,是对地球内部地核结构的完美补充,而这也是源于地震波的帮助,因此无论是过去还是将来,人类认识地球内部结构的过程离不开仪器。

4.2.3　地质灾害的成因与预防

人类文明的发展史就是和地质灾害搏斗的历史。早期的人类文明由于技术水平低下，在地质灾害的巨大威力下，经常遭受毁灭性打击。时至今日，虽然我们的科学技术水平有了质的飞跃，但是每当重大地质灾害出现时，仍然会措手不及，遭受巨大损失，究其原因，主要是我们仍然缺乏行之有效的地质灾害预报方法，因而很难防患于未然，也就难以降低重大地质灾害带来的损失。

1. 地质灾害的成因

造成地质灾害的原因很多，地壳运动的因素无疑是决定性的，这其中板块构造学说的提出以及其发展应该是一个里程碑式的事件。

人们对于地壳运动的认识由来已久，早在我国的战国时期和西方的古希腊时期就有关于海陆变迁的描述，之后各种学说相继被提出，"槽台学说"在很长时间内统治了全球地学界。1912年，德国地质学家魏格纳在观察世界地图时，不经意间发现非洲和南美洲的轮廓吻合度很好，如图4-18(a)所示，由此萌发了很久以前全球大陆是一体的想法，这就是最早的"大陆漂移学说"，接下来不同大陆上古生物以及古冰川具有相似性等证据支撑了该学说。但由于缺乏定量的重力、地磁、地震波、大地测量等方面的证据支持，该假说在很长时间内备受质疑。随着更多地质勘测结果的出现，如全球大洋中脊及中央裂谷系的发现、海底地磁条带的发现等，如图4-18(b)所示，1961年美国地质学家迪茨提出，后于1962年经美国地质学家郝斯完善，"海底扩张理论"得以提出。"海底扩张理论"的动力支持，再加上新的海底地貌、古地磁研究等证据，使"大陆漂移学说"得以复活。1968年，剑桥大学的麦肯齐和派克、

(a) 大陆漂移学说的证据　　　　　(b) 全球大洋中脊及中央裂谷系的发现

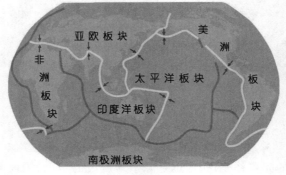

(c) 全球六大板块的分布

图 4-18　地壳运动理论发展过程中的典型事件

普林斯顿大学的摩根和拉蒙特观测所的勒皮雄等人联合提出了新的大陆漂移说,即地球被分为六大板块,这就是"板块构造学说",如图 4-18(c)所示。近年来的测量和研究结果表明,大西洋正在扩张而太平洋正在缩小,虽然每年的移动距离只有几厘米,但是数亿年后将会发生翻天覆地的变化,太平洋最终消失而形成超级大陆,从而有力地支撑了"板块构造学说"。不过板块构造学说仍然存在难以解释的问题,因此仍在不断发展和完善的过程中。

通过对地壳运动理论的概略描述,一方面,大家应该能够体会到信息获取的重要作用,魏格纳的"大陆漂移学说"是受到了世界地图的启发,而世界地图的绘制离不开测量,迪茨等提出的"海底扩张理论"是在大量地质勘测的基础上得到的,麦肯齐等人的"板块构造学说"更是融合了最新的地质观测结果;另一方面,地壳运动理论对于诸多地质灾害的成因进行了合理解释,因而在地球科学发展史中占有重要的地位。

2. 地质灾害的预防

地质灾害是指在地球的发展演化过程中,由于各种地质作用形成的灾害性地质事件。地质灾害在时间和空间上的分布变化规律,既受制于自然环境,又与人类活动有关,往往是人类与自然界相互作用的结果,但是像地震、火山爆发这样的重大地质灾害则主要是由于地壳运动造成的,是源于自然界的作用。

据统计,世界上每年发生约 500 万次地震,人们能够感觉到的约有 5 万次,破坏性地震 18 次。这些地震中除少数的局部地震,即所谓的内陆直下型地震外,95% 的地震发生原因和位置用板块构造学说均可得到圆满的解答,图 4-19 给出了基于板块构造学说的汶川地震发生原因示意图,可以看出,板块构造学说全面解释了地震发生的原因和位置,提供了客观的世界范围内的地震概况,对于人类全面认识地震提供了很好的理论支撑,但是迄今为止人们对于地震的准确预报仍是无能为力。

图 4-19　基于板块构造学说的汶川地震发生原因示意图

地震预报是指在地震发生前,对未来地震发生的震级、时间和地点进行预报,并及时公布于众,让预测灾区的人们做好预防工作,以减少人员伤亡和财产损失。

地震预报方法是多学科、多方法的信息综合,目前地震预报的方法主要是使用传统的预测方法和现代通信、计算技术等进行预报。传统方法主要有动物异常、地应力测量、次声波测量、自然电场测量等。随着现代测量技术的不断发展,有研究表明:强震发生前一个月左右,震源区地表会出现一次较为明显的增温过程,因此可以利用卫星热红外遥感法进行预报,但是存在很多干扰问题。此外,有研究人员基于对地震与磁暴间关系组合分析的结果,认为磁暴强度越大,对应的地震越多且震级越大,但仍然需要大量实际效果的验证。

总体来看,人类的视线还无法穿透厚实的岩层直接观测地球内部发生的变化,因此对于地震预报,尤其是短期临震预报始终是困扰世界各国地震学家的一道世界性难题,还需要更多检测手段及预报理论的丰富和发展才能够不断完善,最终实现人们对于地震预报准确性的期望。

4.3　仪器科学与生命科学的关系

生命科学是一门历史悠久的学科,与人类的生存和发展密切相关,从广义上讲,生命科学包括了农学和医学。一般意义上认为生命科学亦叫生物学,是研究生物(包括植物、动物和微生物等)的结构、功能、发生和发展规律,以及生物与周围环境关系等的科学,是自然科学的一个重要组成部分。

由于生命科学的范围十分广泛,因此分类复杂,发展历史的分期也不统一,目前共识的说法是经历了 3 个历史时期:古代、近代以及现代发展时期。下面就按照这个分期简要介绍一下测量在各个阶段发展过程中所起的作用。

4.3.1　测量与古代生命科学的发展

古代生命科学的发展主要是指 16 世纪以前人们认识、利用和改造生物的历史,以 16 世纪为分界点的原因,是因为文艺复兴带来的思想解放以及显微镜的出现,这个深刻影响生命科学发展的仪器,其重要作用会在后面的章节介绍中感受到。

古代生命科学的发展主要是围绕人的自身展开的,这主要是因为在文明初期,物质条件简陋、科学技术水平低下,保障人的健康是每个早期文明共同面临的问题。古代埃及文明、美索不达米亚文明以及中国文明中的医学成就在第 2 章中已经进行了简要介绍,下面主要对古希腊和古罗马文明中的医学成就进行概述。

谈到古希腊,就必须讲到希波克拉底——被誉为"西方医学之父"的医学家。他在西方率先创立了人体含有 4 种体液的学说,即宇宙中的水、火、土、气分别同人体中的黑胆汁、黄胆汁、血液和黏液 4 种体液相对应。当 4 种体液相互调和,处于平衡状态时,人体就是健康的,如果比例失调,人体就会生病。这种理论仍然带有自然哲学猜测的特点,然而确实是对人体体液观测结果的一种解释,直到 19 世纪还对当时的西方医学产生着影响。据称,希波克拉底还发明了直肠诊视器,并用其检查直肠、阴道等部位,如图 4-20(a)所示。希波克拉底是西方医学发展史上的第一座高峰,第二座高峰出现于公元 2 世纪的古罗马时期,大医学家盖伦把古希腊的医学体系系统化,并结合自己大量的解剖和医学实践[见图 4-20(b)]形成了完备的医学体系,影响了西方医学1500年。

(a) 希波克拉底的内窥镜想象图　　　　(b) 盖伦的人体解剖图

图 4-20　古希腊和古罗马时期的标志性生命科学成就

　　亚里士多德被誉为百科全书式的哲学家,虽然他的很多成果被后人的研究工作不断否定,但我们并不能因此而贬低其开拓性工作的意义和价值。在生命科学领域,亚里士多德认为生命是能够自我营养,并独立生长和衰败的力量。在动物学方面,他通过长期的观察和细致的解剖,推进了实验方法的萌芽。他能够准确描述出很多动物的细微特征,曾经解剖过50余种动物,并已经知道520余种不同的物种;他首先意识到鸡胚胎是在鸡蛋里面发育的,鲸鱼不是卵生而是胎生,长毛的四足动物是胎生而有鳞的四足动物是卵生等。此外,亚里士多德还是系统分类学的先驱,他坚决反对对分分类的方法,试图从生物的某些特征入手进行合理分类,他对540余种生物进行了分类,运用"属"和"种"作为分类的范畴,前者是指同族或近亲,后者是指同样的动物或植物。他还勾画出一幅"生物阶梯"蓝图,其中的动物次序是根据出生时的发育程度来排列的,哺乳动物处在阶梯的最顶端,而阶梯的最底层是植物,反映了亚里士多德生物进化的思路。亚里士多德在生物的生殖和胚胎发育方面也有着突出的成就,他认为生物的繁殖方式分为3种:自然发生、无性生殖和有性生殖。虽然自然发生已经被证实是错误的,但是他关于无性和有性生殖的研究是非常有价值的。亚里士多德的一些代表性生命科学成就如图4-21所示。

图 4-21　亚里士多德的一些代表性生命科学成就

　　纵观古代生命科学发展阶段,确实鲜有仪器出现的影子,如果把内窥镜归为仪器的话,也只是偶露峥嵘。更多的生命科学成就来源于五官的观察和大脑的思考,再加上一些解剖学实践的辅助,虽然这些成果当中相当一部分是错误的,但思考的方向和目标是正确的,为后续生命科学的跨越式发展奠定了良好的基础。

4.3.2 测量与近代生命科学的发展

古代生命科学的发展拉开了人们认识生命科学的序幕,伴随着文艺复兴运动带来的思想解放,以及科学技术水平的巨大进步,进入 16 世纪以来,近代生命科学的发展如火如荼,取得了令人瞩目的成就。

近代生命科学的发展史可以分为 3 个时期。第 1 个时期,即 16—17 世纪,是生命科学一些分支学科开始独立发展的时期,植物学、解剖学、生理学先后成为独立的学科。第 2 个时期,即 18 世纪,除了生理学取得进一步发展之外,分类学和胚胎学的发展成就显著。第 3 个时期,即 19 世纪,生命科学的各个分支学科发展迅速,细胞学、进化论和孟德尔遗传学方面的成就最为突出。

1. 近代解剖学的奠基

16 世纪初,学者与工匠之间的壁垒在医学上率先被打破,医学家开始从事实验解剖,这其中的杰出代表就是维萨里。

在维萨里所处的时代,盖伦的医学体系被认为是不可挑战的。但是维萨里发现盖伦是用动物解剖的结果来描述人体的结构,因此存在诸多问题。维萨里做了大胆的革新,直接对人体进行解剖和观察,并将人和动物或动物之间进行比较解剖。在人体解剖中,他比较了男性与女性以及不同年龄的人,并注意观察人体不同部位及其相互联系,将人体各部位的构造与其相应的功能联系了起来。1543 年,维萨里的划时代巨著《人体的构造》出版,书中的插图如图 4-22 所示。维萨里在书中指出或纠正了盖伦体系的 200 多处错误,特别是指出心脏的中隔很厚并由肌肉组成,否认血液能透过中隔,为后来血液循环论的发展创造了条件,因此被认为全面开启了解剖学的新时代。

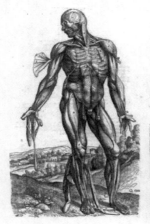

图 4-22 《人体的构造》部分插图

2. 生理学的开端与发展

生理学的发展一方面依赖物理、化学等基础学科的发展,另一方面依赖于实验技术的进步。最先把物理学知识用到生理学研究的是意大利医学家桑克托留斯,他被誉为"定量医学研究"的奠基人,其代表性成就如图 4-23 所示。

桑克托留斯是伽利略的好友,也是伽利略定量研究思想的坚定支持者。伽利略发明了人类历史上第一个温度计,基于空气膨胀的原理,用玻璃制成的气室通过一根玻璃管连接着液面,气室中封闭着气体,当气室的温度变化时,液面的高度就会发生变化。桑克托留斯对其进行了改造,把玻璃管改成了蛇状,并加上刻度,温度计气室被含在口中以实现人的体温测量,他用体温计发现了人体在健康和患病时体温的定量波动。桑克托留斯的另一个发明是脉搏计,其核心是一个系着长绳的铅锤,使用者通过调整摆绳的长度使得摆动的频率与脉搏频率契合,然后读出摆绳上的刻度。脉搏测量精度的提高也在医学诊疗中发挥了应有的作用。桑克托留斯还坐在一个特制的天平上,称量他的体重以及每天摄入、排出物体的总量,以此来研究新陈代谢,这个实验持续了约 30 年,得出了一些有价值的结论,如健康的维持有赖于人体机构在摄取和排泄两方面保持适当的平衡。但是由于其本质是机械论的观点,企图解决的是生物化学的问题,因此必然存在不足,但我们不能否定其中闪烁着的智慧的光芒。

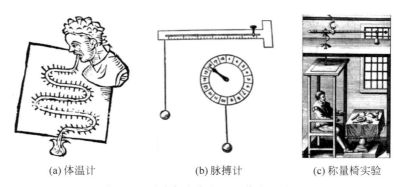

(a) 体温计　　　　　　(b) 脉搏计　　　　　(c) 称量椅实验

图 4-23　桑克托留斯的一些代表性成就

1628 年,英国医学家哈维在其著作《心血运动论》中系统阐述了血液循环理论,这件事情被广泛看作生理学摆脱蒙昧,登入科学殿堂的重要标志。在哈维这本书出版之前,血液循环的概念极为混乱,人们完全没有意识到静脉和动脉是一个整体的两个部分。当时有观点认为静脉是从肝脏出发的,肝脏把食物直接变成血液后送到各个器官并被消耗掉;动脉和血液循环没有任何关系,只是用于分布体内有关生命过程的某种神秘的"精神";对于心脏则加上了很多与血液运动无关的机能,如"心脏中隔"上有个小孔,血液通过小孔和"精神"相混。

在血液循环论的提出过程中,解剖学的贡献功不可没。哈维的老师法布里休斯借助解剖学发现了静脉瓣膜的存在,并意识到瓣膜能够防止血液从心脏倒流回周围的血管。这一点被哈维敏锐地捕捉到,进而提出了静脉中的瓣膜使血液只能从静脉流入心脏,而心脏中的瓣膜只能让血液流入动脉,这样就形成了血液从静脉到心脏,再到动脉的单向运动。在此基础上,哈维做了一个简单的计算:已知左心室容血量约为 2 英两,心脏每分钟大约跳动 72 次,则 1 小时内经心脏排出的血液量为 $2 \times 72 \times 60$,即 8 640 英两,约为 540 lb,几乎是一个大汉体重的 3 倍。而有关动物身上进行的类似计算也验证了这一点。那么大量的血液来自何处,又流向何方?除了循环往返外是没有别的理论可以解释的。1616 年,哈维在英国皇家医师学院演讲时发表了血液循环学说,并最终在 1628 年出版的《心血运动论》中进行了全面阐述,如图 4-24 所示。哈维在研究中运用了独特的方法:①确立了生理学研究中实验方法的重要性,并以此为基础引入了血液循环理论的基本科学事实;②将一个复杂的心血运动系统还原为一个简单的机械模型,并从机械力学的角度解释了循环的运动机制;③定量化方法的使用,既证实了循环理论的正确性,又成为生理学走上精确化道路的重要开端。

图 4-24　哈维及其血液循环学说

可见,在生理学独立过程中的萌芽阶段,测量与仪器开始为医学家的研究提供直接的证据支撑,相关的理论才能够不断提出并被实验结果所证实。

3. 细胞学说的建立与发展

细胞学说的建立一定要归功于显微镜的发明,正是由于显微镜的放大能力,人类的视野才能够洞幽入微,深入神奇的微观世界。

在第 3 章中提到了显微镜的发明,并介绍了列文·虎克的工作,其被誉为微生物学的开拓者。在列文·虎克的同时代,还有一位也姓虎克的伟大科学家——罗伯特·虎克,而且巧合的是罗伯特·虎克在显微镜制作方面也有着很高的造诣。1665 年,他用自制的复式显微镜观察软木塞切片时,发现了许多排列整齐的蜂窝状小室,如图 4-25 所示。他首次利用拉丁文 cella(小室)来表示他所观察到的结构,这就是细胞这个英文单词(cell)的来源。其实胡克看到的是死的植物的细胞壁和空腔,但不管怎么说,他的观察为我们开启了认识微观世界的大门,细胞学说的建立过程开始扬帆起航了。

 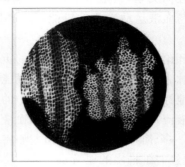

(a) 罗伯特·虎克的显微镜想象图　　(b) 罗伯特·虎克观测到的植物细胞壁

图 4-25　罗伯特·虎克的显微镜和观测结果

对于细胞的研究在很长时间内并没有得到科学家的重视,学者们对于细胞的认识长期停留在细胞壁或膜的观察上。对细胞构造的研究止步不前。直到 19 世纪初,才陆续有科学家将目光投向了细胞内部。1831 年,英国植物学家布朗发现了植物细胞的细胞核;1835 年,捷克生理学家普金叶等人观察到了动物细胞的核,并观察到细胞里存在着生命的质块。伴随着这些工作的深入,1838 年,德国植物学家施莱登发表了《植物发生论》一文,提出细胞是植物体的基本单位;1839 年,德国生理学家施旺发表了《关于动植物的结构和生长一致性的显微研究》一文,从动物的角度验证了施莱登的结论。这两篇文章被认为是细胞学说建立的开山之作,如图 4-26 所示。恩格斯给予了细胞学说非常高的评价,认为其打开了人类认识生命奥秘的大门,并将其和能量转换定律的发现以及达尔文学说的创立一同列为 19 世纪自然科学的三大发现。

(a) 坐在显微镜前的施莱登　　(b) 站在显微镜边思考的施旺

图 4-26　施莱登和施旺共同创立细胞学说

细胞学说的建立和发展是完全建立在显微镜技术的基础上的,因此施莱登和施旺所处时代显微镜技术的局限让他们在对细胞生成过程的解释上犯下了错误。施莱登把细胞的生成看作是一种以核仁为起点的结晶化的物理过程,而施旺的论文中也秉承了基本一致的观点。有证据表明,在 1840 年能够消除色像差的复合显微镜诞生以后细胞学说才得到了进一步的发展和完善。因此可以说,显微镜技术的出现、发展与完善,是细胞学说建立与成熟的重要支点。

4.3.3　测量与现代生命科学的发展

在 19 世纪末、20 世纪初物理学革命的推动下,生命科学领域的研究人员也倾向于采用物理学的方法和案例,在诸多领域取得了进展。20 世纪上半叶,以遗传学为前沿,胚胎学和生理学也取得了重要进展;到了 20 世纪下半叶,则以分子生物学为带头学科,再加上细胞生物学、神经生物学和生态学,构成了当代生命科学领域的四大支柱。回顾 20 世纪,人们常称之为分子生物学时代,这也被广泛认为是继达尔文进化论之后的第二次生命科学大革命,深刻影响了人类的发展和未来。下面就以分子生物学为例,来感悟现代测量手段给生命科学领域带来的变化。

分子生物学的诞生是以脱氧核糖核酸(DNA)双螺旋结构的发现为标志的。DNA 双螺旋结构的发现使得原有的基因、基因的复制与传递等概念在分子水平上得到了解释,这个发现推动了核酸、蛋白质的结构和功能研究,相继产生了许多新概念、新理论和重大成果,开创了分子生物学的新时代。

1. DNA 双螺旋结构的发现

DNA 是生物细胞内携带有合成核糖核酸（RNA）和蛋白质所必需的遗传信息的一种核酸，是生物体发育和正常运作必不可少的生物大分子，对于其结构和功能的探究始终是热点问题。1869 年，瑞士生化学家米歇尔从手术绷带的脓液中首次分离出来 DNA，由于这种微观物质位于细胞核中，当时被称为核蛋白。1919 年，美国生化学家利文确定 DNA 是由含氮碱基、糖和核苷酸组成的；1945 年，英国物理学家阿斯特伯里利用 X 射线衍射发现 DNA 具有晶体结构，但是由于衍射图像的质量太差，难以对其内部结构进行精确判定。最终，这个接力棒被交到了英国的两个科研小组（威尔金斯、富兰克林研究小组以及沃森、克里克研究小组）手中。

威尔金斯、富兰克林研究小组的工作集中在 X 射线衍射技术的改进上，威尔金斯在 1950 年获得了一张 DNA 衍射图像，之后同一研究团队的富兰克林全面改进了分析方法，获得了更为清晰的 DNA 衍射图像（被称为照片 51 号），如图 4-27(a) 所示。富兰克林对 DNA 衍射图像进行了定量测定，运用帕特森函数分析中的堆集法，确定了碱基在内侧、磷酸基在外侧的 DNA 结构，已经接近 DNA 结构问题的真相了。但是，该研究小组的工作却因为威尔金斯和富兰克林两个人的性格不同造成了停滞。沃森、克里克研究小组则显示出了高度的团结合作精神，善于汲取别人的研究成果，特别是在看到富兰克林的衍射图像后，有了脱胎换骨的新想法，最终提出了双螺旋结构模型，如图 4-27(b) 所示。他们的研究成果有偶然的成分，但更多的是历史的必然。沃森、克里克和威尔金斯也因为在 DNA 结构方面的杰出贡献分享了诺贝尔生理学奖或医学奖。

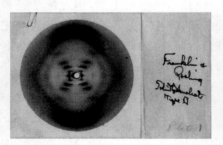 

(a) 富兰克林的照片51号　　　　　(b) 站在双螺旋结构模型前的沃森和克里克

图 4-27　双螺旋结构发现过程中的标志性事件

DNA 双螺旋结构的发现为遗传密码的探索揭开了新的一页。1953 年，沃森和克里克在他们发表的《DNA 结构的遗传学意义》一文中提出：碱基的排列顺序就是携带遗传信息的密码。随后，1954 年美籍苏联物理学家伽莫夫提出了"重叠式三联体密码"的假说，即氨基酸是由 3 个一组的碱基编码的猜测，如图 4-28(a) 所示，他通过排列组合，给出了 64 种可能的三联体密码。沃森和克里克肯定了伽莫夫三联体的突破性贡献，但并不认可重叠式的观点，1961 年，他们关于非重叠式密码的假说得到了实验的验证，也最终确定了三联体密码是遗传密码的组成形式。1961 年，美国生理学家尼伦伯格开始测定各种氨基酸对应的三联体编码，如图 4-28(b) 所示，由此拉开了破译遗传密码的序幕；1967 年，克里克排列出代表 20 种不同氨基酸的遗传密码表，再到 1969 年，64 种遗传密码的含义被全部测出，遗传密码最终被完全破译。

(a) 伽莫夫在研究DNA结构　　　　(b) 尼伦伯格在做实验

图 4-28　遗传密码破译过程中的标志性事件

遗传密码的创立对于生命科学的意义，不亚于化学上元素周期律的发现，其有助于揭示生命的奥秘，推动了以分子遗传学为中心的分子生物学的迅速发展和基因工程的发展，为生命起源等问题的研究开辟了新的途径。遗传密码的适用性从生物大分子水平上再度说明了物质的统一性，同时也说明了生物在分子进化上有着共同的起源，因此是生命科学史上最富有革命性的进展。而在遗传密码的创立过程中，最终验证三联体密码的结构以及揭示了全部遗传密码含义的，仍然是伟大的生理学家精巧的实验设计，实验验证了假说，推动了生命科学领域革命性的进步。

2. 蛋白质和核酸结构的确定

蛋白质主要由碳、氢、氧、氮等化学元素组成，是由多种氨基酸互相缩合而构成的高分子化合物，在生命活动中起着重要作用。人或动物体的结构材料如肌肉、血液、毛发以及控制调节生命活动的酶和若干激素都是蛋白质。核酸则是脱氧核糖核酸（DNA）和核糖核酸（RNA）的总称，是由许多核苷酸单体聚合而成的生物大分子化合物，为生命的最基本物质之一。

早在 19 世纪初，人们就从动物和植物中分离出了一些蛋白质。蛋白质的希腊文为proteios，意思是生物体中最重要的、最原初的。当时很多人已经意识到这类物质与生命现象密切相关。进入 20 世纪之后，人们对蛋白质的物理化学性质已经积累了不少研究成果，但是对于蛋白质是否具有一定的化学结构，以及蛋白质在生命体系中的作用尚不清楚，胶体学派和蛋白质结构学派之争甚嚣尘上。

1902 年，德国化学家费歇尔提出了蛋白质的多肽结构学说，他坚信蛋白质像其他分子一样是有结构的，他指出，蛋白质分子是许多氨基酸以肽键结合而成的长链高分子化合物，他的工作使得蛋白质结构学派在这场争论中逐渐占据了上风。之后，随着一系列蛋白质分析方法的提出，如 1937 年瑞典化学家蒂塞利乌斯提出的移动界面电泳方法（1948 年获得诺贝尔化学奖），1941 年英国化学家马丁和辛格提出的分配色谱方法（1952 年获得诺贝尔化学奖），蛋白质结构的神秘面纱逐渐褪去。1953 年，英国生化学家桑格将电泳方法和分配色谱方法相结合，人类历史上第一次分析出了一种蛋白质的结构，牛胰岛素的氨基酸数目、种类以及链接顺序得以准确获得，桑格因此获得了 1958 年的诺贝尔化学奖，如图 4-29（a）所示。几乎是在同一时期，美国化学家鲍林创立了"弱相互作用"的概念，提出了蛋白质自行折迭的理论，指出 α 螺旋是一种常见的折叠，而氢键是维持 α 螺旋几何构型的重要化学键，第一次证明了蛋白质有三维结构。而 1958 年和 1960 年英国化学家肯德鲁和佩鲁茨先后利用 X 射线衍射技术直观地解析了肌红蛋白和血红蛋白的三维结构,如图 4-29(b)所示,人们第一次洞察了生物大分子的空间结构,两人共同赢得了 1962 年的诺贝尔化学奖。

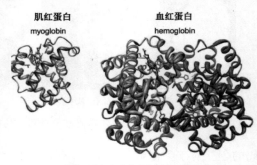

肌红蛋白
myoglobin

血红蛋白
hemoglobin

(a) 实验中的桑格　　　　　　　(b) 肌红蛋白和血红蛋白的三维结构图

图 4-29　蛋白质结构发展史上的典型成就

伴随着研究工作的深入,蛋白质测序方法也在不断进步,从最开始的手工测定到后来的自动化测定,再到一些创新方法的发明及应用,人们将研究的触角也伸向了核酸结构的测定。桑格本人也因为发展出一种新的测序方法——链终止法,并应用该方法成功测量出Φ-X174 噬菌体的基因组序列,而于 1980 年再次获得诺贝尔化学奖,成为两次获得诺贝尔化学奖的第一人。一直到今天,关于蛋白质和核酸结构及其功能的研究仍然在不断拓展,不时有研究成果闪耀在诺贝尔奖的璀璨星河中。

蛋白质和核酸结构的测定为人工合成奠定了基础,这方面中国科学家做出了出色的工作。1965 年 9 月,中国科学院上海生化所、上海有机化学研究所和北京大学生物系共同合作,合成了具有全部生物活性的结晶牛胰岛素,如图 4-30(a)所示。1976 年,诺贝尔生理学或医学奖获得者科拉纳领导的研究小组［如图 4-30(b)所示］,成功地合成了第一个具有生物活性的人造基因——大肠杆菌络氨酸 tRNA 前体基因。蛋白质和核酸的人工合成对于了解生命的本质,揭示生命的奥秘具有重要的支撑作用,为生命起源的研究开辟了全新的途径。因此,攻克人工合成蛋白质的科学堡垒,不仅具有重要的科学意义,还具有深刻的哲学意义。

(a) 开展合成牛胰岛素研究的中国科学家　　　　　(b) 实验室中的科拉纳

图 4-30　蛋白质及核酸人工合成中的标志性成果

时至今日,分子生物学的研究如火如荼,深刻改变了人们对于生命科学的认知水平。当然,改变的前提首先是从分子层面上能够观测到生命现象,进而发展起相应的理论。因此,测量手段的进步厥功至伟,是分子生物学革命的起点,过去改变了分子生物学的发展轨迹,未来也将继续影响分子生物学的发展方向。

参 考 文 献

[1] 迈克尔·霍斯金.天文学简史[M].陈道汉,译.南京:译林出版社,2013.

[2] 自乐.二十四节气的形成及其名称的由来[J].山西大学师范学院学报(哲学社会科学版),1989(2):39.

[3] 吴国盛.科学与礼学:希腊与中国的天文学[J].北京大学学报(哲学社会科学版),2015,52(4):134-140.

[4] 科技之美好生活.前赴后继的努力:天文学家们是怎样测量日地距离的?[EB/OL].http://k.sina.com.cn/article_6426972733_17f13d23d00100lh7m.html?from=science,2019-04-13.

[5] 王向群,张哲.埃拉托色尼对地球周长的巧妙测量——"最美丽"的十大物理实验之九[J].物理通报,2003(11):43-45.

[6] 夏诗荷,管成学.《甘石星经》是世界上最早的天文学著作吗?[J].自然辩证法研究,2002,18(10):57-59.

[7] 席泽宗.敦煌星图[J].文物,1966(4):27-38.

[8] 陈嘉映.从希腊天学到哥白尼革命:上篇[J].云南大学学报(社会科学版),2007(2):3-16.

[9] 江晓原.遥想当年,天堡星堡——关于第谷的往事之二[EB/OL].http://blog.sina.com.cn/s/blog_4d89 3f640102wqso.html,2015-04-01.

[10] 刘金彪.望远镜的发展[J].安徽师范大学学报(人文社会科学版),1958(5):97-106.

[11] 宫慧.8′偏差,为天空立法[J].物理教师,2005,26(1):51.

[12] 向德琳.射电天文方法和现代天文学[J].科学,1987(3):175-180.

[13] 王绥琯.射电天文学[J].科学通报,1960(8):458-459.

[14] 冯珑珑,向守平.宇宙微波背景辐射的观测和理论[J].天文学进展,1999,17(4):357-365.

[15] 张承民,杨佚沿,支启军.脉冲星发现50年:科学意义与未来观测[J].科学,2017,69(6):50-52.

[16] 南仁东,姜鹏.500m口径球面射电望远镜(FAST)[J].机械工程学报,2017,53(17):1-3.

[17] 兰玉琦,杨树锋,竺国强.地球科学概论[M].杭州:浙江大学出版社,1993.

[18] 何国琦.地球是怎样演变的[M].北京:中国青年出版社,1983.

[19] 中国地球物理学会.地球物理科普文选第1集:地球和地球物理[M].北京:地质出版社,1994.

[20] 朱志祥.关于地球起源的几个问题[J].地球物理学报,1982,25(2):172-180.

[21] 杨庆余.地球年龄的确定——20世纪最伟大的物理学成果之一[J].物理与工程,2002,12(2):58-62.

[22] 赵绍明.从重力的研究史看物理学的发展[J].中学物理教学参考,2019,48(5):22-23.

[23] R.T.梅里尔,M.W.麦克尔希尼.地球磁场——它的历史、起源以及其他行星的磁场[M].国家地震局地球物理研究所第五研究室,译.北京:中国科学技术出版社,1986.

[24] 闻人军.伟烈之谜三部曲——一行观测磁偏角[J].自然科学史研究,2019,38(1):67-75.

[25] 赵俊生,刘强,刘雁春,等.利用太阳方位进行磁偏角测量的探讨[J].东南大学学报,2013,43(增刊Ⅱ):307-311.

[26] B.Romanowicz.利用地震波成像地球内部结构[J].世界地震译丛,2007(6):63-67.

[27] 李志伟,俞少颖,田敏.关于"板块构造学说"哲学思想的思考[J].云南地质,2017,36(4):313-318.

[28] 潘绍焕.板块构造学说与地震[J].邮电设计技术,2006(3):59-62.

[29] 梅世蓉,冯德益,张国民,等.中国地震预报概论[M].北京:地震出版社,1993.

[30] 潘懋,李铁峰.环境地质学[M].修订版.北京:高等教育出版社,2003.

[31] 杨学仁,王业勤,李勤生.生命科学发展史[M].武汉:武汉大学出版社,1990.

[32] 李白薇.安德雷亚斯·维萨里：开创解剖学新世纪[J].中国科技奖励,2014(7)：78-79.

[33] 葛军,冉浩.推动生理学发展的桑克托留斯[J].生命世界,2015(12)：74-79.

[34] 张春美.略论哈维发现血液循环的方法论特点[J].自然辩证法研究,1994,10(11)：30-33.

[35] B.B.巴林.血液循环学说的奠基者——为威廉·哈维逝世 300 年周年纪念而作[J].生物学通报,1958(7)：49-52.

[36] 孙毅霖.试析施莱登与施旺创立细胞学说时对细胞生成的误解[J].自然科学史研究,2004,23(4)：319-325.

[37] 向义和.遗传密码是怎样破译的[J].物理与工程,2007,17(2)：16-23.

[38] 王雪燕,师文钊.蛋白质化学及其应用[M].北京：中国纺织出版社,2016.

[39] 马静,葛熙,昌增益.蛋白质功能研究：历史、现状和将来[J].生命科学,2007(3)：294-300.

第5章

仪器科学与能源、动力及矿业的联系

能源、动力与矿业广泛存在于自然界,并随着人类科技水平的提升而不断被开发和利用,而每一次新能源、新动力与新矿产的利用,又会强有力地推动人类文明的发展,因此两者之间是共同发展、相互促进的关系。在能源、动力与矿业的发现、开发与利用过程中,是需要仪器科学与技术作为支撑的。

第 5 章
彩图

5.1 仪器科学与能源的发展

能源与动力是经常联系在一起的词汇,这里首先对两者的关系进行界定。能源,顾名思义就是提供能量的资源,而动力则聚焦于能源的转换、传输和利用,两者之间既紧密联系又有所区别。具体来讲,能源既包括水、煤、石油等传统能源,也包括核能、风能、生物能、氢能等新型能源;动力则主要包括内燃机、锅炉、航空发动机、制冷等能源转换及利用技术。在明确了两者的界限之后,进而考虑到能源分类方法的多样性,本节所介绍内容的主要着眼点是窥见仪器在能源领域中应用的影子,因此以科研和生活中广泛应用的电能为例展开介绍,而仪器在其他类型能源中的应用读者可以自行思考和探索。

5.1.1 电能发展简史

人类最初是从自然界的雷电和天然磁石开始注意到电磁现象的,在古希腊和中国的古代文献中都记载了琥珀摩擦后吸引细微物体和天然磁石吸铁的现象。但在很长一段时间内,人类的认识都停留在静电层面上,而且是微弱的或转瞬即逝的静电,直到 1800 年意大利物理学家伏特发明了伏特电堆,使得化学能可以转化为源源不断输出的电能,这是电能发展史上的里程碑。之后,丹麦物理学家奥斯特以及英国物理学家法拉第分别发现了电流的磁效应以及电磁感应现象,法国物理学家安培提出了载流导线间相互作用力的安培定律,德国物理学家欧姆创立了描述电流、电压、电阻之间相互关系的欧姆定律,再加上英国物理学家麦克斯韦电磁场理论的建立,奠定了电能发展的基础,具备实用价值的发电机呼之欲出。

1832 年,法国物理学家皮克斯发明了世界上第一台实用的直流发电机,如图 5-1(a)所示,其中能够输出直流电的关键部件——换向器参考了安培的建议。1845 年,英国物理学家惠斯通利用伏特电池给线圈激励,用电磁铁替代了永磁铁,并改进了电枢绕组,研制出第一台电磁铁发电机。1866 年,德国物理学家西门子研制出世界上第一台自激式发电机,如图 5-1(b)所示,标志着制造大容量发电机技术的突破,在电能发展史上具有划时代的意义。1809 年,英国化学家戴维用 2 000 个伏特电堆供电,通过调整木炭电极间的距离使之发光,由此开启了人类电照明的时代。1879 年,美国发明家爱迪生研制出能够长时间稳定发光的灯泡,这是电能进入日常生活的转折点。

(a) 第一台直流发电机   (b) 第一台自激式发电机

图 5-1 世界上第一台直流发电机与自激式发电机

19 世纪后期,迫切需要建设能够大规模供电的发电厂。法国和美国先后建立起商业化的火力直流发电厂,但是为了降低传输过程中的损失,需要提高发电机的输电电压,直流发电难以实现,且对直流电压进行大幅度的升高和降低也是无法做到的。因此,人们转而研究交流发电和变压器。1880 年前后英国工程师费朗蒂改进了交流发电机,并提出了交流高压输电的概念。1882 年,英国工程师高登研制出大型二相交流发电机,同年法国工程师高尔德和英国工程师吉布斯研制出第一台具备实用价值的变压器。1885 年,意大利物理学家费拉里斯提出了旋转磁场的原理,研制出二相异步电动机。1888 年,俄罗斯工程师多勃罗沃利斯基研制出三相交流单鼠笼异步电动机,为远距离交流输电创造了条件。1891 年,在德国法兰克福电气技术博览会上,多勃罗沃利斯基成功进行了 8 500 V、18 km 距离的三相交流输电试验,使三相交流单鼠笼异步电动机的有效性与优越性得到了公认。早期的交流输电系统采用 12.44 kV 和 60 kV 的电压等级,之后随着科学技术的提升逐渐增加,到 1965 年已经达到了 750 kV,苏联在 1985 年建成了世界上第一条 1 150 kV 特高压输电线路,但后来受解体及经济衰退的影响,已经降到 500 kV 运行。随着电力电子技术的快速发展,直流升压和降压的难题得以解决,高压直流输电得到了蓬勃发展。1985 年巴西伊泰普直流工程建成,能够实现 ±600 kV、806 km 的直流输电,是国外目前运行电压等级最高的直流输电系统。我国的电力系统发展则经历了从无到有、由弱到强的快速发展过程,当前我国建有世界上首个投入商业运行的 1 000 kV 交流特高压输电系统以及世界上电压等级最高的 ±800 kV 特高压直流输电系统,在世界上独领风骚。

之所以以电能为能源领域的代表,一方面是因为作为二次能源,产生电能的方式多种多样,水力、煤炭等都可以经过相应的转换输出电能,且随着人类科学技术水平的提升,核能、风能、太阳能等新型能源也可以转换为电能输出,因此电能在能源领域非常具有代表性。另一方面,通过电能的发展历程,可以看到每一个里程碑上都有观测与试验的身影,而且在电能广泛应用的过程中,输电系统遇到了多变复杂的地形和环境条件,需要及时准确地应对,因此对测量的需求更加迫切。只有通过全面的检测与准确的分析，才能够及时准确地了解电力系统的运行状况，下面就选取两个典型的切入点，即电力设备健康状况评估以及电能质量分析，向大家展示一下测量与仪器所发挥的重要作用。

5.1.2　测量在电力设备健康状况评估中的应用

一个完整的电力系统，从发电到输配电，直至最后的用户端，需要大量的设备来支撑实现，这些设备的健康状况直接影响到电力系统的安全稳定运行，我们选取其中的一个典型设备——电力变压器，来了解一下测量在其中的广泛应用。

电力变压器采用电磁感应原理，其主体是线圈(绕组)与铁芯，通过调整线圈一次侧和二次侧的匝数比来实现升压或者降压，结构图和实物图如图 5-2 所示。大部分电力变压器的箱体是充油的，一方面实现绝缘，另一方面有助于散热。不同电压等级的变压器在结构上会有细微的差别，但是基本框架结构是相同的。

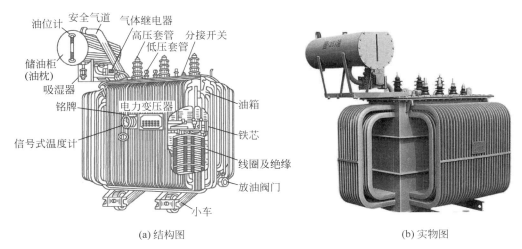

(a) 结构图　　　　　　　　　　　(b) 实物图

图 5-2　电力变压器的结构图及实物图

电力变压器在电力系统中占有举足轻重的地位，其健康状况的评估也由于结构复杂而遇到了很多困难，长期以来都是电力系统关注的热点，涉及的参数之多，在线检测的难度之大，在众多电力设备中是少见的。下面选取几个典型参数进行介绍。

1. 变压器油中溶解气体的在线检测

油浸电力变压器在运行过程中，绝缘油在热(电流效应)和放电(电压效应)因素的共同作用下，会分解出氢气、一氧化碳、二氧化碳以及多种低分子烃类气体(甲烷、乙烷、乙烯和乙炔等)，也可能生成碳的固体颗粒及碳氢化合物。国内外的运行经验表明，分解气体的种类和含量是反映变压器绝缘状况的有效参数之一，因此在国际电工委员会标准和国家标准中，变压器油中溶解气体分析方法列在了所有方法之首。

变压器油中溶解气体的在线检测主要包括油气分离和混合气体检测两个步骤。在油气分离方面，有多种方法可以选择，如高分子膜、真空脱气等，但是在脱出气体的时间、脱出气体的比率等方面尚存不足，难以满足高精度实时现场脱气的要求；在混合气体检测方面，受检测方法和检测器特性的限制，多数在线检测装置检测气体的种类不够齐全，特别是对于痕量气体和氢气的检测,多数方法的检测结果和检测重复性难以满足现场应用的要求。目前,产品化的在线检测装置的主要工作原理包括气相色谱法、传感器阵列法、傅里叶红外光谱法以及光声光谱法。

气相色谱法就是前面分析化学中讲到的色谱分析方法,由于在油气分离及分离之后的气体检测方面存在一些问题,因此实用效果并不理想。传感器阵列法是将气体传感器布置成阵列的方式,将阵列传感器的输出信号结合人工智能技术,以实现多种气体检测,在变压器领域中应用时主要存在痕量气体检测困难的问题。傅里叶红外光谱仪是利用气体的吸收光谱来判断气体并进行定量分析的,可以连续采集对故障分析有利的全部故障特征气体,因此近年来得到了电力系统研究人员的广泛关注。但在实际应用时,由于原理的局限性难以检测氢气的含量,且为了获取更高的灵敏度,在痕量气体检测时,需要体积庞大的气池才能够实现,不利于在线检测的实施。光声光谱法的检测原理如图 5-3 所示,其工作过程就是:DFB 激光器发出的光经过透镜汇聚后,利用斩波器产生频率变化的光,即图中的调整激光;之后,不同频率的光经过滤光片进入光声池,光声池当中的气体分子接触到不同特征频率的光之后就会发生辐射或者非辐射跃迁,当发生非辐射跃迁时,气体分子吸收的能量将转化为动能,进而引起温度升高,从而在光声池中产生声波,利用微音器即可拾取声波信号;最后利用相应的检测设备将该声音信号检测出来。由于斩波器得到的调制频率就是光声池中辐射的声音频率,因此检测的就是该频率对应的声音信号。由于该方法检测的是气体吸收光能

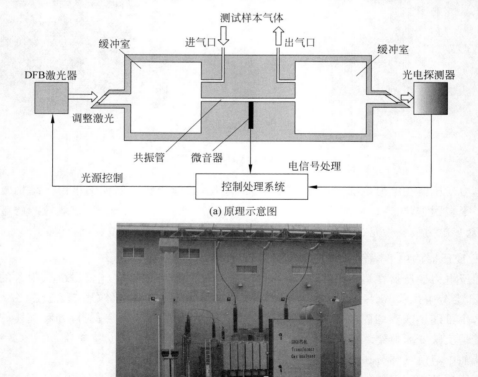

(a) 原理示意图

(b) 现场安装示意图

图 5-3　光声光谱法原理示意图及现场安装示意图

的大小,因而反射光、散射光等对检测干扰很小,尤其是在对弱吸收以及低体积分数气体的检测中,尽管其吸收很弱,但是不需要与入射光强进行比较,因而仍然可以获得很高的灵敏度,从而使得其在电力系统具备了广泛应用的潜力。但是在测量结果的重复性、个别气体的准确性等方面仍有改进的空间,所以还不能完全满足变压器油中溶解气体在线测量的需求。

2. 局部放电的在线检测

局部放电是指两个电极之间的绝缘介质局部被击穿的现象,局部击穿之后会引起绝缘老化甚至失效,最终导致绝缘击穿。在电力变压器内部绝缘结构局部场强集中的部位,如果出现局部缺陷,就有可能导致局部放电,进而导致绝缘劣化。因此,及时准确地进行在线检测有助于发现变压器内部绝缘的潜伏性缺陷,进而判断变压器内部绝缘劣化的程度,从而为电力系统的安全稳定运行奠定坚实的基础。

电力变压器内部发生局部放电时,会产生电脉冲、电磁辐射、光辐射、超声波以及一些新的生成物,并引起局部过热,聚焦于不同的物理变化,就相应地出现了脉冲电流法、射频检测法、无线电干扰检测法、超声波检测法、化学检测法以及红外检测法等多种方法,近年来由于能够更好地避开现场测量时一些常见干扰信号的频段,特高频方法开始受到更多的关注,并且陆续出现了一些应用于现场的检测装置。

特高频方法源于 20 世纪 80 年代,最早应用于气体绝缘变电站(gas insulated substation, GIS)的局部放电测量。针对气体绝缘变电站中局部放电信号可达吉赫级的特点,将局部放电的检测频段从低频段提高到了特高频段(300 MHz～3 GHz),并取得了良好的效果。受此启发,研究人员开始利用特高频方法对变压器内部的局部放电进行测量,研究结果表明,变压器局部放电脉冲的上升沿时间可以达到 1～2 ns,能够激发出特高频范围内的电磁波,因此技术上是可行的。典型的特高频局部放电在线检测系统的结构如图 5-4 所示,其基本工作过程是:局部放电产生的电磁波经特高频传感器接收后转换为电压信号,然后通过同轴电缆传送到信号放大器,信号经过调理后通过同轴电缆送入检测仪器主机内的数据采集卡进行信号的采集、存储等处理,最后通过网线或者 USB 数据线传送到分析诊断单元(一般为笔记本电脑)。

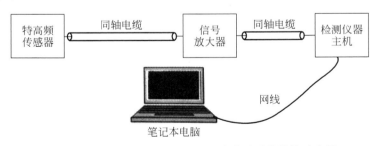

图 5-4　变压器特高频局部放电在线检测系统结构示意图

对于电力变压器,局部放电发生在变压器内部的油-隔板绝缘中,由于绝缘结构的复杂性,电磁波传播时会发生多次折、反射及衰减,同时变压器箱壁也会给电磁波的传播带来不利影响,这就增加了特高频电磁波检测的难度,因此变压器特高频局部放电检测技术仍处于起步阶段。国内外研究人员开展了大量艰苦卓绝的研究工作,已经有相应的在线检测系统进行现场检测,并取得了一定的效果,如图 5-5 所示。

在局部放电的在线检测中,除了局部放电量的检测,对于放电位置的检测也有着迫切的需求。特高频方法难以实现放电位置的定位,但是和超声波检测进行联合,是有可能实现的,这项研究工作也得到了关注和重视,并取得了阶段性成果。但是总体来看,变压器局部放电的在线检测与用户的需求仍然还有差距。对于脉冲电流法等低频段的方法而言,现场干扰的有效抑制始终是个难题;而对于特高频等高频检测方法而言,虽然有效避免了现场干扰信号的频段,但是特高频电磁波在变压器内部的传播特性复杂,因此仍然需要新技术、新方法的不断引入与完善,才有可能最终研制出满足用户要求的局部放电在线检测系统。

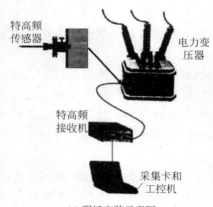

(a) 现场安装示意图　　　　　　(b) 检测到局部放电,将变压器解体验证

图 5-5　特高频局部放电在线检测系统及其应用

3. 绕组热点的在线检测

电力变压器运行时内部温度分布不均匀,在过载运行时油温虽为允许值,但变压器绕组热点的温度可能很高,从而导致局部绝缘老化,进一步发展有可能击穿并损坏变压器。因此变压器绕组热点温度的在线检测也是用户和研究人员关注的热点。

目前,变压器绕组热点在线检测普遍采用的方法有热模拟测量法、间接计算法和直接测量法。其中,热模拟测量法由于绕组温升过程与理论模型的模拟过程不尽相同,使其测量误差较大;间接计算法则是依据国际电工委员会的相关标准进行计算,由于标准简化了变压器的热特性分布,因此计算结果只能在某种程度上反映绕组热点的状态;直接测量法是采用在绕组内直接布置测量点的方法进行热点温度的检测,由于是直接测量的结果,因此准确反映了绕组热点温度的变化,但是温度传感器的植入会引起绕组绝缘特性的变化,且植入点的位置、数量和分布规律等方面的研究工作仍然处于探索阶段。近年来,分布式光纤光栅测温技术的发展给变压器绕组热点测温提供了新的途径。

光纤光栅是通过相位掩模板制造技术,由光纤经过激光照射形成的光波长反射器件。一定带宽的光与光纤光栅场发生作用后,光纤光栅将反射回特定中心波长的窄带光,其余宽带光沿光纤继续传输。反射的中心波长随着作用于光纤光栅的温度变化而呈线性变化,从而使光纤光栅成为性能优异的温度测量元件。沿光纤继续传输的透射光传输给其他具有不同中心波长的光纤光栅,并逐一反射各光纤光栅的中心波长,通过测量各反射光的中心波长,实现了一根光纤上多个光纤光栅温度传感器的串联。优异的绝缘性能以及分布式测量的特点,使基于光纤光栅测温原理的绕组热点在线检测系统方兴未艾。典型的基于光纤光栅的绕组热点温度在线检测系统的结构及其实际安装、测量结果如图 5-6 所示。

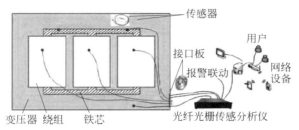

(a) 在线检测系统结构示意图

注:
图中所有标号
均为光纤光栅
测温点位置。

(b) 光纤光栅传感器安装实物图　　　　　　　　(c) 在线运行测量结果

图 5-6　光纤光栅绕组热点在线检测系统结构示意图及其安装、测量结果

分布式光纤光栅温度测量系统能够满足绕组热点的测量需求,实现多个测温点的在线实时测量,如果能在长期运行的可靠性和稳定性上更进一步的话,是有可能在实际中应用的;如果能够结合局部放电在线检测、变压器油中溶解气体分析等其他方法的检测结果,将会为电力变压器健康状况的全面评估提供强有力的支撑。

5.1.3　测量在电能质量分析中的应用

电力系统中理想的电压波形是三相对称、周期性的正弦波,但是由于各种非线性负载和应变负载的应用,必然会带来频率和波形的变化,从而引发电能质量问题。客观上讲,自 19 世纪后期电力系统开始应用以来,电能质量的问题就一直存在,但时至今日,对电能质量这一术语还没有一个普遍被认可的定义。一般可以这样认为,电能质量是与电力系统安全经济运行相关的、能够对用户正常生产工艺过程及产品质量产生影响的电力供应的综合技术指标描述,涉及电压与电流的波形形状、幅值及频率三大基本要素。从中可以看出,电能质量分析的前提是实时准确的电压、电流信号采集,在此基础上再利用信号处理的方法进行相关特征参数的计算,因此测量仪器在电能质量分析中发挥着重要的作用。

典型的电能质量检测与分析系统结构见图 5-7,该系统关注了如何利用互联网技术进行信息访问,给予了用户更多的选择,也符合现代电力系统的发展方向。

电能质量检测与分析系统由各种具有记录电能质量信息功能的设备构成,不同的用户可以根据自己的需求进行灵活搭配,主要有以下几种:

(1) 数字故障记录器。一般在短路故障下启动,并记录和描述事件的电压和电流波形,

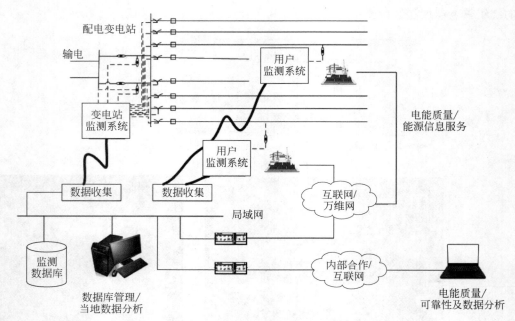

图 5-7　电能质量检测与分析系统结构示意图

能够有效反映出故障期间发生的电压暂降等均方根值扰动现象,也能够为计算谐波畸变水平提供周期变化的波形记录。

（2）智能继电器和其他智能电子装置。目前有些变电站配置了具有检测能力的智能电子装置,如继电器和自动重合器等,不管是何种检测装置,相关生产商都在增加其记录扰动的功能,并且使该信息可以被综合检测系统的控制器所使用,这类装置可以安装在变电站,也可以安装在馈电线路上。

（3）电压记录器。电压记录器主要是来检测配电系统的稳态电压变化的,而有能力检测电压暂降甚至谐波畸变水平的样机正在研制开发中。电压记录器的一个发展趋势是,可以给出最大值、最小值以及一个指定窗口内的平均值,并且能够反映电压暂降的幅值。

（4）工厂内部的电力检测仪。安装在工业设施内部供电入口处的电力检测仪,可以作为电力公司检测计划的一部分。一般来讲,这些仪器能够评估谐波畸变水平、分析稳态均方根值变化规律、记录电压暂降的波形,但通常不具备瞬态检测功能。

（5）专用电能质量检测仪。通常能够实现所有三相加中性线的电压和电流检测,主要特点是在扰动期间能够触发所有通道同时检测电压和电流,这种类型的电能质量检测仪已经比较成熟,广泛应用于变电站、馈电线和用户供电入口处。

（6）电能计量表。在电能质量分析中,电压、电流的测量结果必须有精度的保证,因此电能计量表的设计与应用是必要的,也是迫切的,更是所有电能表计生产商瞄准的方向,来自电能计量表的信息也要纳入电能质量综合检测系统中。

早期的电能质量检测仪器体积庞大笨重,数据也要记录在条带图形纸上,如图 5-8 所示。20 世纪 20 年代,美国通用电气公司开发的雷击记录器是早期电能质量检测仪器的杰出代表,数据记录是定性的,对其进行解读比较困难。到了 20 世纪 60 年代,研究人员开发出了可以捕捉雷击电压波形的浪涌计数器,显著改善了电能质量的检测水平。1975 年,基于微处理器的电力线扰动分析仪研制成功,使电能质量检测仪器发生了革命性的变化。

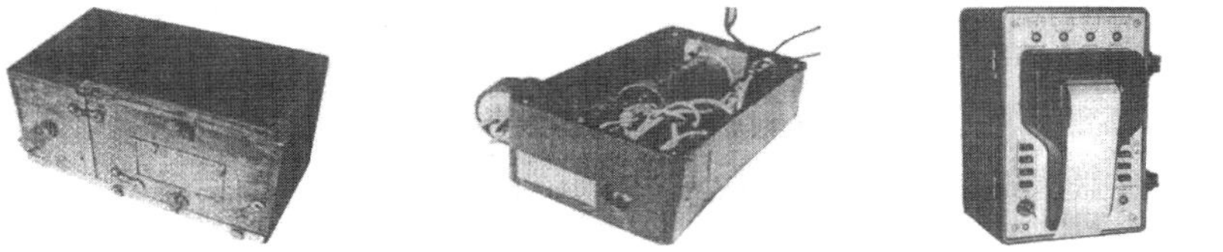

(a) 20世纪20年代的雷击记录器　(b) 20世纪60年代的浪涌计数器　(c) 电力线扰动分析仪

图 5-8　早期的电能质量测量仪器

电能质量检测仪器发展到今天,无论是测量参数的种类,还是测量结果的准确性,乃至测量仪器的性能,都有了天翻地覆的变化。其一方面源于现代电力系统电能质量分析的复杂性和高要求,迫切需要提升测量分析水平;另一方面则是由于科学技术水平的提升,新的测量方法和测量手段不断涌现,能够为现代电力系统电能质量分析提供强有力的保障。当然,用户需求和解决方法始终是矛和盾的关系,只有两者共同发展,才能够谱写出现代电力系统高水平电能质量分析的华美篇章。

5.2　仪器科学与动力的发展

前面讲到,区别于能源,动力的聚焦点在于能源的转换、传输和利用,其中热能转换为机械能是最常见的一种方式,这一类设备称为热机,主要包括内燃机、燃气轮机以及蒸汽轮机等。

蒸汽轮机是利用高温高压的水蒸气推动叶轮,使轴转动而做功的回转式热机,是现代火力发电厂应用最广的原动机,也是核电站和航空母舰等大型舰船上的主要动力机械。蒸汽轮机再配备一些外围机械、设备及检测控制仪表,就构成了蒸汽轮机动力装置。在该装置中,水在锅炉中加热产生蒸汽,将燃料的化学能转换为热能,从而完成了从燃料燃烧到最终推动机械做功的完整链条。下面就以蒸汽轮机动力装置为例,简要介绍仪器科学在其中的重要作用。

5.2.1　热力学发展简史

之所以先从热力学发展简史讲起,是因为蒸汽轮机的发展离不开热力学的理论支持。热力学的发展按照时间脉络被分为四个阶段,下面就通过对每个阶段发展历程的简要介绍来窥探一下仪器的曼妙身姿。

第一阶段是从 17 世纪末到 19 世纪中叶,其中温度的精确测量起到了至关重要的作用,这对于人们正确认识热现象具有重要作用。1593 年,意大利物理学家伽利略发明了温度计,如图 5-9(a)所示,其以空气为测温介质,利用空气的热胀冷缩推动水面高度的变化来测量温度。1632 年,法国科学家珍·雷将温度计倒了过来,以水作为测温介质;1659 年,法国科学家伊斯梅尔·博里奥将测温物质改成了水银。之后,英国物理学家牛顿、英国化学家波义耳及其助理罗伯特·虎克均认识到了制定温标的重要性,但是这项工作直到 1724 年才由荷兰气象学家华伦海特完成。他进行了大量的测温实验,如图 5-9(b)所示,然后定义 32°F

为冰水混合物的温度,212℉为水的沸点温度,温度在这个范围内是均匀变化的,这就是华氏温标。1742年,瑞典天文学家摄尔修斯引进百分刻度法,将标准大气压下冰水混合物的温度定为0℃,而水沸腾时的温度为100℃,如图5-9(c)所示,摄氏温标横空出世,成为当今世界应用范围最广的温标。1755年,德国科学家兰勃特借助于温度计把热量和温度这两个基本概念做出了明确的区分,热力学的发展扬帆启航了。

(a) 伽利略温度计   (b) 华伦海特在做实验   (c) 摄氏温标纪念邮票

图 5-9 　温度计及温标发展史上的里程碑

第二阶段是从19世纪中叶到70年代末,标志性成果就是热力学第一定律和第二定律的建立。卡诺、克莱培伦、克劳修斯等人开展了系统深入的研究工作,而焦耳关于热功当量的测量实验则是该阶段的一个里程碑式事件,如图5-10所示。在实验中,首先有一个装水的量器,然后中间部分有一个能够旋转且带有翼片的轴,这个轴的旋转由两边的砝码牵引。砝码牵引翼片旋转时,翼片和水之间有摩擦,会使水的温度升高,水温升高的数值通过温度计进行测量,而砝码做的机械功的大小也可以计算出来,因此机械功和热能之间就建立起了联系,焦耳不断完善实验方法,耗费了近40年,计算出:1 cal=4.154 J,非常接近现在的标准值:1 cal=4.184 J。焦耳热功当量的实验为能量守恒定律的建立铺平了道路。

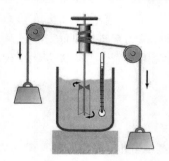 

(a) 焦耳热功当量实验原理示意图   (b) 热功当量实验装置实物图

图 5-10 　焦耳热功当量实验的设计与实施

第三阶段是从19世纪70年代到20世纪初,奥地利物理学家玻尔兹曼结合热力学和分子动力学的理论提出了统计热力学,美国物理学家吉布斯对玻尔兹曼的理论进行了完善,建立了统计力学。英国物理学家开尔文是这一阶段热力学研究的代表性人物,他和焦耳开展合作,为热力学第一定律的建立提供了实验支持。他对卡诺循环进行了深入研究,给出了热力学第二定律的开尔文表述。他利用卡诺循环建立起绝对温标,为了纪念他的贡献,绝对温度的单位以开尔文来命名。开尔文的工作为热力学第三定律的提出和建立奠定了基础。特别是他在 1900 年的著名演讲中指出,经典物理世界存在两朵乌云,而围绕两朵乌云的讨论则发展出现代物理学的两个支柱——相对论和量子论,因此开尔文的远见卓识令人钦佩。

热力学第三定律表明绝对零度是低温的极限,只能无限接近而不能达到,当时的物理学家为此展开了执着的探索,荷兰物理学家昂内斯无疑走在了最前面。他在博士毕业之后,敏锐地抓住了低温物理学这个前沿方向,在荷兰莱顿大学创建了闻名世界的低温研究中心——莱顿实验室。1911 年,昂尼斯利用液氦将金和铂冷却到 4.3 K 以下,发现铂的电阻为常数,如图 5-11 所示,随后他又将汞冷却到 4.2 K 以下,测量其电阻几乎降为零,发现了超导现象,并获得了 1913 年的诺贝尔物理学奖,由此拉开了超导物理学的序幕。有报道称他曾将温度降至 0.7 K,因此被誉为"绝对零度先生"。

图 5-11　昂内斯及其助手开展低温实验

第四阶段就是 20 世纪 30 年代至今,量子力学的发展让人们能够从微观层面理解和解释热力学,同时非平衡态的理论也有了进一步的发展,热力学的发展进入了现代热力学阶段,关于现代热力学的定义和内涵仍然在不断发展和完善的过程中,在此就不展开介绍了。

通过热力学的发展历史可以看到,温度计的出现使得人们能够更加准确和客观地认识热现象。在热力学三大定律的提出和建立过程中,我们看到的是测量和实验的身影,因此没有测量就没有热力学的发展,没有热力学的发展也不可能有锅炉和蒸汽轮机的出现。

5.2.2　锅炉仪表及其作用

古希腊人希罗是世界上第一个发明热力机械的人,他在公元前 130 年前后(具体时间有争议)发明了如图 5-12(a)所示的装置。装置下部容器中的水受热后变成蒸汽,在水蒸气的反冲力作用下使上方的圆球旋转,这被认为是利用水蒸气产生动力的最早的锅炉,但直到工业革命前,关于锅炉几乎没有发展和实际应用的记载。早期的工业锅炉出现于 18 世纪后期的英国,由于工业革命,蒸汽开始广泛应用,因而出现了生产蒸汽的锅炉设备。瓦特在对蒸汽机做出重要改进的同时,推出了具有工业应用和商业价值的锅炉,如图 5-12(b)所示,锅炉是圆筒形的,结构简单,所产蒸汽量很小,蒸汽参数和蒸发效率很低。随着工业生产的发展,要求增大锅炉的蒸发量,提高蒸汽压力、温度和锅炉效率,降低金属消耗量,使得锅炉的结构形式也在不断发展。

随着工业的发展,工业锅炉向两个方向发展,如图 5-13 所示。一个方向是在圆筒内部增加受热面积。开始是在一个大圆筒内增加一个火筒,然后是两个,直到多个,最后发展为现代的火管锅炉。在圆筒形锅炉的圆筒内部加火筒或烟管便成为火筒锅炉或烟管锅炉。火筒锅炉分为单火筒锅炉和双火筒锅炉。烟管锅炉则采用数目众多的细烟管代替直径大的火

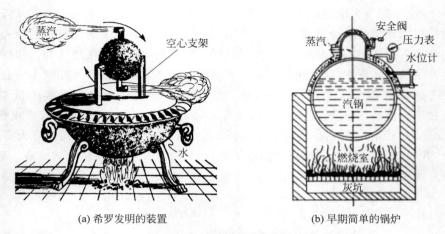

(a) 希罗发明的装置　　　　　(b) 早期简单的锅炉

图 5-12　人类文明早期的锅炉

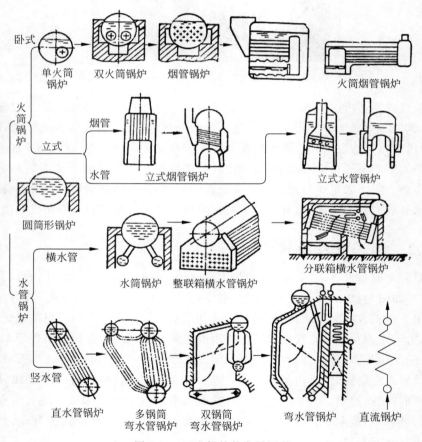

图 5-13　工业锅炉的发展历程

筒,增加了锅筒的受热面积。另一个方向是增加筒外部的受热面积,即增加水筒数目。燃料在筒外燃烧,与火管锅炉的发展相似,水筒的数目不断增加,发展成为很多小直径的水管。由于水是在管中流动的,因此称为水管锅炉。锅炉从低温低压发展到高温高压,从小容量发展到大容量,从铆接、胀接发展到焊接结构,从人工加煤发展到自动送煤和机械加煤。随着现代工业生产的发展,对锅炉的要求主要是提高和保证经济性能、安全性能和环保性能。目的就是为了保证锅炉的安全可靠运行,降低燃料的消耗量,减轻司炉的劳动强度,节约钢材,减少对大气的污染。

简要回顾一下锅炉的发展历史可以看到,锅炉的安全可靠运行始终是关注的热点和焦点,而这又给了仪器仪表广阔的发展空间。

如图 5-12(b)所示,锅炉有三大安全附件:安全阀、压力表和水位计,其中两件是仪器仪表,那么锅炉上的压力表和水位计是如何发展和完善的呢?

1643 年,意大利科学家托里拆利首先测定标准大气压为 760 mmHg,奠定了液柱式压力表的发展基础。随着蒸汽机技术的飞速发展,迫切需要压力的准确测量,而液柱式压力仪表无法使用,因此机械式压力表的研究与应用迫在眉睫。英国科学家瓦特在改进蒸汽机的时候,做了一系列的发明,据称是改进了压力表,并将其应用于最终的瓦特蒸汽机。但目前很难看到这方面的详细资料,估计应该是利用了弹簧受力变形的原理,蒸汽机的结构图和早期用于检测蒸汽机压力的弹簧压力表如图 5-14 所示。类似的压力表可以直接应用到锅炉上。1849 年,法国人波登研制出弹簧管压力表(也叫波登管压力表),由于结构简单、方便使用,一直被沿用至今。

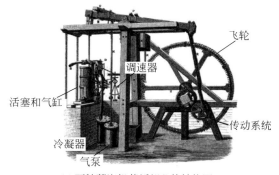 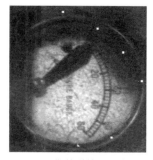

(a) 瓦特蒸汽机革新部分的结构图　　　(b) 早期的弹簧压力表

图 5-14　蒸汽机及早期的弹簧压力表实物图

锅炉汽包水位过高将导致蒸汽带水或汽机过水,造成水冲击,甚至损坏汽机。而一旦水位太低,又会烧坏锅炉受热瓦,引起管子爆裂。因此,水位的测量对于确保锅炉的安全运行意义重大。石英玻璃管式水位计、压差转换电量水位计、双色"牛眼"型水位计、电接点水位计、超声波水位计等多种原理的水位计先后得以应用,部分实物图如图 5-15 所示。随着科学技术的发展,数字化、网络化以及各种新技术的应用确保了水位的实时准确测量,也为锅炉的安全可靠运行提供了重要保障。

此外,为了使锅炉安全经济运行,必须对锅炉的水质加强管理,其中排污管理特别是连续排污管理是一项十分重要的工作,科学的连续排污管理能够防止炉水中的含盐量和含硅量过高。连排流量过小时,炉水中的含盐量和含硅量可能会超过允许值,水渣也可能过多,从而引起炉管积垢、腐蚀、堵塞以及蒸汽质量不良等,危及锅炉、汽轮机的安全经济运行;连排流量过大时,大量的高压高温炉水被无谓地排掉,会造成不必要的热量和工质损失。因此,必须寻求连排流量的最佳值,实现对锅炉污水流量排放的科学管理。典型的连排流量测控系统示意图如图 5-16 所示。

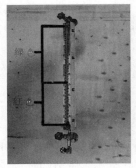

(a) 石英玻璃管式双色水位计   (b) 电接点水位计

图 5-15　部分锅炉水位计的实物图

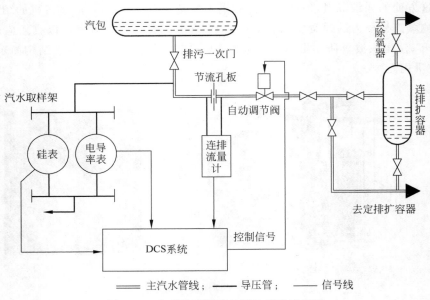

图 5-16　典型的连排流量测控系统示意图

从图 5-16 中可以看出,代表连排流量、炉水含硅量、炉水电导率的信号均被送入分布式控制系统(distributed control system, DCS),由 DCS 系统按照设计的算法对炉水含硅量、电导率两个信号进行处理,得出连排流量的期望值,根据期望值与实际值的差别发出调节指令,改变连排调节阀的开度,实现对连排流量的科学管理。也就是说,连排流量的科学决策取决于炉水含硅量、电导率以及连排流量的精确测量,只有炉水含硅量、电导率的精确测量,才能够准确了解炉水的污垢程度;只有连排流量的精确测量与控制,才能够实现污水流量的最佳排放。因此,相比较定期排污,连排排污无疑能够提高科学管理的水平和生产效益,这里面离不开仪器仪表的支持。需要强调的是,由于炉水是典型的多相流流体,所以其含硅量、电导率以及流量的精确测量仍然是一个世界性的难题,需要不断发展和完善,这也给仪器科学研究人员提出了更高的要求和期望。

5.2.3 蒸汽轮机的状态监视及故障诊断

在火力发电厂,锅炉产生的高温高压蒸汽送入蒸汽轮机(下面简称"汽轮机"),将热能转换为旋转的机械能,带动发电机发电。典型的火力发电厂工作原理示意图如图 5-17 所示。在航空母舰等大型船舶中,汽轮机也是首选的能量供给装备。

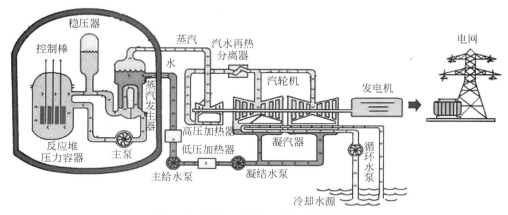

图 5-17 燃煤电厂发电工作原理示意图

汽轮机按照工作原理可分为冲动式和反动式两种。1883 年,瑞典工程师拉瓦尔设计制造出了第一台单级冲动式汽轮机。随后在 1884 年英国工程师帕森斯设计制造了第一台单级反动式汽轮机,并与其制造的直流发电机配套,组成了世界上第一套汽轮发电机组,如图 5-18 所示。随着科技的飞速发展,20 世纪初汽轮机的单机功率已可达到 10 MW,到了20 世纪 70 年代初,已经能够达到 1 300 MW。

实际运行中,由于汽轮机结构的复杂性及运行环境的特殊性,呈现出较高的故障率,且故障危害性较大。因此,汽轮机的状态监视及故障诊断一直是研究人员关注的热点。美国等西方发达国家在该领域的研究处于领先地位,主要是因为其工作开展较早且理论研究与工程应用都有很好的基础。我国从 20 世纪 80 年代初开

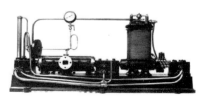

图 5-18 世界上第一套汽轮发电机组

始这方面的研究工作,起步虽晚但是投入很大,并取得了令人瞩目的研究成果。下面我们从状态监视和故障诊断两个方面做简要介绍。

1. 汽轮机安全监视系统

汽轮机状态监视是由汽轮机安全监视系统(turbine supervisory instruments,TSI)来实现的。TSI 是一种可靠的多通道监测仪表,能够连续不断地测量汽轮机发电机组转子和汽缸的机械运行参数,主要包括转速、超速保护、偏心、轴振、盖(瓦)振、轴位移、胀差、热膨胀等,显示汽轮机的运行状况,提供输出信号给信号仪,并在超过设定的运行极限时发出报警。此外,TSI 还能使汽轮机自动停机以及提供可用于故障诊断的测量数据。TSI 系统的机柜及软件界面实物图如图 5-19 所示。

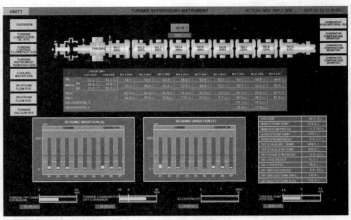

(a) TSI机柜实物图　　　　　　　　　　(b) 上位机软件实物图

图 5-19　TSI 机柜及上位机软件实物图

　　TSI 的前端就是各种传感器,能够将机械振动、位移、转速等汽轮机的参数转换为电信号,包括电涡流传感器、速度传感器、位移传感器等,部分传感器的现场安装实物图如图 5-20 所示。

(a) 电涡流传感器　　　　　　　　　　(b) 位移传感器

图 5-20　TSI 传感器现场安装实物图

　　TSI 对汽轮机乃至整个汽轮机组的安全运行发挥着巨大的监视、保护作用。虽然近年来也有由于 TSI 监视装置的问题而跳机的报道,但这只是给研究人员提出了更高的要求,即如何改进并完善 TSI 装置,并不是否认 TSI 在汽轮机状态检测中发挥出的重要作用。

2. 汽轮机故障诊断系统

　　典型的机械设备智能故障诊断流程框图如图 5-21 所示,该流程框图适用于汽轮发电机组、风力发电设备、航空发动机、高档数控机床等,具有通用性。

　　由图 5-21 可见,故障诊断的起点就是信号的获取过程,包括各种检测方法和手段的应用;之后针对大量检测数据,有效提取数据中的特征参数及变化规律至关重要,这就是特征提取的过程;最后就是识别预测的工作了,各种故障识别和寿命预测的方法闪亮登场,旨在准确分析研究对象的运行状态和健康状态。具体到汽轮发电机组这样的大型旋转机械,信号来源主要包括 TSI 和一些专用的信号采集装置,而考虑到旋转机械运行中出现缺陷时通常产生振动,不断发展后有可能引起严重后果,因此基于振动信号的状态监视与故障诊断技术发展最为广泛,应用也最为成熟。

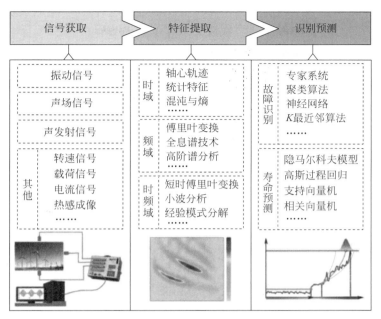

图 5-21　机械设备智能故障诊断流程框图

以神华国华某发电厂 4 号汽轮机组为例,装机容量为 1 000 MW,2010 年 4 月 12 日当机组准备首次满负荷运行时,负荷升到 850 MW 时 1,2 号瓦轴开始波动,至 966 MW 时振动曲线发散,降负荷后又迅速收敛,当负荷降到 870 MW 时趋于稳定。再次升负荷到 780 MW 时又出现波动,至 940 MW 时振动曲线再次发散,则发生了汽流激振,其振动趋势如图 5-22 所示。

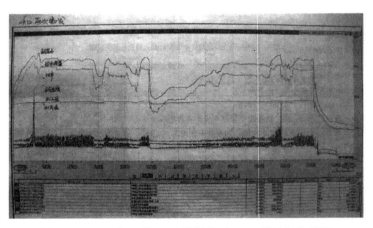

图 5-22　2010 年 4 月 12 日激振前后 1~4 号轴振趋势图

为了解决这个问题,厂方利用机组停运消缺的机会对 1 号轴瓦顶隙及 4 号高压调节阀开度曲线进行了相应的调整。再次启动后问题仍然存在,后将负荷稳定在 500 MW,在线对换 1 号和 4 号阀门开度函数,调整过程中 1、2、3 号轴振测点处的轴颈位移,机组负荷最终升至 1 013 MW。该问题的出现及解决过程,一方面说明振动信号对于汽轮机组运行状态有良好的反应,另一方面说明采取的措施合理得当。不过应该看到,本案例发现问题与解决问题的过程相对简单直接,但是考虑到多数情况下大量的现场干扰以及运行工况的变化有可能湮灭有效信号,因此必须采取能够深度挖掘信号特征与变化规律的识别算法与故障诊断算法,如图 5-21 所示。

随着需要诊断的设备规模的不断扩大、单台设备测点及采样频率的持续增加、从服役到寿命中止时数据采集时间的增长,以大型汽轮机组为代表的机械设备故障诊断进入了"大数据"时代,现有的识别算法和诊断模型面临着全新的挑战,围绕大数据呈现的全新特点,如何从标准大数据库的建立、大数据的可靠性评估、设备故障信息智能表征、基于深度学习的装备故障识别、大数据驱动下的寿命预测、可视化及远程诊断等方面开展深入研究工作,是每一位研究人员需要思考的问题。

回到本节开始,提出了仪器科学在蒸汽动力装置中如何发挥作用的问题,相信通过简要的介绍,大家心中已经有了自己的答案。

5.3 仪器科学与矿业工程的发展

矿业是指在国民经济发展中,以矿产资源为劳动对象,从事能源矿产、金属、非金属矿产和其他矿产资源的地质调查、矿产勘查、矿产开采,以及对开采出来的矿产品进行分选和部分冶炼、深加工活动的基础产业。矿产资源的开发利用、矿业的发展推进了人类社会的发展和文明的进步。从某种意义上说,一部人类文明史,也是一部开发、利用矿产资源的历史,是一部矿业文明史。

矿业的定义,处处透着测量的身影,如地质调查、矿产勘查、矿业加工与利用等,我们就围绕这一思路,从矿业勘探、矿物开采和矿山安全三个角度简单列举仪器科学的重要应用,以达到一叶知秋、见微知著的效果。

5.3.1 矿业勘探中仪器科学的应用

地球上的矿藏多数在地表之下,靠肉眼观察是无能为力的,必须借助仪器,随着科学技术的发展,地球物理勘探应运而生,内涵不断丰富和发展。

1. 磁法勘探及其应用

磁法勘探是应用最早的地球物理勘探方法。所谓磁法勘探,主要是考虑到自然界的岩石和矿石具有不同的磁性,自身产生各不相同的磁场,使得地球磁场在局部地区发生变化,出现地磁异常。因此,利用仪器发现和研究这些磁异常,进而寻找磁性矿体和研究地质构造的方法就被称为磁法勘探。1640 年前后,瑞典人最早尝试用磁罗盘寻找铁矿,直到 1870年,瑞典人泰朗和铁贝尔制造了万能磁力仪后,磁法勘探才作为一种地球物理方法逐步建立和发展起来。1915 年,德国人施密特研制出刀口式磁秤,大大提高了磁测精度,磁法勘探不仅能在寻找铁矿中发挥作用,还可以用来寻找其他矿产,并在研究地质构造及寻找油田、盐丘中得到应用。随着磁通门磁力仪、质子磁力仪、光泵磁力仪及超导磁力仪的纷纷亮相,磁法勘探的灵敏度已经可以达到 10^{-15} T,成为矿产勘探中的一把利器。图 5-23 给出了一幅磁法勘探的磁场等值线分布图。

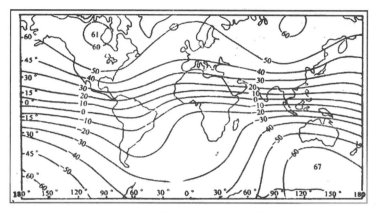

图 5-23　磁法勘探得到的磁场等值线分布图

从图 5-23 中可以看到,该区域有两条矿带,中间被剥蚀,形成了圈闭的鸡窝矿,没有开采价值,左上角沿河有异常高,主要由岩体引起,右下角圈闭的磁异常高,相对其他区域更有开采价值。

2. 重力勘探及其应用

伽利略是人类历史上第一个研究和测定重力加速度的科学家,之后惠更斯、牛顿等一系列科学家的贡献使得人们掌握了地球表面重力的分布规律。1888 年,匈牙利物理学家厄缶研制出适用于野外作业的扭秤,如图 5-24(a)所示,结果表明扭秤可以反映地下区域的密度

(a) 厄缶及其扭秤纪念银币　　　　(b) 石英弹簧重力仪的现场应用

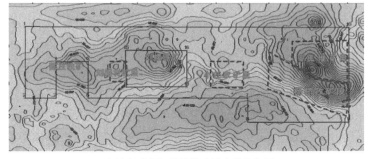

(c) 高精度重力仪获得的矿区矿藏分布图

图 5-24　重力仪的发明及应用

变化,使得重力测量有可能用于地质勘探,这被认为是最早的地球物理勘探仪器。1934 年,拉科斯特研制出高精度的金属弹簧重力仪,沃登研制出石英弹簧重力仪,如图 5-24(b)所示,其测量精度为 0.05~0.2 mGal(Gal,简称"伽"或者"盖",为了纪念第一个重力测量者意大利科学家伽利略而命名);一个测点的平均观测时间已缩短到 10~30 min,这类重力仪在 1939 年后完全取代了扭秤。随着超导重力仪及激光重力仪等新型仪器的应用,重力勘探发挥了越来越重要的作用。图 5-24(c)给出了利用高精度重力勘探来寻找覆盖区矽卡岩型铜金矿的实物图。

3. 地震勘探及其应用

地震勘探是由人工激发地震波(弹性波),使其穿过地下介质运动,在遇到弹性分界面后返回地面,用仪器接收地震波可得到地震记录,对地震记录进行处理、解释,就能了解到地下介质的情况,被形象地称为"对地球做 X 光检测"。

对于地震理论的研究可追溯到 1678 年英国物理学家虎克提出的虎克定律;1818 年,法国数学家柯西发表了地震波传播的论文;1828 年,法国数学家泊松提出 P 波和 S 波独立存在;1899 年,德国科学家诺特研究了地震波传播及其反射和透射能量分配的关系;1907 年,德国地球物理学家佐普里兹研究了地震波传播的理论问题,并得到了佐普里兹方程;斯通利(S 波)于 1924 年、拉夫(L 波)于 1927 年分别研究了以他们名字命名的球面波。这些理论上的研究成果为地震勘探奠定了坚实的基础。

有证据表明 1905 年就有人提出利用地震波来进行勘探,但是由于缺乏相应的仪器而未能实现。地震勘探法主要包括折射波法和反射波法两种。

(1) 1919 年,德国科学家明特罗普申请到折射波法的专利,从 1924 年开始,利用折射波法在墨西哥湾沿岸地区发现了盐丘储油构造;20 世纪 30 年代末,苏联科学家甘布尔采夫等吸收了反射波法的记录技术,对折射波法做出了改进,提出了折射波对比法,能够记录到多个折射波,有助于更加细致地研究波形特征,如图 5-25(a)所示。

(2) 反射波法地震勘探最早起源于 1913 年,美国科学家费森登发明了早期的声呐装置并申请了专利。1921 年,美国人卡切尔把反射波法投入到实际应用,在俄克拉何马州首次记录到人工地震产生的清晰的反射波,如图 5-25(b)所示。1930 年根据反射波法地震勘探的结果发现了油田,从此反射波法进入了工业应用阶段。

纵观国内外的地震勘探技术,经历了持续发展和不断进步的过程:从单一地震到多地震,从单分量到多分量,从一次野外采集到多次时间推移等。地震勘探作为矿业勘探开发的一项重要手段,既像望远镜,使人们看得更深更远,又像显微镜,使人们看得更细更清楚,必将在矿业勘探开发中发挥更加重要的作用。

4. 放射性勘探及其应用

自 1896 年法国物理学家贝克勒尔发现放射性现象之后,到了 20 世纪 20 年代,就有人尝试用放射性方法解决地学问题。1926 年,苏联首先在一些已知油区开始用放射性测量普查油气的试验研究,并在油层上方获得了放射性异常。1935 年,井中放射性测量首先用于石油勘探。由于地表放射性变化与深部烃类富集关系的机理十分复杂,直到第二次世界大战以后,人们才对此有一些经验性的认识,放射性用于油气藏勘探的研究也逐步增多。从 20 世纪 50 年代初到 60 年代末,苏联和欧美一些国家对用放射性方法勘探油气资源问题开

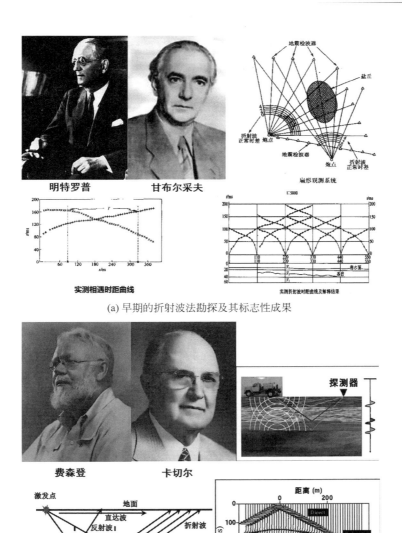

(a) 早期的折射波法勘探及其标志性成果

(b) 早期的反射波法勘探及其标志性成果

图 5-25　早期的地震勘探标志性人物及其标志性成果

展了较为广泛的研究。放射性方法发展到今天，γ 能谱仪、测氡仪、X 荧光测井仪等设备各自发挥着作用，并取得了较好的地质效果。

　　地面 γ 能谱测量主要是通过测量地表浅部土壤中的铀、钍、钾元素含量，研究其分布特征，从而圈定区内的异常范围，并结合地质构造、矿化特征和其他物探、化探异常，预测区内找矿远景区的一种放射性物探测量方法。利用该方法对某测区内的测线进行地质物探综合剖面测量分析的结果如图 5-26 所示。

　　由图 5-26 可见，本次测量不仅初步圈定了两处铀偏高场，还给出了放射性元素的定量测量结果。这就说明地面 γ 能谱测量既能圈定成矿远景区，又能定量测定岩石和矿石中铀、

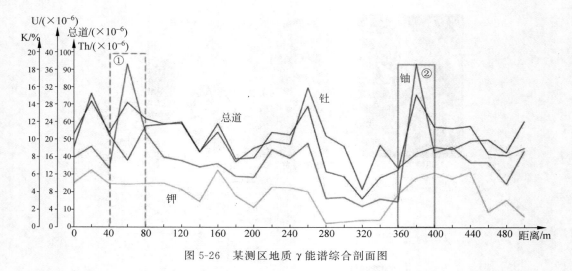

图 5-26　某测区地质 γ 能谱综合剖面图

钍、钾的含量,直接指示矿化部位,必将为深部找矿提供有利的依据。进一步来讲,地面 γ 能谱测量如果和地质调查紧密配合或同步进行,不仅有利于提高找矿效果,也有利于对找到的放射性异常及时处理。

5.3.2　矿物开采中仪器科学的应用

矿产资源开发是指把矿床中的矿石、矿物开采出来,通过选、冶加工等系列工序,将有用物质提炼或提纯成为一定形式产品的工艺过程。可见,矿产资源开发的第一步也是非常重要的一步,就是矿物开采,不同矿产资源的开采方式差异性较大,下面以石油开采中的钻井为例,简述仪器仪表在其中的应用和发展历程。

钻井仪表大体可分为 4 类:①直接与钻井操作有关的钻井测录仪表;②柴油机、电动机、压风机、液压系统等钻机部件所配的常规工业仪表;③海洋钻井船(台)用的航海、气象仪表;④完井作业,测井、固井、射孔、试油用的仪表。可见,在钻井的每个环节都有仪器仪表的身影。

钻井仪表种类繁多,限于篇幅仅以钻井测录仪表为例进行介绍,其发展到今天大致分为 3 个时期。

1. 基础仪表的发展和完善时期

人类早期的钻井并没有用到仪表。司钻本人就是仪表,靠其五官甚至直觉来监测钻井情况,不测井斜,也不做记录。随着井深的增加、钻机功率的增加,以及钻井生产方式的进步产生了对仪表的需求,并在 1925—1935 年形成了第一次仪表研制的高潮,井斜仪、指重表、泵压表等一系列仪表相继出现。

井斜是在钻井过程中应当尽量避免的,其带来的问题众多,危害也比较大,因此一开始就被人们广泛重视。现有的井斜测量方式大部分是先在采矿业中出现,然后再应用到石油钻井上的。已知最早的用于测量矿井井斜角的仪器出现在 1877 年,德国一位名为 G. Nolten 的工程师申请了一项专利,他设计的测斜仪器是由一个带罗盘的玻璃烧瓶和一个机械时钟组成的,玻璃烧瓶内灌有部分氢氟酸。测量井斜角时,将仪器静置于规定的井深处,瓶内的氢氟酸就会腐蚀玻璃瓶的内壁并留下酸液面的位置,从而被记录下来,同时井眼方位也可通过固定磁罗盘指针的时钟来确定。到了20世纪初,多点测斜仪、多点照相测斜仪、虹吸测斜仪、陀螺测斜仪等相继研制成功,并陆续在石油工业成功应用。1931年,M. Haddock总结了井斜测量技术的发展,归纳为4类16种方法,是对测斜仪技术发展的全面总结,部分测斜仪的原理如图5-27所示。以陀螺测斜仪为例,高速旋转的陀螺仪具有定轴性,加上内、外框架便构成了"万向机架",只要陀螺轴的方向不变,与外框架构成一体的罗盘的方向也就不变;在陀螺仪启动时,调整陀螺轴指向地理正北(不是磁北),就可保证罗盘的N极始终指向地理正北,然后便可以陀螺罗盘的正北作为参照方向,测量出井斜方位了。

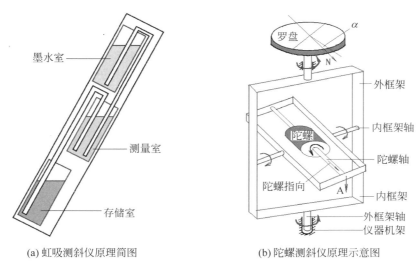

(a) 虹吸测斜仪原理简图　　(b) 陀螺测斜仪原理示意图

图 5-27　部分测斜仪的原理示意图

钻井过程中处理卡钻和落鱼时,往往要强力上提钻具,使井架变形,甚至拉垮井架,这就产生了测大钩悬重的要求。第一台实用的指重表是1926年由马丁-戴克(Martin-Decker)公司研制的,主要由液压缸、活塞、传压膜和蒸汽压力表构成。指重表是钻机的第一块基础仪表,一直沿用至今,原理上没有大的变化,如图5-28所示,指重表死绳的拉力通过橡胶膜片的压缩动作压缩液体来完成张力/液压的转换,再将压力信号传递给指重表和灵敏表进行显示。目前电子显示的指重表也在推广应用。

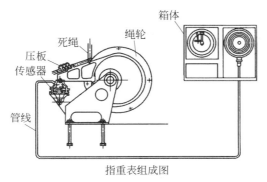

指重表组成图

图 5-28　指重表工作原理示意图

2. 计算机化仪表的发展时期

随着电子技术和仪表工业的发展,在 20 世纪 60 年代,钻井仪表工业进入了第二个发展高潮,其重要的标志是电子计算机的引入成为钻井仪表的中枢,这个阶段的发展总结起来有如下特点:

(1)基础仪表高度成熟,种类繁多、配套齐全,凡是钻井作业需要的参数,基本上均可测录。

(2)电子计算机应用到井场,成为钻井测录仪表的神经中枢,出现了以 DATA 系统为代表的钻井综合测录仪以及以 TDC 系统为代表的钻井自动控制仪系统。

国外在钻井仪表行业有影响力的企业包括美国的 Martin-Decker 公司、TOTCO 公司以及法国的 Geoservices 公司等,我们国家是秉承着先引进、再吸收、直到最终自行研制的思路来开展这部分工作的。图 5-29 给出了中国地质大学研制的 DDW-3 型钻探微机多功能监测系统的现场使用示意图,系统布置了钻压、泵压、钻速、功率、转速等大量传感器,为开展科学钻井和安全钻井提供了重要保障。

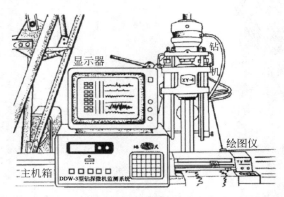

图 5-29　DDW-3 型钻探微机多功能监测系统的现场使用示意图

3. 随钻测量(井下遥测)技术的发展时期

前面两个阶段中出现的钻井仪表,一次仪表(传感器)和二次仪表都在地面,属于地面测量-地面记录仪表。自 20 世纪 80 年代以来,信息技术和控制技术开始大量应用于油气钻井工程,井下新测量仪器和新控制工具的研制取得了重大突破,把仪器下到井中,在钻进的同时测量各参数,并送回地面进行显示、记录和分析的随钻测量技术就是其中的典型代表。

随钻测量的设想最早出现在 1928 年的美国专利中,第一个实际应用的随钻测量设备一般认为是 1960 年美国 Brown Jackson 公司研制的随钻测斜仪。发展到今天,随钻测量设备一般分为有缆式和无线式两种,主要是传输方式的差别;依据工作原理的不同又可以分为硬导线法、钻井液压力脉冲法、电磁波法和声波法,硬导线法实质上就是把电缆铠装后分段改装在钻杆内,实质上就是有缆式的方法,后面三种对应的是无线式测量方法。我国自行研制的 SPOTE 随钻测井系统如图 5-30 所示。

由于随钻测量技术能够实时测录井下情况,既有利于钻井过程的最优化,又能即时发现地层中的油、气、水变化,在提高钻探成效率、加快发现油气田等方面具有很好的支撑,因此成为石油钻探领域的发展方向和热点。

(a) SPOTE随钻测井系统实物图   (b) 电阻率仪器集成测试工作现场

图 5-30 我国自行研制的 SPOTE 随钻测井系统

5.3.3 矿山安全中仪器科学的应用

矿山是开采矿石或生产矿物原料的场所,在进行矿山生产活动的时候,常常会出现各种各样的安全问题,这就需要做好事前的测量,促进矿山生产安全进行,使矿山资源的利用率得以有效提升。

1. 矿山测量概况

矿山测量在矿山安全中占有举足轻重的地位,一方面有助于对矿山的开采环境进行优化,另一方面能够为矿山的巷道的开采指明方向,还有就是实现对顶板等重大事故的有效预防,保障矿山生产处于更加稳定、安全的作业环境中。

角度、高程、距离等参数的测量是矿山测量的核心和关键。经纬仪是常用的测角仪器,英国工程师西森在 1730 年前后研制成功了世界上第一台游标经纬仪,早期的游标经纬仪实物图如图 5-31(a)所示。历史发展到今天,光学经纬仪、电子经纬仪以及陀螺经纬仪都在发挥着重要作用。井下高程的测量主要是基于水准仪实现的,水准仪是继 17—18 世纪望远镜和水准器发明之后出现的,最开始的是微倾水准仪,20 世纪 50 年代初出现了自动安平水准仪,其典型代表就是德国蔡司公司的 Koni-007 型,如图 5-31(b)所示。后期激光水准仪和电子水准仪(数字水准仪)的陆续出现,显著提升了高程测量的精度和自动化水平。距离的测量则经历了从钢尺量距,再到视距测量,直到今天的电磁波测距的发展历程,电磁波测距又依据载波的不同分为微波测距、激光测距和红外测距 3 种,图 5-31(c)给出了手持激光测距仪的实物图。

(a) 早期的游标经纬仪   (b) 自动安平水准仪   (c) 手持激光测距仪

图 5-31 典型的矿山测量实物图

近年来,随着科学技术水平的飞速发展,一系列新的矿山测量仪器得以研制和应用。全站型电子速测仪(简称全站仪)作为一种能够同时进行角度(水平角、竖直角)测量、距离(斜距、平距和高差)测量,并进行数据处理的仪器,在矿山测量中得到了日益广泛的应用,如图 5-32(a)所示。而以遥感(romote sensing,RS)技术、全球卫星定位系统(global positioning system,GPS)及地理信息系统(geographic information system,GIS)为代表的"3S"技术已成为现代矿山测量中的重要支撑,图 5-32(b)给出了矿山地理信息系统的作业流程图。随着北斗导航系统(BeiDou narigation system,BDS)的全面建成,必将替代 GPS 成为"3S"中的重要支点,为我国数字矿山的建设打下坚实基础。

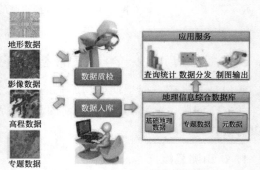

(a) 井下全站仪现场测量   (b) 矿山地理信息系统作业流程图

图 5-32   现代矿山测量中的仪器应用

2. 矿山安全概述

在我国的能源结构中,煤炭占一次性能源和消费结构的 60% 以上,因此下面就以煤矿的安全生产监控为例,一窥仪器科学在其中的应用。

煤矿井下有瓦斯等爆炸性气体,巷道空间狭小,瓦斯、火、水、煤尘、顶板、放炮、运输、机电等事故威胁着煤矿安全生产。采煤工作面作为煤矿生产的第一线,需要面对复杂的地质条件和恶劣的工作环境,为了保证工作面的安全生产,在生产过程中,不仅要对工作面采煤机、刮板运输机、转载机、液压支架、破碎机等大型设备的工况进行实时监测,还要对瓦斯、风速、CO、煤尘、温度等环境参数进行监测。特别是瓦斯的浓度,其作为工作面环境的重要参数直接关系到煤矿的安全生产和矿工的生命安全,因此对瓦斯的监测一直是煤矿安全监控系统的重要组成部分。

国外煤矿安全监控技术是从 20 世纪 60 年代开始发展的,至今已有四代产品,基本上是 5~10 年就要更新一代产品。20 世纪 80 年代初,我国从波兰、法国、德国、英国和美国等国家引进了一批安全监控系统(如 DAN6400,TF200,MINOS 等),装备了部分煤矿,由此推动了我国矿井安全生产监测技术的发展。目前,我国各大煤矿的瓦斯监测系统大多采用有线监测方式,一般由现场测控分站、通信接口、瓦斯传感器和控制中心主站组成,其结构及数据传输过程如图 5-33 所示。

图 5-33 所示的系统本质上处于集中控制阶段,具有网络结构不合理,实时性、兼容性差等缺点。近年来,采用计算机网络、嵌入式系统、光纤通信和实时优先级等先进技术,基于工业以太网的矿井综合监控系统已在煤矿井下得到广泛应用,这些系统构建了井下安全宽带高速互联网,但由于系统仍然是有线监控的方式,存在着扩展性、灵活性和覆盖率等方面的不足。

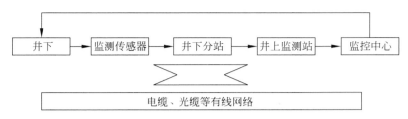

图 5-33 我国煤矿常用的安全监控系统结构

物联网、大数据、人工智能等技术的涌现及其交叉融合为解决煤矿安全生产问题提供了全新途径。《煤炭工业发展"十三五"规划》和《能源技术革命创新行动计划（2016—2030年）》中指出,要推动物联网、人工智能、大数据技术在智慧矿山建设领域中的深度应用,重点突破煤炭绿色安全无人开采等技术,解决煤矿安全生产智能管控与风险防控等一系列问题。煤矿矿山安全生产物联网的建设迫在眉睫,其目标是通过基础理论创新、关键技术突破、应用系统研发以及技术集成示范形成面向煤矿矿山安全生产过程的全面感知、物-物相连、快速交互、在线判识、智能调度、协同管控、自主决策、预测预警的智能化服务体系,如图 5-34所示。其建设内容主要包括：

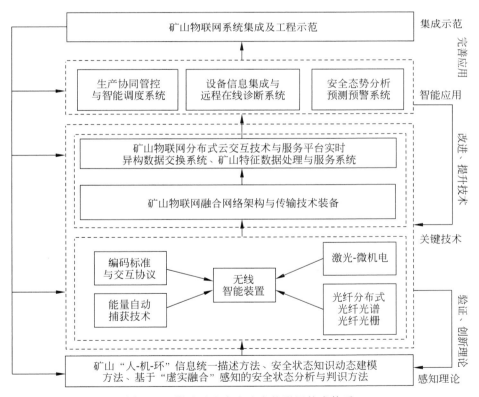

图 5-34 煤矿矿山安全生产物联网技术体系

（1）开展矿山"人-机-环"感知信息融合表示与安全判识准则等基础理论研究,为矿山安全生产物联网的关键技术与装备研究提供理论依据。

（2）组织矿用高性能光学及无线智能传感技术攻关,实现能量的自动捕获、超低功耗、宽量程、分布式多参数、高可靠性等技术突破,为装备研发提供技术支撑。

(3) 制定矿山物联网编码、交互协议标准及矿山设备全生命周期信息集成方法,研发网络物联网融合传输技术与装备。

(4) 研究矿山物联网云分布式架构,形成矿山大数据交换、智能处理与服务技术体系及平台。

(5) 研发矿山特种设备全生命周期管理与远程在线诊断系统、安全生产全过程智能管控与调度系统,建立矿山安全态势分析及预测、预警系统;通过示范工程建设,完善基础理论、关键技术与装备、平台与应用系统的研究。

可以看到,矿山物联网技术的推进将实现矿山物与物的智能相连,各个系统通过融合通信网络实现信息共享,消除监测盲区,运用云计算和大数据技术,从大量的低价值信息中提取有用信息,使矿山物理世界逐步从不透明向透明过渡,为建设本质安全矿山提供技术保障。

通过对矿业勘探、矿物开采和矿山安全三个领域的概要介绍,可以看到,勘探离不开仪器,开采要依赖仪器,安全需依仗仪器,这是因为无论勘探,还是开采,乃至安全,都要先有信息获取的过程,才能够有后面的信息分析和决策,因此作为信息流动的排头兵,仪器发挥出的重要作用再一次得到了验证。

参 考 文 献

[1] 范瑜. 电气工程概论[M]. 2 版. 北京:高等教育出版社,2013.

[2] 查尔斯·辛格,等. 技术史第 V 卷:19 世纪下半叶[M]. 远德玉,丁云龙,译. 上海:上海科技教育出版社,2004.

[3] 袁帅,阎春雨,毕建刚,等. 变压器油中溶解气体在线监测装置技术要求与检验方法研究[J]. 电测与仪表,2012,49(563):35-38.

[4] 李红雷,周方洁,谈克雄,等. 用于变压器在线监测的傅里叶红外定量分析[J]. 电力系统自动化,2005,29(18):62-65.

[5] Miklos A. Application of acoustic resonators in photo-acoustic trace gas analysis and metrology [J]. Review of Scientific Instruments,2001,72(4):1937-1955.

[6] 龚细秀. 变压器局部放电高频和特高频联合监测法的研究[D]. 北京:清华大学,2005.

[7] 赵晓辉,路秀丽,杨景刚,等. 超高频方法在变压器局部放电检测中的应用[J]. 高电压技术,2007,33(8):111-114.

[8] 朱德恒,严璋,谈克雄. 电气设备状态监测与故障诊断技术[M]. 北京:中国电力出版社,2009.

[9] 汪进锋,徐晓刚,李鑫,等. 光纤传感器在预装式变电站绕组热点温度监测中的应用[J]. 电测与仪表,2016,53(21):110-114.

[10] 刘军成. 电能质量分析方法[M]. 北京:中国电力出版社,2011.

[11] 罗杰·杜根,等. 电力系统电能质量[M]. 林海雪,肖湘宁,译. 北京:中国电力出版社,2012.

[12] 包伟业. 动力工程概论[M]. 上海:上海交通大学出版社,1994.

[13] 杨澍清. 物理学简史[M]. 兰州:甘肃人民出版社,2017.

[14] 王竹溪. 热力学发展史概要[J]. 物理通报,1962(4):145-151.

[15] 车得福,庄正宁,李军,等. 锅炉[M]. 2 版. 西安:西安交通大学出版社,2008.

[16] 沈祖培,徐志琴. 锅炉技术发展史概况[J]. 动力工程,1982(6):45-55.

[17] 潘志强,杨桦,吴孚辉,等. 嘉兴发电厂 300MW 亚临界机组汽包式锅炉最佳连续排污流量的研究与

应用[J].上海电力学院学报,2002,18(3):37-41.

[18] 刘峻华,黄树红,陆继东.汽轮机故障诊断技术的发展与展望[J].动力工程,2001,21(2):1105-1110.

[19] 张燕平.汽轮机轴系振动故障诊断中的信息融合方法研究[D].武汉:华中科技大学,2006.

[20] 雷亚国,贾峰,孔德同,等.大数据下机械智能故障诊断的机遇与挑战[J].机械工程学报,2018,54(5):94-104.

[21] 陈正飞,张景彪.绥电1 000MW机组汽流激振原因分析[C].广州:全国超临界发电机组技术交流研讨会,2011:395-401.

[22] 唐敏康,邓衍义,何桂春,等.新编矿业工程概论[M].北京:冶金工业出版社,2011.

[23] 赵腊平.一部矿产开发史也是一部矿业文明史[J].国土资源,2018(7):58-61.

[24] 多布林.地球物理勘探概论[M].吴晖,译.北京:石油工业出版社,1983.

[25] 刘天佑.地球物理勘探概论[M].北京:地质出版社,2007.

[26] 林君.地球物理勘探仪器及其发展趋势[J].中国仪器仪表,1995(5):9-11.

[27] 汪青松,崔先文,张凯,等.利用高精度重力勘探寻找覆盖区矽卡岩型铜金矿的方法[P].中国:CN106772651A,2017.

[28] 王有新,王延光.地震勘探技术概述[J].油气地球物理,2007,5(1):1-9.

[29] 刘东海.放射性方法在油气勘探中的应用研究[J].天然气地球科学,1991(5):233-237.

[30] 胡守玉.放射性物探方法在塘湾地区铀矿找矿中的应用[J].西部资源,2019(4):154-155.

[31] 朱千里,王之庭.美国钻井测录仪表发展情况评述[J].大庆石油学院学报,1982(1):61-80.

[32] P.G.米尔斯.斜井钻井[M].孙振纯,黎昕,译.北京:石油工业出版社,1992.

[33] 鄢泰宁,胡郁乐,张涛.检测技术及钻井仪表[M].武汉:中国地质大学出版社,2009.

[34] 尚捷,姚文彬,李辉.随钻井下仪器总线测试系统研究[J].电子测量技术,2011,34(8):118-121.

[35] 王滨.探究矿山测量对矿山安全生产的作用[J].冶金与材料,2019,39(5):169-170.

[36] 陈于恒,吴雨沛.矿山测量仪器及方法的发展概况[J].测绘通报,1964(6):19-26.

[37] 何沛锋,姬婧,吴贵才,等.矿山测量[M].徐州:中国矿业大学出版社,2005.

[38] 马卫桦.地理信息系统在矿山测量中的应用[J].世界有色金属,2018(12):42-43.

[39] 王军号.基于物联网感知的煤矿安全监控信息处理方法研究[D].淮南:安徽理工大学,2013.

[40] 袁亮,俞啸,丁恩杰,等.矿山物联网人-机-环状态感知关键技术研究[J].通信学报,2020,41(2):1-13.

[41] 王国法,赵国瑞,任怀伟.智慧煤矿与智能化开采关键核心技术分析[J].煤炭学报,2019,44(1):34-41.

第6章

仪器科学与机械及运载工程的关系

人类文明的起源,就是征服和改造自然的过程,在这一过程中原始机械闪亮登场了,机械工具的发明和使用则加快了人类文明进步的步伐。人类对于运载工具革新的执着追求,让我们探索世界的脚步不断加速,跨越了大陆、海洋,直至太空。因此,机械及运载工程的发展伴随着人类文明发展的每一步,我们尝试以管中窥豹的方式来探密仪器科学与机械及运载工程发展的关系。

仪器科学与机械工程的关系

动物的区别在于能够制造和使用工具,根据工具材料的不同,经历了从石器时代,再到铁器时代的发展历程。而在制造工具的过程中,不可避免地应用到机械,是经验的总结与应用,到今天机械工程庞大学科体系的建立与完善,机械的发展人类早期文明到文艺复兴时期)、近代(文艺复兴到 19 世纪末)以及现代(19 世今到今天)3 个时期。

3 个发展时期对机械乃至机械工程进行概要介绍,从中体味一下机械、机械仪器科学与技术密不可分的关系。

机械的发展与仪器的应用

就发明和使用了机械,令人叹为观止的艺术品不断涌现。在《大英博的世界史》中,我们看到了距今 120 万~140 万年前的奥杜威石斧、000 年间出现的鸟形石杵,以及公元前 4000 年至公元前 2000 年

前,很难想象先辈们是用什么样的机械加工出来的,真相已经我们能感受到的就是无穷的想象力和创造力,即便科学技术能完成的事情,却成了事实。

仪器的关系概括起来有两个方面:一方面机械本身构成仪器,丰富了机械的功能。

(a) 奥杜威石斧　　　　　(b) 玉斧　　　　　(c) 鸟形石杵

图 6-1　人类早期文明的精美作品

　　对于第一个方面,众所周知,杠杆、滑轮、轮轴、斜面、螺旋和尖劈被称为 6 种"简单机械",是人类从使用工具的实践中总结出来的,也是后来机械发展的基础。以杠杆为例,前面的章节中讲到,古代中国的墨子在《墨经》中对其原理进行了介绍,而阿基米德则提出了著名的论断:"给我一个支点,我就能撬起地球。"

　　基于杠杆原理诞生了人类最古老的称量物体质量的仪器——天平,而且这类仪器至今仍然在不断丰富、发展和完善。迄今发现的最古老的天平出自上埃及第三王朝,大约公元前2500年,如图 6-2(a)所示。该天平是由带有红颜色的石灰石横梁构成的,中间和两端都有钻孔。这种天平明显保留着原始天平的主要缺陷:横梁经钻孔穿线作为支点和力点,不仅其等臂性难以保证,而且在其平衡时摩擦阻力大,此外,天平横梁的截面积从中间到两端相同,横梁相对较重;横梁中间支点高于两端力点过多,使横梁重心相对支点过低。古代中国也是世界上使用天平及砝码较早的国家之一。20 世纪 50 年代,考古工作者在湖南境内整理发掘了 2 000 座楚墓,出土了迄今为止中国最早的天平和砝码,如图 6-2(b)所示。该天平衡杆为木质或竹质扁条形,杆正中钻有一孔,孔内穿丝线作为提纽,杆两端内侧各有穿孔,内穿 4 根丝线用以系盘。铜砝码一套 10 枚,最小的一枚重 1 铢,最大的一枚重 1 斤,制作相当精巧和完整,据推测是用于称量黄金等贵重物品的。这台天平的结构和古埃及的非常相近,因此也存在同样的缺点。随着人类文明的不断发展,天平也不断进行完善,性能也在不断提高。

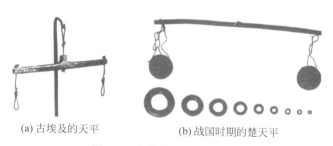

(a) 古埃及的天平　　　　　(b) 战国时期的楚天平

图 6-2　人类文明早期的天平

　　对于第二个方面,我们先从轮子的发明讲起。现在比较公认的说法认为,轮子是两河流域的美索不达米亚人于公元前 4000 年前后发明的。大约在公元前 3300 年,苏美尔人把轮动原理应用到运输工具上,出现了世界上第一辆四轮车。大约在公元前 2400 年,辐条式车轮取代了辐板式车轮,金属轴代替了木轴,再加上人类驯服了野马,马车出现并被应用于战争,赫梯和亚述的军队就是靠其威力无比的铁骑战车横扫世界的。

　　当然,对于世界上最早的轮子是不是出现在两河流域尚存争议,上面的时间节点有可能会变化。不过这并不影响我们要表达的意思:一方面车的出现本身就是人类机械技术不断发展的有力证明;另一方面就是在车这个机械装置上,古代中国的工匠们进行了革命性创造,发明了记里鼓车,如图 6-3(a)所示。记里鼓车的发明时间尚无定论,随着更多考古证据的出现,起源于西汉"记道车"的说法得到了更多支持,在汉代刘歆的《西京杂记》中提到:"汉朝舆驾祠甘泉汾阳……记道车,驾四,中道。"到后来,因为加了行一里路打一下鼓的装置,故名"记里鼓车"。早期的史料并没有对记里鼓车的内部结构做出详细说明,最早提到其内部构造的是《南齐书·舆服志》,书中有"机械在内"的记载。北宋卢道隆、吴德仁两人用不同的方法造出了记里鼓车,《宋史·舆服志》中对这两种制造方法都有详细的记载,卢道隆制记里鼓车的车轮结构如图 6-3(b)所示。这些结构表明,记里鼓车的制造者已经充分掌握了各种齿轮的组合、匹配等机械知识。

(a) 东汉孝堂山画像中的石鼓车图案

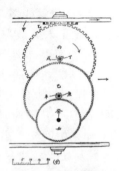

(b) 北宋卢道隆制记里鼓车轮系图

图 6-3　记里鼓车的相关记载

　　纵观古代机械的发展,6 种简单机械中的多数在石器时代就已经出现。古代机械出现农耕、纺织、冶炼、天文观测、交通、兵器等人类生活的各个领域。古代机械由于缺少先进力,发展缓慢。机械的发明和制造依靠工匠和技师的灵感、直觉和经验,没有理论的指在中国、西亚和希腊都有零散的机械方面的著作出现,但都是对已有机械和工艺的描新机械创造的构思,多为经验之积累,而鲜有理论上的分析和突破。因此,古代只有机有机械工程学科。

　　考古代机械与仪器的关系,我们可以看到,机械技术的进步与发展为仪器的研制奠定基础,天平、浑天仪、象限仪等机械式仪器仪表的出现与应用,都要依赖于机械技术展和完善。另外,一些仪器也开始应用在机械上,如记里鼓车、水运仪象台等,仪器了机械的功能。

　　到,这个阶段的机械设备对于性能指标的要求普遍不高,且由于动力的限制,再对单一以及结构类型相对纯粹,特别是机械设备的加工与操作主要依赖于人来方面限于仪器的水平,机械设备的加工精度一般,另一方面鲜有利用仪器获取控制机械设备操作的问题,还有就是不存在利用仪器进行机械设备运行状态体来讲,仪器并不是古代机械发展阶段的重点和难点。下面可以看到,随着机械设备动力的大幅提升以及结构的日趋复杂化与精细化,迫切需要大量的仪器来保障加工精度、机械间的精确配合、设备的安全稳定运行,仪器科学与机械工程的关系越来越近,以至彼此交叉、相互融合。

6.1.2　近代机械的发展与仪器的应用

14—15世纪,出现了资本主义生产方式的萌芽。经济基础的变迁导致了意识形态和上层建筑的巨大变革。文艺复兴运动带来了科学发展的春天。1687年,牛顿建立起经典力学体系,迄今仍然是一切机械运动分析与动力分析的理论基础。科学理论的突破推动了工业革命的发展,18世纪60年代,英国诞生了第一次工业革命。强大的蒸汽动力的出现,促使机器化大生产发展迅速,人类大踏步进入了蒸汽时代。机械是这次工业革命的主角,机械制造业在英国诞生,机械工程高等教育在法国诞生。正是在这次工业革命中,以机构学在法国诞生(1834年)和英国机械工程师学会成立(1847年)为标志,机械工程学科被承认是一个独立的工程学科。而19世纪60年代的第二次工业革命,使电力和燃油替代了蒸汽,出现了近代炼钢技术,人类进入了电气时代和钢铁时代,机器获得更加广泛的应用。各种通用机床齐备,精密机床和专业化机床也获得很大的发展。汽车和飞机的出现极大地推动了机械设计和机械制造的发展,机械发展呈现出高速化、精密化、轻量化、自动化的趋向。近代的机械工程学科已成为一个体系初步完整、与实践紧密结合的工程学科。

之所以要用一段话描述一下近代机械的发展历程,就是要和古代机械进行简单直接的对比,当然在对比中我们更应当看到机械学科的发展与仪器学科的发展关系:从机械设备的加工到实际运行,仪器的身影无处不在。

我们先从动力的改变谈起,蒸汽机的出现、电气化的革命是离不开测量和仪器的贡献的。

蒸汽机从科学理论上是起源于对真空和大气压力的认识。古希腊哲学家亚里士多德认为"自然界害怕真空",从而否认真空的存在。1643年,意大利物理学家托里拆利完成了著名的实验,其过程如图6-4(a)所示,实验验证了真空的存在,也测量出了一个大气压的量值,即760 mmHg,这个实验奠定了液柱式压力计的研制基础。法国物理学家帕斯卡认为:液体压强的大小仅由液体的性质和深度决定,与液体的质量和体积无关。因此,质量和体积较

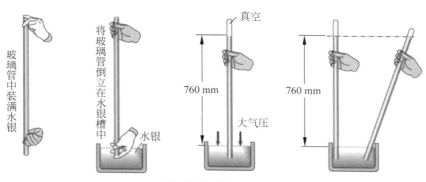

(a) 托里拆利水银压力实验

图6-4　压力发展史上著名的实验及定律

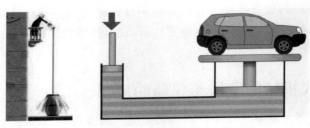

(b)帕斯卡裂桶实验及帕斯卡定律的应用示例

图 6-4 （续）

小的液体也能够产生较大的压强,这受到了人们的质疑。为此,帕斯卡于 1648 年完成了著名的裂桶实验,他在一个装满水的桶盖上插入一根细长的管子,从楼房的阳台上向细管子里灌水。结果只用了几杯水,就把桶压裂了,从而粉碎了人们的质疑。之后,帕斯卡又开始了对液体中压强传递方式的新探索,总结出了帕斯卡定律,即在小活塞上施以小推力,通过流体中的压力传递,在大活塞上就会产生较大的推力,如图 6-4(b)所示,该定律广泛应用于工程实践。

电气化的出现则要归功于奥斯特和法拉第的贡献。1820 年,丹麦物理学家奥斯特将伽伐尼电池和铂丝相连接时,发现放在铂丝下方的小磁针向垂直于导线的方向偏转,如图 6-5(a)所示。这一发现让奥斯特非常激动,接下来的 3 个月他做了大量的相关实验,发表了《关于磁体周围电冲突》的研究报告,轰动了世界。法国物理学家法拉第在得知奥斯特的实验后,就在想,既然电流能够产生磁场,那么磁场也应该能够产生电流,他为此开展了不懈的研究,最终在 1831 年取得了突破性进展。如图 6-5(b)所示,当法拉第将处于磁场中的金属杆沿图中左右方向往复运动时,电流计的指针也在不停地摆动。在这个基础上,法拉第发明了世界上一台圆盘式发电机。

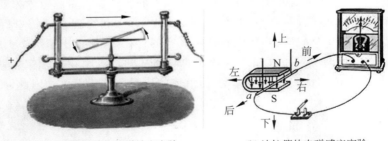

(a) 奥斯特的电流磁效应实验　　　　(b) 法拉第的电磁感应实验

图 6-5　奥斯特和法拉第具有划时代意义的实验

真空、压力的发现是蒸汽机能够实际应用的前提和基础,奥斯特和法拉第的实验将电和磁联系了起来,发电机和电动机应运而生,这些基础理论和工程技术的突破是在大量实验和研究的基础上才能够取得的,而这其中仪器应用的实例灿若繁星,所以仪器科学对近代机械工程的推动功不可没。下面我们换个角度,以内燃机为例来近距离感受一下仪器科学在内燃机中的具体应用。

人们在对蒸汽机进行改进的过程中发现,蒸汽机的效率存在上限,主要是因为热能要通过蒸汽介质才能够转化为机械能,当然更深层次的原因是由于燃料是在气缸外部燃烧。因此,人们就开始尝试把"外燃"改为"内燃",把锅炉和气缸合二为一,让燃气燃烧膨胀的高压气体直接推动活塞做功。

　　在内燃机的发明史上,可以看到一系列耳熟能详的科学家的身影。试制出第一台实用的活塞式四冲程煤气内燃机的德国工程师奥托、研制成功第一台单缸汽油发动机的卡尔·本茨、研制出第一台卧式四行程发动机的戴姆勒、研制成功第一台实用的柴油动力压燃式发动机的狄塞尔,其标志性成果如图 6-6 所示。到了 20 世纪 50 年代,曾经雄踞发动机之首的蒸汽机基本上被内燃机和电动机排挤出工业应用领域。

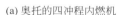

(a) 奥托的四冲程内燃机　　　(b) 本茨的单缸汽油发动机　　(c) 狄塞尔的柴油机

图 6-6　内燃机发展史上的标志性成果

　　内燃机是一个典型的复杂机械,内燃机工作过程的深入研究、节约燃料及扩大燃料品种的研究、新型结构的研究等是研究人员面临的迫切要求。而在开展这些研究工作的过程中,试验与仪器承担着极其重要的任务,因为所有任务完成的质量及效果需要试验结果来验证和评价。在国际内燃机界享有盛名的内燃机专家——汉斯·李斯特教授就曾经说过:"现代内燃机的发展在某种意义上说,取决于内燃机测试技术的水平,内燃机测试技术水平在一定程度上直接代表了发动机的试验研究水平。"

　　汽车发动机是内燃机的典型代表,对其测量涉及的参数众多,功率、转速、压力、流量、温度、振动、噪声、排放量等;测量方法有机械测量的方法、电测量的方法,以及光学的测量方法,灵活多变。在发动机的研制过程中,发动机试验验证受到了高度重视,近年来各汽车及发动机厂家投入巨资新建或升级改造发动机台架系统,图 6-7 给出了典型的汽车发动机实验间布置简图。

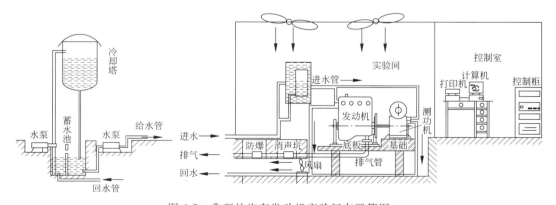

图 6-7　典型的汽车发动机实验间布置简图

　　从图 6-7 中可以看出,发动机试验系统主要由试验测试系统和实验室环境系统两部分组成,其中,试验测试系统对发动机进行加载与测量,包括测功机、燃料供应系统、空气供给系统、冷却系统、控制系统和数据采集系统等;实验室环境系统用以保证发动机在正常环境中运行,避免室内外噪声和排放物的污染,包括通风系统、发动机排气系统、消声与隔声以及隔振系统等。

　　测功机是发动机试验系统的重要组成部分,测功机顾名思义就是测量发动机功率的。在开展发动机试验时,测功机起到了加载和测量的双重作用,也就是给被测发动机加上模拟的负载,控制并吸收其输出的能量,通过扭矩及转速的测量计算出发动机输出功率。其测量方法包括水力测功、电力测功和电涡流测功等。测功机一定要与所选发动机的参数进行匹配,以确保能够保障发动机的安全稳定运行。最后需要强调的就是测功机和发动机的隔振处理,要尽可能减少振动能量向外传递。

　　图 6-8 给出的是和图 6-7 相配套的试验台架数据采集系统结构示意图,主要任务就是完成试验台实时数据的采集、记录、处理和输出功能,以完全反映发动机的现场运行特性,从而为研究人员开展相关研究提供第一手的数据来源。

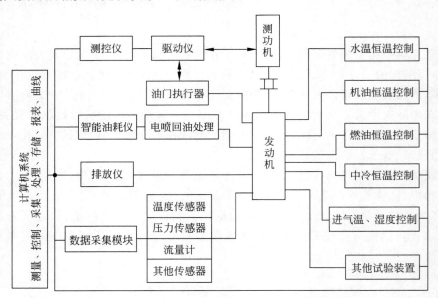

图 6-8　发动机试验台架数据采集系统结构示意图

　　近代机械的发展至今仍然在深刻影响着人们的生活,蒸汽时代、电气时代以及钢铁时代带给我们的变化不胜枚举。这个阶段代表性的机械设备众多,我们在有限的篇幅内仅能以内燃机的研究为例,选取汽车发动机为切入点,来感受一下仪器在其发展和进步中所起的作用,相信每个人都能够感受到仪器在这些机械装备进步过程中发挥的重要作用。换句话来说,近代机械工程的发展与进步离不开仪器。

6.1.3　现代机械的发展与仪器的应用

　　起源于 19 世纪末的物理学革命对人类科技文明的影响是深远的,到了 20 世纪中叶,计算机、原子能、分子生物等技术的出现引发了第三次工业革命。如果说前两次工业革命都是动力革命,机械工程是主力的话,那么第三次工业革命则是一次信息化的革命,机械工程并不处于核心地位,但是机械工程通过学科交叉和融合,仍然焕发出了勃勃生机,用其特有的方式影响着我们。

现代机械工程的影响无处不在,下面选取其中的一个分支来讲述,那就是 20 世纪 60 年代开始兴起的机电一体化。源于电子技术的迅猛发展,人们开始尝试利用电子技术来完善机械产品的性能。1969 年,一位日本工程师创造了 mechatronic 一词,随后广受认同、风靡世界。1971 年,以大规模集成电路为基础的微处理器问世,推动机电一体化技术进入了蓬勃发展的阶段,其中的杰出代表就是机器人技术。

自古以来,人们就在不断地尝试利用机器来模仿人的行为,这被认为是当代机器人的远祖。1913 年,汽车工业实现了大规模生产模式,单调的重复性工作冲击着人们耐受力的极限。1920 年,捷克作家恰佩克在其科幻作品中构思了一个名叫"robot"的机器人,能够不知疲倦地工作,robot 作为机器人的代名词由此而起。

那么机器人的定义到底是什么呢?机器人作为在科研或工业生产中用来代替人工作的机械装置,虽然已经得到了广泛应用,但是机器人的定义却没有统一的标准,其根本原因在于机器人涉及人的概念,因而成为一个难以回答的哲学问题。不过还是有很多著名的定义可供借鉴与思考。

1967 年,在日本召开的第一届机器人学术会议上,人们提出了两个有代表性的定义。一个是由森政弘、合田周平共同提出的,内容相对烦琐,不如加藤一郎提出的第二个定义,即具备如下 3 个条件的机器称为机器人:①具有脑、手、脚三要素的个体;②具有非接触传感器(用眼、耳接收远方信息)和接触传感器;③具有平衡觉和固定觉传感器。1987 年,国际标准化组织给出的机器人定义包括 4 个方面:①机器人的动作机构具有类似于人或其他生物的某些器官(肢体、感受等)的功能;②机器人具有通用性,可从事多种工作,可灵活改变动作程序;③机器人具有不同程度的智能,如记忆、感知、推理、决策、学习等;④机器人具有独立性,完整的机器人系统在工作中可以不依赖于人的干预。

而目前关于对机器人行为规则的描述中,以科幻小说家艾萨克·阿西莫夫在其小说《我,机器人》中所订立的"机器人三定律"最为著名,备受认可。其具体内容为:①机器人不得伤害人类,且确保人类不受伤害;②在不违背第一法则的前提下,机器人必须服从人类的命令;③在不违背第一及第二法则的前提下,机器人必须保护自己。"机器人三定律"是机械伦理学的基础,机器人制造行业都遵循这三条定律。

在加藤一郎的机器人定义中,我们可以清晰地看到,机器人应当具备感知各种信息的能力,而这是需要传感器和仪器来实现的。在国际标准化组织的定义中,第一条也是关于信息获取的,只有准确的信息获取,才有可能具备类人的功能。在对机器人的定义有所了解之后,下面来看一下机器人的发展简史。

前面已经提到,早期人类文明就对机器人的研制产生了浓厚的兴趣。我国在西周时期就流传着有关巧匠偃师献给周穆王一个艺妓(歌舞机器人)的故事。在《墨经》中也有鲁班利用竹子和木料制造出木鸟,且能在空中飞行"三日不下"的描述。国外也有相关描述,据称公元前 2 世纪,古希腊人发明了一种机器人,用水、空气和蒸汽压力作为动力,能够做动作,会自己开门,还可以借助蒸汽唱歌。这些描述由于时间久远,已经无从考证了,但是近现代机器人的发展脚步确是清晰可见的。

1948年，美国阿尔贡国家实验室研制出世界上第一台遥控的主从机械手，用于完成核燃料的搬运。1954年，美国工程师德沃尔获得第一个工业机器人的专利；1958年，被誉为"工业机器人之父"的英格伯格创建了世界上第一家机器人公司——Unimation（意为universal automation）公司。1959年，德沃尔与英格伯格联手制造出全球第一台工业机器人Unimate，如图6-9(a)所示，被视为现代机器人的开端。1962年，美国AMF公司生产出了机器人VERSTRAN，与Unimation公司生产的机器人Unimate一样成为真正商业化的工业机器人，如图6-9(b)所示，从而掀起了全世界机器人研究的热潮。

 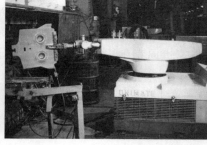

(a) Unimate机器人　　　　　　(b) VERSTRAN机器人

图6-9　早期的工业机器人

1968年，美国斯坦福研究所公布他们研发成功的机器人Shakey，如图6-10(a)所示，其带有视觉传感器，能根据人的指令发现并抓取积木，这被认为是"智能机器人"的开端。1969年，日本早稻田大学加藤一郎实验室研发出世界上第一台以双脚走路的机器人，如图6-10(b)所示，加藤一郎亦因此被誉为"仿人机器人之父"。

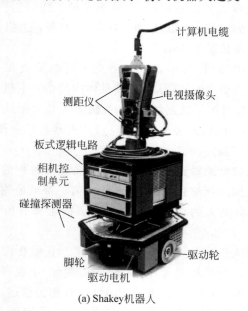 

(a) Shakey机器人　　　　　　　(b) 加藤一郎的仿人机器人

图6-10　机器人发展史上的里程碑事件

机器人发展到今天，人们普遍将其分为三代：第一代机器是"可编程机器人"，一般可以根据操作人员所编的程序,完成一些简单的重复性操作。第二代机器人是"感知机器人",又叫作自适应机器人,是在第一代机器人的基础上发展起来的,能够具有不同程度的"感知"周围环境的能力。第三代机器人是"智能机器人",其依靠人工智能技术决策行动,能根据感觉到的信息进行独立思维、识别、推理,并做出判断和决策,不用人的参与就可以完成一些复杂的工作任务。第二代和第三代机器人的发展,一方面依赖于 20 世纪 60 年代起快速发展的传感器技术,能够及时准确地获取信息;另一方面则要依赖人工智能技术的快速发展。

机器人发展到今天,已经成为一个复杂的测控系统,结构日趋精细化,功能更趋复杂化,测量与控制的重要作用不言而喻,最后我们以近年来风靡全球的软体机器人研究以及波士顿动力公司的四足机器人(图 6-11)为例,在感受到强烈视觉冲击的同时,去思考其中深含的科学技术原理。

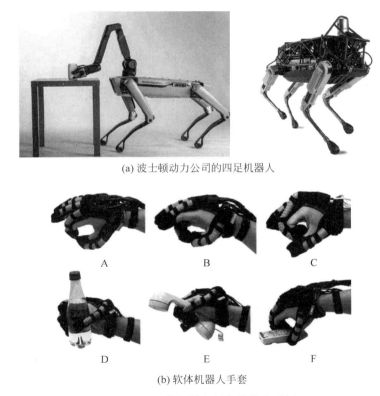

(a) 波士顿动力公司的四足机器人

A　　B　　C

D　　E　　F

(b) 软体机器人手套

图 6-11　现代机器人研究的热点示例

6.2　仪器科学与航空航天的关系

人类在征服大自然的漫长岁月中,早就产生了翱翔天空、遨游宇宙的愿望。虽然人类很早就做过种种飞行的探索和尝试,但是第一次飞上蓝天还只能从 18 世纪的热气球升空开始。进入 20 世纪以来,第一架带动力的、可操纵的飞机完成了短暂的飞行之后,人类在大气层中自由飞翔的古老梦想才真正成为现实。航空航天科学技术也从此成为一门独立的学科,并得以迅速发展,因为其综合体现了现代科学技术的许多最新成就,所以也是一个国家科技实力与综合实力的重要体现。

6.2.1　航空航天发展简史

中国的风筝被认为是航空器的始祖,据传是墨翟发明的。大约在公元 1600 年前后风筝传到了西方,其滑翔原理被认为是飞机空气动力学中重要的飞行原理之一,奠定了固定翼飞机研制的基础。而在我国东晋时期,民间出现的"竹蜻蜓"玩具,在公元 14 世纪左右传到欧洲后被作为航空器来进行研究,被视为直升机发展史的起点。

18 世纪末,法国造纸商蒙哥尔菲兄弟根据热气上升、冷气下降的原理制造出可以载重的大型热气球,并于 1783 年 6 月 4 日在凡尔赛宫进行了首演,法国国王路易十六和皇后玛丽观看了表演,热气球带着 1 只公鸡、1 只鸭和 1 头小山羊,在飞行了 8 min 之后安全落地,如图 6-12(a)所示。同年 11 月 21 日,法国科学家罗捷尔及其好友达朗德,乘坐蒙哥尔菲兄弟改进版的热气球,实现了 800 m 的升空,在 20 多分钟后安全降落,实现了航空器的第一次载人飞行。之后,随着动力装置的不断改进,气球进一步发展成为飞艇,内燃机的发展则将飞艇研制推向顶峰。1899 年,德国工程师齐柏林设计并制造了第一艘硬式飞艇,很快便成为流行的航空器。但是在 1937 年,大型飞艇"兴登堡号"在着陆时起火爆炸,共有 36 人遇难,飞艇盛世自此结束。我们再往回看,在 1899 年齐柏林的飞艇诞生后不久,1903 年美国发明家莱特兄弟研制出"飞行者一号",并于 12 月 17 日实现了试飞,弟弟奥威尔做了 4 次成功的飞行,如图 6-12(b)所示。人类历史上第一架比空气重,并由人驾驶的飞机飞行成功,人类飞行的时代开始了。20 世纪是个不折不扣的飞机时代,飞机从军事领域拓展到民用航空,并且伴随着高新技术的发展,不断地升级换代,已经全方位、深层次地改变了人类文明的进程。

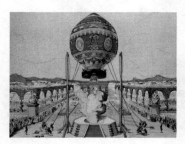 

(a) 蒙哥尔菲兄弟的热气球升空　　　(b) 莱特兄弟的"飞行者一号"试飞成功

图 6-12　飞机发明史上的标志性事件

自"竹蜻蜓"传到欧洲后,意大利科学家达·芬奇对其进行了研究,在 15 世纪绘制了世界上最早的直升机设计方案图,如图 6-13(a)所示,但也是只停留在设计层面上。1907 年,法国人柯纽制造了一架直升机,实现了几米和数秒钟的升空,但也是在平衡和操纵能力上遇到了困难,不过这并不妨碍其成为人类历史上驾驶直升机升空的第一人。世界上第一架实用直升机的研制要归功于美国工程师西科尔斯基,他通过在直升机尾部安装一副尾桨,巧妙地解决了当时直升机飞行中遇到的最大难题——在空中打转儿,终于使直升机飞上了天空。1939年,西科尔斯基驾驶他研制的 VS-300 直升机,离开地面 2~3 m,悬停 10 s 左右,如图 6-13(b)所示,然后轻盈落地,西科尔斯基也因此被尊称为"直升机之父"。直升机的发展分代并不像固定翼飞机那样明确,因此世界各个航空强国发展起来的直升机呈现出多样化的形式。

(a) 达·芬奇的直升机设计草图　　　(b) 西科尔斯基试飞VS-300直升机

图 6-13　直升机发展史上的标志性事件

现代航天器的发展则要归功于俄罗斯科学家齐奥尔科夫斯基,他最先论证了利用火箭进行星际交通、制造人造地球卫星和近地轨道站的可能性,指出发展宇航和制造火箭的合理途径,找到了火箭和液体发动机结构的一系列重要工程技术解决方法,因此,被尊称为"航天之父"。1957 年,苏联发射成功了第一颗人造地球卫星,人类开始了迈进太空的第一步,如图 6-14(a)所示。同年发射的第二颗卫星把一只小狗送入太空,这是第一次载有生物的飞行器进入太空。1959 年,苏联发射了第一个无人月球探测器,同年发射的"月球 3 号"探测器是人类第一次探测月球背面。1961 年,苏联用"东方 1 号"载人飞船将宇航员加加林送入太空,开启了人类进入宇宙空间的新纪元,如图 6-14(b)所示。随着能够长期停留在太空的空间站以及航天飞机的陆续应用,人类可以用多样化的方法探测太空,航天发展进入了崭新的时代。

(a) 人类历史上第一颗人造地球卫星　　　(b) "东方1号"载人飞船进行厂房测试

图 6-14　航天发展史上的标志性事件

限于篇幅,火箭和导弹等运载工具的发展历史不再赘述,感兴趣的读者可以自行查阅航空航天概论类的书籍。

6.2.2　航空科技发展中的仪器仪表

1. 导航技术及其应用

导航是把航空器从某地引导到目的地的过程,导航系统就是航空器的眼睛,没有导航系统,飞机等航空器就会变成瞎子。例如,在海湾战争中,多国部队正是采用电子干扰技术破坏了伊拉克的导航系统,使伊拉克的战斗机迷失在蓝天中。

导航系统可以分为自主式和被动式。自主式导航系统不依靠飞行器外部设备和信息进行工作,抗干扰性强,主要包括惯性导航、图像匹配导航、天文导航等;被动式导航系统需要外部设备和外界信息的支持才能工作,容易受到干扰,包括无线电导航、卫星导航等。下面我们分别从自主式导航系统和被动式导航系统中选取一种进行介绍。

（1）惯性导航

惯性导航是利用加速度计测量飞行器的加速度并自动进行积分运算,获得飞行器瞬时速度和瞬时位置的导航系统。组成惯性导航系统的设备安装在飞行器内,工作时不依赖外界信息,也不辐射能量,不易受到干扰,但惯性器件的误差会随着时间累积,因此对于工作时间较长的惯性导航系统,需要其他辅助导航系统进行修正。

惯性导航系统通常由惯性测量装置、计算机、控制显示器等组成。惯性测量装置包括加速度计和陀螺仪,又称惯性测量单元。下面围绕陀螺仪进行介绍,陀螺仪中的"陀螺"一词就是源于中国古老的陀螺玩具,两者原理也相同。在中国,陀螺有着悠久的历史,但是源头已经不可考。考古学上目前最早的关于陀螺实际应用的实例见于西汉刘歆所著的《西京杂记》,书中提到能工巧匠丁缓制作出失传的"被中香炉",又称"银薰球"。无论薰球怎样滚动香盂都会保持水平状态,这种结构被称为万向支架,其原理则启发了后人研制导航用的陀螺仪。

第一个把万向支架应用在现代科学研究,并且做出重要发现的是法国物理学家傅科,陀螺仪(gyroscope)一词也是由他提出的。他在 1850 年研究地球自转时,发现高速转动中的转子由于惯性作用,其旋转轴永远指向固定方向,进而将希腊文 gyro(旋转)和 skopein(看)合在一起来命名这种仪表。1908 年,德国发明家安休茨研制出陀螺罗经,如图 6-15(a)所示。随后德国的海军在最早的潜水艇和装甲军舰上安装了这种仪表。1909 年,美国发明家斯佩里在一艘船上装上了陀螺仪,并申请了专利。1929 年,美国科学家多里特应用无线电、陀螺水平仪、航向陀螺仪来控制飞行。在第二次世界大战期间,德国科学家冯·布劳恩把陀螺仪安装到 V-2 导弹上来控制导弹飞行。美国科学家德雷珀是世界上将陀螺应用于导航的先驱者之一,他提出将自动控制的理论和方法应用于陀螺仪,率先在麻省理工学院成立了博士点,中国科学家陆元九于 1949 年获得该学位点的第一个博士学位。20 世纪 50 年代,美国麻省理工学院研制出液浮陀螺仪,如图 6-15(b)所示,1958 年美国"舡鱼号"潜艇依靠惯性导航穿过北极在冰下航行 21 天,行程 1 500 km,惯性导航的性能得到了验证。上述陀螺仪都是机械转子式陀螺仪,即依靠转子的高速旋转来实现角速度信息的测量。

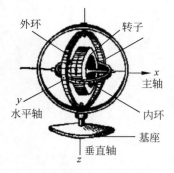

(a) 安休茨研制的陀螺罗经　　　　　　　　(b) 液浮陀螺仪实物图

图 6-15　早期陀螺仪发展中的典型事件

1960 年，美国物理学家梅曼研制出第一台红宝石激光器，使陀螺仪的研制迅速进入了一个崭新的阶段。1961—1962 年，希尔和罗森塔尔等人提出了环形激光陀螺的设想，并于 1963 年研制出世界上第一台环形激光陀螺实验装置，如图 6-16(a)所示。之后美国霍尼韦尔公司经过努力，使得激光陀螺于 1975 年和 1976 年分别在飞机和战术导弹上试飞成功。1989 年，船用激光陀螺惯性导航系统研制成功。1976 年，美国犹他大学的瓦利和肖特希尔首先提出光纤陀螺的设想，并进行了演示试验。1978 年，美国麦道公司研制出第一个实用化光纤陀螺；1980 年，伯格等人制造出第一台全光纤陀螺试验样机，如图 6-16(b)所示。20 世纪 80 年代中期，干涉型光纤陀螺仪研制成功。光学陀螺仪的发展和应用是惯性导航技术发展史上重要的里程碑。

(a) 第一台环形激光陀螺实验装置　　　　(b) 第一台全光纤陀螺试验样机

图 6-16　光学陀螺仪发展中的标志性成果

自 1991 年美国物理学家朱棣文小组首次观察到原子干涉仪的陀螺效应，世界各国就开始大力发展原子陀螺。经过近 30 年的研究，从最初的原理样机验证，到为了满足惯性导航实际需求的工程化技术攻关，原子陀螺取得了长足的发展。原子陀螺分为热原子束陀螺和冷原子团陀螺，相比热原子束陀螺，冷原子团陀螺具有线宽窄的特点，在高精度测量和小型化系统集成方面更具优势。近年来，随着冷原子团陀螺重复装载技术和窄线宽激光稳定技术的发展，解决了冷原子团陀螺仪的带宽问题，使得冷原子团陀螺在工程化进程中更进一步。未来的若干年内，随着数据输出带宽、动态范围、环境适应性等一系列工程化难题的逐步解决，原子陀螺工程化样机有可能研制成功，必将成为下一代高精度惯性导航系统的核心部件。

（2）卫星导航

卫星导航是指利用导航卫星对用户进行导航定位的系统。人类利用太阳、月球及其他自然天体进行导航的历史已有数千年，基于人造天体进行导航的设想早在 19 世纪后半期就有人提出，但直到 20 世纪 60 年代美国的"子午仪"卫星导航系统才实现了这一设想，随后就进入了快速发展阶段。

卫星导航的工作原理是：用户依靠无线电设备测出相对卫星的位置，再由地面站测出卫星相对地球的位置，然后可以推算出用户相对地球的位置和速度。卫星导航的优点就是全天候和全球导航能力，且导航精度经过补偿能够达到米级。但是其需要专用的机载设备和地面设备，还必须精确计算卫星轨道及确保所有卫星的时钟同步，当轨道下降或者设备失效时就需要更换卫星，技术实现比较复杂。

目前，国际上有四大成熟的卫星导航系统，分别为美国的 GPS 系统、俄罗斯的 GLONASS 系统、欧盟的伽利略卫星导航系统以及我国的北斗卫星导航系统。

美国的 GPS 系统和俄罗斯的 GLONASS 系统是世界上最早建设的卫星导航系统,都是 20 世纪 70 年代开始建设,GPS 系统于 1994 年建成,是当今世界上最实用,也是应用最广泛的全球精密导航、指挥和调度系统;GLONASS 系统的指标和 GPS 系统相当,但是卫星寿命偏短。伽利略卫星导航系统是由欧盟牵头研制的,由于涉及国家较多,所以研制过程屡遭变故,到今天也没有形成覆盖全球的定位能力。

相比较其他系统,北斗卫星导航系统具有以下特点:①北斗卫星导航系统空间段采用三种轨道卫星组成的混合星座,与其他卫星导航系统相比高轨卫星更多,抗遮挡能力强,尤其在低纬度地区性能特点更为明显。②北斗卫星导航系统提供多个频点的导航信号,能够通过多频信号组合使用等方式提高服务精度。③北斗卫星导航系统创新融合了导航与通信能力,具有实时导航、快速定位、精确授时、位置报告和短报文通信服务五大功能。

2020 年 3 月,第 54 颗北斗导航卫星成功发射,随着 6 月份最后一颗导航卫星的发射成功,北斗卫星导航系统全部建设完成,并提供完善的全球服务,如图 6-17 所示。

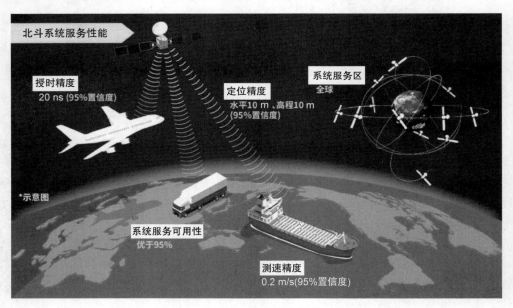

图 6-17　北斗卫星导航服务性能示意图

2. 状态参数测量与显示

为了完成航空器的飞行任务,一般会搭载多种设备,这被称为航空机载设备,包括航空器状态参数的测量与显示、飞行控制系统和其他机载设备(导航、通信及电气设备等)。其中,状态参数用于描述航空器各部分的运行状态,通过各种传感器测量多个直接参数,然后通过机载计算机计算得到相关的间接参数最终显示出来。

在 1928 年之前,全世界的飞行员们都是凭着一双肉眼,从空中歪头扭脖,目视地面,完全依靠道路山川等地标来判断飞机的位置和状态。1928 年,美国飞行员杜立德担任美国飞行试验中心主任后,决定解决这个问题。他做的第一件事就是购进一架结实可靠的 NY-2 型军用教练机,并经过反复研究,决定在飞机上安装一个航空地平仪和一个陀螺方位仪。航空地平仪用以测量飞机相对于地平线的倾斜角和俯仰角,陀螺方位仪则可以测量出飞机的偏航角。之后,他又请人研制出精度更高的压力表。在这三种仪表逐次试验和改良之后,杜立德认为准备就绪,在 1929 年 9 月,做了世界上第一次"盖罩"仪表飞行。这次飞行,从起飞到落地,一共用时 15 min,是人类有史以来第一次完全依靠仪表来完成的飞行,使航空世界的安全飞行向前迈进了一大步,航空器状态参数测量与显示技术的发展与应用进入了快速发展的轨道。

　　航空器的状态参数主要包括飞行参数、发动机参数、导航参数和其他参数(生命保障系统参数、飞行员生理状态参数等),这都要借助航空仪表来实现。航空仪表也因此分为三大类:第一类是飞行仪表,如飞行姿态、航向、高度、速度等;第二类是发动机仪表,可以显示发动机的工作状态,如温度、功率、油量等;最后一类是辅助仪表,用于指示襟翼位置、起落架位置等。随着航空器性能的不断提高,驾驶舱内的仪表显示器数量迅速增加,由此带来了操纵不便的问题。人们开始着力研究各种各样的综合仪表,便于飞行员集中观察,电子综合显示器应运而生,我国自行研制的大型客机 C919 综合显示器实景图如图 6-18 所示,成为飞机驾驶舱中一道亮丽的风景。

图 6-18　我国自行研制的 C919 大型客机综合显示器实景图

6.2.3　航天科技发展中的测量与仪器

　　对于从发射到运行,再到回收的航天器来说(部分航天器不需要回收),是需要对其全过程进行跟踪、测量和控制的,这就是航天测控网的建设目的。由于地球曲率的影响,以无线电微波传播为基础的测控系统,用一个地点的地面站是不可能实现对航天器进行全航程观测的,需要用分布在不同地点的多个地面站"接力"连接才能完成测控任务。我国的航天测控网的框架结构如图 6-19 所示。

　　可见,我国的航天测控网由建在全球各地的地面测控站、远洋测量船("远望号"系列)以及中继卫星("天链"系列)构成,其中,中继卫星发挥了重要作用,如图 6-20 所示。从图 6-20(a)中可以清楚地看到,由于天线角度的限制,地面测控站只能覆盖一小部分的卫星,而天链卫星则能覆盖大多数中低轨道卫星。从 2008 年开始,我国陆续发射了天链 01～04 号卫星,建立起了中继卫星系统,使我国成为世界上第二个拥有对中低轨道航天器全球

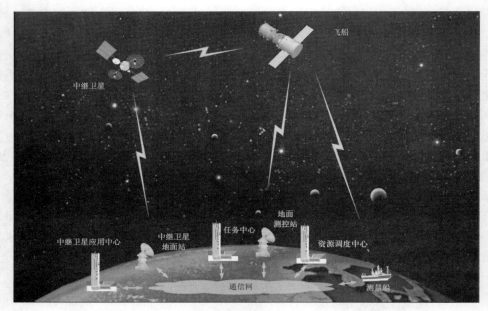

图 6-19　我国航天测控网的框架结构示意图

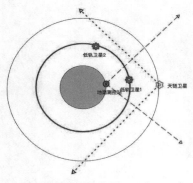

(a) 天链卫星工作原理示意图

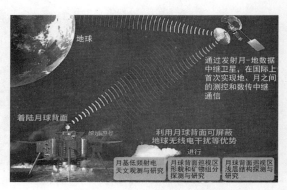

(b) "鹊桥号"中继卫星工作过程示意图

图 6-20　中继卫星在航天测控网中发挥的重要作用

覆盖中继卫星系统的国家。而 2018 年"鹊桥号"中继卫星的发射成功,为着陆在月球背面的"嫦娥四号"探测器提供地-月中继通信支持,使得人类历史上首次月球背面着陆的探测器能够将其科学探测结果准确可靠地传输回地球。

　　通过对航天测控网的概述可以看出,航天测控网基于地基、海基和天基平台,采用多样的检测手段实现对航天器全航程的精确测量与控制,自身就是一个庞大且复杂的测控系统,而这个测控系统又对充满挑战的航天及深空探测任务提供了强有力的支持。下面就以"神舟八号(无人)""神舟九号(三人)"与"天宫一号"的对接为例,以点带面来理解测量及控制在航天科技发展中所起到的重要作用。

　　神舟飞船与"天宫一号"的对接过程如图 6-21 所示,分为捕获、缓冲、拉近和锁紧 4 个过程。在捕获阶段,在两者相距 100 km 的时候,利用航天测控网的测量结果,神舟飞船变轨后调整到预定轨道,并开始缩短与"天宫一号"的距离;在缓冲阶段,神舟飞船和"天宫一号"

的距离在 100 m 之内,需精确测量两者的距离、速度及姿态,并控制两者的相对速度在 1 m/s 之内;在拉近阶段,神舟飞船和"天宫一号"的距离已经不到 1 m,需要精确测量并控制两者之间的相对速度在 0.2 m/s 之内,并且横向误差不超过 18 cm;最终,神舟飞船和"天宫一号"实现对接并完成锁紧。"神舟九号"有人对接和"神舟八号"无人对接的区别在于对接过程可以人为参与和手动控制,但是必须基于精确的测量结果来操作。

(a)"神舟八号"与"天宫一号"对接

(b)"神舟九号"与"天宫一号"对接

图 6-21　"神舟八号""神舟九号"与"天宫一号"的对接

6.3　仪器科学与车辆工程的关系

回到本章的标题,仪器科学与机械及运载工程的关系。所谓的运载,循名责实就是装载和运送的意思,运送工具的改变其实是运载工程发展的主旋律。

航空航天是运载工程,能够让人们翱翔太空,使人类的足迹迈出了地球,运送工具是飞机和火箭。车辆工程也是运载工程,人类从步行到乘上马车,再到坐上汽车、火车,虽然足迹没有离开地面,但是步伐越来越快,这其中车辆是贯穿始终的主线。因此,下面首先简要介绍车辆工程的发展历程,然后分别以汽车和高铁为例概述两者与仪器科学之间的关系,以期抛砖引玉,启发大家思考。

6.3.1　车辆工程发展概述

我们在 6.1 节中已经讲到,人类花了几千年的时间,发明与改进了轮子,驯服了野马,终于乘上了马车。又经过了几千年,随着第一次、第二次工业革命的兴起,使机器替代马匹成为可能,汽车和火车走进了人类文明。

1769 年,法国人尼古拉斯·吉诺设计出第一辆利用机器作为动力的汽车。如图 6-22(a)所示,其在前轮前方安装有铜制锅炉,有两个汽缸,没有曲轴。1885 年,德国工程师卡尔·本茨研制出装有内燃机的三轮车,如图 6-22(b)所示,并在 1886 年 1 月 29 日申请了专利,这一天被认为是以内燃机为动力的汽车诞生日。1909 年,在西雅图举办的阿拉斯加太平洋世博会上,美国总统塔夫脱从白宫按下"金键钮"启动了世博会,同时也启动了时代广场的发令枪,纽约至西雅图的横穿美国大陆的汽车比赛成为世博会开幕式的一部分,最终福特公司的 T 型汽车夺取冠军,如图 6-22(c)所示,因其外形酷似轿子,轿车的称号便由此而来。T 型汽车配有四缸 20 hp 发动机,时速可达 70 多千米,耗油量远低于其他车种,并能以煤油、酒精充当燃料。从 1909 年投产到 1927 年停产,共生产了 1 500 多万辆,创造了单一车型产量的世界最高纪录。1913 年,福特公司研制出世界上第一条汽车装配流水线,大幅提高了汽车产量。随着科学技术的不断进步,高新技术在汽车中的应用也越来越多,汽车工业步入了快速发展的轨道。

(a) 尼古拉斯·吉诺研制的三轮车

(b) 卡尔·本茨乘坐汽车出行

(c) 1910年的福特T型汽车

图 6-22　汽车工业发展中的标志性事件

1804 年,英国工程师特里维西克造出了世界上第一台蒸汽机车,因为是使用煤炭或木柴做燃料,因此被称为"火车"。1817 年,火车先驱斯蒂芬森制造出性能良好的"火箭号"机车,时速可达 47 km,如图 6-23(a)所示,被应用于利物浦到曼彻斯特的铁路,这也是世界上第一条完全靠蒸汽机运输的铁路线。1903 年,西门子与通用电气公司研制的第一台实用电力机车投入使用,如图 6-23(b)所示。1894 年,德国研制成功第一台汽油内燃机车,开创了内燃机车的新纪元。1924 年前后,苏联、美国等研制出柴油内燃机车,我国于 1958 年研制成功内燃机车,分别如图 6-23(c)和(d)所示。20 世纪 60 年代后,日本、法国、德国等国大力发展高速列车,我国后发先至,通过引进、吸收及再创新的方式,研制出了自己的高速列车。2007 年,时速达到 300 km 的"和谐号"动车组下线。2016 年 7 月 15 日,"复兴号"原型车CRH-0207 和 CRH-0503 以超过 420 km 的时速在郑徐高铁上交会,创造了高铁列车交会速度的世界纪录。"和谐号"和"复兴号"的高速列车实物图如图 6-23(e)和(f)所示。

截至 2019 年年底,我国高速铁路营业总里程超过 3.5 万 km,占全球高铁里程的 2/3 以

(a) 史蒂芬森的"火箭号"机车复原模型

(b) 第一台实用电力机车

(c) 美国早期的内燃机车

(d) 我国第一台内燃机车

(e) "和谐号"高速列车

(f) "复兴号"高速列车

图 6-23　火车发展历程中的代表性成果

上,高铁、扫码支付、共享单车和网购被认为是中国的"新四大发明",已经成为中国高端制造业的一道亮丽风景线,也是代表我国形象的一张亮丽名片。

6.3.2　汽车中的仪器科学

　　汽车是车辆工程的典型代表之一,从诞生之日起,随着科学技术的进步,发生了翻天覆地的变化。前面在讲机械工程的时候,列举了汽车发动机研制过程中仪器应用的实例,后面我们会讲到智能交通中仪器应用的实例,也会举汽车的例子。前者侧重于从汽车的核心部件看仪器的应用,后者侧重于将汽车看成一个整体来窥视仪器的应用。这一节重点从汽车本身来看,切入点就是无处不在的电子系统。

　　汽车电子系统是车体汽车电子控制装置和车载汽车电子控制装置的总称。车体汽车电子控制装置包括发动机控制系统、底盘控制系统和车身电子控制系统等。车载汽车电子控制装置是能够独立使用的电子装置,包括行车电脑、导航系统、汽车音响及电视娱乐系统等。无处不在的传感器支撑了汽车电子系统的发展,如图 6-24 所示。

图 6-24　无处不在的传感器示意图

　　汽车电子控制技术的发展过程大致分为电子电路控制、微型计算机控制以及车载局域网控制三个阶段。第一个阶段从 1953 年到 1975 年，主要采用模拟电子电路进行控制，包括电子式电压调节器、电子式点火控制器等；第二个阶段从 1976 年到 1999 年，采用计算机进行控制，控制技术向智能化方向转变，典型的产品有微机控制发动机点火系统、发动机空燃比反馈控制系统、巡航控制系统、防抱死制动系统等；第三个阶段是从 2001 年发展至今，采用车载局域网（local area network，LAN）对汽车电器与电子系统进行控制，已经在国内外中高档轿车中广泛采用。

　　汽车电子化被认为是汽车技术发展进程中的一次革命。汽车电子化的程度也被看作是衡量现代汽车水平的重要标志。考虑到汽车电子系统是一个庞大的系统，渗透到了汽车的各个角落，就像人体的血液循环系统一样无处不在，下面仅选取其中的几个典型子系统进行概要介绍。

1. 发动机电子控制系统

　　汽车发动机作为汽车动力的来源，对汽车的动力性、经济性以及环保性有着重要的影响，被称为汽车的心脏。因此，保持汽车发动机运行在最佳状态是汽车行业不懈的追求，下面以燃油喷射和怠速控制为例，让大家感受一下测量与控制是如何完美结合来提升发动机控制水平的。

　　典型的电子控制燃油喷射系统结构如图 6-25 所示，主要包括空气供给和燃油供给两个部分。发动机工作时，电控单元根据进气量确定基本的喷油量，再根据节气门位置传感器、水温传感器等信号对喷油量进行修正，使得发动机在各种运行工况下均能获得最佳浓度的混合气，从而提高发动机的动力性、经济性和排放性。

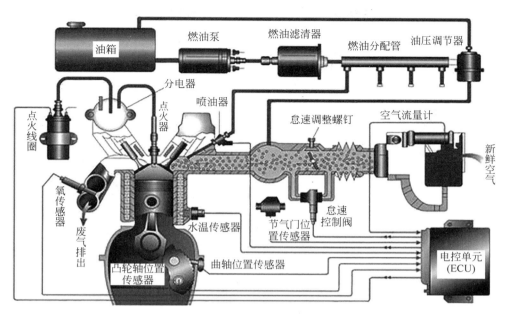

图 6-25 电子控制燃油喷射系统结构示意图

怠速控制系统是发动机辅助控制系统。图 6-26 给出的是节气门直动式怠速控制系统结构图。其工作过程是：当发动机怠速时，通过对发动机水温的测量结果、空调压缩机是否工作、变速器是否挂入挡位等信息的综合分析来调节怠速开关，实现对进气量的精确控制，从而确保发动机以最佳怠速运行。

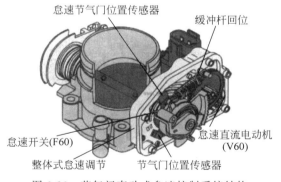

图 6-26 节气门直动式怠速控制系统结构

2. 底盘和车身控制系统

汽车底盘的结构如图 6-27 所示。现代汽车底盘及零件控制系统主要分为制动控制、牵引控制、转向控制和悬挂控制等。这些控制系统的广泛应用可以极大地改善汽车的主动安全性和操控性。目前的研究热点是通过高速网络将各种控制系统连成一体，从而形成全方位底盘控制。

在 2006 年的巴黎汽车博览会上，沃尔沃公司以 S60 轿车为基础展示了最新研制的连续底盘控制系统（FOUR-C）。该系统将各种传感器布置在底盘的各个特征点上，测量的信息

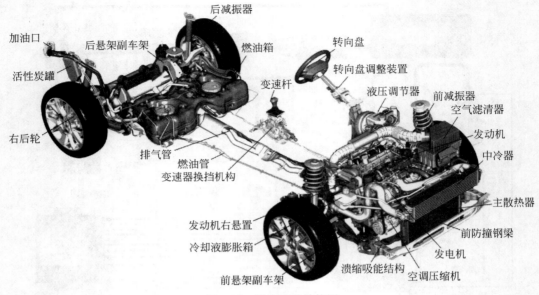

图 6-27　汽车底盘结构图

包括：车身相对于道路纵向、横向和垂直方向的加速度信息，每个车轮的旋转和垂直运动，方向盘的偏转角、速度、转向、发动机扭矩以及各种紧急障碍数据，等等。传感器的数据将送入微处理器进行处理，微处理器的输出将反馈给减振器，并以每秒 500 次的速度对其进行更改，从而获取最佳的底盘控制效果。

电子车身稳定（electronic stability program，ESP）系统是德国博世公司的专利产品，其结构如图 6-28(a)所示，应用效果如图 6-28(b)所示。ESP 系统是辅助驾驶者控制车辆的主动安全技术，当计算机检测到驾驶员期望的行驶状态与实际车身状态出现偏差时，ESP 系统开始工作，其会有选择地对车辆制动器施加制动压力，改善车辆行驶的稳定性，因此其可靠运行的关键首先是传感器获取信息，然后是控制车轮施加制动力。

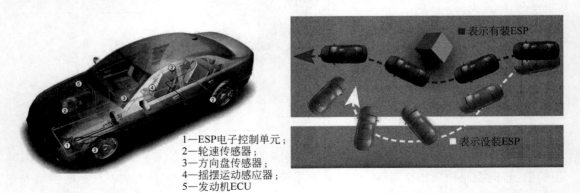

1—ESP电子控制单元；
2—轮速传感器；
3—方向盘传感器；
4—摇摆运动感应器；
5—发动机ECU

(a) ESP系统组成图　　　　　　　(b) ESP系统应用效果对比

图 6-28　电子车身稳定系统结构及其应用效果

3. 汽车防盗系统

车辆被盗是每一位车主都不愿意看到的事情,因此汽车防盗系统的研制始终是汽车行业的一个热点问题。图 6-29 给出了一个常用的汽车防盗系统示意图。汽车通过车门锁传感器进行检测,一旦车门被非法打开,一方面防盗电控单元会命令执行机构做出相应的反应,例如,通过喇叭和车灯来发出声音和灯光报警;另一方面,为了防止车辆被偷车者开走,也可以控制点火系统、燃油供给系统等阻止发动机启动。

汽车防盗系统发展到今天,从第一代的机械式防盗,到后来的电子防盗,再到网络式防盗、指纹式防盗,多功能化、网络化、可视化和便捷化是发展方向,高新技术的集成与应用是发展趋势。不过应当看到,无论如何发展,最根本的出发点还是如何准确地检测到车辆被盗,而这恰恰是仪器的应用之处。

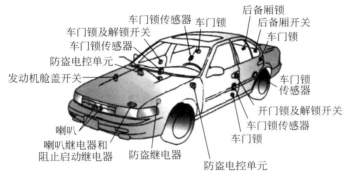

图 6-29　常用的汽车防盗系统示意图

6.3.3　高铁上的仪器科学

相信每个人都能够感受到高铁带来的生活变化,1964 年日本东京到大阪第一条新干线的建成吸引了东京到大阪 90% 的客流,直接导致东京到大阪的航线关闭。在中国,随着高铁的飞速发展,大大改变了铁路在运输竞争方式中的地位,显示出了旺盛的发展势头,也将人们对高速铁路的期望提到了崭新的高度。

高速列车的研制与运行过程中需要大量的高新技术支撑,如流线型车头、轻量体车身、大功率牵引、高速轮轨系统、高速受流系统等,涉及的学科庞杂,仪器科学与技术在其中也闪烁着智慧的光芒。限于篇幅,我们只能见微知著,选取几个典型的系统来触摸一下仪器的身影。

1. 受电弓动态特性检测系统

高速列车通常采用电力牵引,是通过顶部的受电弓与接触网导线间的相对滑动接触来获取运行所需的电流的,这个过程叫作受流,因此,受电弓与接触网的可靠接触是保证电力机车稳定受流的重要条件。随着运行速度的提高,受流面临着更为复杂多变的环境,因此可靠接触对于高速列车来讲更为重要。

传统的受电弓检测系统,如弓网综合检测车和在线视频监测系统,对于在线检测受电弓的动态特性具有一定局限性,例如,有线的在线检测不适用于高速列车全封闭的车体结构,且存在将高压线引入车体的风险,因此受电弓动态特性无线检测系统的研制迫在眉睫,如图 6-30 所示。

由图 6-30 可见,系统由传感器、电源装置、测量装置和计算机四大部分组成。其中传感器、电源装置和测量装置是安装于高速列车车顶的检测部件,计算机是置于列车内部的数据处理部件。系统的结构框图如图 6-31 所示。

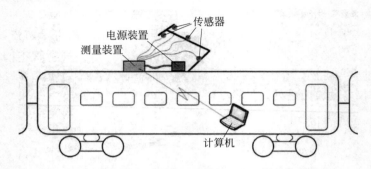

图 6-30 受电弓动态特性无线检测系统总体方案示意图

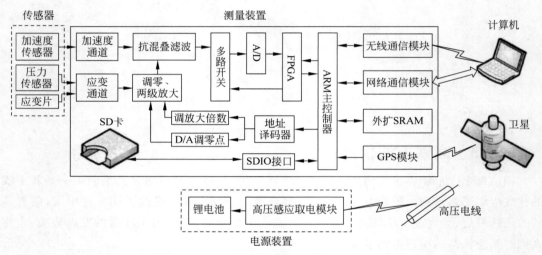

图 6-31 在线检测系统的硬件结构框图

在高速列车实际运行时,传感器用于将受电弓的被测参数转换为电信号,主要包括压力传感器、加速度传感器和应变片;电源装置安装于车顶,用于给车顶的检测部件提供可靠稳定的电源;测量装置是车上检测部件的核心,其内部具有主控制器、信号调理、数据采集、网络通信、无线通信等模块,用于完成对传感器信号的调理、采集、数据存储及与计算机之间的无线通信;计算机则为用户提供人机交互界面,是管理和操作整个检测系统的入口;GPS模块则用于实现列车的时空同步。

受电弓无线在线检测系统是发展方向,但是还有一些需要完善的问题,如检测参数的丰富和完善、高速运行时无线传输的稳定性和可靠性、无线在线检测系统的电磁兼容性分析等,随着科技水平的进步,这些问题终会得到圆满解决。

2．制动系统

制动系统是列车中最重要的组成部分之一。由于高速列车所需制动能量较大，靠单一的制动方式不可能满足要求，因此高速列车均需采用多种制动方式组合的复合式制动方式，其中复合制动系统研制过程中的试验台以及实际运行时及时的故障分析与诊断是保障制动系统性能及其可靠运行的关键技术。

高速列车制动系统试验台是用于高速列车制动系统进行系统级功能、性能试验研究的试验平台，同时也可以用于现场故障的再现和故障分析。在系统试验台上，可通过列车控制模拟系统和测试/控制系统设置各种试验所需的参数，使用不同的模拟装置提供制动系统所需的信号，通过该系统试验台的数据采集装置和列车网络监测制动系统的性能，并可将测试数据存储，通过软件选择所要分析的测试数据、显示数据的详细信息或进行打印，以满足高速列车制动系统地面试验、软件集成调试、故障模拟和其他研究的需要。系统试验台示意图如图 6-32 所示，主要包括被试对象、工作环境、司机控制台、测试及控制系统、显示界面、安装平台等。

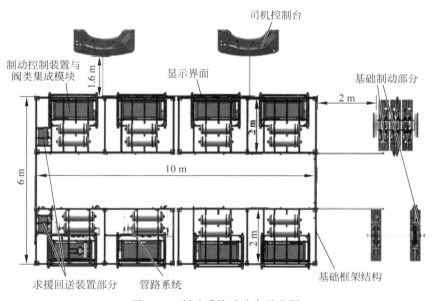

图 6-32　制动系统试验台示意图

制动系统的故障分析与诊断是以行车安全作为首要考虑因素的，高速列车制动系统故障诊断体系示意图如图 6-33 所示。

制动系统故障诊断旨在确认、评估、报告所有操作模式中发生的多数故障，包括故障对系统自身以及对其他系统的影响，以便系统维护、故障定位查找和分析故障原因。高速列车在运行过程中，有关运行参数、过程数据、故障数据经由网络接口实时传输至中央诊断系统，用于实时监控列车的状态，并报告可能发生的故障和错误。列车诊断中心的故障数据经远程传输系统传输至地面服务中心，用于制动系统的故障处理、维护检修等。同时列车诊断系统也可以将列车的状态、故障信息实时传输给制动系统，用于制动系统的联锁诊断和故障导向安全控制，制动系统自身存储的故障数据也可经系统维护终端监视、下载，用于故障的定

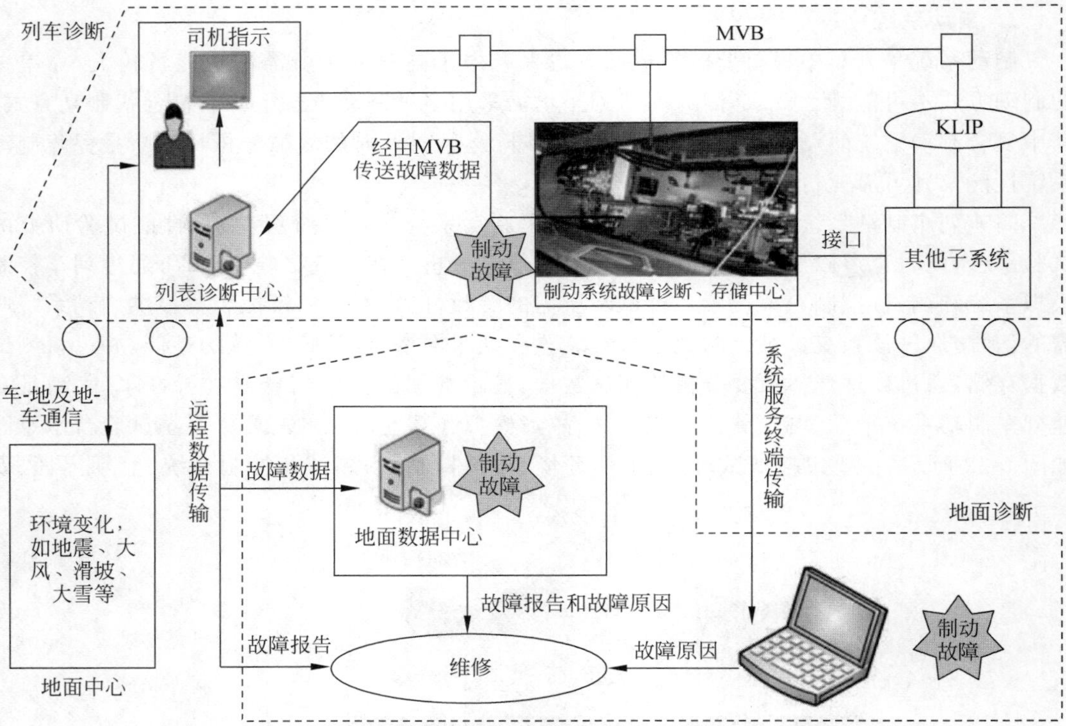

列车诊断 司机指示 MVB

KLIP

经由MVB
传送故障数据

制动
故障

接口 其他子系统

列表诊断中心 制动系统故障诊断、存储中心

车-地及地-
车通信

远
程
数
据
传
输

故障数据

制动
故障

系
统
服
务
终
端
传
输

环境变化，
如地震、大
风、滑坡、
大雪等

地面数据中心

地面诊断

故障报告和故障原因

制动
故障

故障报告 维修 故障原因

地面中心

图 6-33 制动系统故障诊断体系示意图

性分析、定位查找。故障诊断结果还可以实时发送到列车中央控制单元和司机显示屏，中央
控制单元根据故障对行车安全的影响程度采取相应的操作，司机可以根据显示屏的提示进
行相应的处理。

3. 传动系统在线检测与故障诊断

传动系统作为高铁转向架的重要组成，由电机、联轴器、齿轮箱、传动轴、轴箱等关键部
件组成，负责将牵引电动机的扭矩有效地转化为转向架轮对转矩，并利用轮轨的黏着机理驱
使机车沿着钢轨运行。

传动系统的故障诊断是研究人员关注的热点，从传感器布局的优化，到信号特征的提
取，再到多传感器数据信息的融合，都需要开展大量深入的研究工作。图 6-34 所示为研究
人员提出的一种传感器布局优化方案。

1—电机轴承座；2—齿轮箱小齿轮轴承座；3—齿轮箱上方观察口；4—齿轮箱大齿轮轴承座；
5—齿轮箱端部；6—轴箱轴承座

图 6-34 高速列车传动系统传感器布局方案

该方案是在优化布局的基础上,在对应位置安装振动加速度传感器,即可实现振动信号的多点检测,基于多传感器数据融合实现对传动系统运行状态的分析及故障情况下的准确识别。

深度学习与人工智能技术的飞速发展,为传动系统多传感器数据融合提供了更多的选择。图 6-35 给出的是一种模糊 C 均值聚类(fuzzy c-means,FCM)与模糊积分(f_i)算法相结合的高速列车传动系统多传感器数据融合故障诊断方法。

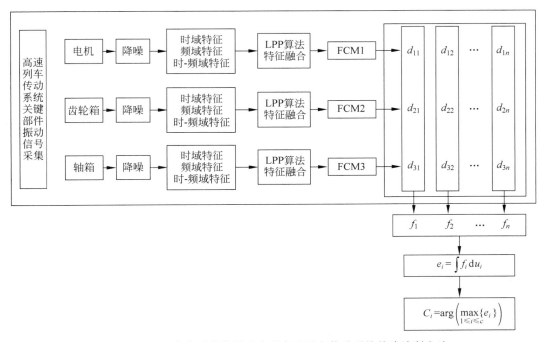

图 6-35   基于多传感器数据融合的高速列车传动系统故障诊断方法

该方法首先将高速列车传动系统关键部件采集到的振动信号进行去噪,然后提取振动信号的多域特征,采用局部保持投影(locality preserving projection,LPP)算法进行特征降维;针对传动系统的不同部位分别建立 FCM1~FCM3 三个分类器,进行独立的初步诊断;最后根据 FCM1~FCM3 的分类识别率确定模糊测度,并采用 f_i 融合算法进行融合诊断。该方法利用实际运行数据进行了验证,结果表明:多传感器数据融合诊断比单一传感器信息故障诊断的精度更高。

讲到这里,仪器科学与车辆工程的关系介绍就告一段落了。大家应该能够感受到,车辆工程的快速发展改变了人们的生活方式,庞大的地球到今天已经变成了"地球村";当然,也应当能够感受到车辆工程的发展离不开仪器的支撑,从部件到系统,从检测到诊断,仪器科学的应用实实在在地推动了车辆工程的发展。

参 考 文 献

[1]   张策.机械工程史[M].北京:清华大学出版社,2015.

[2]   吕章申.大英博物馆展览:100 件文物中的世界史[M].北京:北京时代华文书局,2017.

[3] 骆钦华,骆英.天平的发展演变[J].中国计量,2003(9):37-40.

[4] 胡化凯.物理学史二十讲[M].合肥:中国科学技术大学出版社,2009.

[5] 程军.记里鼓车发明时间考[J].山西大同大学学报(自然科学版),2019,35(3):93-97.

[6] 赵洋.记里鼓车[J].自然科学博物馆研究,2018(4):封面.

[7] 张策.机械工程学科:发展简史和演化模式[J].高等工程教育研究,2017(5):42-45.

[8] 马元骧,施润昌.内燃机测试技术[M].杭州:浙江大学出版社,1986.

[9] 赵世英.内燃机测试技术发展动态[J].仪表工业,1986(5):26-27.

[10] 黄海燕,肖建华,阎东林.汽车发动机试验学教程[M].北京:清华大学出版社,2009.

[11] 陆际联,李根深.机器人发展史[J].机器人情报,1994(1):24-28.

[12] 陈启愉,吴智恒.全球工业机器人发展史简评[J].机器制造,2017,55(7):1-4.

[13] 董静.你应该知道的机器人发展史[J].机器人产业,2015(1):108-114.

[14] 侯涛刚,王田苗,苏浩鸿,等.软体机器人前沿技术及应用热点[J].科技导报,2017,35(18):20-28.

[15] 刘京运.从 Big Dog 到 Spot Mini:波士顿动力四足机器人进化史[J].机器人产业,2018(2):109-116.

[16] 昂海松,董明波,余雄庆.航空航天概论[M].北京:科学出版社,2008.

[17] 翟羽婧,杨开勇,潘瑶,等.陀螺仪的历史、现状与展望[J].飞航导弹,2018(12):84-88.

[18] 马永龙.原子陀螺的研究进展[J].光学与光电技术,2015,13(3):89-92.

[19] 周建平."天宫一号"/"神舟八号"交会对接任务总体评述[J].载人航天,2012,18(1):1-5.

[20] 王志中.车辆工程概论[M].长春:吉林大学出版社,2002.

[21] 山本忠敬.火车的历史[M].福州:福建教育出版社,2018.

[22] 傅志寰.我国高铁发展历程与相关思考[J].中国铁路,2017(8):1-4.

[23] 程永陆.内燃机车发展简史[J].国外内燃机车,1983(7):40-41.

[24] 敬东,周安华,陈翠,等.汽车电子控制技术[M].成都:西南交通大学出版社,2016.

[25] 陈无畏,何仁,龚进峰,等.汽车车身电子与控制技术[M].北京:机械工业出版社,2008.

[26] 王伟,王银山.浅析汽车发动机智能控制系统[J].时代汽车,2017(4):30-31.

[27] 辛木.现代汽车底盘零件及其控制系统新技术[J].交通世界,2009(2):70-72.

[28] 赫扎特,王国军,朱岩,等.汽车构造与原理三维图解:底盘、车身与电器:彩色版[M].北京:机械工业出版社,2018.

[29] 关东阳,陶富山.汽车防盗系统的发展[J].科技咨询,2013(12):63-65.

[30] 沈志云.高速列车及其关键技术[J].学术动态报道,1997(9):5-14.

[31] 陈景琪.高速列车受电弓动态特性无线检测系统[D].成都:西南交通大学,2011.

[32] 李和平,李苇.高速列车制动系统[M].成都:西南交通大学出版社,2019.

[33] 缪炳荣,张卫华,池茂儒,等.下一代高速列车关键技术特征分析及展望[J].铁道学报,2019,41(3):58-70.

[34] 孙帮成,李明高,安超.高速列车节能降耗关键技术研究[J].中国工程科学,2015,17(4):69-82.

[35] 乔宁国.基于多传感器数据融合的高速列车传动系统故障诊断与健康状态预测[D].成都:西南交通大学,2019.

第7章

仪器科学与化工、冶金及材料科学的发展

化工、冶金与材料均与人类文明的发展密切相关,可以毫不夸张地说,人类文明的发展史,就是一部化工、冶金与材料被发现、利用和创新的历史。科学技术发展到今天,材料、能源和信息被认为是现代社会发展的三大支柱。化工与冶金一方面和材料有着极其密切的关系,另一方面也在以自己独特的方式影响着我们的生活,因此本章以化工、冶金及材料为例,探讨仪器科学与它们的关系。

第7章
彩图

7.1 仪器科学与化学工业的发展

化学工业是一门非常古老的工业,在人类文明之初就有了化学工业的萌芽。但是直到18世纪中叶,其与科学还没有什么直接的联系,当然也没有一个统一的工业体系名称,在漫长的发展过程中主要靠日常生活与原始生产经验的积累,是生活经验和生产经验不断积累的产物。

从18世纪中叶开始到今天,历经200多年的发展,化学工业已发展成为一个品种繁多、门类齐全的重要工业体系,渗透到了日常生活的方方面面,成为一个国家国民经济的支柱性产业。化学工业的分类方法繁多,常用的分类方法是将其分为无机化工和有机化工两大类,而随着人们对化工污染问题的日益关注,绿色化学的概念在 20 世纪 90 年代得以提出并迅速发展。下面就从无机化工、有机化工和绿色化学三个方面,简要介绍一下仪器科学在其中发挥出的重要作用。

7.1.1 仪器科学与无机化工的发展

18 世纪中叶,由于纺织、印染工业的快速发展,硫酸用量迅速增加。1746 年,英国人罗巴克采用铅室代替玻璃瓶,建成世界上第一座铅室法硫酸厂。在同一时间,由于制造肥皂和玻璃需要用碱,因此纯碱工业的发展迫在眉睫。1791 年,法国人吕布兰在法国科学院的悬赏之下,获取专利,以食盐为原料制得纯碱,生产过程中产生的氯化氢则被用来制造盐酸、氯气、漂白粉等。到了 19 世纪,人们认识到由土壤和天然有机肥料提供作物的养分已经不能满足需要,1842 年英国人劳斯建立了生产过磷酸钙的工厂,这是世界上最早的磷肥工厂。

到了 19 世纪末,世界范围内已基本形成了以硫酸、纯碱、烧碱、盐酸为主要产品的无机化学工业。下面以近代硫酸工业的发展为例,来一窥仪器仪表的重要作用。

15 世纪后半叶,B. 瓦伦丁在其著作中提到将绿矾与砂共热以及将硫黄与硝石的混合物焚燃两种制取硫酸的方法。约 1740 年,英国人沃德首先使用玻璃器皿从事硫酸生产,在器皿中间歇地焚燃硫黄和硝石的混合物,产生的二氧化硫与氧、水反应生成硫酸。1746 年,英国人罗巴克用铅室替代玻璃器皿生产硫酸。铅室法出现之后,人们不断对其进行改进,但是硫酸产品的质量分数只能达到 65%。1911 年,奥地利人奥普尔建造出世界上第一套塔式法装置,使硫酸产品的质量分数达到了 76%,仍然难以满足人们的要求。1875 年,德国人雅各布建成第一套接触法硫酸生产装置,伴随着催化剂技术的进步以及硫铁矿沸腾焙烧技术的发明,接触法在产量和产品浓度上都有了质的提升,成为硫酸工业生产方式的主力军,其原理如图 7-1 所示。

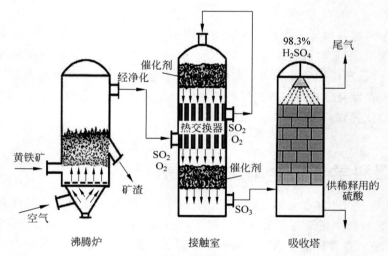

图 7-1 接触法生产硫酸的流程示意图

随着硫酸工业的迅猛发展,生产过程自动化的水平也在显著提高,带来了显著的经济效益,在线分析的迫切性也与日俱增。虽然尚未完全满足硫酸生产工艺的全部要求,但许多原有的技术和产品得到稳定提高,新的技术和产品不断出现,下面列举几个实例,大家近距离感受一下仪器对硫酸工业发展的促进作用。

1. 沸腾炉氧量分析仪

沸腾炉中氧气含量的准确在线测量对控制沸腾炉的焙烧尤为关键,因此硫酸装置在设计过程中,一般会设置在线氧量分析仪。

20 世纪 70 年代开始发展的沸腾炉氧量分析仪技术,主要是确认氧化锆氧量分析仪的基本原理——能斯特方程在沸腾炉条件下的可行性。沸腾炉中氧气含量与氧化锆传感器的电势有关,由此可测量出沸腾炉中的氧气含量。为了获得稳定的氧气含量信号,第一代氧化锆氧量分析仪配置了一套沸腾炉取样和样气水洗预处理系统。造成系统部件较多,流程复杂,维护工作量大。90 年代末期开发的直插式氧量分析仪对第一代氧量分析仪的取样方式进行了改进,把氧化锆传感器直接放置于气流中测量工艺介质气流中的氧气含量。直插式氧量分析仪简化了分析仪的结构,特别是完善了氧化锆探头中多孔性铂电极的化学配方及涂敷工艺后,延长了氧化锆传感器的连续使用寿命,也使得沸腾炉氧气的含量测定更为简单。2010 年开始发展的是非恒温工作方式氧量分析仪,改变了氧化锆工作温度在 700℃的要求,直接利用沸腾炉内 500～750℃的工艺气体温度进行模型计算工作,进一步提高了氧化锆氧量分析仪的可靠性。氧化锆氧量分析仪的原理示意图及传感器实物图如图 7-2所示。

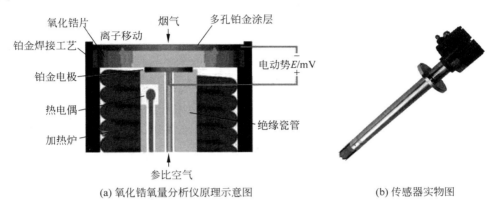

(a) 氧化锆氧量分析仪原理示意图　　　　　(b) 传感器实物图

图 7-2　氧化锆氧量分析仪的原理示意图及传感器实物图

2. 接触室入口的二氧化硫分析

接触室入口的二氧化硫浓度是控制接触室工作的一项关键指标,也是硫酸装置中必须检测的一个参数。在传统硫铁矿制酸工艺中,烟气经净化工序除去了大部分粉尘、三氧化硫和水分,净化后的气体主要含有二氧化硫和氧气等。可供选择的分析仪器主要有热导式分析仪、红外吸收分析仪、紫外光度吸收分析仪等。

基于热导原理的二氧化硫分析仪在硫铁矿及冶炼烟气制酸系统中,被广泛应用于检测接触室入口的二氧化硫浓度。但是,该仪表在磺黄制酸系统中却很少能长期稳定运行,出现较多的故障,经过研究人员的分析,认为是硫黄制酸工艺气体中三氧化硫及酸雾的含量偏高导致的。研究人员也尝试对样气先进行硫酸洗涤后,再使用热导式分析仪测定二氧化硫的浓度,但是效果并不理想,因此近年来的研究热点转向采用紫外光度吸收法,其原理及现场安装示意图如图 7-3 所示。

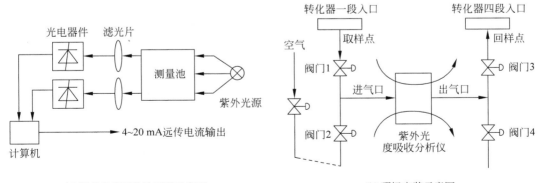

(a) 紫外光度吸收法原理示意图　　　　　(b) 现场安装示意图

图 7-3　紫外光度吸收法原理示意图及安装示意图

3. 硫酸冷却器中冷却水的电导率分析

硫酸冷却器的漏酸检测也是制酸工艺中应当关注的一个关键指标,一般采用两种仪器:pH 电化学分析仪和电导检测仪。

pH 电化学分析仪测量范围小,测量值漂移大,但其能分辨出所测介质为酸性还是碱性,且灵敏度高,适用于水质条件好、水源稳定的装置。电导检测仪是利用酸泄漏入水中,水的电导率突升这一特性来检测水中是否漏酸的,适用于水质差且水源不稳定的装置。但这两种电导检测仪均以冷却水中的离子多少或电导率为基础,存在无法判断酸性还是碱性泄漏的问题。当水中含较多 pH 为中性的盐类时电导率也会大幅增加,此时如有少量酸泄漏,电导率变化不明显,将会引起误报。pH 计原理示意图以及工业中常用的 pH 电化学分析仪实物图如图 7-4 所示。

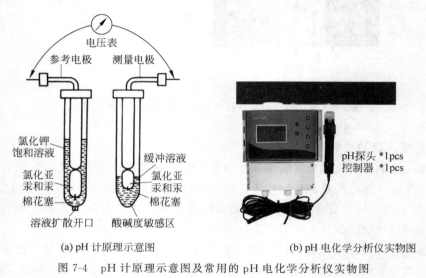

(a) pH 计原理示意图 (b) pH 电化学分析仪实物图

图 7-4 pH 计原理示意图及常用的 pH 电化学分析仪实物图

7.1.2 仪器科学与有机化工的发展

19 世纪,在钢铁工业迅速发展的过程中产生了大量被称为煤焦油的废物。在对煤焦油如何进行处理的研究过程中,人们偶然发现它可以用作生产染料(油漆)的原料。由于当时染料的价格昂贵,于是各国竞相利用该技术生产染料,很快便形成了一个新的庞大的社会生产部门——有机化学产业。1913 年合成氨化学肥料开始生产,1941 年 DDT 作为杀虫剂开始进入市场。此后,化肥和农药成为化学工业的重要行业。1921 年,乙烯的生产开启了石油化工的发展,随后大量的化纤、塑料、橡胶产品开始生产,石油化工得到蓬勃发展。1928 年抗生素盘尼西林被发现,开创了抗生类药物生产的先河。而 1953 年 DNA 双螺旋结构的发现,更是奠定了基因工程药物的基础。制药已经成为化学工业中的一个重要行业。

乙烯工业是石油化工产业的核心,也是世界上产量最大的化学产品之一,在国民经济中占有重要的地位,被普遍认为是衡量一个国家石油化工发展水平的重要标志之一。下面就以乙烯工业为例,来感受一下仪器仪表在其中的成功应用。

早期的化学工业,乙烯主要是焦炉气和炼厂气的副产物,也有采用乙炔加氢法或乙醇脱水法生产的,但是产量和纯度难以满足要求。1940 年,美孚石油公司建成了世界上第一套乙烯生产装置,开创了以乙烯装置为中心的石油化工的历史。自 2010 年北美页岩气革命之后,大量的天然气资源得以释放,乙烯工业再次得到快速发展,预计到 2025 年左右,世界乙烯的产能将达 2.3 亿 t/年,其中,中国的产能将达到 4 300 万 t/年,位居世界第二。图 7-5 给出了一种乙烯制备的简化流程框图。

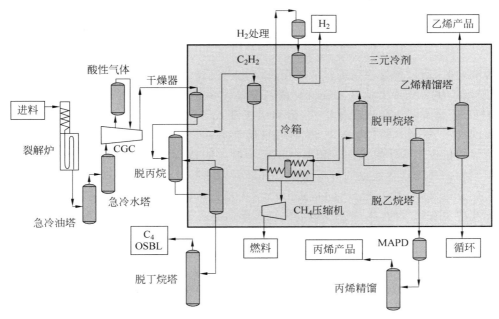

图 7-5 一种乙烯制备的流程框图

由图 7-5 可见,乙烯的制备过程包括裂解、压缩、分离等工序,工艺流程长,技术复杂,需要全过程监控。在线分析仪表是乙烯工厂数字化、自动化、智能化必不可少的软、硬件配置。选用合适的在线分析仪表对整个生产过程进行实时、准确和全面的监控,对提高生产率、降本增效、安全运行将起到至关重要的作用。

分析小屋是 20 世纪 80 年代中期国际上出现的工业现场仪表成套的一项应用新技术。在分析小屋出现之前,像炼油、乙烯这样的工业爆炸危险场所和化学、尘埃污染场所内所使用的仪表及电气装置,一般被迫采用限制安全距离的方法,即把这些仪表及电气装置移到安全区域安装和使用,对设备的现场操作、监视均带来了不少问题。尤其是在生产设备的调试阶段,将直接影响调试的质量和进度,分析小屋技术的出现解决了以上实际困难。发展到今天,已经在石油化工等相关领域得到了广泛应用,图 7-6 给出了一例应用于石化企业的某防爆分析小屋实物图。

下面以第一个落地山东省的百万吨级乙烯项目——烟台万华乙烯项目为例,来认识一下分析小屋,并充分感受一下在线分析仪器在乙烯生产过程中发挥出的不可或缺的作用。万华乙烯项目经过充分的调研与论证,决定在装置区设置 13 个分析小屋,下面对其主要应用的在线分析仪表进行介绍。

(1)过程小屋分析仪表,包括色谱分析仪、红外分析仪、磁氧分析仪。

色谱分析仪是最典型的小屋内安装分析仪。本项目选用的是气相色谱分析仪,当检测

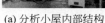

(a) 分析小屋内部结构　　(b) 分析小屋外部

图 7-6　石化企业某防爆分析小屋实物图

介质为液态时,通过预处理系统将液体介质汽化为气体。此外,项目设置了 15 台红外分析仪,分别用于烧焦气中 CO 和 CO_2 的分析,急冷水塔塔顶气相 CO 分析,加氢反应器进料 CO 分析;还设置了 4 台磁氧分析仪,分别用于湿式空气氧化(wet air oxidation,WAO)反应器顶部气相、排放气鼓风机出口、脱碳九塔尾气中氧气含量的分析。

　　磁氧分析仪是基于氧气的体积磁化率比一般气体高,在磁场中具有极高的顺磁特性的原理制成的一种测量含氧量的分析仪器。其根据原理不同,可以分为磁力机械式氧分析仪、热磁式氧分析仪等,图 7-7 给出的是磁力机械式氧分析仪的原理示意图。其基本原理是当被测样气中含有氧气时,样气管线组成的哑铃形球体就会在磁场作用下发生偏转,偏转的角度和氧气含量存在比例关系,因而能够测量氧气含量。

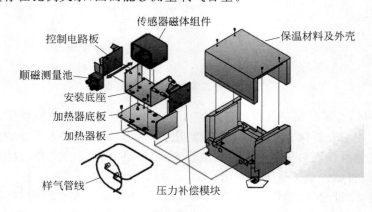

图 7-7　磁力机械式氧分析仪的原理示意图

　　(2) 环保小屋分析仪表,包括烟气在线连续监测系统(continuous emission monitoring system,CEMS)分析仪、氮氧化物(NO_x)分析仪、氨逃逸(NH_3)分析仪、脱硝用氧分析仪。

　　项目设置 CEMS 分析仪 6 套,用于烟气中 CO、O_2、NO_x 含量的测量;设置 NH_3 分析仪 6 台,用于裂解炉中 NH_3 的监测;设置 NO_x 分析仪 12 台,用于裂解炉烟气中 NO_x 的监测及控制;设置脱硝用氧分析仪 1 台,用于裂解炉烟气中氧含量的监测。以氨逃逸分析仪为例,其测量方法有多种选择,图 7-8 给出的是一种基于可调谐半导体激光吸收光谱(tunable diode laser absorption spectroscopy,TDLAS)的氨逃逸分析仪的测量原理示意图。当激光二极管的光通过被测 NH_3 时,其波长可调谐成 NH_3 的吸收波长,此光被调谐波长扫描并由光二极管把透过的光信号记录下来,再由计算单元计算吸收光的信号大小,即可得到 NH_3 的浓度。

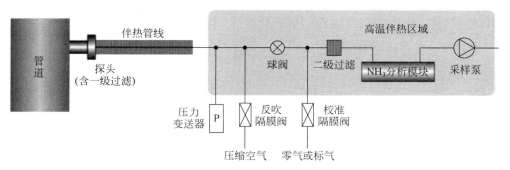

图 7-8　基于 TDLAS 的氨逃逸分析仪原理示意图

（3）水分析仪，包括 pH 分析仪、电导率分析仪、总有机碳（total organic carbon，TOC）分析仪、化学需氧量（chemical oxygen demand，COD）分析仪、溶解氧分析仪、硅分析仪、磷分析仪、钠离子分析仪、水中油分析仪。

乙烯项目工艺水质污染程度高，需要对水质进行严格的控制。pH 分析仪用于监测急冷水、中和废水、透平凝液等的酸碱度；电导率分析仪用于精制水外送、蒸汽冷凝液、锅炉给水等介质的电导率监测；化学需氧量（COD）分析仪是监测水质污染的重要手段。此外，项目还配置了 4 台四通道 SiO_2 分析仪、两台四通道磷酸根分析仪，用于监控锅炉水的水质；两台四通道钠离子分析仪，用于超高压蒸汽品质监控；两台双通道 TOC 分析仪，1 台单通道 TOC 分析仪，用于工艺水水质监控；两台水中油分析仪，用于工业废水外排油值分析。

图 7-9 给出了一种总有机碳（TOC）分析仪的测量原理示意图。图中，燃烧炉中的高性能氧化催化剂使被测样品在高温下充分燃烧，分解成二氧化碳和水，水蒸气通过冷凝器冷却后除去，二氧化碳采用非分散红外（non-dispersive infrared，NDIR）检测器测定，从而最终得到样品中总有机碳的含量。

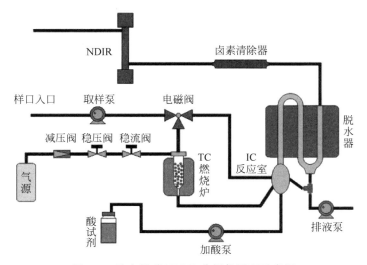

图 7-9　总有机碳（TOC）分析仪原理示意图

（4）专用分析仪，包括微量水分析仪、热值密度分析仪、氧化锆分析仪、总硫分析仪。

项目配置有微量水分析仪 4 台，用于干燥器出口、丙烯塔回流、碱洗塔顶出口、乙烯精馏塔塔顶工艺介质的水含量分析;设置热值密度分析仪 1 台,用于去裂解炉的燃料气密度与低热值分析;氧化锆分析仪 12 台,用于裂解炉烟气中的氧含量及可燃物监测;总硫分析仪 1 台,用于加氢装置进料组分的含量分析。

微量水分析仪是用于检测水分的仪器,主要有电解法、阻容法、冷镜法、光纤法等测量方法。五氧化二磷电解法微量水分测量仪是所有微量水分析仪产品中造价最便宜的一种。其测量管内部涂有一层薄的五氧化二磷,且和两个电极进行连接。当测量管中的水分被五氧化二磷吸收时,会对其赋予一定的导电性,使电极间产生直流电。电流将吸附的水电解成氢气与氧气排出,五氧化二磷又重新恢复到干燥状态。经过连续的电解过程,样气中的水分含量和电解后的水分间建立了平衡,则电解电流与样气的水分含量成比例,从而实现了微水含量的测量,其原理与实物图如图 7-10 所示。

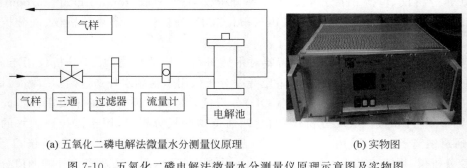

(a) 五氧化二磷电解法微量水分测量仪原理　　　　　　(b) 实物图

图 7-10　五氧化二磷电解法微量水分测量仪原理示意图及实物图

综上所述,一方面,乙烯制备过程中需要大量的在线分析仪表对工艺过程介质组分、有毒物质、烟气含量等进行直接与连续测量,为乙烯工业解决问题和提高生产水平提供了有效途径;另一方面,在线分析存在环境复杂、干扰因素众多的问题,因此提高在线分析仪表的准确性与可靠性也是研究的热点和焦点。

随着乙烯制备装置朝着大型化、规模化、集约化的方向大踏步迈进,在线分析仪表的应用将会有力地推动乙烯工业的发展。进一步提高在线分析仪表的性能及其应用水平,必将使其在乙烯生产中发挥出更大的作用。

7.1.3　仪器科学与绿色化学的发展

化学工业在带给人类巨大福祉的同时,也消耗了大量的自然资源,并造成了严重的环境污染,威胁到了人类及子孙后代的生存和地球的命运。20 世纪 30 年代至 60 年代发生的震惊世界的"八大公害事件"均与现代化学工业的发展相关。当代全球的十大环境问题也是直接或间接地与化学物质污染有关。因此,从根本上治理环境污染的必由之路是大力发展绿色化学。

绿色化学又称环境无害化学、环境友好化学或者清洁化学,其内容广泛,涉及有机合成、催化、生物化学、分析化学等学科。绿色化学倡导用化学的技术和方法减少或停止那些对人类健康、社区安全、生态环境有害的原料、催化剂、溶剂和试剂、产物、副产物等的使用与生产。绿色化学最早起源于美国,1984 年,美国环保局提出的"废物最小化"初步体现了绿色化学的思想。1990 年,美国颁布了污染防治法案,将污染防治确立为美国的国策。1991 年,

"绿色化学"成为美国环保局的中心口号,由此确立了绿色化学的重要地位,引起了世界各国的关注,成为化学工业的重要发展方向。随后,绿色原料、绿色溶剂、绿色催化、高效合成技术、绿色能源、绿色产品等一系列标志性成果呈现爆发的迹象,绿色化学进入了发展的黄金阶段。下面仅以绿色能源中的燃料电池为例,来感受一下测量与仪器在绿色化学革命中发挥的应有作用。

燃料电池是一种把燃料所具有的化学能直接转换成电能的化学装置,由于其是通过电化学反应把化学能中的吉布斯自由能转换成电能,不受卡诺循环效应的限制,因此效率高。此外,燃料电池没有机械传动部件,因此没有噪声污染,排放出的有害气体极少。如果是以氢气作为燃料,理论上讲是没有污染的。

1839年,英国科学家格罗夫发表了世界上第一篇有关燃料电池的研究报告。他把封有铂电极的玻璃管浸在稀硫酸中,先由电解产生氢和氧,接着连接外部负载,这样氢和氧就发生电池反应,产生了电流,如图7-11所示。20世纪50年代,英国剑桥大学的培根教授用高压氢、氧气体研制出世界上第一个功率为5 kW的碱性燃料电池,之后由美国联合技术公司加以完善,成功地为阿波罗登月飞船提供了电力。1983年,加拿大Ballard公司研制成功新型全氟磺酸膜,其研制出"电极-膜-电极"三合一组件被认为是质子交换膜燃料电池(proton exchange mernbrane fuel cell,PEMFC)发展史上的里程碑式事件。PEMFC由于具有重量轻、能源密度高等一系列优点,被认为是最有商业运用前景的燃料电池。

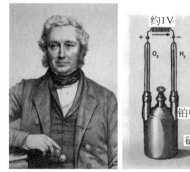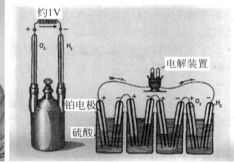

图 7-11 燃料电池之父及其设计的燃料电池装置

2002年,美国Vehicle Projects LLC公司和Fuel Cell Propulsion协会联合开发了世界上第一辆燃料电池动力拖运机车。日本的东日本铁路公司则从2000年起,一直致力于新能源列车的开发,2006年开始研制世界首创的燃料电池混合动力列车,2007年7月31日,世界首列商业运营的燃料电池混合动力火车Kiha E200正式投入运营。2013年1月,由西南交通大学历时4年自主研发的我国首辆氢燃料电池电动机车"蓝天号",实现了在西南交大铁道专用线上的成功运行。"蓝天号"采用150 kW燃料电池作为牵引动力,2台120 kW永磁同步电机作为牵引电机,设计时速65 km、持续牵引力为20 kN、牵引质量200 t,装满氢气后可轻载连续运行24小时,其实物图及燃料电池系统结构图如图7-12所示。

燃料电池机车运行过程中将面临能量管理、热管理、控制系统优化等一系列问题与挑战,在应对这些挑战的过程中,首当其冲的还是信息获取工作,只有准确可靠的信息获取与严谨细致的理论建模,才能够解决这些问题,突破这些挑战,使燃料电池机车最终走进人们的日常生活。

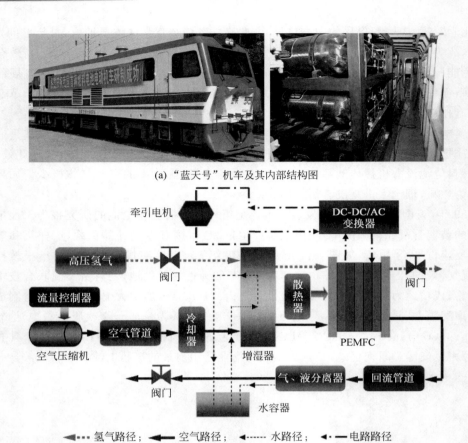

(a) "蓝天号"机车及其内部结构图

(b)燃料电池系统结构图

图 7-12 "蓝天号"机车实物图及其燃料电池系统结构图

7.2 仪器科学与冶金工业的发展

　　冶金是一门研究如何经济地从矿石或其他原料中提取金属或金属化合物,并用各种加工方法制成具有一定性能的金属材料的科学。

　　现代工业中习惯把金属分为黑色金属和有色金属两大类,铁、铬、锰 3 种金属属于黑色金属,其余金属属于有色金属。由此,冶金工业通常分为黑色金属冶金工业和有色金属冶金工业。前者包括铁、钢及铁合金的生产,也称为钢铁冶金;后者包括各种有色金属的生产,称为有色金属冶金。

7.2.1 冶金工业发展简史

　　人类文明史前时代就已经能够提炼并使用铜、金、银、铁、铅、锡等金属。普遍认为,最早提炼的金属应该是自然状态下的金,在一个旧石器时代末期的西班牙洞穴中,曾经发现少量的自然金存在,时间约在公元前 4 万年。银、铜、锡及陨铁也会以自然金属的形态存在,配合早期文化中的金属加工即可使用。公元前 3000 年,埃及的武器即以陨铁制成,当时被誉为

"天上来的匕首",如图 7-13 所示。

图 7-13　古埃及由陨铁制作的匕首

像锡、铅、铜这样的金属,需要将矿石加热才能得到,这被称为熔炼,最早出现的时间是公元前 6000 年至公元前 5000 年。到目前为止,最早的铜熔炼是在巴尔干半岛的贝鲁沃德发现的一把温查文明的铜斧(约公元前 5500 年)。大约在公元前 3500 年前后,人们发现铜和锡混合后会产生性能更好的青铜合金,人类文明开始迈入青铜时代,中国因璀璨的青铜文明而享誉世界。之后,冶铁技术开始出现,目前的主流观点认为是赫梯人率先发明了冶铁术,随后世界各地的不同文化及文明也在逐渐发展和完善自己的冶铁技术,铁器时代逐渐替代了青铜时代。

春秋晚期,我国已经能够铸造铸有法律条文的大型刑鼎了,而欧洲则是 13—14 世纪才能使用铸铁,其中的主要原因是我国冶铁鼓风设备的快速发展,一方面有助于提高冶铁炉的温度,另一方面又增大了冶铁炉的容量。随着生铁冶铸、生铁柔化、制钢等一系列技术的发明,春秋战国时期我国的铁制生产工具逐渐应用于农业、手工业等领域,有力地促进了中国社会经济水平的快速提升。之后,高炉、水力杆锤及双作用活塞风箱等的发明也使我国始终居于冶铁技术的"领头羊"地位。

高炉是中国的发明,在商代硬陶的烧成温度已经能够达到 1 180℃,这为之后的金属冶炼发展奠定了良好的基础。根据出土的铁制农具情况推测在春秋初期或更早,我国就具备了高炉冶炼技术。世界上最早的关于高炉事故的记载见于《汉书》:"河平二年(公元前 27 年)正月,沛郡铁官铸铁,铁不下,隆隆如雷声,又如鼓音,工十三人惊走。音止,还视地,地陷数尺,炉分为十,一炉中销铁散如流星,皆上去,与征和二年(公元前 91 年)同象。"根据分析,只有高炉很高且悬料很久,高炉下部很长一段炉料已经烧空、熔化,炉缸聚积了很多铁水,上部炉料突然下落时,炉缸才会因承受的压力过大而被破坏。在河南鹤壁发现的汉代冶铁遗址中,有 13 座椭圆形的高炉,其复原尺寸如图 7-14(a)所示。随着鼓风器的发展以及焦炭的应用等,我国的高炉冶炼达到了相当高的技术水平,图 7-14(b)所示是河北省武安县宋代高炉实物图,可以和图 7-14(c)中的德国莱茵河谷早期的高炉示意图进行对比。

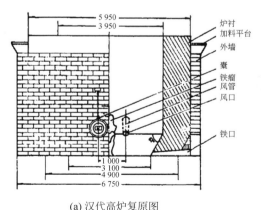  

(a) 汉代高炉复原图　　(b) 武安宋代高炉　　(c) 莱茵河谷高炉示意图

图 7-14　高炉发展历史中的一些标志性成果

欧洲则是在进入文艺复兴后，随着古希腊科学精神的回归，科学技术的发展才步入了快轨道。具体到冶金工业，在 16 世纪时，德国科学家格奥尔格·阿格里科拉在其著作《论矿冶》一书中，描述了当时欧洲的采矿、金属提取及冶金学等知识，反映了文艺复兴时代欧洲的冶金成就，他也因此被誉为"冶金学之父"。

在第二次工业革命中，钢铁工业得到了飞速发展。19 世纪中期至今，以生铁为原料在高温下精炼成钢一直是钢铁生产的主要方法。1856 年英国工程师贝赛麦发明的酸性空气底吹转炉炼钢法、1864 年法国工程师马丁发明的以铁水及废钢为原料的酸性平炉炼钢法、1899 年法国工程师赫劳特发明的用于炼钢的三相交流电弧炉以及 1948 年德国工程师杜勒成功进行的氧气顶吹转炉炼钢试验等，被视为近代钢铁工业冶炼技术发展史上的里程碑式事件，深刻改变了现代钢铁生产方式。

前面已经提到，青铜时代是早于铁器时代的，所以有色金属冶炼的历史要比钢铁冶炼的历史更为悠久。世界上有色金属冶炼的发展历史相对比较分散，这里就以我国有色金属冶炼技术的发展为例，感受一下其发展历程和特点。

早在七八千年前，我国已经掌握了制造陶器的技术。我国古代的制陶技术有三个特点：一是陶窑设计合理，二是烧成温度高，三是能控制氧化或还原气氛。制陶技术的发展为金属冶炼准备了条件。

近年来的考古发掘证明，我国在夏朝已经进入青铜时代，大约延续了夏、商、周三个朝代。在这一时期，除了铜和锡外，人们已经陆续掌握了金、铅、银、汞等有色金属的冶炼方法。这些金属的开发和利用促进了社会生产力的发展，丰富了人民的物质生活。我国古代创造了诸如鎏金工艺、胆水炼铜、表面处理、蒸馏法炼锌等具有划时代意义的新工艺或新技术，还出现了《考工记》《浸铜要略》等世界上最早论述合金配比、湿法冶金等内容的技术文献，使我们在有色金属冶炼领域长期居于世界领先地位。这其中一些震惊世界的作品如图 7-15所示。

(a) 四羊方尊　　　　(b) 越王勾践剑　　　　(c) 永乐大钟

图 7-15　中国古代有色金属工艺发展史上的标志性作品实物图

四羊方尊是商朝晚期的青铜礼器，造型简洁、优美雄奇，寓动于静，被称为"臻于极致的青铜典范"，是传统泥范法铸制的巅峰之作，由于其高超的制作水平令人难以置信，一度被误以为采用了新的铸造工艺。越王勾践剑是春秋末期青铜器的代表作品，出土时仍寒光四射，锋利无比。经过现代手段测试和分析，表明剑身整体经过了硫化处理，其合金配比表明勾践剑采用了复合金属工艺，即分两次浇铸使之复合成一体，这种工艺是其他国家近代才开始采用的。永乐大钟铸造于明朝永乐年间,重 46.5 t,钟体内外遍铸经文,共 22.7 万字。大钟为合金,主要成分为铜 80.54%、锡 16.40% 及铅 1.12%,此外,还含有铁、镁、金和银,为泥范铸造,一次铸成,即使是在科学技术高度发达的今天,制造如此大的铜钟也是非常困难的。

到了明朝中后期,由于采取闭关锁国的政策,我国科学技术的发展处于停滞不前的状态,冶炼技术也是如此。欧洲则在经历了文艺复兴后进入迅速发展时期,不仅体现在钢铁冶炼方面,有色金属的冶炼也得到了快速发展。"民国"初年,由于执行了孙中山先生的"实业计划",矿业和冶炼企业得到了发展,但是直到中华人民共和国成立前,一直处于步履维艰的阶段。中华人民共和国的成立彻底改变了有色金属冶炼行业的局面,1950—2018 年,年均增长 12.9%;2002 年,10 种有色金属产量首次突破 1 000 万 t 大关,跃居世界第一;2018 年,我国有色金属产量超过紧排其后的 9 个国家产量的合计数,有色金属产业整体实力显著增强,且继续在建设有色金属强国的道路上大踏步前行。

7.2.2 钢铁冶炼中仪器仪表的应用

现代钢铁的生产流程大致分为选矿、烧结、炼焦、高炉(炼铁)、电炉或转炉(炼钢)、连铸、轧制等过程,如图 7-16 所示。

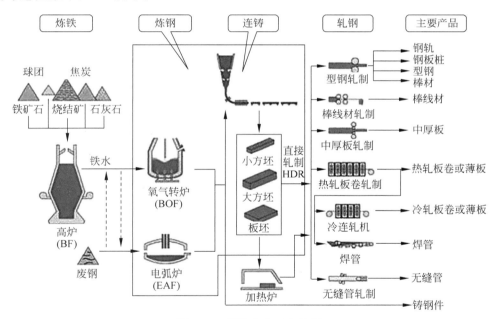

图 7-16 钢铁生产工艺流程

由图 7-16 可见,高炉炼铁生产是钢铁冶金工业中最主要的环节。其目的是将矿石中的铁元素提取出来,生产出来的主要产品为铁水。炼钢的方法主要有氧气顶吹转炉炼钢和电炉炼钢两种,其中,氧气顶吹转炉炼钢是将生铁里的碳及其他杂质(如硅、锰)等氧化,产出较铁而言,物理、化学与力学性能更好的钢。转炉生产出来的钢水经过精炼炉精炼后,需要将钢水铸造成不同类型、不同规格的钢坯,这就是图 7-16 中连铸工序的目的。连铸工序出来的钢坯仅仅是半成品,必须到轧钢厂进行轧制后,才能成为合格的产品。热轧后的成品分为钢卷和锭式板两种,经过热轧后的钢材厚度一般为几毫米,如果需要更薄的钢板,还要经过冷轧。

通过上面的简要介绍可以看到,钢铁冶炼过程是在物理性、化学性、热力学、冶金学等变化的相互交织、相互干扰中进行的,是一个动态的、极其复杂的工艺过程,而且要在诸如高温、高压和多灰尘的恶劣环境中实现高度精确的测量与控制。国内外的钢铁企业及相关研究人员从一开始就致力于高精度测量、物理模型计算和控制系统的开发,确保了钢铁冶炼过程的高质量稳定运行。20 世纪 60 年代以来钢铁冶炼中仪器仪表与控制技术的发展概况及特点如图 7-17 所示。

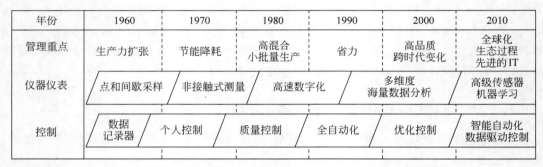

图 7-17 20 世纪 60 年代以来钢铁冶炼中仪器仪表与控制技术的发展概况

从图 7-17 中可以看出,仪器仪表技术从开始的点和间歇采样,到现在的高级传感器机器学习;控制技术从数据记录器,到现在的智能自动化数据驱动控制。两者涉及的环节非常多,而且均在飞速发展,有力地支撑了钢铁冶炼行业的跨越式进步。下面就从炼铁、炼钢以及轧钢这三个环节中,各选取一个典型参数的测量,以点带面地展示一下仪器仪表在钢铁冶炼行业中的重要作用。

1. 高炉喷吹煤粉总管质量流量的在线连续测量

高炉喷吹煤粉可以降低焦比,是炼铁工艺中普遍采用的一项技术。随着喷吹煤粉量的增加,对喷吹煤粉的控制要求也越来越高。为了满足生产过程中所需的连续测量及自动化控制,以达到安全、高效和经济运行的要求,煤粉质量流量的在线瞬时测量已成为喷吹工艺中亟待解决的重要课题。

目前,煤粉质量流量计的研究主要集中于电容法、静电法、超声法、光谱分析法、微波法、激光多普勒法、过程层析成像法等,并且有微波法和静电法原理的产品问世,但是测量精度始终没有取得理想的效果。

我国研究人员对使用电容传感器测量管道中煤粉质量流量的方法进行了深入研究,图 7-18 给出的是测量装置示意图。

研究人员在对电容传感器进行优化设计的基础上,通过多元非线性回归分析的方法构建起流量测量的数学模型,实现了模型参数的在线自动更新,并在钢铁冶炼现场进行了实际测试,为将来的进一步改进与推广应用奠定了基础。

2. 转炉炼钢在线终点碳含量的在线测量

转炉炼钢在线终点碳含量的精确控制对提高炼钢质量与产量、降低生产成本、实现节能减排等均具有重要意义,但是对其进行实时精确测量一直是全世界钢铁冶金行业亟待解决的问题。图 7-19 给出了一种利用火焰光谱探测技术,对转炉炼钢终点钢水的碳含量进行在

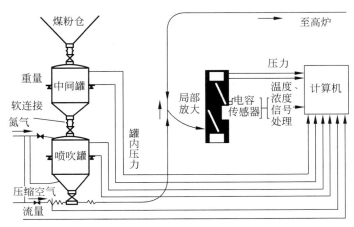

图 7-18 电容法测量煤粉质量流量的装置示意图

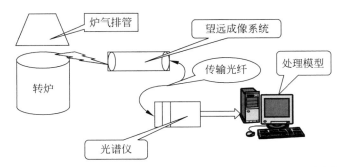

图 7-19 基于火焰光谱探测的转炉炼钢在线终点碳含量测量系统框图

线检测的新思路。

在图 7-19 中,望远成像系统的主要作用就是实现远距离观测炉口火焰。针对转炉炼钢现场的恶劣环境,既能达到人工近距离目视的效果,又能避开高温和污染对探测系统带来的损害。传输光纤中自带一个成像光纤,放置在望远系统的出瞳位置,传输光纤的主要作用就是将炉口火焰的像传导到光谱仪的光栅上。光谱仪采用的是光纤光谱仪,将火焰辐射能量通过 CCD 转化成电信号,用于探测火焰的光谱分布。在得到光谱仪的光谱信息后,计算机对光谱数据进行处理和特征提取,经过模型的计算和分析,计算出转炉内的钢水成分和温度状态信息。

整套装置进行了现场试验,结果表明,利用炉口火焰光谱信息可以实现转炉炼钢吹炼过程中的碳含量实时检测,相较于传统方法,新方法可以有效地将吹炼终点定位在高碳范围内,从而大幅度缩短转炉炼钢的吹炼时间。

3. 冷轧钢卷起筋量的测量

所谓"起筋"缺陷,就是指带材在卷取过程中,由于局部高点等局部特性逐层累加而在钢卷表面形成的鼓包现象。"起筋"的直接后果就是使钢卷打开后带材产生附加浪形,从而造成产品降级,如图 7-20 所示。近年来,随着用户对带材质量要求的不断提高,"起筋"问题已经越来越多地受到众多钢板生产厂家的关注。

图 7-20 "起筋"缺陷的实物图

因此,探索"起筋"量的测量方法,进而深入分析引起起筋缺陷的主要因素及抑制方法将为现场"起筋"缺陷的治理提供有力的理论支撑。图 7-21 给出了一种"起筋"高度测量的原理示意图,通过左右两次测量的平均值来提高测量精度。

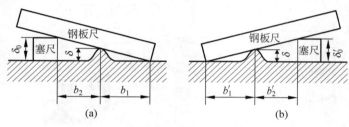

图 7-21 "起筋"高度测量原理示意图

为了减小测量对生产过程带来的影响,研究人员根据"起筋"的产生机理以及相关因素的影响,建立起一套理论上的计算模型,并将计算结果和采用图 7-21 所示方法的实际测试结果进行了对比,表明理论模型的精度达到了要求。这样一整套的测量方法就形成了闭环,既可以根据用户要求进行实际测量,也可以根据具体的生产情况采用理论模型进行估算,最重要的是,理论模型的建立能够为带材卷取过程进行指导,从而起到抑制"起筋"缺陷的作用。

7.2.3 有色金属冶炼中仪器仪表的应用

狭义的有色金属称为非铁金属,是铁、锰、铬以外的所有金属的统称,广义的有色金属还包括有色合金。有色合金是以一种有色金属为基体,其含量通常大于 50%,加入一种或几种其他元素而构成的合金。

在有色金属的分类上,全世界还没有统一的标准,各国的分类方法不尽相同,而且在分类中某些金属的归属存在交叉情况。按照我国的惯例,大体上把有色金属分为 5 类,即重有色金属、轻金属、贵金属、稀有金属及半金属。而有色金属冶炼的方法通常有 3 种:

（1）火法冶金,指在高温下矿石经熔炼与精炼反应及熔化作业,使其中的金属和杂质分离,获得较纯金属的工艺过程。不同的有色金属有不同的火法冶炼流程,所需要的冶炼工序也有所不同。常见的工序主要有选矿、干燥、焙烧、球团、熔炼、精炼等。

（2）湿法冶金,指在常温或 $100℃$ 以下,用溶剂处理矿石和精矿,使有价金属溶解于溶液中,而其他杂质不溶解,然后再从溶液中将金属提取出来的工艺过程。常用的工序有浆化、浸出、沉降过滤、换热、蒸发、结晶、萃取和溶液电解等。

（3）电冶金,指利用电能精炼并提取金属的方法。借助电化学反应使金属从含金属的盐类水溶液或熔体中析出的方法,称为电解精炼。一般可分为水溶液电解和熔盐电解两种。水溶液电解是在水溶液电解质中插入阴极和阳极,通入直流电,使水溶液电解质发生氧化还原反应,这个过程称为水溶液电解。熔盐电解是用熔融盐作为电解质的电解过程,主要用于提取轻金属。

3 种冶金方法有各自的优、缺点与适用范围,我们在下面的描述中将换一种思路,以钛冶金的工艺变革为切入点,通过对其工艺改进的介绍,让大家来思考,其中哪些环节需要仪器仪表的支撑,就不再对具体的仪器应用进行介绍了。

钛及其合金具有耐腐蚀、高熔点、高比强度、高（低）温性能好、与人体的相容性好、声音传导的低阻尼特性等优异性能,并具有储氢、形状记忆和超导功能,是优异的结构材料,也是高技术领域的重要功能材料,因而在化工、冶金、能源、医疗、航空航天、船舶、海洋工程、体育休闲等领域有着广泛的应用,被人们称作"太空金属""海洋金属"和"战略金属"。

钛在自然界中并不稀少,在地壳中的丰度为 0.56%,按元素排列居第 9 位,比常用的铜、铅、锌金属的储量总和还多。但是,氧化钛的化学位低,很难用碳热直接还原法生产金属钛。目前,工业生产金属钛的方法为 Kroll 法（又称镁还原法,由卢森堡科学家发明）,即首先将矿石中的二氧化钛氯化转型为四氯化钛,精制除杂后,再用金属镁还原精制四氯化钛以制备海绵钛。由于海绵钛制备过程复杂,并且要用两个金属镁还原 1 个金属钛,因此,能耗大、成本高是该方法的一个主要缺点。探索钛的新的冶炼方法就成为钛冶金学科的主要任务和发展方向。

1. Armstrong 工艺

Armstrong 工艺是以其发明人 Armstrong 的名字命名的一种钛冶金工艺,其工艺流程如图 7-22(a)所示。具体过程是：钠通过一个圆柱形的腔室被抽进反应器,而四氯化钛蒸气通过一个内部喷嘴注射到钠气流里面；钠和四氯化钛的反应在喷嘴出口处立即发生,生成的钛粉被过量的钠气流所携带；钛、钠和氯化钠通过过滤、蒸馏和洗涤得以分离；如果反应器中通入其他金属的氯化盐,则可以制得合金粉。Armstrong 反应器的实物如图 7-22(b)所示。

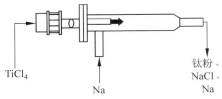

| (a) Armstrong工艺流程图 | (b) Armstrong工艺反应器 |

图 7-22　Armstrong 工艺流程图及其反应器

Armstrong 工艺是最接近商业化的一种工艺,已经能够生产出可使用的钛粉末。存在的主要问题有工艺装备的使用寿命、分离设备的优化等。

2. FFC 工艺

英国剑桥大学经过研究后提出了一种二氧化钛电解法制钛新工艺,其核心思想是将原有的电化学脱氧过程转变为可直接以氧化物为原料电解生产金属钛的过程,根据研究者的姓名将之命名为 FFC 工艺。其工艺流程如图 7-23 所示。

该方法以二氧化钛为阴极、碳质材料为阳极,在熔融的氯化钙体系中电解二氧化钛,得到电解产物海绵钛,再经过破碎、分离等工序最终得到金属钛。该方法提出之后受到了世界范围内的广泛关注,但是经过多年研究,仍然存在诸多问题。最主要的问题是二氧化钛本身不导电,必须施加很大的电流才能开始电解过程,能耗高、生产效率低,再加上阴极易沉积、阳极易烧蚀等问题,产业化道路依然漫长。

3. OS 工艺

OS 工艺是由日本京都大学的 Ono 和 Suzuki 提出的,他们对钙热还原二氧化钛进行了深入研究,提出在钙/氧化钙/氯化钙熔盐中,用电解得到的活性钙将二氧化钛还原为钛金属的方法,实验装置如图 7-24 所示。

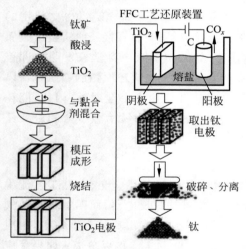

图 7-23　FFC 工艺流程

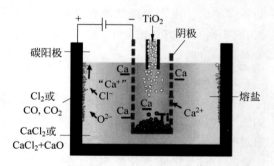

图 7-24　OS 工艺实验装置

该方法以石墨坩埚作为阳极,用不锈钢网制成阴极篮,将二氧化钛粉末直接放入阴极篮中,在两极间加电压进行恒压电解。所用的电压高于氧化钙的分解电压而低于氯化钙的分解电压。钙离子在阴极上还原为钙,而氧在阳极上与碳生成一氧化碳或二氧化碳。由于二氧化钛和钙的密度差异较大,因此二氧化钛最终是由溶解在熔盐中的钙还原为金属钛的。目前该方法的主要问题是金属钛中的氧含量较高。

4. USTB 工艺

USTB 工艺是由北京科技大学的研究小组提出的。该方法借鉴钛精炼的思路,采用含钛的可溶性阳极材料为钛源,通过电解制取高纯钛,实验装置如图 7-25 所示。

该方法以二氧化钛和石墨或者碳化钛为原材料,以一定的化学计量配比混合,并在一定的热处理温度下进行热处理得到可溶性阳极材料 TiC_xO_y,然后将其放入图 7-25 所示的熔盐体系中长时间电解,伴随着电解的进行,钛在阳极以离子的形式溶出,与此同时在阴极沉积出金属。该方法最大的特点是熔融盐电解过程中，钛是从原料阳极中溶出来的，制备出的金属钛纯度很高。但如果要大规模工业化生产，还面临着大型电解槽的设计、大尺度可溶阳极的加工以及稳定电解等方面的问题。

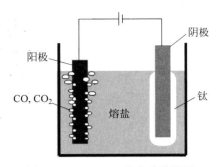

图 7-25　USTB 工艺实验装置图

我们在上面集中探讨了钛冶金的新工艺，客观上讲，都还处在研究阶段，距离实现连续的工业化生产还有一段路要走。但是这些新的方法为制备金属钛开辟了一个新天地，是未来钛金属提取冶金技术的发展方向。

回归到仪器科学与科技文明的主题，本节并没有讲到具体的仪器仪表，但并不意味着钛冶金过程中没有仪器仪表的身影。只不过是想换一种方式，希望大家在了解了钛冶金工艺发展历程的基础上，去思考一下，在钛冶金工艺的发展、完善及工业化之路上，仪器仪表发挥了什么作用。相信这样的思考，会让每一位读者得到自己的答案，当然更重要的是通过思考加深了对仪器仪表的理解。

7.3　仪器科学与材料科学的发展

材料是人类用于制造物品、器件、构件、机器或其他产品的物质。材料是物质，但不是所有的物质都称为材料。

人类社会的发展历程是以材料为主要标志的，材料是人类赖以生存和发展的物质基础。时代的发展需要材料，而材料又推动了时代的发展。纵观人类利用材料的历史，每一种重要材料的发现和利用，都会把人类支配和改造自然的能力提高到一个新的水平，给社会生产和人类生活带来巨大的变化，其重要性日益凸显。到了 20 世纪 70 年代，材料、信息、能源被誉为当代文明的三大支柱。

7.3.1　材料发展历程概述

前面已经讲到，早期人类文明的发展历程经历了从石器时代，到青铜时代，再到铁器时代的发展历程，材料在其中起到了至关重要的作用。

100 万年以前的原始人是以石头作为工具的，使用并打制石器，称为旧石器时代。1 万年以前的人类能够采用磨制工艺对石器进行加工，使之成为器皿和精致的工具，从而进入了新石器时代。新石器时代后期，出现了利用黏土烧制的陶器，世界各地的早期文明都出土了精美的陶器。陶器的发明是人类第一次有意识地发明了自然界没有的，并且具有全新性能的无机非金属材料。恩格斯认为人类从低级阶段向文明阶段的发展是从学会制陶开始的。3 000 多年前的殷、周时期，我国人民发明了釉陶。到了隋唐时期，瓷器蓬勃发展，为宋元时期瓷器巅峰时代的到来奠定了坚实的基础。

在石器时代，人类在寻找石器的过程中认识了矿石，并在烧陶生产工艺中发展了冶铜术。铜具有很多优点，但是硬度不高，从而限制了其使用范围。据推测，可能是通过试验或者在偶然的情况下,人们发现了在铜里添加其他物质形成的金属合金(称为青铜)硬度会增加。在公元前 5000 年左右,人类进入青铜器时代。青铜是在铜中加入铅或锡的合金,其冶炼温度较低,是人类最早大规模使用的金属材料。青铜工具的出现,在人类的生产力发展史上起到了划时代的作用。而在中国,青铜器的最大历史贡献并不在于对生产力的推动,而在于社会秩序的建立。这也使我们能够理解,为什么在我国有如此先进的青铜器工艺以及如此多的高质量的青铜器作品问世了。

公元前 1200 年左右,人类开始使用铸铁,由此进入铁器时代。随着技术的进步,又发展了钢的制造技术。18 世纪钢铁工业的快速发展,成为产业革命的重要内容和物质基础。19 世纪中叶现代平炉和转炉炼钢技术的出现,使人类真正进入了钢铁时代。与此同时,铜、铅、锌也得到大量应用,铝、镁、钛等金属相继问世并得到应用。直到 20 世纪中叶,金属材料在材料工业中一直占有主导地位。

自人类文明出现以来,高分子材料就一直陪伴着我们。丝、皮、毛等天然高分子从远古开始就被人们发现并利用,并且人们在利用的过程中还不断改进其加工技术。但是对高分子材料进行改性以及合成却是直到 19 世纪中叶才出现的事情,1839 年英国工程师固特异(Goodyear)在天然橡胶中加入硫黄,首次合成了硫化橡胶,如图 7-26(a)所示;1872 年,德国科学家拜尔发现苯酚和甲醛在酸性介质中反应可以形成树脂状物质,之后美国科学家贝克兰在拜尔研究工作的基础上,于 1907 年制得酚醛树脂,1910 年实现了产业化,如图 7-26(b)所示,这是高分子合成历史上划时代的事件。

(a) 固特异在做硫化橡胶的实验

(b)酚醛树脂发明之路上的拜尔和贝克兰

图 7-26　人工改性及合成高分子材料的里程碑式事件

以酚醛树脂为标志的人工合成高分子材料问世之后,得到了广泛应用。人们对于合成更多类型的高分子材料表现出了极大的热情,先后出现了尼龙、聚四氟乙烯、合成橡胶、高分子合金等多种高分子材料。发展到今天,高分子材料已经与有上千年历史的金属材料并驾齐驱,成为国民经济、国防尖端科学和高科技领域不可缺少的材料。除此之外,随着 20 世纪

50 年代合成化工原料和特殊制备工艺的发展,陶瓷材料也产生了一个飞跃,出现了从传统陶瓷向先进陶瓷的转变,许多新型功能的陶瓷材料出现并形成了产业,满足了电力、电子和航天技术的发展和需要。20 世纪初,人们开始对半导体材料进行研究,到了 50 年代,已经能够制备出锗单晶,之后又能够制备出硅单晶和化合物半导体等,从而使电子技术领域由电子管发展到晶体管、集成电路、大规模和超大规模集成电路。半导体材料的应用和发展,使人类社会进入了信息时代。

现代材料科学技术的发展促进了金属材料、非金属无机材料和高分子材料之间的密切联系,从而出现了一个全新的材料领域——复合材料。复合材料是以一种材料为基体,另一种或几种材料为增强体,从而获得比单一材料更加优越的性能。复合材料作为高性能的结构材料和功能材料,不仅用于航空航天领域,还在现代民用工业、能源技术和信息技术方面不断扩大应用。

通过对材料发展历史的概述可以看到,材料始终伴随着人类文明的发展,但是长期以来,材料一词都是与物质同义的。直到 20 世纪 50 年代,高分子、陶瓷、半导体等一系列新材料技术得到飞跃式发展之后,材料科学的概念才得以形成,所以材料科学并不像物理学中的牛顿或者化学中的拉瓦锡那样,有标志性的创始人物。材料科学的起点一般认为是源于材料力学,即如何从力学的角度认识材料的性质,材料力学的概念普遍认为是源于伽利略的巨著《关于力学和位置运动的两门新科学的对话》。

7.3.2　测量促进了材料科学的形成与发展

上面讲到,材料力学的发展要早于材料科学的发展,伽利略在《关于力学和位置运动的两门新科学的对话》中讨论了材料力学的问题,他从讨论直杆的拉伸问题入手,奠定了用解析方法开展材料力学研究的基础。之后,罗伯特·胡克、马里奥特等科学家相继开展了相关实验,推进了材料力学的发展,如图 7-27 所示。

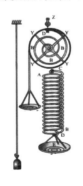 

(a) 罗伯特·胡克测定弹性模量的装置　　(b) 马里奥特的木材拉伸实验

图 7-27　早期材料力学发展历史中的著名实验

进入 19 世纪之后,针对应力分析、弹性分析、强度理论、交变应力下的材料行为等,金属材料学开始与材料力学相互借鉴,1807 年英国力学家托马斯·杨等详细描述了弹性模量,开创了弹性理论,之后疲劳强度、屈服强度等概念的提出与建立都是力学和金属材料学相互融合的结果。这其中,硬度的精确测量是一个标志性事件。

　　1822 年,德国矿物学家腓特烈·莫斯提出了莫氏硬度的标准,该标准是根据各种矿物相互刻划的方法来确定硬度的,共分为 10 级,并不是实测硬度,而且级与级之间并不等距。1900 年,瑞典科学家布林奈尔研制出精确测定材料硬度的方法,即通过测量一定压力下的压痕面积来得到硬度测量的结果,被称为布氏硬度,适用于中低硬度材料的测定。1914 年,美国科学家洛克威尔开发出洛氏硬度计,通过测定卸载后的压入深度实现硬度测量,适用于中高硬度材料的测定。1921 年,英国维克斯公司的两位工程师史密斯和桑德兰成功开发了维氏硬度计,不仅可以测定任何材料的硬度,还可以用于测定显微组织中各相的硬度。各种硬度的测量方法及实物装置如图 7-28 所示。

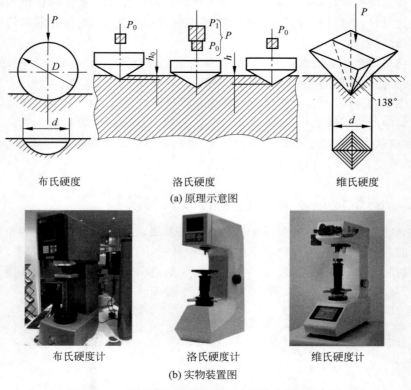

图 7-28　3 种硬度计的测量原理示意图及实物装置图

　　显微镜发明之后,首次将其应用于材料科学研究的当属英国矿物学家索拜,他在 1863 年用 500 倍显微镜观察钢铁样品,发现了碳化物片层的珠光体组织,如图 7-29(a)所示,由此拉开了材料科学的序幕,他也因此被尊为"金相学之父"。随后,基于显微镜的旨在研究钢铁组织根源的金相学得以快速发展,马氏体、奥氏体、莱氏体等相继被发现,图 7-29(b)给出的是 20 世纪初,德国冶金学家马滕斯拍摄到的钢淬火组织照片,因其发现了图中的针片结构,则该结构被命名为马氏体。

　　人们通过研究发现,钢在高温加热后水冷淬火时会产生马氏体相,其高硬度就是淬火后钢硬度增加的原因。接下来,钢通过淬火硬化的本质原因究竟是什么的争论甚嚣尘上,以法国科学家奥斯蒙为首的一派被称作 β 相硬化派,认为铁在高温冷却时是先转变成 β 相,然后才变成室温相的;以美国科学家豪乌为首的一派则认为,硬化是碳的作用。这个争论直到

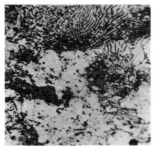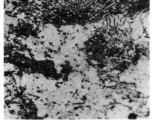

(a) 1953年重拍的索拜试样　　　　(b) 德国工程师马丁拍摄的马氏体

图 7-29　金相学发展初期的标志性事件

X 射线衍射分析法出现后多年,于 1926 年才得以最终确定,芬克和坎贝尔测出了碳钢马氏体的正方度与含碳量的关系,这是最根本的证据,硬化是碳的作用这一派获得了最后的胜利。

19 世纪产生了高温测定技术。1875 年德国科学家西门子发明了铂电阻温度计,1888 年法国化学家勒夏特列发明了热电偶,如图 7-30 所示。人们拥有了测量高温的利器,从而能够了解温度变化时,材料内部发生的结构变化,这就是材料研究中热分析方法的起点。

(a) 西门子发明的铂电阻温度计　　　　(b) 勒夏特列发明的热电偶原理图

图 7-30　铂电阻温度计与热电偶的发明

1868 年,俄罗斯冶金学家 D. 切尔诺夫首次发现了碳钢中的临界温度,即图 7-31(a)中的 a 点,如果加热温度不超过这个温度,是不能让钢淬硬的。而且发现该温度与钢中的含碳量有关。随着钢种类的增加,英国冶金学家罗·奥斯汀发现了钢的临界点与碳含量有着密切的关系,并通过热分析方法测定了铁-碳二元合金系相图的最初框架,如图 7-31(b)所示,世界上第一张相图诞生了。由于罗·奥斯汀并不了解吉布斯相律,因此只能真实地绘制出实测共晶和共析温度。之后,荷兰科学家罗泽布姆在掌握了吉布斯相律的基础上,于 1900 年对奥斯汀的铁-碳相图进行了修正,使相图的科学性得以体现,并从此受到学术界的高度重视。

19 世纪末,随着拉开现代物理学序幕的三大物理实验相继完成,材料结构的未解之谜也因此找到了新的破解途径。X 射线衍射仪被称为探明材料本质及晶体结构的有力武器,自此开启了结构分析的 X 射线时代,也因此诞生了一门新的学科——X 射线材料组织学,也称为 X 射线金属学。

X 射线金属学一出手就解决了"钢为什么能够通过淬火而硬化"的世纪争论,站在了很高的起点上。1937 年,法国科学家吉尼尔以及英国科学家普莱斯顿几乎同时发现了杜拉铝的时效硬化之谜——铜原子的偏聚,这种偏聚后来被称为 GP 区,两位科学家所用的方法仍然是 X 射线衍射法。接下来,研究人员关注的热点问题聚焦在金属是不是晶体、凝固是不是结晶、晶界有多厚等一系列材料的本性问题上。伴随着光学显微镜的不断发展和完善、电

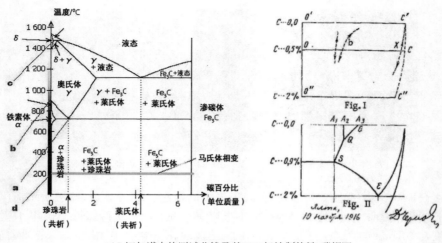

(a) 切尔诺夫的测试曲线及其1916年绘制的铁-碳相图

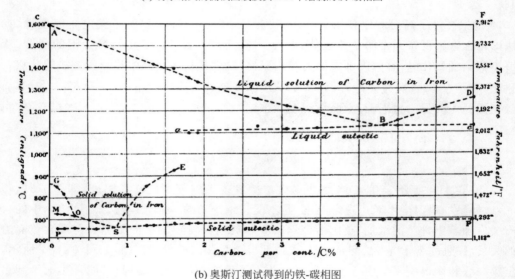

(b) 奥斯汀测试得到的铁-碳相图

图 7-31　材料科学研究中热分析方法的里程碑事件

子显微镜及扫描隧道显微镜等仪器的发明,使这些问题的解决成可能,而这些问题的解决也标志着材料正在从工艺走向科学。这其中也有着中国科学家的杰出贡献,对于晶界的厚度,当时的主流观点认为晶界应当有成百上千个原子间距,而 1947 年我国著名的物理学家葛庭燧利用自己发明的扭摆[后被命名为葛氏扭摆,如图 7-32(a)所示],测定了纯铝的内耗滞弹性后提出,晶界应该只有 2~3 个原子厚。这一结论震惊了世界,但后来得到了精彩验证,如图 7-32(b)所示。

随着材料科学的不断发展与进步,物理学家尝试利用掌握的理论知识来预测金属的屈服强度。第一位做这种尝试的是苏联物理学家弗伦克尔,他在 1926 年进行了理论分析推算,得出单晶铜的理论屈服强度应当为 1 540 MPa,但实测值仅为 1 MPa,此时人们才惊讶地发现,我们对晶体的认识还很粗浅,为了解释弗伦克尔的问题,科学家们发挥出了惊人的想象力。1934 年,英国物理学家泰勒、匈牙利科学家波朗依和欧罗万分别独立提出了自己

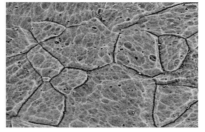

(a) 葛庭燧及其发明的葛氏扭摆　　　　　(b) 高分辨电镜观察到的晶界

图 7-32　晶界厚度的标志性事件

的解释方案,即任何晶体都不可能是完整无缺的,会存在各种各样的缺陷,这就是位错理论的起点。位错理论提出之后,一大批科学家在没有实际观察的情况下,对位错理论的发展作出了重要贡献。1939 年,美国科学家伯格斯提出可以用矢量来表征位错的基本性质。1950年,英国科学家弗兰克和美国科学家瑞德共同提出了一个位错增殖机制,使位错理论体系不断发展和完善,直到最后被电子显微镜的观察结果所证实,如图 7-33 所示,也成就了科学史上的一段佳话。

(a) 碳化硅表面的螺形位错　　　　　(b) 18CrNi不锈钢中的平面排列位错

图 7-33　一些典型位错的高分辨电子显微镜照片

随着材料科学研究的不断深入,遇到了相变、扩散、蠕变等一系列新的问题,而在解决这些问题的过程中,不断涌现出的新仪器起到了重要的推动作用。因此,可以毫不夸张地说,在材料科学概念的形成、发展与完善过程中,测量提供给研究人员全新的视角来观测和理解材料,为材料科学理论的发展不断添砖加瓦。

7.3.3　现代材料科学研究中无处不在的测量与仪器

从 20 世纪 60 年代“材料科学”开始形成到现在,材料进入了一个走向高技术发展的新时期,进入了现代材料阶段,呈现出一个主要特征:结构材料与功能材料的界限更加鲜明,并且涌现出一系列新的材料加工技术。下面就从结构材料、功能材料及材料加工技术三个角度来探究测量在其中的作用。

1. 结构材料发展中测量发挥的作用

结构材料是以力学性能为基础制造受力构件所用的材料,对物理或化学性能也有一定的要求。发展到今天,已经形成了由金属材料、无机非金属材料和高分子材料三大类材料构成的巨大群体,并向着更高的力学性能、轻量化特质、耐热性、环境适应性以及环境亲和性发展。纳米材料作为结构材料中一颗冉冉升起的新星,正在越来越多地改变着我们的生活。

1959 年,美国物理学家费曼预言:如果我们对物体微小规模上的排列加以某种控制的话,我们就能使物体得到大量的异乎寻常的特性,就会看到材料的性能产生丰富的变化。1982 年,IBM 公司苏黎世研究所的两位科学家宾尼格和洛勒发明的扫描隧道显微镜,能够以原子级的空间尺度来观察宏观块体物质表面上的原子和分子的几何分布和状态分布,揭示了一个可见的原子、分子世界。只有从纳米尺度上观测到微观世界,才有可能操纵原子形成新材料,因此这一年被广泛认为是纳米元年。

1989 年,IBM 阿尔马登研究中心的科学家埃格勒成为人类历史上第一个控制和移动单个原子的人。1989 年 11 月 11 日,他和他的团队用自制的显微镜操控 35 个氙原子,拼写出了"I,B,M"三个字母,如图 7-34(a)所示,由此开启了纳米科学和纳米技术的新纪元。1990 年 7 月在美国召开了第一届国际纳米科学技术会议,正式宣布纳米材料科学为材料科学的一个新分支,而采用纳米材料制作新产品的工艺技术则被称为纳米技术。现在,纳米技术已经成为高度交叉的综合性科学技术,是一个融科学前沿和高技术于一体的完整的科学技术体系。1993 年,我国科学家在一块晶体硅的表面通过探针的作用搬走原子,写出了"中国"两个字,如图 7-34(b)所示。

(a) IBM公司的纳米操纵作品　　(b) 我国科学家的纳米操纵作品

图 7-34　纳米材料发展历史上的里程碑式事件

纳米材料所展现出的神奇特性经常会让人叹为观止。以碳纳米管为例,1991 年,日本科学家饭岛澄男在高分辨透射电子显微镜下检验石墨电弧设备中产生的球状碳分子时,意外发现了由管状的同轴纳米管组成的碳分子,人类历史上第一张碳纳米管的照片诞生了,如图 7-35(a)所示;图 7-35(b)为饭岛澄男与透射电子显微镜的合照。碳纳米管具有优异的力学性能、场发射性能,在储氢、隐身、纳米导线等领域应用前景广阔,1998 年被美国科学促进会评为 20 世纪材料学最重大的发现。

在碳系家族中,碳纳米管被认为是一维结构的代表,加上三维的金刚石和 1985 年发现的零维的富勒烯,其家族中唯独缺少二维结构的身影。而这个身影于 2004 年被英国曼彻斯特大学盖姆教授和诺沃肖洛夫教授发现了,他们采用胶带反复剥离的方法,观测到了自由且稳定存在的单层石墨烯材料,如图 7-36(a)所示。石墨烯优异的电学性能使其在能源储存、复合材料和传感器等领域发挥着巨大的作用,因此一经问世就得到了广泛关注。2018 年,22 岁的中国少年曹原提出了震惊世界的理论推测:当叠在一起的两层石墨烯彼此之间发生轻微偏移的时候,材料有可能实现超导。终于,在一次实验中,曹原将角度旋转为 1.1° 时,两层石墨烯成了超导体,电子在其间畅行无阻,如图 7-36(b)所示。展望未来,曹原的发

(a) 第一张碳纳米管照片

(b) 饭岛澄男与透射电子显微镜

图 7-35 碳纳米管的照片及其发现者

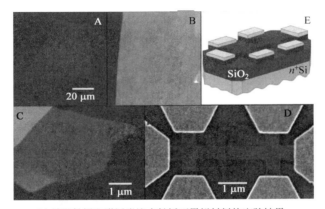
(a) 盖姆教授和诺沃肖洛夫教授石墨烯材料的实验结果

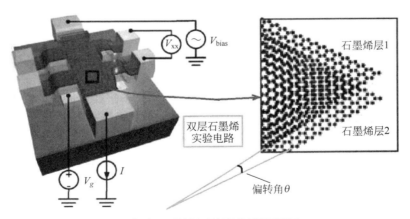
(b) 曹原用石墨烯实现超导的原理示意图

图 7-36 石墨烯材料发展史上的里程碑式事件

现将极大地促进电子产品工业的发展,在能源传输方面,产业化后也将拥有巨大的市场前景。

2. 功能材料发展中测量发挥的作用

功能材料的发展相对晚一些,随着 20 世纪初材料物理研究的不断深入,功能材料的种类才呈现逐渐增加的趋势。1965 年,美国贝尔实验室的莫顿首次提出了功能材料的概念,即用以表示能够满足光、电、磁、声、热等物理学、化学、生物医学等各方面性能需求的材料。永磁材料一直是人们关注的功能材料,在各个领域中发挥着重要的作用,也是发展较快的功能材料。

永磁材料是一种古老而年轻的、用途广泛的基础功能材料,经过长期发展,其应用已渗透到国民经济和国防建设的各个方面。永磁材料先后经历了金属永磁材料、铁氧体永磁材料、稀土永磁材料、纳米结构永磁材料等发展阶段,超导永磁体则是近年来提出的一种新概念永磁体。大家公认,现代材料中永磁材料的发展速度是第一位的,图 7-37 给出了永磁材料最大磁能积的变化情况图,相比较百年前,提高了 100 倍,进步之速度令人赞叹,当然图中的结果必然是基于精确的测量。

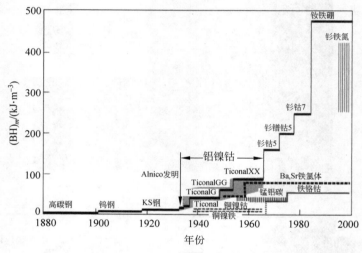

图 7-37　永磁材料最大磁能积的变化情况

永磁材料的进步也给人们提供了探索世界的更大可能,这其中诺贝尔奖获得者丁肇中教授的阿尔法磁谱仪就是杰出的代表。阿尔法磁谱仪项目是丁肇中教授在 1995 年提出来的,旨在探测宇宙中的奇异物质,包括暗物质及反物质,工作原理如图 7-38(a)所示。考虑到暗物质、反物质和物质由于其中带电粒子的差异在磁场中的运动轨迹将会不同,因此跟踪阿尔法磁谱仪中粒子轨迹的变化,通过对海量测量数据进行分析是有可能观测到暗物质和反物质的,这其中永磁体是磁谱仪能否成功的关键部件,中科院电工所的钕铁硼永磁体承担了这一重任。1998 年,第一代阿尔法磁谱仪由"发现号"航天飞机携带上天,10 天的运行情况良好。2011 年,第二代阿尔法磁谱仪被正式安装在国际空间站上,如图 7-38(b)所示,该仪器将运行到空间站关闭的那一天,超过 10 年的太空观测将会带给我们什么样的惊喜呢? 大家拭目以待。

3. 材料加工新技术中测量发挥的作用

材料加工是将原料、原材料(有时加入各种添加剂、助剂或改性材料)转变成实用材料或

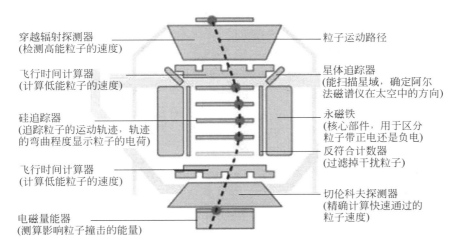

穿越辐射探测器
(检测高能粒子的速度)

飞行时间计算器
(计算低能粒子的速度)

硅追踪器
(追踪粒子的运动轨迹，轨迹
的弯曲程度显示粒子的电荷)

飞行时间计算器
(计算低能粒子的速度)

电磁量能器
(测算影响粒子撞击的能量)

粒子运动路径

星体追踪器
(能扫描星域，确定阿尔
法磁谱仪在太空中的方向)

永磁铁
(核心部件，用于区分
粒子带正电还是负电)

反符合计数器
(过滤掉干扰粒子)

切伦科夫探测器
(精确计算快速通过的
粒子速度)

(a) 阿尔法磁谱仪的工作原理

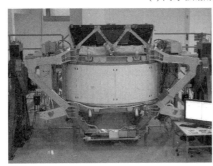

(b) 在欧洲核心中心开展地面实验及安装在空间站的阿尔法磁谱仪

图 7-38　阿尔法磁谱仪的工作原理及相关实物

制品的一种工程技术。在我国,材料加工工程的重点是聚合物加工,可以分为金属材料加工工程和高分子材料加工工程。

　　增材制造(也称 3D 打印)是 20 世纪 80 年代后期发展起来的新型制造技术。2013 年在美国麦肯锡咨询公司发布的"展望 2025"报告中,将增材制造技术列入决定未来经济的十二大颠覆技术之一。增材制造的成形材料可以是金属、非金属、复合材料、生物材料甚至是生命材料,成形工艺能量源包括激光、电子束、特殊波长光源、电弧以及以上能量源的组合,成形尺寸从微纳米元器件到 10 m 以上的大型航空结构件,为现代制造业的发展以及传统制造业的转型升级提供了巨大契机。增材制造以其强大的个性化制造能力,充分满足了未来社会大规模个性化定制的需求;以其对设计创新的强力支撑,颠覆了高端装备的传统设计和制造途径,形成了前所未有的全新解决方案,使大量的产品概念发生了革命性变化,在现代制造业发展中发挥着日益重要的作用。

　　增材制造的实现方式有很多种,下面以大型金属构件的增材制造为例来感受一下神奇的 3D 技术。

　　首先,了解一下大型金属构件 3D 打印的需求背景。随着航空、航天、船舶等现代工业高端装备正向大型化、高参数、极端恶劣条件下高可靠、长寿命服役的方向快速发展,使钛合金、高强钢、耐热合金等关键金属构件的尺寸越来越大、结构日益复杂、性能要求日益提高。采用铸锭冶金＋塑性成形等传统制造技术生产,不仅需要万吨级以上的重型锻造装备及大型锻造模具,技术难度大,而且材料切削量大、利用率低,因此钛合金等高性能、难加工金属大型关键构件的制造技术,被公认为是重大高端装备制造业的基础和核心关键技术。

其次,高性能金属构件 3D 打印是以合金粉末或丝材为原料,如图 7-39(a)所示,通过高功率激光原位冶金熔化/快速凝固逐层堆积,直接从零件数字模型一步完成全致密、高性能大型复杂金属结构件的直接近净成形制造。与锻压＋机械加工、锻造＋焊接等传统大型金属构件的制造技术相比,该技术具有以下独特优点:

(1) 激光原位冶金融化/快速凝固"高性能金属材料制备"与"大型、复杂构件成形制造"一体化,制造流程短。

(2) 零件具有晶粒细小、成分均匀、组织致密的快速凝固非平衡组织,综合力学性能优异。

(3) 不需要大型锻铸工业装备及其相关的配套基础设施,不需要锻坯制备和锻造模具制造,后续机械加工余量小、材料利用率高、周期短、成本低。

(4) 具有高度的柔性和对构件结构设计变化的"超常快速"响应能力,同时也使结构设计不再受制造技术的制约。

(5) 激光束能量密度高,可以方便地实现对包括 W、Mo、Nb、Ta、Ti、Zr 等在内的各种难熔、难加工、高活性、高性能金属材料的激光冶金快速凝固材料制备和复杂零件的直接近净成形。

(6) 可以根据零件的工作条件和服役性能要求,通过灵活改变局部激光熔化沉积材料的化学成分和显微组织,实现多材料、梯度材料等高性能金属材料构件的直接近净成形等。

最后,为了解决"大型工程成套装备"的难题,北京航空航天大学的王华明教授团队提出了"外置式"(机械系统均放置于成形真空腔外)的装备新思路,发展出多路沉积"桥式"(机械运动轴全悬挂、可扩展)大型激光增材制造装备新系统[如图 7-39(b)所示]、成形腔柔性高效抽排真空新方法,突破多路沉积协调控制关键技术,最新一代装备结构紧凑,运行高效,造价低廉,可扩展新型大型构件激光增材制造工程化成套装备的制造能力达 7 m×5 m×3 m,钛合金沉积效率达 2 kg/h,整体打印的飞机机身加强框实物如图 7-39(c)所示,走在了世界前列。

激光金属增材制造的主要工艺方法包括基于粉末床的选择性激光熔化(selective laser melting,SLM)、基于喷嘴跟随送粉的激光熔覆沉积(laser cladding deposit,LCD)和熔丝增材制造等。增材制造过程中的非平衡物理冶金和热物理过程十分复杂,同时发生着激光、粉末、固体基材以及熔池的交互作用,面临着移动熔池的快速凝固收缩,温度梯度大,零件长时间经历高能激光束的周期性非稳态循环加热、冷却及短时非平衡循环固态相变,零件内产生热应力、应力集中等一系列问题,容易产生冶金缺陷,造成零件显微组织性能降低。因此,对增材制造温度场进行检测、分析与控制,以减少热应力、热变形和缺陷,提高成形精度,一直是金属增材制造领域的关键问题之一。

增材制造温度场在线检测大都采用非接触式热辐射检测,其理论依据主要是普朗克黑体辐射理论,其中基于红外辐射的测温仪器有红外热像仪(区域测温)、双色高温计(点测温)、单色温度计(点测温,精度低于双色高温计),基于可见光波段热辐射的检测方法有

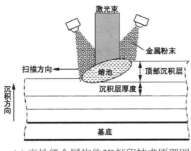

(a) 高性能金属构件3D打印技术原理图

(b) 多路沉积"桥式"增材制造装备

(c) 钛合金飞机机身整体加强框打印实物图

图 7-39　高性能金属构件 3D 打印的原理、装备及打印实物

CCD 相机、高速相机(区域测温)。

图 7-40(a)给出了在 SLM 成形系统中,利用高速相机获取的 700 nm 和 950 nm 两个波长的辐射图像测试系统图；图 7-40(b)给出的是测量结果,旨在实现钛合金 SLM 熔池温度的实时抗干扰检测。

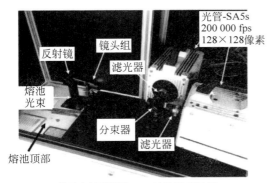

(a) 基于高速相机的SLM熔池温度检测

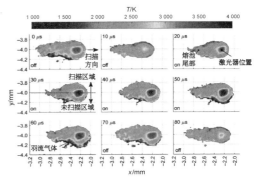

(b) 一条单道扫描中的熔池温度图像

图 7-40　基于高速相机的 SLM 熔池温度检测系统及其测量结果

　　温度检测的目标还是期望能够实现闭环控制来提高增材制造产品的质量。如果能够配合更多的参数进行闭环控制,无疑将会得到更好的效果。有研究人员在 LCD 成形中,根据双色高温计检测的熔池温度和 CCD 相机检测的熔覆层高度对激光功率实施闭环控制,提高了零件的成形精度,其原理图及实际效果如图 7-41 所示。

　　可以看到,增材制造过程中关键参数的实时检测与反馈控制确实对于改进增材制造的成形精度和效果会有帮助。进一步讲,如果能够从机理上分析产生缺陷问题的原因,解决影响成形质量的基础问题,再辅之以测量方法和手段的提升以及测量结果的有效验证,无疑将会更加有效地控制成形过程以及提升成形质量。

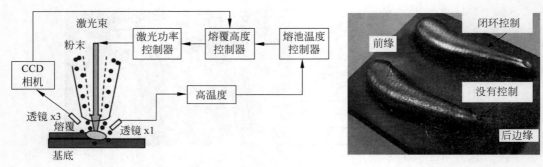

(a) 熔池温度和熔覆层高度闭环控制原理图   (b) 控制和没有控制的效果对比

图 7-41　熔池温度和熔覆层高度闭环控制原理图及实际效果

　　经过多年的研究,目前研究人员普遍认为,高性能大型金属构件激光增材制造面临的基础问题包括:激光/金属交互作用行为及能量吸收与有效利用机制、内部冶金缺陷形成机制及力学行为、移动熔池约束快速凝固行为及构件晶粒形态演化规律、非稳态循环固态相变行为及显微组织形成规律以及内应力演化规律及构件变形开裂预防控制 5 个方面。而未来的高性能大型关键金属构件激光增材制造技术能否得到快速发展和工程推广应用,将在很大程度取决于这些基础问题的研究深度,测量与仪器在解决这些问题的过程中仍将发挥着不可或缺的作用。

参 考 文 献

[1]　贡长生.现代工业化学概论[M].武汉:湖北科学技术出版社,2003.

[2]　夏定豪.硫酸工业发展史:《中国大百科全书·化工》条目[J].硫酸工业,1987(3):51-52.

[3]　陈怡.近年来硫酸分析仪器的发展与选择[J].硫酸工业,2014(2):62-66.

[4]　梅基强,陈怡,宋建华.硫酸生产自动化的现状与发展[J].硫酸工业,1992(1):23-25.

[5]　陈怡,袁文章,张新华,等.紫外吸收光度分析仪在硫黄制酸中的应用[J].硫酸工业,2012(6):30-31.

[6]　王松汉.乙烯装置技术与运行[M].北京:中国石化出版社,2009.

[7]　吕晓东.世界及中国乙烯工业发展展望[J].当代石油石化,2018,26(4):24-28.

[8]　王道福,张继峰.分析小屋成套系统在高密度乙烯工艺上的应用[J].自动化与仪器仪表,2013(5):118-119.

[9]　周娟,程泱.万华 100 万吨/年乙烯装置项目在线分析仪的选型与应用[J].仪器仪表用户,2019,26(11):33-35.

[10]　李清玲.石化企业在线防爆分析小屋的安全设计与应用研究[D].重庆:重庆科技学院,2016.

[11]　吴镇.TMA-202-P 型水分分析仪故障分析及处理[J].江苏氯碱,2011(2):15-16.

[12]　朱清时.绿色化学[J].化学进展,2000,12(4):410-414.

[13]　闵恩泽,傅军.绿色化学的进展[J].化学通报,1999(1):10-15.

[14]　李进军,吴峰.绿色化学导论[M].武汉:武汉大学出版社,2015.

[15]　孟黎清.燃料电池的历史和现状[J].电力学报,2002,17(2):99-104.

[16]　郭爱,陈维荣,刘志祥,等.燃料电池机车热管理系统建模和动态分析[J].西南交通大学学报,2015,50(5):953-960.

[17]　杜长坤,高旭东,高逸锋,等.冶金工程概论[M].北京:冶金工业出版社,2012.

[18]　泰利柯特.世界冶金发展史[M].华觉明,译.北京:科学技术文献出版社,1985.

[19] 匠人工坊. 千年钢铁工业发展史[EB/OL]. https://www. sohu. com/a/253405803_668786,2018-09-12.

[20] 刘云彩. 中国古代高炉的起源和演变[J]. 文物,1978(3):18-27.

[21] 涂师平. 臻于极致的青铜典范——国宝四羊方尊鉴赏[J]. 宁波通讯,2010(1):43.

[22] 华乙. 传统有色金属冶炼术[J]. 金属世界,1996(4):31.

[23] 王建强. 高炉喷吹煤粉总管质量流量在线测量技术研究与应用[D]. 沈阳:东北大学,2010.

[24] 刘仁学,金锋,陆增喜,等. 高炉喷吹煤粉总管质量流量的在线连续测量[J]. 钢铁,2000,35(1):9-12.

[25] 白振华,刘献东,李兴东,等. 冷轧钢卷起筋量的测量及其影响因素的研究[J]. 钢铁,2004,39(12):47-50.

[26] 许凌飞. 基于炉口火焰光谱信息的转炉炼钢终点在线碳含量测量方法研究[D]. 南京:南京理工大学,2011.

[27] 宋建振. 计算机系统、测量与控制技术在钢铁行业的应用现状以及未来展望[N]. 世界金属导报,2019-06-11(B06).

[28] 胡洪旭,孙荣生,翟博. 冷轧轧后钢板起筋缺陷的分析[C]. 北京:第八届中国钢铁年会,2011.

[29] 方钊,杜金晶. 常用有色金属冶炼方法概论[M]. 北京:冶金工业出版社,2016.

[30] 王向东,朱鸿民,逯福生,等. 钛冶金工程学科发展报告[J]. 钛工业进展,2011,28(5):1-5.

[31] 杨瑞成,蒋成禹,初福民. 材料科学与工程导论[M]. 哈尔滨:哈尔滨工业大学出版社,2002.

[32] 郝士明. 材料图传——关于材料发展史的对话[M]. 北京:化学工业出版社,2014.

[33] 铁木生可. 材料力学史[M]. 常振楫,译. 上海:上海科学技术出版社,1961.

[34] 郭可信. 金相学史话(1):金相学的兴起[J]. 材料科学与工程,2000,18(4):2-9.

[35] 郭可信. 金相学史话(1):X射线金相学[J]. 材料科学与工程,2001,19(4):3-8.

[36] Golovin A F. The centennial of D. K. Chernov's discovery of polymorphous transformations in steel (1868—1968)[J]. Metal Science and Heat Treatment,1968,10(5):335-340.

[37] 葛庭燧. 位错理论的继承、分析、应用和发展[J]. 科学通报,1962(4):1-21.

[38] 张莉芹,袁泽喜. 纳米技术和纳米材料的发展及其应用[J]. 武汉科技大学学报(自然科学版),2003,26(3):234-238.

[39] Novoselov K S, Geim A K, Morozov S V, et al. Electric field effect in atomically thin carbon films [J]. Science,2004,306(5696):666-669.

[40] Cao Yuan, Valla Fatemi V, Demir A, et al. Correlated insulator behaviour at half-filling in magic-angle graphene superlattices[J]. Nature,2018,556(7699):80-84.

[41] 刘亚丕,何时金,包大新,等. 永磁材料的发展趋势[J]. 磁性材料及器件,2003,34(1):33-36.

[42] 卢秉恒. 增材制造技术——现状与未来[J]. 中国机械工程,2020,31(1):19-23.

[43] 王华明. 高性能大型金属构件激光增材制造:若干材料基础问题[J]. 航空学报,2014,35(10):2690-2698.

[44] 汤海波,吴宇,张述泉,等. 高性能大型金属构件激光增材制造技术研究现状与发展趋势[J]. 精密成形工程,2019,11(4):58-63.

[45] 解瑞东,朱尽伟,张航,等. 激光增材制造温度场检测分析与控制综述[J]. 激光与光电子学进展,http://kns. cnki. net/kcms/detail/31. 1690. TN. 20190902. 1547. 010. html,2019-09-02.

第8章

仪器科学与海洋技术的发展

  人类文明发展到今天,主要是依赖陆地资源的开发和利用。近年来,随着人口激增、耕地锐减、环境资源恶化等问题的日益凸显,人们一方面开始寻求陆地资源可持续发展的有效措施,另一方面也在思考着如何拓展资源的空间。海洋覆盖着地球面积的 71%,是一个巨大的天然宝库,其资源丰富程度是难以想象的,因此世界各国都自然而然地将目光投向了海洋,为开发海洋资源展开了激烈的竞争。

  海洋科学是研究海洋的自然现象、性质及其变化规律,以及与开发利用海洋有关的知识体系,是地球科学的重要组成部分,之所以要单独进行介绍,主要是源于海洋科学研究的重要意义和价值。海洋科学综合性强、涵盖面广,下面仅以海洋调查、海洋环境保护及海洋资源开发为例,一起感受一下海洋科学的广袤与深邃,也期望能够感悟到在海洋科学研究与应用的过程中,无处不在的测量与仪器的身影。

8.1 海洋调查中的仪器科学

  海洋调查是海洋科学的重要组成部分,在维护海洋权益、开发海洋资源、预警海洋灾害、保护海洋环境、加强国防建设、谋求新的发展空间等方面起着十分重要的作用,也是展示一个国家综合国力的重要标志。海洋调查一般分为天基探测、海基探测和水下探测,天基探测就是海洋遥感,海基是指海面上的探测方法,水下则是指潜入海中的探测方法,下面分别进行概要介绍。

8.1.1 海基探测的典型方法及应用

  海基探测是亲密接触海洋的最直接的方式,最早的海洋调查也多是利用船只实现的,如水深、流速的测量等。随着科学技术的快速发展,更多的海基探测方法成为可能,下面以海洋测量船和海洋浮标为例来感触一下仪器的应用。

1. 海洋测量船

  海洋测量船是一种能够完成海洋环境要素探测、海洋各学科调查和特定海洋参数测量的舰船。世界上第一艘海洋测量船是由英国的"挑战者号"军舰改装的,从 1872 年到 1876

年,"挑战者号"进行了为期三年零五个月的大洋调查,将人类研究海洋的进程推进到了全新的高度。随着社会的进步、科技的发展和军事的需求,海洋测量已从单一的水深测量拓展到海底地形、海底地貌、海洋气象、海洋水文、地球物理特性、航天遥感和极地参数测量,海洋测量船的作用日益突出。

按照任务划分,海洋测量船主要包括海道测量船、海洋调查船、科学考察船、地质勘察船、航天测量船、海洋监视船、极地考察船等。随着百余年来世界海洋竞争战略的变化,各国主体海洋测量船的建造吨位也从 1 000 t、3 000 t 向 5 000 t 发展,特殊舰船甚至超过了万吨;测量船的功能也由专项单一发展到了多项综合,作业方式向自动化操作发展,测量范围从近海扩大到了全球海域,探测空间从平面拓展到了立体全方位。现代化的海洋测量船装备有先进的全球导航定位系统,而海洋测量船的核心就是综合测量系统,包括各种先进的测量设备、控制系统和处理系统。根据任务的需要还可以搭载直升机、深潜器、探空器、专用测量艇、测量浮标等,以胜任全要素测量任务的工作要求。

据不完全统计,目前世界上在役的海洋测量船有 500 余艘,在数量上和质量上位居前列的主要有美国、日本、俄罗斯、英国和德国等。我国海洋测量船的建造从 20 世纪 50 年代开始起步,无论在数量上还是质量上,与世界先进国家还有较明显的差距,特别是在大吨位和综合考察能力方面,尚需加大建设力度。

通过对海洋测量船的特点和发展历史介绍可以看到,海洋测量船实质上就是一个移动的综合测量平台,能够根据测量任务的需要灵活配置多样的测量设备。图 8-1 所示是一艘美国 5 000 t 级中远海测量船的测量设备工作示意图,配备了从气象监视到海底轮廓测量、从天上到海底的全方位检测能力的测量设备。

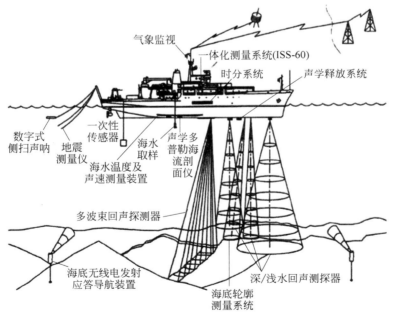

图 8-1　美国 5 000 t 级中远海测量船的测量设备工作示意图

我国第一艘自行设计制造的 5 000 t 级远洋测量船是"871 李四光号",如图 8-2 所示。其配备有与定位、水深测量、重力、地形、地貌、剖面、潮位、气象观测、水文调查等功能相关的测量设备,主要目的是完成海洋测绘工作。1998 年 8 月服役后,先后 31 次南下南海、17 次勇闯太平洋和印度洋,安全航行 35 万海里,测绘里程 54.7 万 km,完成了南沙大会战、西太平洋测量、黄岩岛测量、环南海海疆界巡航、南海断续线测量以及西北印度洋测量等 30 多项重大测量任务,填补了中国海洋测绘领域的多项空白,2012 年 12 月退役后入列中国渔政。

图 8-2　我国第一艘 5 000 t 级的远洋测量船"871 李四光号"

2. 海洋浮标

海洋浮标是一个海洋水文水质气象自动观测站,主要包括锚定在海上的资料浮标以及漂流浮标两种。海洋浮标能够在恶劣的海洋环境下无人值守,能够自动、连续地获取水面和水下海洋环境数据,是海洋测量船做不到的,特别是漂流浮标,能够在人或船舶、飞机都不可能到达的海域进行环境参数的连续观测,因此是海洋环境观测技术的重要组成部分和主要发展方向之一。

一般来讲,海洋资料浮标主要包括浮体、桅杆、锚系和配重等部分,功能模块主要由供电、通信控制、传感器等构成。水上桅杆部分主要用来搭载太阳能板、气象类传感器和通信中断等,水下部分搭载水文水质传感器。各传感器产生的信号,通过仪器自动处理,由发射机定时发出,地面接收站将收到的信号进行处理,就得到了连续检测的结果。有的浮标建立在离陆地很远的地方,便将信号发往卫星,再由卫星将信号传送到地面接收站。

国外海洋浮标技术的研制始于 20 世纪 40 年代末,60 年代开始在海洋调查中试用海洋浮标,如图 8-3(a)所示。70 年代中期浮标技术趋于成熟,进入实用阶段,80 年代美国和挪威

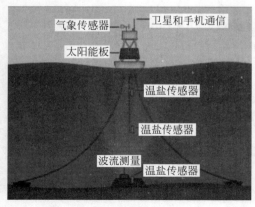

(a) 浮标测量示意图

(b) 中国海洋资料浮标实物

图 8-3　浮标测量示意图及中国海洋资料浮标实物

等国家已经建立起海上监测网。相比于国外的发展,国内的研究起步略晚,50 年代末开始研制,70 年代研制出实用的锚定资料浮标,之后不断完善,如图 8-3(b)所示。进入 21 世纪,我国最终建立起了浮标网。但是从技术水平上讲,我国的资料浮标整体技术水平已经与国际相当,资料浮标网的规模也仅次于美国,覆盖了从北到南的所有海域,已经成为我国的海洋监测体系的主体,为我国的海洋预报、海洋开发、防灾减灾、科学研究、权益维护等提供了有力的数据支撑。

8.1.2　水下探测的典型方法及应用

水下探测主要依赖潜水器或者水下传感器网络,潜水器又可分为载人潜水器、无人潜水器以及缆控无人遥控潜水器。其中,载人潜水器是由人员驾驶操作,配置生命支持和辅助系统,具备水下机动和作业能力的装备。载人潜水器可运载科学家、工程技术人员和各种电子装置、机械设备,快速、精确地到达各种深海复杂环境,进行高效的勘探、科学考察和开发作业,是人类实现开发深海、利用海洋的一项重要技术手段。发展以载人潜水器为代表的高技术装备群已成为海洋强国的普遍共识。

1. 载人潜水器

目前,世界上仅有美、法、俄、日、中 5 个国家掌握了大深度载人深潜海底探测平台技术,法国和俄罗斯的载人潜水器能够潜到水下 6 000 m 的深度,美国和日本的可以达到 6 500 m。我国自主设计的作业型深海载人潜水器"蛟龙号"的实物图及携带载荷示意图如图 8-4 所示,其设计最大下潜深度为 7 000 m,2012 年 6 月 27 日实现了 7 062 m 的下潜深度,是全世界下潜能力最强的作业型载人潜水器。"蛟龙号"可以到达世界上 99.8% 的海床,具备深海探矿、高精度地形测量、可疑物探测与捕获、深海生物考察等功能,能够有效地执行海洋地质、海洋地球物理、海洋地球化学、海洋地球环境和海洋生物等科学考察任务,对于我国开发利用深海资源有着重要的意义。

(a) "蛟龙号"实物图　　　　　(b) "蛟龙号"携带载荷示意图

图 8-4　"蛟龙号"载人潜水器的实物图及其携带的载荷示意图

"蛟龙号"的高分辨率测深侧扫声呐在延续了传统侧扫声呐侧扫功能的基础上,增加了测深功能,能够实现对海底地形、地貌的同步测量,其海底微地形地貌探测和先进的水声数字通信能力,与 7 000 m 作业深度、先进的操纵性能和航行控制能力以及完善的安全保障措施被誉为是"蛟龙号"载人潜水器的四大技术亮点。图 8-5 给出了某 7 000 m 海试时获得的海底微地形地貌图,测量结果达到了设计要求。

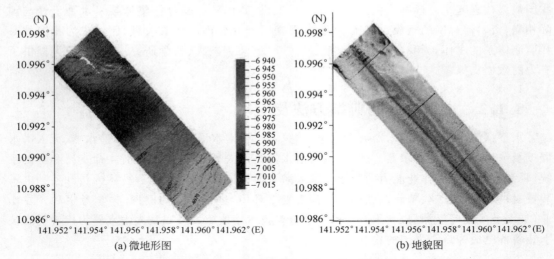

图 8-5 某潜次测深侧扫声呐获得的海底微地形地貌图(7 000 m 海试)

"蛟龙号"载人潜水器的研制与成功试验,使我国在该领域的研究工作走在了世界前列。随后我国启动了万米级载人潜水器"奋斗者号"的研制工作,目前已完成南海 4 000 m 载人海试和 1.1 万 m 无人深潜试验。2020—2021 年,将具备海试的条件,挑战马里亚纳海沟 1.1 万 m 的载人深潜极限深度,我们正在向着全球首台万米载人海底探测潜水器的目标稳步前进。

2. 无人潜水器

无人潜水器按控制方式分类,可以分为遥控潜水器(remotely operable vehicle,ROV)和自主式潜水器(autonomous underwater vehicle,AUV)两大类。

无人潜水器在军事领域有着广泛的应用,世界各个先进国家的海军均有装备,其战斗使命主要是探测和销毁水雷。无人潜水器大多是有缆控制的潜水器,其探测和识别设备主要是前视声呐和水下电视。潜水器上装备有水声应答器,与舰艇上的差分全球定位系统(differential global position system,DGPS)一起进行水下潜水器的大地定位。缆控潜水器的最大优点是能够实时控制潜水器的运动状态和观察潜水器的探测信息,此外就是潜水器所需的电能可由母船补充,从而使得潜水器的体积减小且续航力不受电池容量的限制。当然电缆长度的限制使得潜水器活动范围较小是其最大的缺点。其中有代表性的潜水器有法国的 PAP104、德国的企鹅-B3、瑞典的海鹰及加拿大的开路先锋等。

民用领域根据使用情况的不同而使用不同类型的潜水器。水下探测、观察、检查与维修等大多使用遥控潜水器,海洋调查、海洋勘察等一般使用自主式潜水器。在我国,遥控潜水器"海龙"系列、自主潜水器"潜龙"系列与载人潜水器"蛟龙号",并称为潜水器"三龙",是我国探测深海大洋的尖兵利器。

"潜龙"系列包括"潜龙一号"到"潜龙三号"。"潜龙一号"是中国自主研发的,服务于深海资源勘察的实用化深海装备,2013 年在南海进行了首次海上试验,能够完成海底微地形地貌精细探测、底质判断、海底水文参数测量和海底多金属结核丰度测定等任务。"潜龙一

号"试验成功后,我国的科研人员不断对其进行完善,"潜龙二号"与"潜龙三号"相继于 2016
年和 2018 年完成了海试。"潜龙三号"具备微地貌成图、温盐深探测、甲烷探测、浊度探测、
氧化还原电位探测等功能。其与"潜龙二号"一起,将为顺利完成我国在西南印度洋的多金
属硫化物合同区探测提供坚强的保障,如图 8-6 所示。

(a)　"潜龙三号"无人潜水器首潜图　　　　　　　(b) 我国的多金属硫化物合同区

图 8-6　"潜龙三号"无人潜水器及其用武之地

"海龙"系列无人潜水器的第一代"海龙号"于 2009 年研制成功,2010 年顺利通过了南
沙海域的 3 500 m 级海试。"海龙号"能够执行对深海热液矿藏附近生物基因以及极端环境
下微生物的科学考察取样任务,还能够进行各种水下作业,其实物图如图 8-7(a)所示。与
"潜龙"系列一样,"海龙号"发展到今天也步入了"Ⅲ号阶段",2019 年,正在执行自然资源部
中国大洋 52 航次任务的"大洋一号"船上,由中国自主研发的 6 000 m 勘查取样型无人遥控
潜水器"海龙Ⅲ号"在西南印度洋洋中脊龙旂热液口成功完成本站下潜任务,4 天共计下潜 3
次,最长连续近底观测作业 6 h,采集了大型底栖动物、洁净海水、底栖鱼类、深海沉积物等
多种样品,进行了多种原位参数测量。"海龙Ⅲ号"的本体构成如图 8-7(b)所示,具有可以
实现大跨度、长距离近底观测取样,以及具备定点、精细化作业能力等两大优势。"海龙Ⅲ
号"将对我国深海科学研究、深海资源探查与开发、国产海洋装备产业化起到推进作用。

(a)　"海龙号"无人潜水器实物图　　　　　　(b)　"海龙Ⅲ号"无人潜水器本体结构图

图 8-7　"海龙"系列标志性成果实物图

8.1.3　天基探测的典型方法及应用

海洋遥感,就是通过星载、机载和舰载遥感传感器探测海面反射、散射或自发辐射的各个波段的电磁波,通过对其进行分析以获得相关信息的过程。相比较常规调查方法,海洋遥感在实施大范围海面瞬间信息检测、长序列全球海洋数据采集以及海面粗糙度等海洋要素测量方面具有不可替代的优势,其中海洋卫星遥感已经成为发达国家竭力争夺的海洋高科技之一,美国、日本及欧洲各国相继出台了国家层面的战略支持计划,我国虽然起步相对较晚,但是发展很快。

遥感传感器是海洋卫星遥感能否发挥重要作用的关键。根据使用光谱范围的不同可以分为光学遥感传感器、微波遥感传感器和激光遥感传感器,光学遥感器又可细分为可见光遥感器和红外遥感器;而根据工作方式的不同,遥感传感器又可分为主动式和被动式两种。

下面就以图 8-8 所示的我国第一颗海洋动力环境卫星"海洋二号"A 卫星为例,简要介绍其中搭载的遥感传感器及其应用效果。

"海洋二号"A 卫星是于 2011 年 8 月 16 日发射的,集主、被动微波遥感传感器于一体,具有高精度测轨和定轨能力与全天候、全天时、全球探测能力。卫星的主要载荷有雷达高度计、微波散射计、扫描微波辐射计、校正辐射计。主要目的是监测和调查海洋环境,获得包括海面风场、浪高、海流、海面温度等多种海洋动力环境参数,直接为灾害性海况预警、预报等提供实测数据,为海洋防灾减灾、海洋权益维护、海洋资源开发、海洋科学研究以及国防建设等提供支撑。

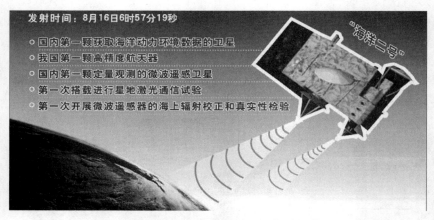

图 8-8　"海洋二号"A 卫星创下的若干个"第一"

"海洋二号"A 卫星上的载荷自开机以来,提供了大量的连续检测数据,部分载荷提供的数据质量达到了国际先进水平,如图 8-9 所示。以其搭载的微波散射计和雷达高度计为例,这两种主动微波遥感传感器能够同步获取海洋风场和海浪信息,在海洋灾害监测中具有独特的优势。2012—2017 年,成功检测了登陆我国的全部 132 次台风过程,为沿海地区及时应对海洋灾害提供了多要素的海况信息,在海洋防灾减灾中发挥了重要作用。此外,其搭载的扫描微波辐射计旨在通过圆锥扫描的方式,实现对海面和大气等目标的全天时、全天候探测,以定量获取海面温度、大气水蒸气与液态水含量、海冰等海洋大气物理参量,从而为全球海洋气候环境预报、防灾减灾、远洋渔业等方面提供了全面的数据支持。

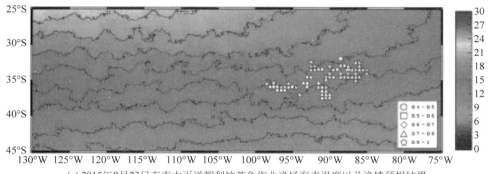

(a) 2015年8月23日东南太平洋智利竹荚鱼作业渔场海表温度以及渔情预报结果

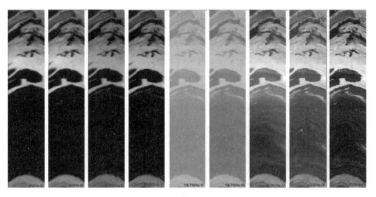

(b) 地球辐射亮温测量结果

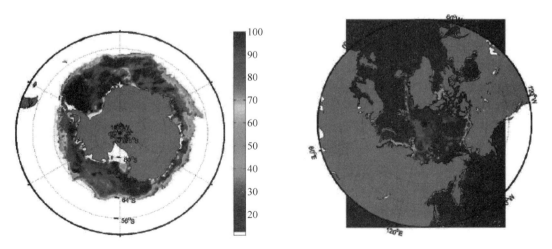

(c) 2012年，南北极海冰检测结果

图 8-9 "海洋二号"A 卫星搭载载荷的部分检测结果

近年来,考虑到"海洋二号"A卫星搭载的载荷均为单一载荷,观测能力有限,如果能和其他卫星搭载的同类载荷进行组网观测,无疑将极大地提升观测能力。因此,2018年10月25日,我国又成功发射了"海洋二号"B卫星,这两颗卫星将会与后续的"海洋二号"C卫星和"海洋二号"D卫星组网,搭建起全天候、全天时、高频次的全球大中尺度海洋动力环境卫星监测体系,从而为大范围、深层次的海洋遥感提供更好的服务。

通过前面的介绍可以看到,无论是天基探测、海基探测,还是水下探测,首先需要的是一个测量平台,测量船、浮标、潜水器、卫星等;之后,必然要考虑的是在这个平台上搭载什么样的仪器,实现什么样的目标,例如,潜水器上搭载高清相机可实现海底地形和微生物的观测,卫星上搭载辐射计可实现全天候大气物理参数的实时定量测量;最终基于对测量结果的深入分析,完成不同维度、不同层次、不同需求的海洋调查。海洋调查离不开测量平台,当然更重要的是离不开测量平台上的测量仪器。

8.2 海洋环境保护中的仪器科学

谈到海洋环境保护,首先必须正视海洋环境污染加剧的现实,这是海洋环境保护的起点和基础。人类高度发达的工业文明已经对全球环境带来了巨大的损害,资源短缺、环境污染、生态破坏成为公认的全球三大危机。其中,环境污染的触角无处不在,海洋也不能幸免,且正在以触目惊心的速度发展着。

8.2.1 海洋环境污染概述

联合国教科文组织下属的政府间海洋学委员会对海洋污染有明确的定义,即由于人类活动,直接或间接地把物质或能量引入海洋环境,造成或可能造成损害海洋生物资源、危害人类健康、妨碍捕鱼和其他各种合法活动、损害海水的正常使用价值和降低海洋环境的质量等有害影响。

海洋污染的大规模加剧源于第二次世界大战之后,随着现代海洋开发活动的大量开展,大量的陆地农业和工业生产活动产生的污染物排入海洋,过度的海洋资源开发也对脆弱的海洋环境造成了明显破坏。海洋污染的分类方法多样,按照污染物的性质分可以分为化学污染、物理污染、生物污染等;按照来源、性质和毒性分类,可以分为石油及其产品、金属和酸碱、有机化合物、固定废物等;按照污染物发生的地点分类,可分为陆源型、海上型和大气型。其中,陆源型污染主要来自临海工厂的直接排污管(渠)道、市政综合排污管(渠)道、入海河流、沿海油田、港口等;海上型污染来自船舶、海上石油平台等,能够直接入海;大气型污染主要是通过大气沉降、大气降水使污染物进入海中。图8-10给出了3种污染的来源示意图。

海洋环境污染会带来一系列的危害,污染的直接受害者是海洋生物,间接受害者当然还是人类自己,下面列举一些可能带来的伤害,不一而足。

(1) 当海洋受到污染后,海水不再清澈,同时海洋内生存的植物(如浮游植物和海藻)无法接收阳光,不利于它们的生长。

(2) 如果海洋长时间被一些有机化合物、重金属等物质侵入,则会导致以海洋生物为生

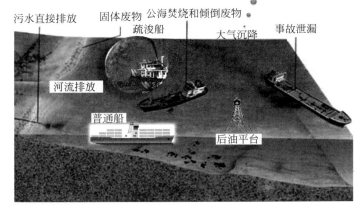

图 8-10 海洋污染源来源示意图

存根本的海洋动物大量死亡、患病,甚至濒临灭绝,我们一旦食用这些生物,也会患上各种疾病,各类癌症患者的数量也会增加。

（3）当大量石油泄漏到海洋中以后,在海洋的表面出现的一层隔膜会阻碍海洋与空气之间的接触,使得一定范围内的海域含氧量大幅度降低,造成大量海洋生物因为缺氧而死亡,也会对人类自身带来严重影响。

（4）一些有机物进入海洋后可能会导致大量海洋生物的死亡甚至灭绝,影响到人类的生产生活。

（5）海洋污染会导致世界范围内的温室效应恶化。

所幸的是,人们已经意识到了海洋垃圾带来的危害,世界各国的艺术家们采用特殊的方式来警示大家。例如,比利时艺术家布鲁日创作海洋塑料鲸鱼的材料是来自太平洋和大西洋的 5 t 塑胶垃圾,法国艺术家也用海洋中的垃圾制作了多彩的艺术品,如图 8-11 所示。这些作品在提醒我们,海洋中 1.5 亿 t 的塑胶垃圾会给人类带来严重的危害,更不要说其他的污染物了。世界各国对海洋环境污染问题的严重性和治理的严峻性也有了越来越多的共识,群策群力,都在致力于探索解决问题的办法,其中污染源和污染过程的监测则是解决问题的第一步。

(a) 布鲁日的海洋塑料鲸鱼　　　　(b) 法国艺术家的海洋垃圾雕塑作品

图 8-11 用海洋垃圾做原材料的艺术品实物

8.2.2 海洋环境监测中仪器的应用

海洋环境监测的基本内涵是指利用技术手段,实时、准确、全面地获取各种典型自然环境、目标环境、资源环境等要素的时空分布、变化过程的测量活动,其目的就是探索奥秘,发现变化规律,实现海洋"数字化"。

海洋环境监测系统则是指覆盖一定范围海域,可以长期自主工作,能够实时获取海洋综合信息的各类遥感遥测系统,沿岸台站雷达系统,无人平台系统、船载走航测量系统以及环境信息实时获取、安全传输、科学处理、决策应用的信息网络平台系统等,其中观测平台和传感器是体系的基础。

在我国,国家海洋局负有监督海洋环境保护的职能。经过多年建设,对于近海海洋环境监测,已经形成了包括 1 个国家中心(国家海洋环境监测中心)、3 个海区中心、11 个中心站及 45 个海洋站的完善的海洋环境监测机构体系。海洋环境监测的项目也日趋完善,主要包括海洋环境质量趋势性监测、近岸赤潮监控区监测、近岸海洋生态监控区监测、河口及毗邻海域监测、海洋大气监测以及海冰监测等。对于远离我国海域的海洋监测,利用海洋卫星从太空进行监测已经成为最重要的方式。2002 年 5 月,"海洋一号"A 卫星的发射结束了我国没有海洋卫星的历史。经过十余年发展,我国的海洋卫星从零起步,初步形成体系,实现了跨越式发展。

下面就介绍几个典型的海洋环境监测实例,与之前介绍的方式不同,我们不点明采用的具体仪器,相信大家通过监测结果,应该能感受到隐形的仪器在其中发挥的重要作用。

1. 塑料垃圾监测

在前面,我们看到了世界各国的艺术家在用海洋塑料垃圾完成艺术作品,以此警示海洋垃圾危害的严重性。事实上,塑料是海洋垃圾的主要组成部分,占海洋垃圾的 60%～80%,在某些地区甚至达到 90%～95%。世界绿色和平组织 2016 年发表的报告显示,全世界每秒有超过 200 kg 的塑料被倒入海洋。尽管对进入海洋的塑料的具体量值估算存在差异,但塑料作为海洋垃圾和污染的重要来源已经是公认的事实。其中最触目惊心的一则报道则是在 1998 年,联合国和日本的研究团队通过远程操作潜水器"海沟号",竟然在地表最深处——深达 10 898 m 的马里亚纳海沟底部发现了一只塑料袋!如图 8-12 所示。这足以证明深海生态环境已经不再是海洋垃圾无法涉足的"禁区",人类的日常活动和地球最偏僻角落的海洋环境是存在明显关联的。

图 8-12 静静躺在马里亚纳海沟海底的塑料袋

2017 年，日本海洋研究开发机构 JAMSTEC 的全球海洋数据中心将深海垃圾数据库向公众开放，如图 8-13 所示。

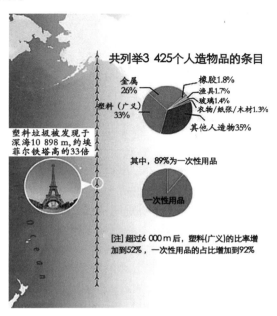

图 8-13　日本 JAMSTEC 深海垃圾数据库

JAMSTEC 公开的数据表明，在目前发现的深海垃圾碎片中，有超过 33％是大块塑料，其次是金属（26％）、橡胶（1.8％）、渔业装备（1.7％）、玻璃（1.4％）、衣物/纸张/木材（1.3％）和"其他"人工物品（35％）。在 6 000 m 以下的海底，有超过一半的垃圾碎片是塑料，并且几乎全部是一次性用品。

2014 年，西班牙、沙特阿拉伯等国家的科研机构联合发表了学术论文，他们的研究结果表明：全球海洋中存在的五大塑料碎片聚集地基本上与海洋表面的五大环流所在地重合，微塑料在海洋中的空间分布变化受海流影响较大，呈现分布广泛、区域高度集中的现象，如图 8-14 所示。

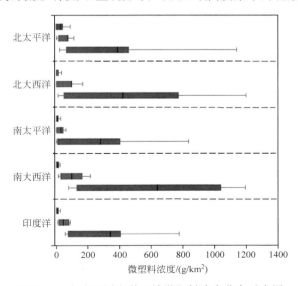

图 8-14　全球不同海洋区域微塑料浓度分布示意图

这些触目惊心的结果告诉我们,人类消耗掉的每一片塑料,都有可能进入大海。塑料在海洋环境中经过破碎、降解、沉降和迁移等过程,将影响到海洋生物的生存和海洋生态环境,最终对人类造成无法估量的影响。

2. 核污染与重金属污染

(1)核污染监测

核污染是指大量放射性物质外逸进入环境造成的放射污染,其危害来源于放射性核素发出的 α、β 和 γ 射线对人体或其他生物的辐射损伤。海洋的核污染最早来源于核试验。在美国,14 个核试验场有 8 个设在了海岛和海洋。仅 1948—1958 年,美国在南太平洋的一个试验场便进行了 43 次核试验。此外,第二次世界大战发展起来的核技术在"二战"之后逐渐被应用于核电站及核潜艇等,由此产生的核废料与核泄漏也造成了海洋污染。日本福岛核电站爆炸带来的核污染是近年来比较著名的一次。

2011 年 3 月 11 日,日本东北部海域发生里氏 9.0 级地震的第 2 天,福岛核电站的核反应堆开始发生爆炸,直接导致了大量放射性物质向福岛周边海域泄漏。2011 年 3 月 30 日,据日本中央新闻社报道,监测到的放射性污染物超过本地标准水平的 4 000 多倍,这些核污染物能否通过海洋环流输运到太平洋沿岸国家引起了世界范围内的广泛关注。2013 年,国家海洋局对日本福岛核污染影响中国和美国近海的可能时间和影响强度进行了集合统计预测研究,图 8-15 给出了 ^{137}Cs 在核泄漏后 1.5 年、3.5 年和 4 年的影响范围,足以显示这次核泄漏潜在的危害。

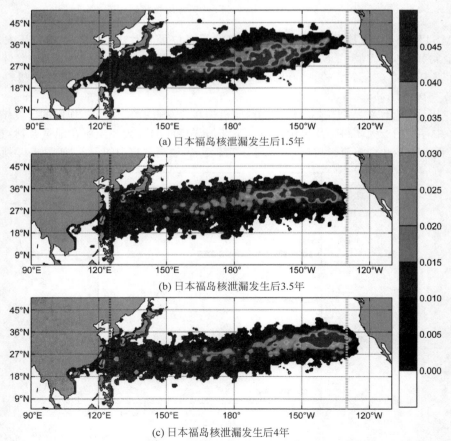

(a)日本福岛核泄漏发生后1.5年

(b)日本福岛核泄漏发生后3.5年

(c)日本福岛核泄漏发生后4年

图 8-15　^{137}Cs 影响强度的空间分布图

（2）重金属污染监测

重金属污染具有来源广、难降解、易富集、难修复等特点。能够通过直接或间接的作用引起海洋生物遗传物质发生突变，造成生物物种或者群落发生改变，影响生物的多样性，并降低生态系统的服务功能。

早在1956年，日本水俣湾出现了一种奇怪的疾病。症状表现为轻者口齿不清、步履蹒跚、面部痴呆、手足麻痹、感觉障碍、视觉丧失、震颤、手足变形，重者神经失常，或酣睡，或兴奋，身体弯弓高叫，直至死亡。这种"怪病"就是日后轰动世界的"水俣病"，被称为"世界八大公害事件"之一。究其原因，就是甲基汞对海洋的重金属污染所致。甲基汞作为九州地区化工企业的排放物流入海洋，然后污染到海洋中的鱼虾，这些鱼虾被人们食用之后进入体内，严重损害人的脑神经之后带来一系列严重后果。可是我们更应当警醒的是，海洋中的重金属不仅仅是汞，还包括诸如铅、铬等，这些元素进入海洋后都会对海洋环境造成严重的损害，进而危及人类自身。

2012年，我国近海海域（10 m水深线以浅）沉积物的重金属分布调查结果表明，轻污染占13.80%，重污染占7.27%，重污染区域分布在葫芦岛附近海域、珠江入海口附近海域，轻度污染区域在长江入海口附近。样品对比分析结果显示，重污染主要来源于人类活动的影响，且呈现不断恶化的趋势。

3. 富营养化监测

海水富营养化是指海水中氮、磷等营养盐含量过多而引起的水质污染现象。其实质是由于营养盐的输入、输出失去平衡，导致水生生态系统物种分布失衡，某些物种疯长，影响了系统的物质与能量流动，使整个海洋水体生态系统遭到破坏。这其中最明显的生态效应是缺氧区的形成与赤潮爆发。

缺氧区也叫死亡区，通常以造成海洋生物生理紧张的溶解氧含量（<3 mg/L）或呼吸困难的溶解氧含量（<2 mg/L）来界定。对全球近海海域的调查表明，富营养化程度在加剧，底层水体季节性缺氧现象呈上升趋势。缺氧区主要分布在近海海域，已经遍布全球。在我国近海的一些大河河口，如长江口等存在着明显的缺氧区，且面积有扩大的趋势，不过随着季节变化，缺氧区有生消机制，长江口外缺氧区的生消机制如图8-16所示。

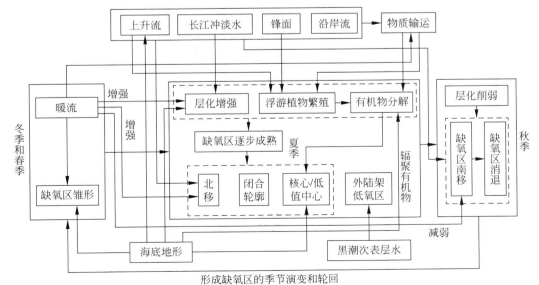

形成缺氧区的季节演变和轮回

图 8-16　长江口外缺氧区的生消机制

　　赤潮,通常是指一些海洋微藻、原生动物或细菌在水体中过度繁殖或聚集而令海水变色的现象。赤潮最早是因为海水变红而得名的,实际上现在赤潮已经变成各种色潮的统称。由于赤潮发生时海水不一定变色,特别是不一定变成红色,所以学术界越来越多的学者把赤潮称为"有害藻华"。相当多的赤潮是无害的,能自生自灭。近年来能产生毒素和其他有害影响的赤潮频繁发生,规模不断扩大,造成了巨大的经济损失并危害人类的生存环境。

　　图 8-17(a)给出了 1988—2010 年,我国近海海域赤潮发生的频次和累计面积趋势图,图 8-17(b)则按照 10 年为一个单位,给出赤潮在沿海区域的分布。从两幅图中可以清晰地看到,赤潮总体上呈现快速增长的趋势,且东海区域的增加速度最快。赤潮增加的主要原因是该地区快速增加的工农业生产活动向海洋排放了大量的营养物质,不断积累后导致富营养化,为赤潮的爆发奠定了基础。

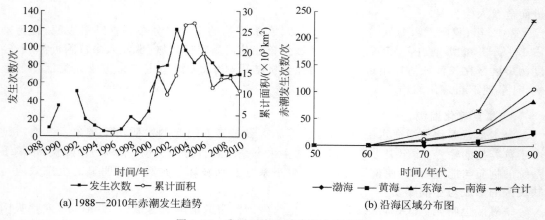

(a) 1988—2010年赤潮发生趋势　　　　(b) 沿海区域分布图

图 8-17　我国近海区域赤潮分布情况

4. 海洋酸化监测

　　自工业革命以来,人类活动导致 CO_2 排放量迅速增加,对气候和环境造成了严重影响。人类活动释放的 CO_2 中约 1/3 被海洋吸收,因此会减缓气候变暖的步伐,但是给海洋环境也带来了明显变化,其中一个重要变化就是引起海洋酸化,其过程如图 8-20(a)所示。海洋酸化会对海洋生物及生态系统造成广泛而深远的影响,且由于不同生物对酸化的敏感性和响应机制存在差异,因此为海洋酸化的研究带来了巨大挑战。

　　最早的海洋酸化观测证据来自美国夏威夷岛的一个海洋观测站,从 20 世纪 50 年代开始,美国在此观测大气中的 CO_2 浓度;从 20 世纪 80 年代后期,进一步开展了水体中 CO_2 分压的观测。结果表明,水体中的 CO_2 分压逐年增加,且与大气中 CO_2 的浓度变化趋势几乎平行,如图 8-18(b)所示。海洋中 pH 的观测结果也表明,从 20 世纪 90 年代开始,pH 也明显降低,成为海洋酸化的直接证据。

　　放眼全球,海洋酸化是一个大的趋势,但是存在区域差异。大西洋、南大洋和北太平洋是酸化的重灾区。近年来的监测结果表明,近海海域的酸化趋势有加强的迹象,如图 8-19所示,应当引起人们的足够重视。

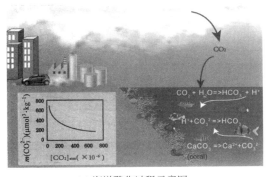

(a) 海洋酸化过程示意图

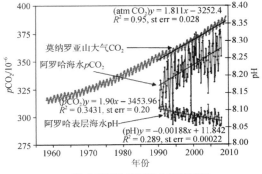

(b) 夏威夷海洋观测站的观测结果

图 8-18　海洋酸化过程示意图及观测证据

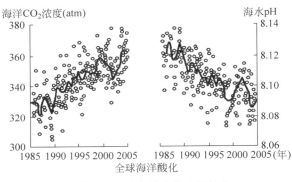

图 8-19　全球海洋酸化发展趋势

8.2.3　海洋环境保护立法概述

　　海洋环境污染的严峻形势使人们意识到了海洋环境保护的重要性,而随着人类越来越重视海洋资源的利用,难免会引发国与国之间的争端,因此,海洋环境保护的立法及其不断完善,就显得尤为迫切。

　　国际海洋环境保护立法大致分为五个时期：1954 年之前,对海洋环境保护的立法尝试；1954—1982 年,萌芽阶段；1982—1992 年,全面发展阶段,各种国际海洋环境保护立法活动繁荣发展；1992—2002 年,国际海洋环境保护立法的繁荣时期；21 世纪之后,国际海洋保护立法的新阶段。

　　在国际海洋环境保护发展过程中,1972 年斯德哥尔摩人类环境会议、1982 年联合国第三次海洋法大会、1992 年里约热内卢联合国环境和发展大会先后发挥了重大影响和作用,具有划时代的意义。这三次会议通过和制定的《人类环境保护宣言》《联合国海洋法公约》《21 世纪议程》三个重要国际文件指导、规范和影响着国际海洋环境立法的进程和方向,是国际海洋环境法发展的三个重要里程碑。21 世纪之后,人们对于发展和环境保护两者的关系有了进一步的认识,国际海洋环境保护立法向更深层次的方向发展。这一阶段,国际海洋环境保护的领域不断扩大,保护海洋环境的措施更加有效、更具强制性,海洋环境保护法具有更加突出的综合性、整体性和合作性特点。但是由于各国的政治、经济和文化差异,对于环境和发展之间的关系认识不一致,对国际海洋环境的保护造成了一定的阻碍。因此,海洋环境保护法的发展与完善需要世界各国的协调一致与共同努力,仍然在艰难行进中。

8.3　海洋资源开发中的仪器科学

海洋资源是指海洋中生产资料和生活资料的天然来源。海洋资源的分类方法多样,一般来讲可以分为海洋生物资源、海底矿产资源、海洋空间资源、海水资源、海洋新能源以及海洋旅游资源等。下面以海洋生物资源、海底矿产资源、海洋新能源为例,来窥探仪器在其中的应用。

8.3.1　海洋生物资源开发中仪器的应用

海洋生物资源主要包括渔业、浮游生物、微生物、药物等资源。其中,渔业资源与人类生活的关系最为密切,成为人类开发的重要对象;其次是海洋药物资源,为人们提取和研制新的药物提供了大量原料。下面的介绍仅以海洋渔业捕捞为例,旨在让读者感受一下海洋渔业捕捞的基本概念及其中仪器应用的实例。

海洋渔业捕捞是指对海洋中各种天然水生动植物的捕捞活动。据统计,2016 年和 2017 年全世界食用鱼品的人均消费量分别为 20.3 kg 和 20.5 kg,而鱼类约占全球人口动物蛋白消费量的 17%。根据渔场利用方式的不同,海洋渔业捕捞分为沿岸渔业捕捞、近海渔业捕捞、外海渔业捕捞和远洋渔业捕捞 4 种,下面以远洋渔业捕捞为例,具体体会一下仪器的应用。

远洋渔业捕捞是指在 200 m 等深线以外的大洋区进行的捕捞作业,由于近海环境恶化与渔业资源的枯竭,近海渔业捕捞的发展已经陷入困境,远洋渔业捕捞成为海洋渔业捕捞新的增长点。为了适应远距离出海捕鱼的需要,远洋渔业捕捞船通常配备卫星导航仪、雷达、单边电台、探鱼仪以及网位仪等设备。导航仪可以确保渔船航行位置的精准,探鱼仪和网位仪则是海洋渔业捕捞的主力仪器。

探鱼仪是海洋渔业捕捞的"眼睛",是关系到海洋渔业捕捞产业能否丰收的重要设备,再加上其还具有测深、测温和测速等功能,所以是远洋渔业捕捞船上的标准配置。探鱼仪是声呐技术在海洋渔业中的应用,声呐技术是英国海军刘易斯·尼克森发明的,他在 1906 年发明的第一部声呐仪是一种被动式聆听装置,主要用来侦测冰山。主动式声呐技术在第二次世界大战中被广泛应用于战场,成为探测隐藏在深海的潜水艇的利器。

声呐主要是利用了声波在水下传播特性的变化,通过电-声转换和信息处理,完成水下探测和通信任务。早期的探鱼仪采用的是单波束探测技术,利用单一频率的超声波,发射角较小,探测范围有限;后来逐渐发展到多波束探测技术,通过发射多个频率和发射角均不相同的超声波,实现宽范围、大深度的探测,如图 8-20 所示。

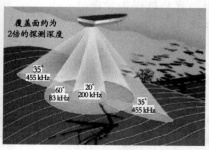

(a) 单波束探鱼仪　　　　　　　　　(b) 四波束探鱼仪

图 8-20　不同波束声呐探鱼仪的原理示意图

网位仪主要是用来测定拖网网口的高度,以及探测拖网浮纲上方、下方的鱼群信息和在曳行中浮纲的稳定状态,并且能够测定拖网所在水层和温度信息的设备。捕捞人员可以根据网位仪显示的信息,操纵渔网使得网具瞄准鱼群捕捞,从而提高捕捞的经济效益,因此从某种程度上讲,网位仪就是拖网的"眼睛"。水下声学探头是网位仪的核心组成部分。它具有前视、网位、垂直扫描功能,可以测量网口所在位置的深度及周围海水的温度,其电子系统对信号进行解算处理,并将解算结果传输至数据处理及显控部分进行显示。根据传输方式的不同,网位仪可以分为两类:一类是无缆网位仪,通过水声通信以无线传输的方式将网位仪获取的数据信息传送至捕捞船终端进行显示;另一类是有缆网位仪,通过专用水下电缆以有线传输的方式实现网位仪与捕捞船终端之间的信息传输。图 8-21 给出了网位仪的应用示意图以及典型结构示意图。其典型结构主要包括水下声学探头、供电/数据传输以及数据处理与显示三个部分,部分部件可以根据需要进行选配。

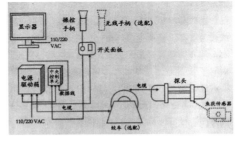

(a) 网位仪的应用示意图　　　　　　　　(b) 网位仪的典型结构示意图

图 8-21　网位仪的应用示意图及典型结构示意图

限于篇幅,我们只介绍探鱼仪和网位仪的原理及应用,感兴趣的读者可以自行查阅相关资料进一步了解海洋渔业捕捞以及其中仪器应用的实例。

8.3.2　海底矿产资源开采中仪器的应用

众所周知,目前全球面临四大问题:能源短缺、环境恶化、发展空间受限及自然灾害频发。其中以矿产资源为主要支撑的能源问题是首要问题,不可再生资源的日渐减少成为人类面临的共同难题,也是世界各国均将眼光聚焦到海洋的主要原因。

海洋自然资源总体上可以分为不可再生和可再生两大类。其中,不可再生资源主要是指矿产资源。海底矿产资源的分布在横向和垂向上都具有明显的分带性,如图 8-22 所示。大陆边缘带占海底总面积的 20.6%,是海底矿产资源最主要的聚集区。在大洋(深海)盆地中,则主要有大洋深水区的多金属结核、存在于海山之上的富钴结壳和局部区域的多金属软泥。在大洋中脊和弧后扩张中心则分布有海底热液活动形成的多金属硫化物等矿产资源。

1. 天然气水合物开采中仪器的应用

天然气水合物,即可燃冰,是分布于深海沉积物或陆域的永久冻土中,由天然气与水在高压低温条件下形成的类冰状的结晶物质。研究发现,$1 \ m^3$ 的可燃冰可以分解为 $164 \ m^3$ 的甲烷,且燃烧后只会产生二氧化碳和水,不会留下固态残渣,也不会产生有害气体,是一种燃烧值高、清洁无污染的新型能源。

1934 年,美国人哈默·施密特在被堵塞的输气管道中发现了可以燃烧的冰块,称为"甲

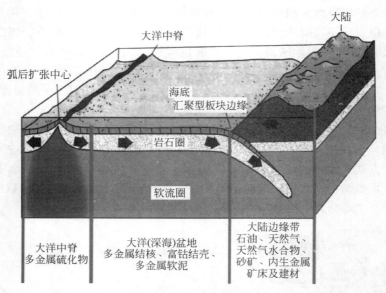

图 8-22 海底主要矿产资源分布图

烷气水合物"。1979 年,美国"挑战者号"深海潜水器执行深海钻探计划第 66、67 航次,开赴中美洲海槽,勘探到了科学家们期待已久的可燃冰的情影。到目前为止,世界各大海洋都发现了可燃冰的身影,我国可燃冰资源可能的分布区域如图 8-23 所示。

图 8-23 我国可燃冰资源可能的分布区域图

　　研究表明,当可燃冰通过运移通道向海床表面渗漏时会形成海底"麻坑"地形,就是一种形状类似火山口的圆形或椭圆形的凹陷地貌,这被认为是"可燃冰"存在的直接证据之一。除"麻坑"之外,可燃冰之类的流体运移聚集还会在海底形成丘状体,也被认为是可燃冰蕴藏区的标志性地貌。由此,人们通常采用多波束回声测深设备、侧扫声呐、浅地层剖面声学测量系统等进行探测。这些设备放置于科考船上时,由于距离海底较远,无法获取高质量的探测结果。进而,人们将这些设备搭载在拖体上,通过一条长电缆连接到船体,仪器设备到海底的距离就能缩短至 100 m 以内,数据精度和分辨率均能大幅提高,这样的系统被称为声学深拖系统,其作业示意图如图 8-24(a)所示。图 8-24(b)给出的系统作业效果,是三维水深图、侧扫声呐图、浅地层剖面图相互叠加形成的三维可视化立体模型,将对海底表面的微地形地貌和海底浅层地质的探测、识别、解释具有重要的支撑作用。

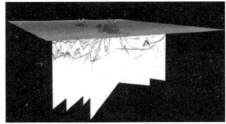

(a) 声学深拖系统作业示意图　　　　　　(b) 海底微地形地貌立体探测影像图

图 8-24　声学深拖系统作业示意图及作业效果

利用新兴的声学深拖系统在可燃冰蕴藏区开展调查,能够有效地发现"麻坑"、丘状体地形地貌及地质特征,从而完善了可燃冰探测方法体系。

2. 富钴结壳开采中仪器的应用

富钴结壳又称钴结壳、铁锰结壳,是生长在海底岩石或岩屑表面的皮壳状铁锰氧化物和氢氧化物,因富含钴而得名。构成富钴结壳的铁锰矿物主要为二氧化锰和针铁矿,很可能成为战略金属钴、稀土元素和贵金属铂的重要资源。富钴结壳主要成分陆地和海区的储量对比如图 8-25 所示,可以看到钴、锰、碲等元素在海区具有丰富的储量,等待人们发现和开采。

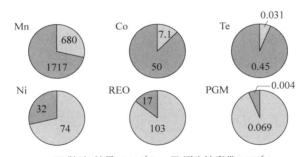

图 8-25　富钴结壳主要成分陆地和海区储量对比图

回顾富钴结壳的发现历史,可以追溯到 1948 年,美国斯普里普斯海洋研究所在太平洋进行海底山脉地质调查时,在水深不到 1 000 m 的海底发现了大量的结核和铁锰氧化物壳。但是把富钴结壳作为一种资源,投入系统调查研究则要始于 20 世纪 80 年代。1981 年,德国科学家利用"太阳号"科考船在太平洋中部开展的调查工作掀起了对富钴结壳研究的热潮。总体上,美国、德国、法国等发达国家利用已经形成的技术优势积极探索和研究大洋富钴结壳资源的勘查、开发及冶炼加工技术,目前在深海勘探领域保持领先地位。而中国、日本、俄罗斯、巴西和韩国等国家则成功与国际海底管理局签订了富钴结壳勘探合同,有了自己的专属勘探矿区,也在迎头赶上。中国的富钴结壳勘探合同区位置如图 8-26(a)所示。

富钴结壳的探测可以采用类似可燃冰探测的技术,声学深拖系统是一种有效的检测手段。其中,由中科院声学所自主设计、自主集成,在中国大洋协会支持下,研制的 DTA-6000 声学深拖系统在富钴结壳的探测中发挥了重要作用。该系统安装有高分辨率测深侧扫声呐和浅地层剖面仪,能够分别获得高分辨率的海底地形地貌和浅地层剖面。图 8-26(b)给出了 DTA-6000 声学深拖系统与船载多波束回声测深结果局部对比图,可以看到声学深拖系统能够获得更为精细的地形信息。

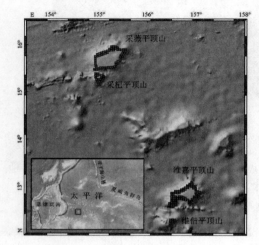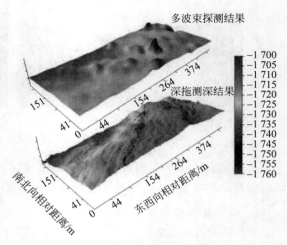

(a) 中国的富钴结壳勘探合同区的位置　　　　(b) 声学深拖系统与多波束回声测深结果对比

图 8-26　中国富钴结壳勘探合同区的位置及勘探结果

3. 多金属硫化物开采中仪器的应用

在全球性大洋中脊和弧后扩张中心的板块增生带以及热点海底火山活动区普遍存在有热液(水)的喷溢作用,这种热液流体呈酸性,温度从几十摄氏度到 365℃ 以上。海底热液多金属矿床是以多金属硫化物为主,伴生有铁和锰的氧化物、二氧化硅、重晶石等矿物的海底矿床资源类型,以其自身产出环境的有利优势,被认为极有可能是最先被开采的深海矿产资源之一。

自 1963—1965 年印度洋科研调查发现热液多金属软泥后,海底热液活动研究的序幕就此拉开。世界上几个主要的工业国家,包括俄罗斯、美国、法国、日本、澳大利亚等,先后制定了勘探和开发海底热液区,特别是多金属硫化物的国家计划。目前已经探明的海底热液区分布情况如图 8-27 所示。

图 8-27　世界海底热液区分布情况示意图

在陆地上,电磁方法是勘探金属硫化物最主要的地球物理方法之一。虽然陆地与海洋的电磁环境有很大的差异,但理论和实践表明,陆地上已经使用的电磁方法几乎都可以在海洋中运用。我国在 2010 年完成了首套针对海底多金属硫化物的瞬变电磁探测系统的研制,并于 2011 年 6 月在中国大洋第 22 航次第 5 航段中进行了成功试用,系统示意图和线圈拖体实物分别如图 8-28(a)和(b)所示。

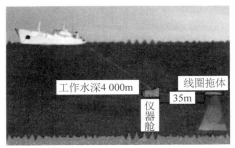 

(a) 瞬变电磁探测系统示意图　　　　　　(b) 线圈拖体实物图

图 8-28　瞬变电磁探测系统

这次探测取得了我国首批多金属硫化物瞬变电磁数据,如图 8-29 所示。分析这些数据,对于明确多金属硫化物矿床的分布情况有所帮助,对进一步改进瞬变电磁探测设备和多金属硫化物探测方法以及海底电磁方法的理论研究也将提供支撑。

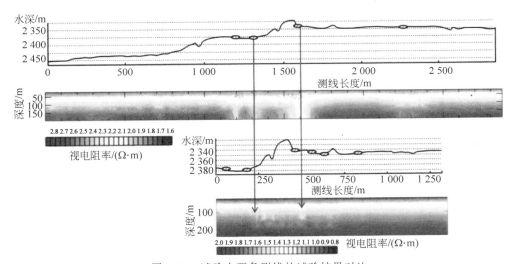

图 8-29　试验中两条测线的试验结果对比

8.3.3　海洋新能源开发中仪器的应用

地球上一望无际的汪洋大海不仅为人类提供了航运、水产和丰富的矿藏,还蕴藏着巨大的能量。海洋新能源是指依附在海水中的可再生能源,如潮汐能、波浪能、海流潮流能和温差能等。据估计,全球海洋能的蕴藏量大约是 776 亿 kW。因此开发海洋新能源,无疑是世界各国关注的焦点和热点。

1. 海洋潮汐能的开发

潮汐能发电是海洋能中发展最早、规模最大和技术最成熟的一种。19 世纪末 20 世纪初，人们开始研究利用潮汐发电，1912 年德国在布苏姆建立了世界上第一座潮汐发电站。目前潮汐发电设备日臻完善、技术日趋成熟，并网的经济可行性也得到证明，美国等发达国家正在积极建设经济性完好的大型潮汐发电站。

我国是世界上潮汐能资源丰富的国家之一，在山东、江苏、浙江、福建等沿海地区也兴建了潮汐能电站，但总体上讲，我国的潮汐能发电还处于萌芽阶段，潮汐能发电的技术、政策、动力等多方面都显不足。不过，新能源发电已经成为国家的战略发展方向，再辅之以技术手段的不断改进，潮汐能发电具有很大的提升空间，未来必将是华东地区的一项重要补充能源。

潮汐能发电就是利用海水涨落及其所造成的水位差来推动水轮机，再由水轮机带动发电机发电，其原理示意图如图 8-30 所示。根据工作方式的不同，潮汐能发电可以分为单库单向电站、单库双向电站以及双库连续电站。根据水轮机的结构形式，潮汐电站所用的水轮发电机组主要有立轴定桨式、轴伸贯流式、竖井贯流式、灯泡贯流式和全贯流式。

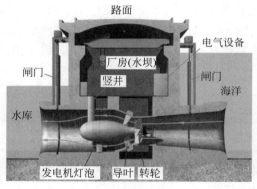

图 8-30　潮汐能发电原理示意图

选址是潮汐能发电站要解决的第一个问题，而这其中最关键的因素就是电站选址海域的潮差分布。1961 年，法国的朗斯潮汐电站开工建设，到 1967 年，全部 24 台 1 万 kW 机组同时启动，总装机容量为 24 万 kW 的电站正式运行，直到 2011 年韩国始华湖潮汐电站建成之前，它都是世界上最大的潮汐电站。该电站位于法国西北部大西洋沿岸圣马洛湾的朗斯河口，如图 8-31（a）所示，该河口附近的海域潮差分布如图 8-31（b）所示。可以看到，无论是宏观的电站位置，还是微观的潮差分布，都需要借助测量手段给出的地图才能够帮助人们进行科学决策。

潮汐电站建成之后的运行与维护，与一般水力发电站的原理是相似的，我们在第 5 章中介绍的仪器在电力系统中的应用实例，在潮汐电站中都可以看到，归根结底，还是源于信息获取在潮汐电站安全运行中举足轻重的地位。

2. 海洋波浪能的开发

海水是一种由无数海水质点所组成的流体。在外力作用下，海水质点在其平衡点位置附近做周期性运动，这就形成了波浪。波浪是除潮汐以外海水的另一种惊心动魄的大规模

 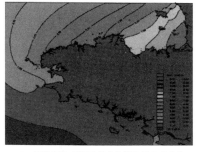

(a) 朗斯潮汐电站的位置图　　(b) 朗斯河口附近的海域潮差分布图

图 8-31　朗斯潮汐电站的位置及其附近海域潮差分布图

宏观运动。波浪中储存的能量称为波浪能,其能量与波高的二次方和波动水面的面积成正比。2020 年全球海洋能发电潜力如图 8-32 所示,可见波浪能具有重大的发展空间。

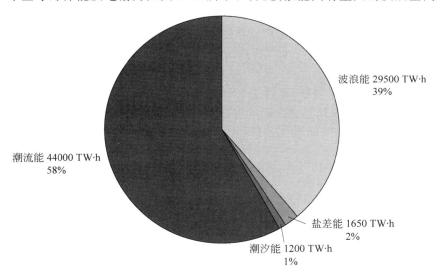

图 8-32　2020 年全球海洋能发电潜力图

波浪发电的关键技术是中间转换装置,振荡水柱式、摆式、聚波水库式、振荡浮子式、鸭式、筏式等多种波浪能转换装置得以研制和应用,一些典型的波浪能转换装置的原理如图 8-33 所示。

国内外研究人员对现有几种波浪能发电装置的优、缺点进行了对比分析,相比较而言,振荡浮子式波浪能发电装置具有明显的优势。因其效率高、成本低、可靠性好,所以是今后波浪能发电装置的重要发展方向,英国、美国、荷兰、瑞典、丹麦、中国均开展了振荡浮子式波浪能装置的深入研究。

波浪能发展到今天,研究的难点是高效转换,波浪的不稳定造成转换装置长期在设计外工况,除此之外,能流密度和转换效率低也进一步提高了发电成本。因此,波浪能研究的目标始终是提高转换率和降低发电成本,需要提高波浪发电装置的波浪适应性,使之在较宽的波况范围内能够保持较高效率。而在这一研究过程中,理论和实验相辅相成,稳步推进着转换装置的进步。

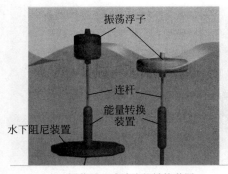
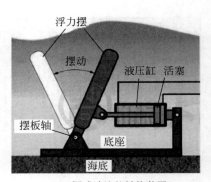

(a) 振荡浮子式波浪能转换装置   (b) 摆式波浪能转换装置

图 8-33　典型的波浪能转换装置原理示意图

图 8-34 给出的是一种新型浮筒式波浪能发电装置示意图,由我国河海大学及水利部产品质量标准研究所的研究人员设计。该装置包含了三级能量转换装置:一级能量转换装置是将波浪能转换为浮筒的动能,二级能量转换装置是将浮筒的动能转换为水势能,三级能量转换装置是将水势能通过水轮发电机转换为电能。因此,该装置主要由 3 部分组成:①提水部分,包括浮筒、输水管道及活塞、连杆、单向止回阀、送水管道等;②储水部分,即位于平台最上方的蓄水池;③发电部分,包括送水管道、水轮发电机等。新型浮筒式波浪能发电装置的核心部分是提水部分,其主要依靠浮筒提水装置通过双作用双向活塞泵将海水输送到最上方的蓄水池中。

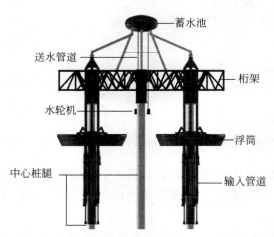

图 8-34　一种新型浮筒式波浪能发电装置示意图

围绕新型浮筒式波浪能发电装置,研究人员开展了系统深入的研究工作,并在实验室内模拟了多种工况进行测试,部分工况下的测试结果如图 8-35 所示。

从图 8-35 中可以看到,随着浮筒吃水深度的增大,输水管道中的流量有增大趋势。但达到一定程度之后,继续增加浮筒的吃水深度,装置浮筒的行程范围缩小,无法达到装置的启动条件,流量反而减小。测试结果反映出的问题对于研究工作的改进是有重要的借鉴价值的。

进入 21 世纪以来,海洋领域的竞争日趋激烈,海洋权益的斗争愈加复杂,海洋资源的争夺也更加白热化,能够让我们屹立于不败之地的,就是我们国家海洋科学与技术的蓬勃发

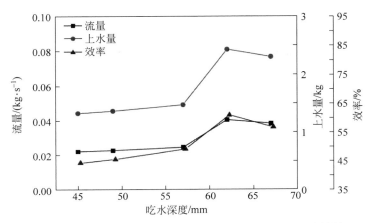

图 8-35　部分工况下新型浮筒式波浪能发电装置的测试结果

展,其中可以看到多个学科的身影,而作为信息获取的源头、认识海洋的起点,仪器科学与技术必将在这个战场上为我们吹响胜利的号角。

参 考 文 献

[1]　刘良明,刘挺,刘建强,等.卫星海洋遥感导论[M].武汉:武汉大学出版社,2005.

[2]　蒋兴伟,林明森.海洋动力环境卫星基础理论与工程应用[M].北京:海洋出版社,2014.

[3]　贾永君,林明森,张有广.“海洋二号”卫星A星雷达高度计在海洋防灾减灾中的应用[J].卫星应用,2018(5):34-39.

[4]　黄磊,周武,石立坚,等.“海洋二号”卫星A星海面亮温监测及应用[J].卫星应用,2018(5):43-47.

[5]　金翔龙.中国海洋工程与科技发展战略研究:海洋探测与装备卷[M].北京:海洋出版社,2014.

[6]　详解海洋测量船[J].现代军事,2006(6):22-27.

[7]　孟庆龙,李守宏,孙雅哲,等.国内外海洋调查船现状对比分析[J].海洋开发与管理,2017(11):26-31.

[8]　朱光文.我国海洋探测技术五十年发展的回顾与展望(一)[J].海洋技术,1999,18(2):1-16.

[9]　涂兴佩,蔡萌.碧波万顷 守望风云——记山东省海洋仪器仪表研究所研究员王军成[J].中国科技奖励,2016(5):20-25.

[10]　任玉刚,刘保华,丁忠军,等.载人潜水器发展现状及趋势[J].海洋技术学报,2018,37(2):114-122.

[11]　张同伟,唐嘉陵,李正光,等.“蛟龙号”载人潜水器在深海精细地形地貌探测中的应用[J].中国科学:地球科学,2018,48(7):947-955.

[12]　符敏,吴乔.国外无人潜水器研制概况与发展趋势[J].水雷战与舰船防护,2004(2):48-51.

[13]　任峰,张莹,张丽婷,等.“海龙Ⅲ号”ROV系统深海试验与应用研究[J].海洋技术学报,2019,38(2):30-35.

[14]　赵进平,等.海洋科学概论[M].青岛:中国海洋大学出版社,2016.

[15]　王春莉,王静,舒飞涛.国内外海洋污染现状、防治对策研究及对青岛市海洋环境的保护建议[J].资源节约与环保,2015(10):151-152.

[16]　冯士筰,李凤岐,李少菁,等.海洋科学导论[M].北京:高等教育出版社,1999.

[17]　国家海洋局人事劳动教育司,国家海洋局成人教育中心.海洋环境保护与监测[M].北京:海洋出版社,1998.

[18]　张云海.海洋环境监测装备技术发展综述[J].数字海洋与水下攻防,2018,1(1):7-14.

[19]　Moore C. Synthetic polymers in the marine environment:a rapidly increasing,long-term threat[J].

Environmental Pollution,2008,108(2)：131-139.

[20] Cozar A,Echevarria F,Gonzalez-Gordillo J,et al. Plastic debris in the open ocean[J]. Proceedings of the National Academy of Sciences of the United States of America,2014,111(28)：10239-10244.

[21] 孙承君,蒋凤华,李景喜,等. 海洋中微塑料的来源、分布及生态环境影响研究进展[J]. 海洋科学进展,2016,34(4)：449-461.

[22] 铁骨. 在一万米以下的深海发现塑料,究竟意味着什么？［EB/OL］. https://www. cdstm. cn/gallery/wzl/Iron/201905/t20190516_915548. html,2019-05-16.

[23] 韩桂军,李威,付红丽,等. 日本福岛核污染对中国和美国近海影响的集合统计预测[J]. 中国科学：地球科学,2013,43(5)：831-835.

[24] 张勇,张现荣,毕世普,等. 我国近海海域沉积物重金属分布特征与环境质量评价[J]. 海洋地质前沿,2012,28(11)：38-42.

[25] Diaz R J,Rosenberg R. Spreading dead zones and consequences for marine ecosystems[J]. Science,2008,321(5891)：926-929.

[26] 张青田. 中国海域赤潮发生趋势的年际变化[J]. 中国环境监测,2013,29(5)：98-102.

[27] 邱薇. 国际海洋环境保护法发展历史梳理［EB/OL］. http://m. fx361. com/news/2018/0514/3523163. html,2018-05-14.

[28] 郭军,赵建虎."声学显微镜"探测深海"可燃冰"[J]. 测绘地理信息,2018,43(6)：126.

[29] 曹金亮,刘晓东,张方生,等. DTA-6000声学深拖系统在富钴结壳探测中的应用[J]. 海洋地质与第四纪地质,2016,36(4)：173-181.

[30] 韦振权,何高文,邓希光,等. 大洋富钴结壳资源调查与研究进展[J]. 中国地质,2017,44(3)：460-472.

[31] 熊威,陶春辉,邓显明. 电磁方法在海底多金属硫化物探测中的应用[J]. 海洋学研究,2013,31(2)：59-64.

[32] 刘协鲁,陈云龙,张志伟,等. 海底多金属硫化物勘探取样技术与装备研究[J]. 地质装备,2019,20(5)：28-30.

[33] 杨瑾. 浅议海洋新能源的开发现状、发展前景及应注意的几个问题[J]. 海洋开发与管理,2011(11)：84-87.

[34] 郑崇伟,贾本凯,郭随平,等. 全球海域波浪能资源储量分析[J]. 资源科学,2013,35(8)：1611-1616.

[35] 顾煜炯,谢典,耿直. 波浪能发电技术研究进展[J]. 电网与清洁能源,2016,32(1)：64-68.

[36] 张步恩,郑源,付士凤,等. 一种新型波浪能发电转换装置试验研究[J]. 中国电机工程学报,2019,39(24)：7263-7271.

[37] 于华明,刘容子,鲍献文,等. 海洋可再生能源发展现状与展望[M]. 青岛：中国海洋大学出版社,2012.

[38] 王淑玲,白凤龙,黄文星,等. 世界大洋金属矿产资源勘查开发现状及问题[J]. 海洋地质与第四纪地质,2020,40(3)：160-170.

[39] 庄晓宵,林一骅. 全球海洋海浪要素季节变化研究[J]. 大气科学,2014,(2)：251-260.

第9章

日常生活中无处不在的仪器

人类生活方式的改变也是人类文明发展的主旋律,主要就是以人为中心,把自然科学和工程技术的相关成果应用于日常生活,下面就以医疗行业、环境监测、智能交通、食品安全等与每个人日常生活密不可分的应用领域为例,介绍一下仪器科学与技术如何改变了日常生活,从而促进了人类文明的发展与社会的进步。

第9章
彩图

9.1　医疗行业中仪器的作用

医学在人类漫长的文明发展史中处处留下了鲜明的印记,各文明古国有着自己独特的医学发展过程,并且深刻影响了各个国家的文明发展历程。医学发展到今天,在临床医学取得的成就中,仪器功不可没。从发现,到诊断,再到治疗疾病,没有仪器助力,我们无法想象人们能否有如此多的战胜疾病的手段。

9.1.1　医学发展史及科学性探讨

纵观人类医学的发展历史,客观上讲,在中世纪之前主要是依据人的感官去发展医学,通过五官去观察,通过大脑去思考,中医如此,西方医学亦然。中世纪后显微镜的出现,使得人们能够在微观层面上去观察人体结构,观测微生物的变化,推测并证实疾病的起因与发展,西方医学进入了快速发展的轨道。到了19世纪末20世纪初,随着物理学、化学、生物学等基础学科与技术的发展,各类医疗仪器如雨后春笋般地涌现,人类认识疾病的角度更加多元和深入,人类治疗疾病的手段也更为丰富有力。反观中医的发展历史,确实很少能看到仪器应用的身影,无论是奠定了中医理论之基的《黄帝内经》,还是扁鹊创立的"望、闻、问、切"诊断方法,再到后来张仲景的辨证论治法则等,都是在人为经验的基础上进行的总结,更偏重于从整体的角度去思考,因此常常会因缺乏定量的测量以及在测量基础上严谨的因果逻辑而被认为不科学。但是,人类认识客观世界本身就是不断发展与进步的过程,而且是一个多元化的过程,西医有定量的测量,有针对测量结果与致病原因之间严谨的逻辑与证实,确实从整个过程来看是合理的和严谨的,但是这只是人类认识疾病的一个角度,而中医的角度不同且缺乏这样的过程,原因是多方面的,有可能是缺乏观测的手段,有可能是切入的角度不对等,不过缺乏这个过程并不能成为中医不科学的理由。

　　讲到这个地方,我们可以简单地讨论一下科学和不科学的问题,归根结底就是一句话,诞生于西方的现代科学方法是不是就是最科学的方法?诺贝尔化学奖获得者比利时科学家普里高津就对此提出了质疑,他在《从混沌到有序》《从存在到演化》等论著中,精辟地分析了西方近代科学思想发展中的一系列重大问题,得出的结论是牛顿力学把一切物理和化学现象归结为"力",自然界被描述成为一个静态的、沉寂的世界,被过分简单化了,这不是科学发现的终点。也就是说,现代西方科学方法虽然有过黄金时代,或者目前仍然处于黄金时代,但是由于自身不可避免的局限性,只能以机械论的方法探索客观世界,是不能对以"自组织、有机体"为特征的自然界进行探索的。

　　接下来,普里高津在进行科学思想的研究时,有一个极其重要的发现,就是在中国古代,辩证自然观的核心是注重自然界的整体性和有机性,具有自发的、自组织的观点,而这与牛顿的机械论的科学思想是属于完全不同的哲学传统。他提到:中国传统的学术思想是着重于研究整体性和自发性,研究协调和谐。现代科学的发展,近十年物理学和数学的研究,如托姆的突变理论、重整化群、分支点理论等,更符合中国的哲学思想。因此,普里高津明确提出了自己的观点:我们正朝着新的综合前进,朝着一种新的自然主义前进。也许我们最终能够把西方的传统(带着它对实验和定量描述的强调)与中国的传统(带着它那自发的、自组织的世界观)结合起来。普里高津关于现代科学思想与中国自然哲学思想相结合的观点,被认为是科学史上的一个重大发现。越来越多的西方科学家认识到:在科学发展的漫漫长河中曾经出现过几次东方智慧的大浪潮,不要忘记我们的灵感多次来自东方,为什么不会再次发生?伟大的思想很可能有机会悄悄地从东方来到我们这里,我们必须伸开双臂欢迎它。中西方科学思想的融合必将形成未来崭新的科学传统。

　　我们之所以要在这里对中医和西医的科学性进行讨论,就是想给大家一些启发,希望大家去思考医学发展的内在动力,能够客观理智地分辨是非。当然,我们认为中医和西医都是科学的,仪器在近现代西方医学的发展过程中发挥了至关重要的作用,而现代中医在不断完善的过程中也越来越多地开始借助仪器,这主要是因为无论中医还是西医,获取信息都是第一位的。考虑到医学中应用的仪器种类繁多,分类方法多样,我们只能选取医学诊断中的典型仪器和辅助治疗中的典型仪器进行介绍,就是想借助典型事例,让大家理解仪器的作用,进而能够举一反三地去思考其他类型的仪器是如何发挥重要作用的。

9.1.2　医学诊断仪器的应用

　　医学诊断仪器是指用于临床诊断的仪器设备,主要包括医用电子诊断仪器、医用成像仪器、医用检验仪器以及医用光学仪器等。

1. 医用电子诊断仪器

　　医用电子诊断仪器主要是采集人体上相关部位的生物电信号,通过对生物电信号的分析来获取相关部位的健康状况。人体的生物电信号种类很多,如心电、脑电、肌电、胃电等,都可以通过仪器实现检测,其中心电的检测最早实现并应用。

　　1842年,法国科学家玛蒂西发现青蛙的心脏每次跳动都伴随着电信号,首先发现了心脏的电活动。1872年,缪尔海德记录到了心脏波动的电信号,但是由于信号过于微弱,因此如何在身体表面进行检测仍然是一个难以逾越的障碍。1885年,荷兰生理学家埃因托芬利用毛细静电计首次从体表记录到心电波形,之后他进一步改进测量设备,1903年发明了弦线式检流计,研制出能够实用的心电图机,心电检测在医学中开始应用。1903—1960年,普通心电图仪在医学中得以快速发展和应用,1961年动态心电图仪应用于临床,由于能够长时间不间断地记录人日常活动过程中的心电图变化,心脏疾病检测的及时性和有效性大幅提升,从而成为心脏病领域中的一项常规检查,心电图仪发展中的里程碑事件如图9-1所示。

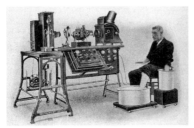

(a) 埃因托芬研制的心电图　　　(b) 最早应用于临床的动态心电图仪

图 9-1　心电图仪发展史中的里程碑事件

2. 医用成像仪器

1895年在德国物理学家伦琴发现X射线之后,就有人尝试将其应用于医学。1897年,德国德累斯顿的一家医院安装了第一台X射线机,在诊断骨折位置和探测体内异物方面获得了良好的应用效果,从而在医学领域得到了重视和推广。但是在长期应用过程中,X射线机只能得到前后物体叠加的平面图像的弊端愈发凸显,美国医用物理学家科马克敏锐地捕捉到了这一问题的实质,提出利用计算机控制X射线机扫描的方式,实现检测部位的三维成像。1963年,科马克提出了由电子计算机操纵的X射线断层照相诊断技术理论和设计方案。1969年,英国EMI公司的电机工程师豪斯费尔德根据科马克的设计思想研制出了世界上第一台电子计算机X射线断层扫描仪(简称CT),如图9-2所示,两人也因此于1979年分享了诺贝尔生理学或医学奖。CT技术在医学成像仪器发展史上是革命性的事件,对神经系统疾病的检测具有重要意义。

(a) 豪斯费尔德的CT原型机　　　(b) EMI公司的第一台CT机

图 9-2　早期的计算机X射线断层扫描仪

讲到医用成像仪器,必须介绍核磁共振成像。早在1946年,美国物理学家布洛赫和珀赛尔就发现了物质的核磁共振现象,他们也因此获得了1952年的诺贝尔物理学奖。核磁共振成像的原理,简单来讲,就是物体核磁共振之后,依据所释放的能量在物体内部不同结构环境中发生不同的衰减,通过外加梯度磁场检测所发射出的电磁波,从而得到构成物体原子核的位置和种类,并据此绘制出物体内部的结构图像。

1971年,美国物理学家达马迪安第一次发现了正常生物组织和肿瘤组织中水的核磁信号的弛豫性质不同,从而为核磁共振应用于医学基础研究和临床诊断应用奠定了基础。1972年,美国物理学家劳特布尔发现,如果在一个均匀的磁场中叠加一个弱的梯度场,并且逐点诱发核磁共振无线电波的话,就可以得到物体某个截面的一幅二维核磁共振图像。1974年,他与同事首次实现了活体动物的核磁共振成像,得到了一幅动物的肝脏图像。差不多同一时期,英国物理学家曼斯菲尔德也想到了利用梯度磁场实现核磁共振成像的方案,并且提出了一种平面回波成像的原理和设计思想,实现了超高速成像。两位科学家的关键性发现,直接加速了核磁共振成像仪的问世,如图9-3所示,他们也因为这些杰出的工作共同分享了2003年的诺贝尔生理学或医学奖。核磁共振成像具有无损伤性和非侵入性的优势,既不需要射线照射,也无须注射放射性同位素,无创且对病人没有辐射伤害,是医学科学研究和临床诊断上的一个重要突破。核磁共振成像通过调节磁场可自由选择所需剖面,能够显示活体组织的精细结构,对于潜伏性疾病的发现,特别是癌症的诊断与治疗具有重要的支撑作用。

(a) 劳特布尔　　　　　　　　(b) 曼斯菲尔德

图 9-3　医用核磁共振成像的关键性人物及其成果

3. 医用检验仪器

医用检验仪器是指临床检验时,借助先进的检测技术,对于来自离体的血液、尿液、粪便等分泌物或排泄物进行检测,以简便、快速的检测结果基本满足临床医学检验筛检疾病的要求,主要包括生化分析仪、血液分析仪、粪便分析仪等。

生化分析仪可为检验医学提供临床生化学、临床血液学等多方面的检验项目,为医师在疾病的诊断、治疗、预防中提供重要的科学依据,是医院必备的检测设备。世界上第一台生化分析仪是美国泰克尼康(Technicon)公司于1957年根据斯凯格斯教授的设计方案制造的,之后发展十分迅速,出现了单通道、双通道、多通道仪器。1965年诞生了分立式自动分析仪,是一种敞开式的仪器,样品在彼此分立的反应杯中进行反应。20世纪70年代,和干化学试剂相配套的反射光分析仪的发展开辟了生化分析仪的另一个分支,提高了准确性、多功能性和分析速度。20世纪80年代初,美国泰克尼康公司为克服样品间的交叉污染问题,发明了任选式测定方式的仪器,把自动生化分析仪的水平提高到一个新的高度,其实物如图9-4(a)所示。我国在2003年研制出具有完全自主知识产权的全自动生化分析仪并开始推广应用,打破了发达国家对该产品的垄断,其实物如图9-4(b)所示。

(a) Bayer(原Technicon)全自动生化分析仪　　(b) 我国第一台全自动生化分析仪

图 9-4　国内外典型的全自动生化分析仪实物图

　　血细胞分析仪是当前国内外各大医院及实验室所采用的一种进行血液参数分析和实验的重要仪器,问世于 20 世纪 40 年代。最初采用光电法或电容法,光电法基于细胞稀释液对光的吸收度不同,采用光敏元件进行血细胞计数;电容法则是根据血细胞通过测量电极时改变极间电容的原理进行脉冲直方图计数。两种方法面临的问题都是灵敏度低和易受干扰,因此限制了其推广应用。到了 20 世纪 50 年代后期,美国发明家库尔特发明了电阻抗法(亦称电阻法),主要是利用血细胞的低频不导电特性对红细胞和白细胞进行计数,因其测量准确度高而被广泛应用,其实物如图 9-5 所示。20 世纪 70 年代以后,库尔特和希森美康公司先后推出可进行白细胞二分群(小细胞群和大细胞群)的仪器,其报告参数也从单一的血细胞计数发展到包含平均红细胞体积(mean corpuscular volume,MCV)、平均红细胞血红蛋白含量(mean corpusular hemoglobin,MCH)等多个综合分析表征量。此后,许多公司相继研制并推出了可进行白细胞三分群(小细胞群、大细胞群和中间细胞群)的血细胞分析仪,可报告的参数也增加到十几项。进入 20 世纪 90 年代后,白细胞分群技术获得长足进步,物理、化学等手段的综合应用使得白细胞从三分类发展到五分类、七分类,甚至是九分类,可报告的参数也增加到 20 多项。其中,除主要血细胞参数外,各细胞亚群参数也纳入测量范围并进一步精细化,从而使得血细胞分析仪的报告参数全面增加,能够更加客观全面地反映出测试者的血液状况,为进一步的临床诊疗提供强力支持。

(a) 第一台细胞计数仪　　　　　　(b) 早期的库尔特细胞分析仪

图 9-5　早期的血细胞分析仪实物图

4. 医用光学仪器

　　医用光学仪器是基于光学原理实现的医疗仪器,主要包括生物和医用显微镜、医用内窥镜、眼科光学仪器等。

　　前面讲到,显微镜的出现使得人们的视野能够从宏观延伸到微观,从而可以全面深入地了解生物体内的微细结构,近现代西方医学的发展因此日新月异。一方面,一些新方法和技术手段的提升改善了光学显微镜的观测能力,例如,荷兰物理学家泽尔尼克于 1935 年提出"相衬法",是利用光通过透明细胞时的相位变化来实现观测的,有效解决了活细胞或者未染色细胞的观测难题,泽尔尼克也因此获得了 1953 年的诺贝尔物理学奖。另一方面,人们在长期的观测中发现,由于原理的局限,光学显微镜的解像能力是无法突破 0.2 μm 的极限的,必须寻求革命性的改变。1931 年,德国物理学家鲁斯卡研制出人类历史上第一台电子显微镜,利用电磁场对电子流的作用代替玻璃透镜的光学作用,突破了光学显微镜的极限,许多更细微的胞器、病毒甚至 DNA 分子构造都可以呈现在人们的视野中。德国物理学家宾尼和瑞士物理学家罗雷尔于 1982 年共同研制出扫描隧道显微镜,基于量子力学原理,并巧妙地运用隧道效应和隧道电流,能够实现精细到单个原子的观测,从而为人们打开了活体显微观测的大门,三位科学家分享了 1986 年的诺贝尔物理学奖。世界上第一台相衬显微镜、透射电子显微镜及扫描隧道显微镜的实物图如图 9-6 所示。

(a) 相衬显微镜　　　　(b) 透射电子显微镜　　　　(c) 扫描隧道显微镜

图 9-6　世界上第一台相衬显微镜、透射电子显微镜及扫描隧道显微镜

自 20 世纪 70 年代兴起至今,冷冻电子显微技术(简称冷冻电镜)已经走过了 40 多年的发展历程。通俗地讲,冷冻电镜就是在传统透射电子显微镜的基础上加上低温传输系统和冷冻防污染系统,但绝对不是简单地叠加,从其出现并发展至今,冷冻电镜经历了冷冻制样、单颗粒图像分析和三维重构算法等关键性技术的突破。1974 年,美国生物学家格雷泽首次发现冷冻于低温下的生物样品可在真空的透射电镜内耐受高能电子束辐射并保持高分辨率结构,由此揭开了冷冻电镜的神秘面纱。1975 年,英国生物学家亨德森最早应用冷冻电镜和电子晶体学解析出了一个膜蛋白结构,同时为冷冻电镜技术的发展提供了很多关键的具有远见卓识的建议;1982 年,瑞士生物学家杜波切特发明了将生物样品速冻于玻璃态冰中的方法和装置,使得冷冻电镜成为实用技术。20 世纪 90 年代,德国生物学家弗兰克领导课题组发明了单颗粒冷冻电镜重构方法,有效降低了图样中的噪声。结合三维重构与傅里叶变换可得到蛋白质更为精细的三维结构。后三位科学家也因为"开发冷冻电子显微镜用于溶液中生物分子的高分辨率结构测定"获得了 2017 年的诺贝尔化学奖。冷冻电镜由于能够充分展示分子生命周期的全过程,因而将生物化学带入了一个崭新的时代,对医学发展的贡献也是举世公认的。

9.1.3　医学治疗仪器的应用

医学治疗仪器是指具有临床治疗作用的仪器设备,可分为实现功能辅助和替代的人工器官以及利用物理因子达到治疗目的的仪器设备等两大类。前者有人工心脏、人工肺、人工电子耳蜗等，后者有钴-60 治疗仪、体外冲击波碎石机、呼吸机等。下面仅以人工电子耳蜗为例，来感受一下医学治疗仪器的魅力。

自 19 世纪中叶以来，人们就知道人的听觉中最重要的振动组织是耳蜗基底膜，匈牙利生物学家贝凯西对此进行了深入研究。在研究过程中，他发现声音是以一连串的波形沿基底膜传播，并在膜的不同部位达到最大振幅，低频声波的最大振幅部位接近耳蜗的末梢，高频声波的振幅部位则接近入口或底部，从而确立了"行波学说"，揭开了听觉之谜，他也因此获得了 1961 年的诺贝尔生理学或医学奖。

听觉功能受损一般可分为两类：一类为传导性听力损失，是由于听力系统中传导声音的机械通道受到阻碍或损伤，而使声音引起的机械振动无法达到内耳耳蜗内的毛细胞处造成的，这类情况一般属于轻度耳聋（根据世界卫生组织 WHO 标准，其听力损失范围为 26～40 dB，而正常听力在 25 dB 以下）；另一类为神经性听力损失，表现为耳蜗内毛细胞或听神经纤维受损，这类损伤使得声波转换成刺激神经的生物电脉冲的机制受到破坏，进而使大脑无法收到听神经产生的兴奋，往往会造成重度耳聋（听力损失范围为 71～90 dB），甚至是全聋。对于前者，一般借助于助听器对声音信号进行放大，加强声音的机械振动使其到达耳蜗，从而部分恢复听觉功能，但这种方法对后者不适用。贝凯西在发现听觉之谜后，为后者带来了福音，研究人员开始尝试研制人工电子耳蜗来帮助他们恢复听力。

1957 年，法国学者 A. Djourn 和 C. Eyries 做了一例全聋病人应用电极直接刺激听神经的试验，证实了使用电子装置刺激听觉通路外周部分，是将有用的生理信息传递到听觉中枢的可行方法。这个试验标志着人工电子耳蜗研究的开始，随后的各种相关研究试验，都证明了人工电子耳蜗可以在某种程度上恢复重度耳聋患者和全聋患者的听觉功能，帮助他们提高语言的理解能力。1977 年 12 月 16 日，奥地利维也纳大学医院耳鼻喉头颈外科医生 Burian 教授成功植入了世界上第一个多通道人工电子耳蜗，标志着人工电子耳蜗开始进入临床试验阶段。进入 20 世纪 80 年代，人工电子耳蜗开始商品化，迄今为止，已经在多个国家进行了广泛而成功的应用。典型的电子耳蜗结构及其实际应用如图 9-7 所示。

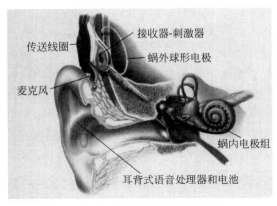
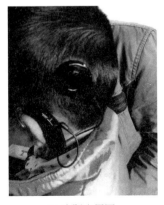

(a) 人工电子耳蜗的结构示意图　　　　　　　　(b) 实际应用图

图 9-7　人工电子耳蜗的结构及其实际应用图

电子耳蜗一般包括麦克风、语音信号处理器、传送线圈、植入刺激电路以及电极组等部分。微型麦克风用于实时获取声音信号，一般制作成耳钩形状固定在耳后；语音信号处理器是将采集到的声音信号进行分析处理，提取出有效的语音信息，并将其转换成适当的关于电刺激脉冲的参数；传送线圈将刺激脉冲参数从体外传送至体内，体外发射线圈通过永磁铁吸附在体内接收线圈外侧的皮肤上；集成化的植入刺激电路对体内线圈接收到的信号进行解调与解码，分析出电刺激脉冲所需要的信息和能量，最后产生相应的电脉冲刺激信号刺激对应的植入电极，从而帮助患者恢复听力。

总体来讲，人工电子耳蜗是医学治疗仪器当中临床应用相当成功的案例，其治疗效果得到了广泛认可。随着科学技术的快速发展，人工心脏、人工电子眼、人工电子鼻、人工肺等人工器官都在研制与发展过程中，而且越来越多的人工器官有可能出现，从而为相关疾病的治疗提供了全新的选择。可见，医学治疗仪器仍然存在很大的发展空间，必将为人类医疗健康事业的发展提供强力的支撑和保障。

9.2 环境监测中仪器的作用

在浩瀚的宇宙中，人类是如此幸运，有蓝色的地球让我们生存，让我们繁衍。但随着人口的快速增加和人类生产、生活活动的加速，我们自然或不自然地在破坏环境，过度消耗与污染环境，环境问题已经成为人类面临的重大问题。

环境问题可分为两大类：一类是自然因素的破坏和污染引起的，如火山爆发、地震、海啸等引发的自然灾害；另一类就是人为因素造成的环境污染和自然与生态环境的破坏，人类生产、生活活动中产生的各种污染物进入环境，超过了环境所能承受的极限，就会使环境遭到污染和破坏，例如，1952 年造成 5 000 余人死亡的伦敦烟雾事件、1984 年造成 2.5 万人直接致死的印度博帕尔毒气泄漏案、1986 年苏联的切尔诺贝利核电站放射性物质泄漏事故等，都造成了重大人员伤亡和严重的、长期的环境污染。无论是哪种原因引起的，环境监测都是第一步的，对于自然破坏，我们通过环境监测发现规律，评估破坏状况，力争防患于未然；对于人为破坏，环境监测更是必不可少的，只有通过及时准确的环境监测，才能够明确污染来源及其破坏程度，才能够针对性地采取措施从根源上解决环境污染的问题。

随着科学方法与技术手段的提升，环境监测的手段日益丰富，环境监测的平台更加多样，天、空、地一体化感知体系的建设具备了技术上的可行性。一个典型的天、空、地一体化感知体系建设示意图如图 9-8 所示。

从图 9-8 中可以看出，天、空、地一体化感知体系有如下特点：首先，其监测平台是全方位的，涵盖了天上的卫星，空中的飞机，地面上固定的、移动的平台以及水中的监测平台，是名副其实的天、空、地一体化；其次，其监测手段是多样的，包括了静态的和动态的，即常态化的连续监测和突发事件的监测；最后，就是监测对象无死角，从大气到土壤，再到水环境的监测，面面俱到，确保环境监测信息的全面性及监测结果的准确性。下面按照监测对象的不同分别介绍一些仪器的重要作用。

图 9-8　天、空、地一体化感知体系建设示意图

9.2.1　大气环境监测中仪器的应用

人类目前所面临的十大环境问题中,有一半直接或间接与大气环境有关。大气环境监测是指为了某种特定目的,对大气环境进行观察、观测和测定的工作,其源头是大气污染的出现,并且随着大气污染问题的加剧而日益受到重视。

大气环境研究的基本手段有外场观测、实验室模拟和数值模拟。其中,外场立体观测是大气环境研究的基础,不但可以实时了解大气污染物浓度的时空分布和变化规律,从中找出化学转化机制和相互关系,为模式验证取得现场数据,而且由于大气环境复杂,在现场观测的基础上,立体观测结合模式计算还能够了解污染物在环境中的分布和变化趋势,进而开展预测和评估。

目前用于大气环境污染监测的技术主要有光学技术、质谱技术和色谱技术等。其中,基于光学原理的在线立体监测技术就是利用光学中的吸收光谱、发射光谱及大气辐射传输等方法来实现监测的,由于具有非接触、无采样、高灵敏度、大范围快速监测、遥感等特点,是国际上环境立体监测技术的主要发展方向之一。图 9-9 给出了痕量气体在紫外-可见光波段的特征光谱,光谱特征数据库是发展大气环境监测技术的基础,光谱数据分析方法则是能否成功研发环境监测仪器设备的核心。

自 20 世纪 60 年代激光器发明之后,激光雷达的发展就得到了人们的重视,作为一种主动遥感的先进探测仪器,激光雷达利用激光对大气光学、物理特性、气象参数进行连续的高

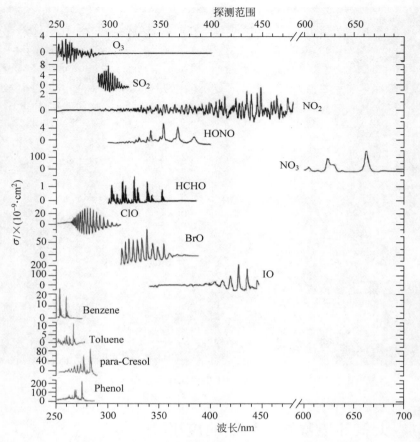

图 9-9　痕量气体在紫外-可见光波段的特征光谱

时空分辨率精细探测,在探测高度、时空分辨率、长期连续高精度监测等方面具有独特优势,被广泛应用于全球气候预测、气溶胶气候效应等大气科学和环境科学研究领域。除了激光雷达之外,差分光学吸收光谱技术、可调谐半导体激光吸收光谱技术、傅里叶变换红外光谱技术、非分光红外技术等多种光谱分析方法在大气环境监测中得以广泛应用,显著提升了大气环境监测的质量和水平。大气环境监测的代表性仪器设备如图 9-10 所示。

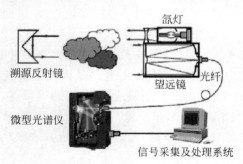

(a) 差分光学吸收光谱系统示意图

(b) 我国研制的第一台二氧化碳拉曼激光雷达

图 9-10　大气环境监测的代表性仪器设备

2014 年,我国研制成功一种用于机载、可快速获取区域环境大气污染成分的环境大气成分探测系统,其实物如图 9-11 所示。系统由大气环境激光雷达、差分吸收光谱仪、多角度偏振辐射计及主控管理器 4 个子系统组成,在获取大气气溶胶、云物理特性、大气成分、污染气体、颗粒物等大气成分有效信息上可相互补充、共同描述大气环境的实时状况。这标志着我国在机载大气环境成分探测技术上达到了国际先进水平。

图 9-11 我国研制成功的机载大气环境成分探测系统实物

9.2.2 土壤环境监测中仪器的应用

土壤环境监测是了解土壤环境质量状况的重要措施,是以防治土壤污染危害为目的,对土壤污染程度、发展趋势的动态分析测定,包括土壤环境质量的现状调查、区域土壤环境背景值调查、土壤污染事故调查和污染土壤的动态观测等。

我国的土壤环境监测分析方法标准化是伴随着土壤环境质量管理的发展而逐步发展起来的,迄今大致经历了 4 个阶段。

第一阶段是起步阶段,从中华人民共和国成立到 1995 年。中华人民共和国成立时,土壤环境监测主要侧重于对土壤肥力的监测。直到 1973 年 8 月第一次全国环境保护会议召开,我国才明确提出了要加强对土壤的环境保护。之后,政府和相关部门也将土壤监测重心放在了对土壤环境污染的监测上。为了有效开展土壤环境监测工作,1978 年之后,中国科学院南京土壤研究所、原城乡建设环境保护部环境保护局和中国环境监测总站分别组织编写了《土壤理化分析》《环境监测分析方法》和《土壤元素的近代分析方法》,这 3 本书在一段时期内成为中国土壤环境监测的重要依据。一直到 1993 年,中国才发布了首个国家土壤环境监测分析方法,即《土壤质量六六六和滴滴涕的测定气相色谱法》的标准,该标准的发布开启了中国土壤环境监测方法标准化的历程。

第二阶段是缓慢发展阶段,从 1995 年到 2004 年。基于"六五"和"七五"期间开展的农业土壤背景值调查、全国土壤环境背景值调查、土壤环境容量调查等工作,1995 年,中国发布了首个《土壤环境质量标准》,该标准规定了 8 种重金属元素和两种有机物的标准限值。在标准发布之时,除六六六和滴滴涕的测定可以执行《土壤质量六六六和滴滴涕的测定气相色谱法》外,其余 8 种重金属元素均暂时采用《土壤理化分析》《环境监测分析方法》和《土壤元素的近代分析方法》中的方法进行测定。为了配合《土壤环境质量标准》中相关重金属含量的测定,在 1997 年陆续发布了 8 项土壤环境监测方法标准,并在 2003 年更新了六六六和滴滴涕的测定标准,同时出台了新标准《水、土中有机磷农药测定的气相色谱法》,所有污染物检测项目都有了相关配套的监测分析方法国家标准。

第三阶段是规范化阶段,从 2005 年到 2013 年。随着工业化、城市化与农业现代化程度的加深,中国土壤污染形势发生了巨大变化,《土壤环境质量标准》在实施过程中暴露出的污染物项目少、适用范围小、部分指标限值不合理等问题日益凸显,于是国家环境保护主管部门启动了对《土壤环境质量标准》的修订工作。然而,基于中国土壤类型多样和土壤污染问题呈现出的区域差异大、污染类型复杂、治理修复难度大等特点,《土壤环境质量标准》修订工作难度大、挑战性强、进展缓慢。因此,为了满足全国土壤污染状况调查工作的要求,原环境保护部发布了土壤环境监测分析方法标准 16 项,这些标准严格按照《环境监测分析方法标准制修订技术导则》的要求编制,在标准的规范性方面有了显著提高。

第四阶段是高速发展阶段,从 2014 年开始到现在。随着《中华人民共和国环境保护法》、"土十条"和《国家环境保护标准"十三五"发展规划》的颁布与实施,国家生态环境主管部门加快了土壤环境保护标准体系的系统构建。2018 年 6 月 22 日,《土壤环境质量农用地土壤污染风险管控标准(试行)》和《土壤环境质量建设用地土壤污染风险管控标准(试行)》2 项质量标准发布实施。前者对 8 个基本项目和 3 个其他项目提出了风险筛选值的控制要求,对 5 种无机污染物提出了风险管制值的控制要求。后者分别对 45 个基本项目和 40 个其他项目提出了风险筛选值和管制值的控制要求。为了保证 2 项土壤环境质量标准的顺利实施,国家生态环境主管部门加快了土壤环境监测分析方法标准的制订和修订工作,2015—2017 年共计发布 26 项土壤环境监测分析方法标准,包括 14 项有机物、9 项无机物、3 项理化性质及其他监测分析方法标准。对于 2 项土壤环境质量标准中尚未建立国家标准的监测分析方法,国家生态环境主管部门正在陆续制定相关的标准,在接下来的几年内将会陆续发布。

纵观我国土壤环境质量监测的发展历程,一方面是国家对土壤环境质量精细化管理认识程度的提高,分别从农业用地和建设用地的角度制定了相应的标准;另一方面就是配套监测方法国家标准的陆续出台,确保了土壤环境质量监控的标准化。按污染性质的角度分类的话,土壤污染分为放射性污染、生物污染、有机物污染、重金属污染等,下面以原子吸收光谱分析法为例来说明其在土壤重金属监测中的应用。

原子吸收光谱分析法的创始人是英国物理学家艾伦·沃尔什,他于 1955 年发表了世界上第一篇原子吸收分析方面的论文。原子吸收光谱分析法是基于待测元素的基态原子蒸气对其特征谱线的吸收,通过分析特征谱线的特征性和谱线被减弱的程度,对待测元素进行定性定量分析的一种方法。该方法已经发展成为实验室的常规方法,能分析 70 多种元素,在环境监测中发挥着重要作用。土壤重金属监测是一项持续性的工作,随时都会出现新的问题,监测方法也必须有的放矢,采取新方法解决新问题,让监测手段更加高效和便捷。近几年,国内外出现了多种新型分析方法,包括生物传感器、免疫分析法、X 射线荧光光谱法、激光诱导击穿光谱法等,能够对土壤中的重金属进行快速分析。土壤中的重金属监测用到的典型仪器设备如图 9-12 所示。

(a) 艾伦·沃尔什与原子吸收光谱仪　　　　(b) 现代化X射线荧光光谱仪

图 9-12　土壤重金属监测用到的典型仪器设备

9.2.3　水环境监测中仪器的应用

水环境是指自然界中水的形成、分布和转化所处空间的环境。在地球表面,水体面积约占地球表面积的 71%,由海洋水和陆地水组成,分别占总水量的 97.28% 和 2.72%,后者所占总量比例很小,且所处环境十分复杂。水环境主要由地表水环境和地下水环境两部分组成。地表水环境包括河流、湖泊、水库、海洋、池塘、沼泽、冰川等,地下水环境包括泉水、浅层地下水、深层地下水等。水环境是构成环境的基本要素之一,是人类社会赖以生存和发展的重要场所,也是受人类干扰和破坏最严重的领域,水环境的污染和破坏已成为当今世界主要的环境问题之一。

水环境监测是通过适当的方法对可能影响水环境质量的代表性指标进行测定,从而确定水体的水质状况及其变化趋势。水环境监测可分为纳污水体水质监测和污染源监测,前者包括地表水(江、河、湖、库、海水)和地下水,后者包括生活污水、医院污水和各种工业废水,有时还包括农业退水、初级雨水和酸性矿山排水。水环境监测就是以这些未被污染和已受污染的水体为对象,监测影响水体的各种有害物质和因素,以及有关的水文和水文地质参数。通过定义可以看到,水环境监测覆盖面广、涉及的参数多,下面仅以城市饮用水源为例概述其监测现状。

进入 21 世纪以来,全国水环境监测工作不断完善。在监测站网建设方面,国家地表水监测网监测断面从"十二五"期间的 972 个,扩展到了"十三五"期间 2 767 个。2018 年,国家地表水自动监测站全面联网,地下水监测工程建设完成,共建成层位明确的国家级地下水专业监测点 10 168 个。而在监测管理方面,实现了国家地表水考核断面采测分离,实行"国家考核,国家监测",保障了地表水监测数据的准确性和真实性。水质信息公开亦有进展,越来越多的地区持续主动公开地表水水质监测结果,公开范围从国考断面,扩展到省级、市级乃至县级断面,从概括描述本地水质状况到完整发布监测数据。《全国集中式生活饮用水源水质监测信息公开方案》的发布,使得集中式饮用水水源地水质信息的发布走上有序的轨道。为了协助公众了解水质现状,公众环境研究中心开发了蔚蓝城市水质指数,包含了地表水、饮用水水源地及地下水 3 个指标,能够直观了解全国 338 个地级市的总体水环境质量。

《全国集中式生活饮用水水源水质监测信息公开方案》中明确指出,水质监测包括地表水水源监测和地下水水源监测。地表水水源监测要参照《地表水环境质量标准》,按照其中规定的 23 个基本项目、5 个补充项目和 33 个优选特定项目进行监测;地下水水源监测则要参照《地下水质量标准》,按照其中规定的 23 个项目进行监测;各个地区可以根据当地的实际污染情况,适当增加区域特征污染物的监测。可以看到,对于水环境的监测,由于和我们自身的生活密切相关,所以有着严格的标准和制度来进行保障。具体到监测仪器,则主要还是以理化监测技术为主,包括化学法、电化学法、原子吸收分光光度法、离子选择电极法、离子色谱法、气相色谱法、等离子体发射光谱法等,其中,离子选择电极法和化学法(重量法、容量滴定法和分光光度法)在国内外水质常规监测中普遍被采用。近年来,生物监测、遥感监测技术等也开始被陆续应用到水质监测中。

9.3　智能交通中仪器的作用

交通是指人、物以及信息的空间移动,但是一般只将人和物的移动划分到交通领域,而把信息的传递划分到通信领域。从人类转入定居生活以后,以住地为中心的交通方式开始逐渐发展,马车、轮船、汽车、火车、飞机等运输工具的出现彻底改变了人们的出行方式、出行速度和出行范围,地球能够从一个"广袤的球"变成一个"地球村",就是交通方式的发展带来的巨变。一部交通运输史的发展其实就是科学技术发展史的缩影,而科学技术的进步必然推动交通的发展,因此智能交通的出现是现代科学技术发展的必然。

20世纪六七十年代是西方各国经济发展的黄金时期,80年代以来,以中国、印度为首的发展中国家经济开始腾飞,但是伴随着经济高速发展带来的负面效应就是交通状况的不断恶化,尤其是近十多年来,城市化、汽车化速度的加快,使得交通拥堵、交通事故等问题已经成为世界各国共同面临的问题。而且应当看到,我们面临的交通问题绝对不是简单的城市交通问题,铁路、航空、水运交通等方方面面都面临着严峻的问题和挑战,随着信息化进程的加快,结合信息化技术开展智能交通管理是一条切实可行的发展路线,所以国内外都开始关注智能交通的发展问题。

日本是最早进行智能交通系统研究的国家,20世纪70年代即开始了相关研究。1990年,日本学者井口雅一首次提出了智能交通系统(intelligent transportation systems,ITS)这个名词;1994年,日本交通工程研究会会长越正毅推荐以ITS来统一世界范围内的相关研究,在世界范围内被广泛接受和认可。欧盟和美国在智能交通系统的研究和应用上位居世界前列,和日本一起形成了三足鼎立的局面。我国从20世纪70年代末开始在交通运输和管理中应用电子信息及自动控制技术,80年代中后期开始了ITS的基础研发工作,90年代开始建设交通指挥控制中心,到了2000年,科学技术部会同国务院相关部门成立了全国智能交通系统协调指导小组及办公室,我国的ITS研究与应用进入了快速发展的轨道。

智能交通发展到今天,尚无公认的定义。一方面,是因为不同的研究者从不同的角度来研究,对智能交通的认识有所不同;另一方面,智能交通本身正处于快速发展阶段,其内涵与外延都在不断发展变化之中。普遍意义上讲,ITS是将信息技术、计算机技术、数据通信技术、传感器技术、电子控制技术、人工智能技术等先进的科学技术有效地综合运用于交通运输、服务控制和车辆制造,加强车辆、道路、使用者之间的联系,从而形成一种保障安全、提高效率、改善环境、节约能源的综合交通运输系统。下面我们从城市智交通、铁路智交通以及航空智交通这三个方面介绍一下仪器的典型应用,大家可以感悟和思考一下,离开了测量和仪器的智能交通又会如何?

9.3.1　城市智能交通中仪器的应用

相信每个在大城市开车的人都体验过交通拥堵的壮观场景,尤其是在北京、上海这样的国际化大都市里,如图9-13(a)所示。应该讲,城市智能交通系统中的一项重要任务就是如何治理交通拥堵的难题。交通拥堵状况的实时获取、交通拥堵规律的分析以及行之有效的实时交通管理等都是治理交通拥堵的关键问题,其中,交通拥堵状况的实时获取是前提和基础,这要得益于遍布于城市大街小巷的交通流量测量系统、视频监控系统等,基于这些系统的测量结果,我们每天都能够见到的交通拥堵地图就新鲜出炉了,现在先进的综合导航系统如图 9-13(b)所示,也会根据实时路况进行路线调整,这就是智能交通系统的典型发展成果。

(a) 蔚为壮观的交通拥堵场景及拥堵地图

(b) 智能化的综合导航系统

图 9-13　治理交通拥堵中测量和仪器的应用

随着城市停车场规模的急速扩大,智能停车场管理系统的研制与应用成为城市智能交通管理的热点问题。一个典型的智能停车场管理系统如图 9-14 所示。从入场的车辆识别到出场收费的管理,再到进入停车场之后合理配置车位等,都需要相应的测量手段,因此这是一个以精确测量为基础,以科学管理为核心的智能化系统,而且随着科学技术的进步,精确的车型识别、停车位利用情况及智能化管理水平仍然有很大的发展空间。

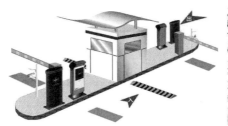

(a) 出、入口管理识别系统　　　　　(b) 停车场内部车位管理系统

图 9-14　智能停车场管理系统示意图

　　无人驾驶汽车则是城市智能交通发展的一个重要发展方向,从 20 世纪 70 年代开始,美国、英国、德国等发达国家就陆续开始进行无人驾驶汽车的研究。最开始是在军用领域进行的,经历了从最开始的遥控到具备扫雷、排爆功能的半自主平台,再到后来能够参与战争的无人驾驶车辆的发展历程,作战能力得到了实战认可,因而大大激发了世界各国研发民用无人驾驶汽车的热情。到目前为止,无人驾驶汽车的标杆无疑是 Google 公司的产品,其配置如图 9-15(a)所示。从图中可见,为了确保无人驾驶汽车安全可靠地行驶,需要配备一系列传感器与测量手段,以确保及时感知车辆周边的状况,准确地做出各种反应。据不完全统计,Google 无人驾驶汽车的累积测试里程已达到 274 万 km,其中无人驾驶模式下行驶了161 万 km,只发生了 11 起轻微的交通事故,没有人员伤亡,且都不是无人车的责任。Google 据此宣称其无人驾驶汽车有着"与有 15 年驾驶经验的司机相同的经验"的优点。

　　在中国,2011 年国防科技大学自主研制的红旗 HQ3 无人驾驶汽车完成了从长沙到武汉的 286 km 高速全程无人驾驶试验。2015 年 12 月 10 日,百度无人车实现了从北京中关村

(a) Google无人驾驶汽车的设备配置

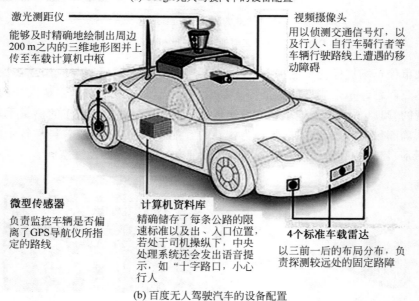

(b) 百度无人驾驶汽车的设备配置

图 9-15　国内外典型的无人驾驶汽车的设备配置概况

软件园的百度大厦,经过 G7 京新高速公路,再上北五环路到奥林匹克森林公园,并按原路返回的路试,这是国内首次城市、环路及高速道路混合路况下的全自动无人驾驶,标志着我国无人驾驶汽车进入了新阶段。百度无人车的设备配置情况如图 9-15(b)所示,仍然需要大量的测量手段确保行驶过程中的安全。

国内外公认,无人驾驶汽车的普及具有能够有效降低交通事故、减少私家车保有量、大幅度降低停车场的数量等优势,发展前景广阔。当然也会带来事故赔偿责任主体、云端攻击、伦理道德等一系列新的问题,因此可以说是机遇和挑战并存,仍然需要持续提升和完善。

9.3.2　铁路智能交通中仪器的应用

铁路是世界上发展中国家的主要交通工具。伴随着高速铁路的迅猛发展,安全高效、经济舒适的铁路交通日益受到大众的青睐。铁路智能交通系统(railway intelligent transportation system,RITS)是在较完善的轨道交通设施基础上,将道路、车辆、旅客和货物有机结合在一起,利用先进的计算机技术、智能信息处理技术、网络技术、通信技术及控制技术完成对铁路交通信息的实时采集、传输和分析,协同处理各种铁路交通情况,使铁路运输服务和管理实现智能化。

我国自 20 世纪 80 年代即开始了铁路运输系统的信息化基础工程建设。铁路运输管理信息系统、铁路调度指挥管理信息系统及铁路客票预定和发售系统三大综合信息管理系统已日益完善,并初步实现了各系统间的信息共享。当前我国铁路智能运输正处于初级向较高级过渡的发展阶段:铁道部于 2000 年底成立了"RITS 体系框架研究"项目组,标志着我国对 RITS 体系框架的研究正式起步。为引领世界高速列车技术的发展,铁道部与科技部于 2010 年年初联合设立"智慧型高速列车"项目,着力研制下一代智能型高速列车系统。因此,研究并开发适应我国国情的 RITS 已经成为我国铁路发展的当务之急。围绕 RITS 体系中的"高安全可靠性、高效率、高服务水平"建设目标,并结合我国铁路运输现状,可将其细分为智能旅客服务、智能货物运输、智能调度指挥、智能列车运行控制、车辆智能维护、路网智能维护及铁路企业智能管理 7 个子系统,涉及列车、基地、车站、铁路局及铁道部等相关单位间的大量信息共享与交换。因此,必须建立相应的数据库和数据仓库,实现分布式海量数据的采集、交换、存储及智能化处理,以确保 RITS 系统信息的及时交换与流畅运行。我国的 RITS 系统信息流转示意图见图 9-16。

由图 9-16 可见,主数据交换中心接收来自各方的数据,这些数据构成了 RITS 系统管理与决策的基础。我们仅以图中左边的数据来源为例,包括动态数据和静态数据,其中,动态数据主要是列车运行过程中产生的数据,静态数据则主要是检修和维修过程中的数据,也包括一些线路的静态数据,这些数据的获得全部源于测量仪器设备。下面我们分别举一个参数测量的例子和一个检测列车的例子,来看一下测量在 RITS 中的重要作用。

参数测量的例子就是铁路的钢轨磨耗,随着高铁的快速发展,轨道检测技术对于保障高速铁路运输安全的重要性更加迫切。轨道检测技术主要包括轨道几何尺寸检测和钢轨磨耗检测两个方面。长期以来对钢轨磨耗的检测都是由人工采用专用卡尺抽样检测,效率低下且无法实现在线动态测量,而且测量中不可避免地会引入人为因素,导致测量精度和可靠性不高。因此,基于机器视觉的钢轨磨耗非接触在线动态测量技术得以研究与应用,成为保障铁路安全的有效方法与手段,如图 9-17 所示。

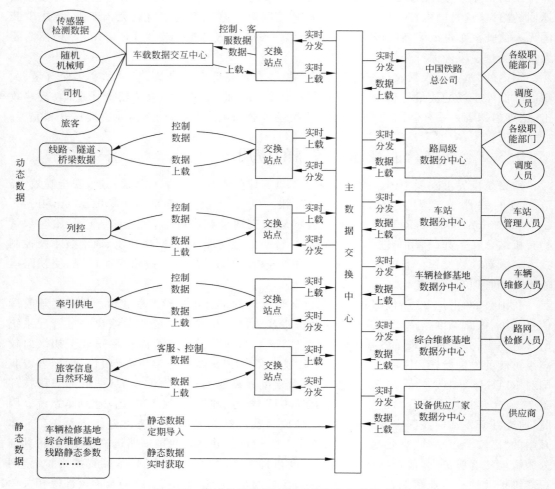

图 9-16　我国铁路智能交通系统信息流转示意图

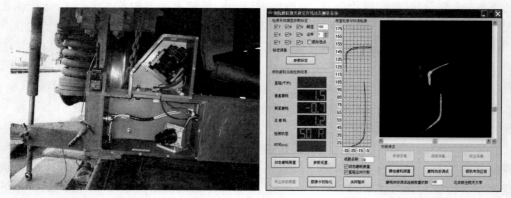

(a) 光学测量系统安装图　　　　　　　　　(b) 测试系统显示界面

图 9-17　钢轨磨耗非接触在线动态测量系统

检测列车的例子就是高速铁路综合检测列车。众所周知,高速列车的平稳安全运行对轨道、牵引供电、通信、信号等基础设施的技术指标及稳定性要求极高。传统的专项检测装置或检测车通常都是独立工作的,获取的信息通常也独立处理和利用,造成信息之间的关联性被忽略,极大地制约了基础设施状态评测的准确性,因此世界各国都在研制专用的综合检测列车。我国也先后研制成功 250 km/h 和 350 km/h 的综合检测列车,如图 9-18 所示。

0 号高速铁路综合检测列车是 250 km/h 等级的检测列车,具有检测项目多、集成度高以及检测技术先进等技术特点,具体表述如下:

图 9-18　0 号高速铁路综合检测列车实物(250 km/h)

(1) 检测内容包括轮轨力、接触网几何、轨道几何、轴箱、构架及车体加速度、弓网动态作用、接触线磨耗和受流参数、GSM-R 和 450 MHz 场强覆盖、应答器信息、车载 ATP 工作状态等。

(2) 采用光纤通信、惯性导航、宽带网络等技术,使各检测单元在速度、时间、里程位置上保持严格同步,有利于综合分析和评价。

(3) 集成连续式、非接触式集流测力轮对,毫米级精度的长波长轨道不平顺实时在线检测等技术,推动我国综合检测技术达到了世界一流水平。

通过钢轨磨耗和高速综合检测列车的例子,可以清楚地看到,科学技术的进步提供了更多的测量方法和手段,也就有了更为全面的数据来源,这将为铁路智能交通系统的建设与广泛应用奠定坚实的基础。

9.3.3　航空智能交通中仪器的应用

航空智能交通系统是指对先进的卫星导航技术、控制技术、无线通信技术、有线通信技术、人工智能技术、航空运输技术以及系统工程技术等进行综合集成,实现航空运输航线优化、飞机起降运行安全与可靠、机场作业及客货运输信息服务一体化的安全及可靠、高效的客货运输系统等目标。下面就从智慧机场和空中交通管理两个角度举例说明航空智能交通系统中仪器的应用。

"智慧机场"是一个多元化的概念,是集科技创新技术、信息系统高度集成、面向旅客的关怀服务、优化的流程和完善的应急预案管理等于一体的复杂系统,其目标是打造一个让机场安全高效运行、让旅客体验最佳出行服务的综合机场。"智慧机场"的建设涉及各种软、硬件资源,以及资源的全面整合和综合利用,既要从基础设施上做到"智慧",也要在管理和服务上做到"智慧",用更"智慧"的方式、方法提高旅客的满意度和舒适度。典型的智慧机场可视化管理平台的部分功能展示如图 9-19 所示。

(a) 停机楼三维可视化

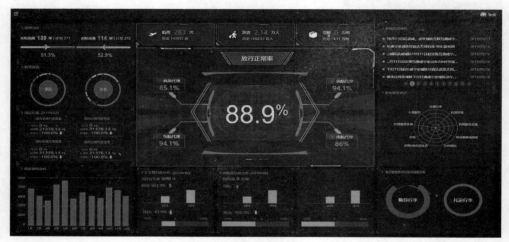

(b) 航班运行态势可视化

图 9-19　典型的智慧机场可视化管理平台的部分功能展示

由图 9-19 可见,智慧机场可视化管理平台能够对机场飞行区、航站区、航站楼等关键区域进行全方位三维实景展现,管理者可通过缩放、平移、旋转等操作浏览,直观地掌控机场的整体态势,并可对任一区域进行详细查看。此外,还可以以目标机场为中心,展示和该机场相关联的全国航班通航状态;管理平台针对航班运行数据分为实时在飞航班态势与历史航班数据两大主题。除了上述功能外,管理平台面向机场指挥控制中心大屏环境,支持整合机场现有信息系统的全部数据资源,凭借先进的人机交互方式达到全面提升机场管理和指挥决策的效率。

空中交通管理系统是国家实施空域管理、保障飞行安全、实现航空运输高效有序运行的战略基础设施,其与航空公司、机场等一同组成了现代航空运输体系。根据国家科技发展规划,科技部与民用航空局共同完成了"新一代国家空中交通管理系统"重大项目,其组成如图 9-20 所示。

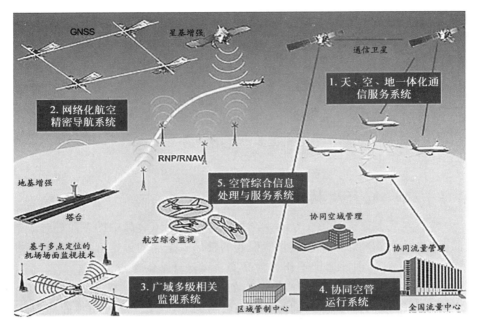

图 9-20　"新一代国家空中交通管理系统"构成示意图

从图 9-20 中可以看出,"新一代国家空中交通管理系统"重点突破了基于性能的航空导航、基于数据链与精确定位的航空综合监视、空管运行协同控制和民航空管信息服务平台的多项关键技术,促进了我国空中交通管理技术手段和运行模式的深刻变革,有力地推进了我国航空事业的发展。

通过智慧机场和空中交通管理系统的简要介绍,我们可以看到,航空智能交通系统的建设与实施必须建立在完备的底层数据获取基础上,这也凸显了测量与仪器在其中的重要地位和作用,对于更为细节的仪器原理,由于涉及相应的专业知识,感兴趣的读者可以查阅专业书籍加以了解。

9.4　食品安全中仪器的作用

人类文明的起源与发展离不开农业,解决吃饭问题是任何一个文明必须首先面对并且要致力解决的问题。由于人类历史上农业革命与工业革命的大力推动,食品的种类、数量及产量都发生了翻天覆地的变化,进而引起的食品安全问题日益突出,食品安全不仅关系到人们的健康和生命安全,也成为影响国家形象的重要因素,时至今日,已经成为世界各国广泛关注和重视的热点问题。

那么,食品安全的定义和内涵到底是什么呢? 1996 年,世界卫生组织将食品安全界定为"对食品按其原定用途进行制作、食用时不会使消费者健康受到损害的一种保证"。这种损害包括消费者本身发生急性或慢性疾病,同时也包括对其后代健康造成的隐患。我国在《中华人民共和国食品安全法》(2018 版)的附则中,也对食品安全进行了定义,即食品无毒、无害,符合应当有的营养要求,对人体健康不造成任何急性、亚急性或者慢性危害。可见,食品安全问题的核心与关键就是其带来的后果会对人体产生直接的伤害。因此,作为食品三要素(安全、营养、适宜)中排在最前面的要素,安全是要素中的要素,是最基本的要求。

食品中的危害从来源上讲可以分为自源性和外源性。自源性危害是原料本身所固有的危害,如原料的腐败;外源性危害是指在加工过程中引入的危害,包括采购、运输、加工、储存等过程中引入的危害。那么,危害又分为哪几种呢? 国际食品法典委员会将"危害"做了如下定义:会对食品产生潜在的健康危害的生物、化学或物理因素或状态。因此,下面就从物理危害、化学危害以及生物危害 3 个角度,来简要介绍一下检测方法及测量仪器在食品安全中所起到的重要作用。

9.4.1　物理危害及其检测

食品中的物理危害通常是指在食品生产加工过程中混入食品中的杂质超过了规定的含量,或食品吸附、吸收外来的放射性核素所引起的食品安全问题。物理危害由于能相对容易地进行风险分析和预防,因此通常不作为食品安全风险评估的重点。

因各种原因混入食品中的杂质种类多样,如玻璃、石头、金属、骨头、昆虫及其他污秽物等,针对不同的杂质,除了借助于人们的感官进行检验外,还有一些针对性的检测方法,如磁性金属杂质可以采用磁铁吸附,再用天平进行称量的方法,粉类食品含沙量的测定可以采用四氯化碳和灰化法等,都是行之有效的。

食品中的放射性物质来源有两种:天然放射性物质和人工放射性物质。天然放射性物质来自自然界,包括地球之外外层空间的宇宙射线以及地球自身的辐射等。而随着人类核能开发技术的飞速发展,人工核辐射所蕴含的潜在威胁问题日益突出,已经成为放射性危害的首要因素。例如,2011 年日本福岛核电站因为地震导致的放射性物质泄漏,就导致了福岛地区的大米连续多年放射性铯超标。对于这个指标的测量,我国有国家标准《食品中放射性物质铯-137 的测定》,其中对样品制备、测量方法、测量仪器及测量步骤都有详细的说明,保障了食品安全。

9.4.2　化学危害及其检测

食品中的化学危害是指有毒的化学物质污染食物而引起的危害。常见的化学危害有重金属、自然毒素、农用化学药物、洗消剂及其他化学危害等。化学危害对人体健康造成的影响是多方面的,因此是食品安全风险评估的重点。下面就近年来影响比较大的几起化学危害事件,介绍一下测量仪器在其中发挥的重要作用。

1. 三聚氰胺的危害及检测

2008 年,三鹿奶粉的"三聚氰胺"事件轰动了全国。之所以要添加三聚氰胺,是因为目前国际上通常采用凯氏定氮法测定乳制品中粗蛋白质的含量,即以含氮量的多少乘以 6.25 得出蛋白质含量。三聚氰胺作为一种重要的氮杂环有机化工原料,含氮量较高,添加在牛奶和奶粉中会显著提高其粗蛋白质水平。据计算,每 1 kg 牛奶中添加 0.1 g 三聚氰胺,就能够提高 0.4% 的蛋白质含量。而当用全氮测定法测量粗蛋白质含量时,是区分不出这种伪蛋白氮的,因此,用极低的成本获取较高的蛋白质含量就成为三聚氰胺肆虐的主要原因。

三聚氰胺进入人体后几乎不能被代谢,而是直接从尿液中原样排出,长期摄入会损害生殖及泌尿系统,甚至可进一步诱发膀胱癌。"三鹿奶粉"事件中较早的投诉源于 2007 年年底,有消费者提到长期食用三鹿奶粉后,小孩出现了小便异常,之后食用三鹿奶粉的婴幼儿患有肾结石的大量报道公之于众。随着调查的深入,原国家质检总局对全国婴幼儿奶粉的三聚氰胺含量进行了抽查,在 22 家企业的 69 批次产品中检测出了三聚氰胺,引发了国产奶粉的信任危机,当然这也成了国产乳制品行业发展的契机,使乳制品企业的质量意识得到了前所未有的重视与加强。

　　三聚氰胺的检测方法有多种选择,在国家标准《原料乳与乳制品中三聚氰胺检测方法》中,推荐采用高效液相色谱法、液相色谱-质谱/质谱法和气相色谱-质谱联用法 3 种方法。下面简单介绍一下高效液相色谱法的原理,如图 9-21 所示。

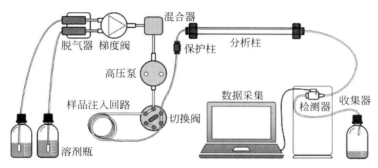

图 9-21　高效液相色谱法的基本原理

　　高效液相色谱仪一般由高压输液泵、色谱柱、进样器、检测器、馏分收集器以及数据获取与处理系统组成。高压输液泵是驱动流动相和样品通过色谱分离柱和检测系统的部件;色谱柱是分离样品混合物各组分的关键部件,可反复使用,依据填充的吸附材料不同可分成吸附色谱、分配色谱、离子色谱、分子排阻色谱/凝胶色谱、键合相色谱和亲和色谱等不同类型;进样器是将待分析样品引入色谱系统的部件,一般与注射器配合使用,或者采用自动进样器便于重复进样操作;检测器是将样品中被分离的各组分在柱流出液中浓度的变化转化为光学或电学信号的部件,一般采用一种或多种不同的检测器来实现,常用的有紫外-可见分光光度检测器、荧光检测器和电化学检测器等;馏分收集器主要用于将分离的组分做其他分析鉴定用;数据获取与处理系统的功能是将检测器检测到的信号以数据或波形的方式显示出来。

　　相比于其他方法,高效液相色谱分离效率高、选择性好、测定范围广、自动化程度高,是测定三聚氰胺最常用的方法之一。但是其灵敏度相对其他两种方法要稍差一些,因此多用于食品中含量较高的三聚氰胺的定量分析。当需要应用在灵敏度较高的场合时,则需要采用其他方法或者和其他方法进行联合检测。

2. 苏丹红的危害及检测

　　2005 年 2 月 18 日,英国食品标准管理局(Food Standards Authority,FSA)就食用含有添加苏丹红色素的食品问题向消费者发出警告,并在其网站上公布了亨氏、联合利华、麦当劳、可口可乐等 30 家企业生产的可能含有苏丹红的共 360 种产品清单。2005 年 3 月 4 日在北京,亨氏辣椒酱首次被检出含有苏丹红Ⅰ号,随后不到一个月的时间,包括肯德基在内的多家餐饮、食品公司的产品中相继被检出含有苏丹红Ⅰ号,苏丹红事件席卷中国。很多人就是从此次的"苏丹红"事件才开始关注食品添加剂带来的危害问题。

苏丹红分为Ⅰ~Ⅳ、B和7B六种,其中Ⅱ~Ⅳ为Ⅰ的衍生物。苏丹红并非食品添加剂,而是一类化学染色剂,常用于地板蜡、鞋油、机油等产品的染色。研究表明大剂量的苏丹红会诱发癌症,国际癌症研究机构将苏丹红Ⅰ、Ⅱ、Ⅳ号归为三级致癌物、苏丹红Ⅲ号归为二级致癌物,因此我国及许多国家都禁止将其用于食品生产。

"苏丹红"事件发生后,研究者对苏丹红染料开展了大量研究,出台了相应的国家标准。目前国内苏丹红的检测方法主要是色谱法、电化学法、拉曼光谱法以及免疫学法等。色谱法主要是指高效液相色谱法,但由于辣椒油等大多数食品成分复杂,杂质峰干扰严重,色谱峰重叠,容易导致错误的结果,因此虽然该方法灵敏度较高,但是样品预处理复杂,不适用于快速检测场合。拉曼光谱法源于拉曼散射,1928年由印度物理学家拉曼率先发现。简单地说,就是光通过介质时,由于入射光与分子运动之间相互作用而引起了光频率改变,利用这一特点即可实现对介质成分及含量的测量。拉曼光谱仪的实物及其用于苏丹红检测时的测试结果如图9-22所示。

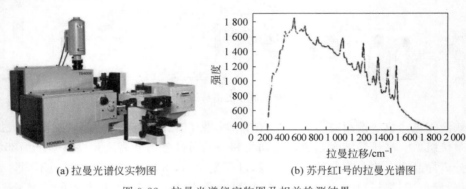

(a) 拉曼光谱仪实物图　　　　(b) 苏丹红I号的拉曼光谱图

图 9-22　拉曼光谱仪实物图及相关检测结果

拉曼光谱法实施过程简单、检测时间短,且无须样品制备,能够实现低浓度、微量样品的实时检测,因此已经成为研究物质成分结构的强有力的分析手段。其应用于苏丹红检测时,液体可隔瓶测量,固体粉末可直接测量,对苏丹红中具有致癌性的 N ══N 官能团也能给出强的拉曼信号,因此有望成为苏丹红类物质的有效检测方法。

3. 瘦肉精的危害及检测

瘦肉精是一类药物的统称,任何能够抑制动物脂肪生成,促进瘦肉生长的物质都可以称为"瘦肉精"。能够实现此类功能的物质主要是一类叫作 β-受体激动剂(也称 β-兴奋剂)的药物,其中最常见的是盐酸克仑特罗。近年来,因食用被瘦肉精污染的食物而导致中毒的事件屡有发生,临床症状主要表现为肌肉震颤、足有沉感、甚至不能站立、头晕、呕吐、心悸等,对于患有高血压、心脏病的人来说危险性极大。已经被许多国家禁止在食源性动物的生产中使用。

在我国,瘦肉精事件屡禁不止。2006年9月,上海发生了300余人中毒的瘦肉精事件,2011年"3·15"特别节目《"健美猪"真相》中报道,河南孟州等地的养猪场采用违禁动物药品"瘦肉精"饲养猪,已经流向市场。随着食品安全监管力度的不断加大,多种检测方法得以应用,但不法分子又开始尝试使用一些新型药物来达到"瘦肉"效果,如苯乙醇胺A、赛庚啶等,因此迫切需要开展"新型瘦肉精"检测方法的研究。

目前,"新型瘦肉精"的检测方法主要有高效液相色谱法、气相色谱-质谱法、毛细管电泳法等仪器检测方法以及酶联免疫法、免疫层析法、电化学发光免疫法等免疫分析方法。下面我们对酶联免疫法做一下简要介绍。

酶联免疫法是一种可以进行定性和定量分析的免疫分析方法,在食品安全检测领域占有非常重要的地位。利用该方法对小分子危害物进行检测时,多采用其间接竞争模式,如图 9-23 所示,利用抗原对抗体的特异性结合能力以及酶对底物的催化显色作用,最终根据颜色反应深浅和酶标仪所测吸光度值进行定量或定性分析,从而实现现场大批量样品的快速检测。

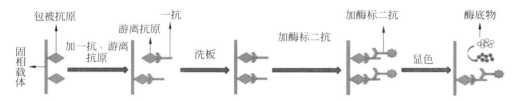

图 9-23 间接竞争酶联免疫法的测量原理

概括来讲,色谱分析的方法因具有选择性强、分辨率高、假阳性低等优点而被广泛应用于瘦肉精的检测,但是存在仪器昂贵、样品前处理复杂、不适合大批量现场筛查等局限。而免疫分析的方法利用高亲和力抗体对抗原进行特异性识别,恰恰弥补了色谱分析方法的缺点,但是免疫分析方法容易出现假阴性与假阳性结果,因此在特异性抗体的制备方面还需要进一步优化和完善。随着免疫分析方法的发展,目前已经形成了包括酶联免疫分析、胶体金免疫分析、化学发光免疫分析、荧光免疫分析、放射免疫分析等在内的免疫分析体系。随着研究的深入,免疫分析体系的不断完善必将为我国动物性食品安全提供更好的技术支撑。

4. 特氟龙的危害及检测

2004 年 7 月,一条惊人的消息见诸报端,美国环保署怀疑杜邦特氟龙中含有致癌物质,引发了大众关注。

时间可以追溯到 1998 年,美国西弗吉尼亚州的一位农场主找到比洛特律师,提到他饲养的 153 头牛全部出现了问题,而他怀疑这个问题与杜邦公司建在附近的垃圾填埋场有关。比洛特律师经过调查发现,杜邦的垃圾填埋场存在一种叫作 PFOA(全氟辛酸)的物质,杜邦公司在明知其可以致癌且不能直接排放的情况下,仍然大量排入俄亥俄河中或者进行垃圾填埋。经过多年的诉讼,最终杜邦公司败诉,杜邦公司被判决巨额赔偿及支付巨额经费用于污染水源和环境的治理。

那么,PFOA 和特氟龙的关系是什么呢?首先了解一下特氟龙,特氟龙是美国杜邦公司对其研发的所有碳氢树脂的总称,由于其独特优异的耐热、耐低温、自润滑性以及化学稳定性,被称为"拒腐蚀、永不粘的特氟龙"。自 1945 年问世以来,特氟龙就被作为不粘锅涂层的首选,而其在生产过程中必须加入活性剂 PFOA。因此,问题就变得很简单了,长期使用特氟龙涂层的不粘锅会不会也有致癌风险?鉴于 PFOA 可以致癌的巨大风险,2006 年,美国环保署发布特氟龙禁令,到 2015 年全面禁用。2017 年,世界卫生组织国际癌症研究机构也将特氟龙列入了第三类致癌物清单。

　　国内外 PFOA 的测定方法主要用于环境样品和生物样品的分析上面,由于不粘锅涂层的特殊性,需要对现有 PFOA 的检测方法做一定的调整。中国检验检疫科学研究院对此进行了研究,采用快速溶剂萃取的方法萃取样品,基于对衍生化试剂、用量及反应时间的优化,利用气相色谱仪实现了不粘锅涂层中 PFOA 含量的定量测量,对定量添加 PFOA 的样品进行了测试,结果如图 9-24 所示,其测试性能得到了验证。不过在用该方法对北京市场上购买的 30 余种不同品牌和规格的不粘锅涂层进行定量测定时,结果却表明:所分析的不粘锅样品中均未检出 PFOA。

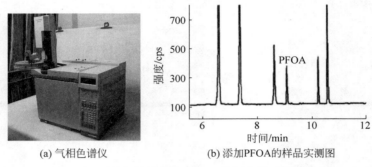

(a) 气相色谱仪　　　　　　　(b) 添加PFOA的样品实测图

图 9-24　　不粘锅涂层中的 PFOA 检测仪器及检测结果

　　针对这样的检测结果,也有很多不同意见,有观点认为不粘锅涂层的使用温度高于250℃之后才可能带来危害,也有观点认为涂层的工艺不过关引起的易破才是危害的关键。不管怎么讲,PFOA 致癌已经被越来越多的证据证实,而特氟龙中又含有这种材料,因此特氟龙最终离开我们的生活是大势所趋。

9.4.3　生物危害及其检测

　　食品中的生物危害主要指生物(尤其是微生物)本身及其代谢过程、代谢产物(如毒素),寄生虫及其虫卵和昆虫对食品原料、加工过程和产品的污染。近些年快速发展的转基因食品安全问题也常被归为生物危害的范畴。生物危害覆盖面广,是危及食品安全的第一杀手。

1. 鲜切蔬菜微生物污染总菌落数检测

　　蔬菜是人们日常饮食中必不可少的食物之一,随着生活水平的不断提高,鲜切蔬菜受到越来越多人的青睐。鲜切蔬菜是指新鲜蔬菜经过精选、整理、清洗、切割、杀菌、包装等处理而制成直接烹饪或直接食用的成品蔬菜,如色拉蔬菜等。

　　鲜切蔬菜制品除了具有新鲜的质地和营养价值外,还具有食用方便等优点。但是鲜切蔬菜在加工过程中,会出现活细胞损伤、营养物质外漏等问题,极易受到微生物的污染。因此,适时监控鲜切蔬菜在加工和市场流通过程中总菌落数的变化,是衡量微生物污染动态、对产品进行卫生学评价以及建立有效控制方法的重要依据。随着全球对鲜切蔬菜需求量的日益增加,因其带来的病原物群落的变化也将成为不可忽视的安全性问题。

　　许多发达国家已经对鲜切蔬菜制品制定了相应的检测标准,我国尚未对鲜切蔬菜制品微生物检测标准做出相关规定,目前可以参照的国家标准是 2016 年发布的《食品微生物学检验:菌落总数测定》。标准中对检验流程、培养基的制备方法、菌落计数的方法以及检验报告的撰写要求进行了定义。但是考虑到不同类型食品微生物的检验方法和流程应当有所不同,因此应当针对不同类型的食品制定针对性的标准,这也是我国走向食品安全保障国际化的必经之路。

2. 地沟油的检测与识别

不知从什么时候开始,城市的下水道成了一些人发财致富的地方。他们每天从那里捞取大量暗淡浑浊、略呈红色的膏状物,仅仅经过一夜的过滤、加热、沉淀、分离,就能让这些散发着恶臭的垃圾变身为清亮的"食用油",最终通过低价销售,重返人们的餐桌。据估计,每年返回餐桌的地沟油有 200 万~300 万 t。一旦食用,就会破坏白细胞和消化道黏膜,引起食物中毒,甚至致癌,而其中的主要危害物——黄曲霉毒素的毒性则是砒霜的 100 倍。

2011 年,地沟油走上了风口浪尖,多地爆发了地沟油事件,影响恶劣,但遗憾的是,国内一直没有检测地沟油的统一标准。现行的国家强制性标准《食用植物油卫生标准》中,针对食用油的理化指标检测,提出应包括酸价、过氧化值、浸出油溶剂残留、游离酚(棉籽油)、总砷、铅、黄曲霉毒素、苯并芘、农药残留 9 项指标,并在国家标准《食用植物油卫生标准的分析方法》中,对上述指标分析方法进行了规定,但是这些指标对地沟油没有特异性,难以对地沟油进行准确识别。为此,前卫生部面向全国公开征集"食用油"检测方法。

常规的色谱检测、光谱检测、核磁共振等方法就不在此赘述了,下面简要介绍一下太赫兹检测的方法。

太赫兹波是指波长为 0.03~3 mm 的电磁波,将其应用于测量主要是基于太赫兹电磁波与油脂大分子基团的共振反应。研究表明太赫兹时域光谱技术能够灵敏地反映化合物结构与环境的指纹特性,因此可以检测到油品中非饱和脂肪酸、动物脂肪酸和饱和脂肪酸的含量,而这可以成为判断地沟油的依据。上海理工大学的庄松林教授研发的基于太赫兹时域光谱测量原理的油类品质检测仪对于地沟油的检测,在盲样封样检测的情况下准确率达到 94.7%,为地沟油的准确检测提供了新的思路和选择,其测量原理及实验平台如图 9-25 所示。

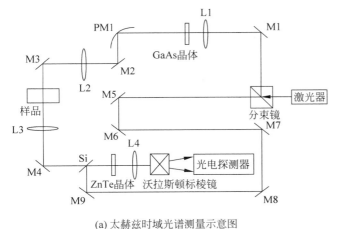

(a) 太赫兹时域光谱测量示意图   (b) 太赫兹时域光谱测量平台

图 9-25 太赫兹时域光谱测量原理及实验平台

3. 转基因食品检测技术的应用

转基因食品主要是指利用基因工程手段,将一些有利于人类生产的外源基因转入动物、植物或者微生物中,改变其遗传特性,从而获得原物种所不具备的性状、营养价值、品质特征。自1983年世界上第一例转基因作物问世以来,随着转基因作物品种的日益增多和全球种植面积的不断扩大,转基因食品已成为全球食品消费市场的重要组成部分。然而转基因食品的安全性及其对生态环境的影响等问题始终备受关注。因此建立高效、快速、准确的转基因食品定性、定量检测方法,是满足广大消费者知情权和选择权的需要,更是加强转基因食品安全监管的重要技术支撑。

转基因食品的检测主要包括基因水平的检测和蛋白质水平的检测,前者包括聚合酶链式反应(polymerase chain reaction,PCR)法、分子杂交法、基因芯片法等,后者主要有Western印迹法、酶联免疫吸附法、试纸条法、蛋白质芯片法等。

聚合酶链式反应是以特定的基因片段为模板,利用人工合成的一对寡聚核苷酸为引物,以4种脱氧核苷酸为底物,在耐高温聚合酶的作用下,通过DNA模板的变性、退火及引物的延伸(聚合)3个阶段的多次循环,使模板扩增。同时,这也是其他PCR技术的基础。通过PCR扩增启动子序列和终止子序列,是目前最常用的鉴定有无转基因成分的方法。PCR的基本原理及仪器实物如图9-26所示。

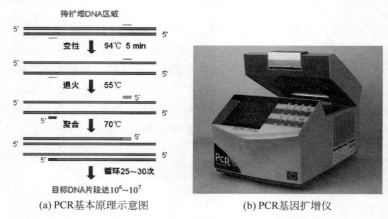

(a) PCR基本原理示意图   (b) PCR基因扩增仪

图9-26　PCR的基本原理及其实物图

在进行PCR扩增时,必须知道待扩增DNA的序列。转基因食品中的外源基因不仅仅包括外源蛋白编码序列,还包括选择性标记基因和对于外源基因发挥作用所必需的功能基因。根据所选择的用作模板的外源基因不同,PCR实验可分为不同的类型。如果所选择的DNA序列是广泛存在于转基因中的序列,如35S启动子和NOS终止子,则这种实验将不具有专一性,这种扩增能检测出多种不同的转基因食品。但如果所选择的扩增靶序列既包括启动子又包括特定的外源基因,或者是既包括特定的外源基因又包括终止子,则PCR实验将具有专一性。应当强调的是,定性PCR法只是对转基因产品的初步检测,某些植物或土壤微生物中也会含有CaMV 35S和NOS基因元件,因此该方法有假阳性的可能。为了解决这一问题,多重PCR法、实时荧光定量PCR法相继被提出,较好地实现了转基因食品的定量检测。

　　随着科学技术的进步,还有许多从分子水平出发检测转基因的新技术,如巢式和半巢式PCR、免疫 PCR 法、生物传感器技术等,提供给人们更多的选择。目前的转基因食品检测方法均存在一些问题和不足,需要不断完善和改进。相信未来转基因食品的检测问题会被彻底解决,人们不仅能够准确检测出各类食品中转基因的成分及含量,还能够正确评价长期服用转基因食品后带来的各种影响,到了那一天,相信所有对转基因的争论都会偃旗息鼓。

参 考 文 献

[1]　王成.医疗仪器原理[M].上海:上海交通大学出版社,2008.

[2]　张庆柱,张均田.书写世界现代医学史的巨人们[M].北京:中国协和医科大学出版社,2006.

[3]　段浩,陈锋,顾彪,等.血细胞分析技术及其进展研究[J].医疗卫生装备,2014,35(5):108-112.

[4]　李欣迎,李希合,王静,等.生化分析仪的发展现状[J].医疗装备,2012(10):6-7.

[5]　金朝晖,李毓,朱殿兴,等.环境监测[M].天津:天津大学出版社,2007.

[6]　刘文清,陈臻懿,刘建国,等.我国大气环境立体监测技术及应用[J].科学通报,2016,61(30):3196-3207.

[7]　曾凡刚.大气环境监测[M].北京:化学工业出版社,2003.

[8]　朱静,雷晶,张虞,等.关于中国土壤环境监测分析方法标准的思考与建议[J].中国环境监测,2019,35(2):1-12.

[9]　殷丽娜,郝桂侠,康杰,等.我国土壤环境污染现状与监测方法[J].价值工程,2019,38(8):173-175.

[10]　朱洪法.环境保护辞典[M].北京:金盾出版社,2009.

[11]　马军,沈苏南,诸葛海绵.全国水环境监测现状及其分析[J].中国国情国力,2019(7):58-61.

[12]　项小清.水质监测的监测对象及技术方法综述[J].低碳世界,2013(6):70-71.

[13]　朱茵,王军利,周彤梅.智能交通系统导论[M].北京:中国人民公安大学出版社,2007.

[14]　陈慧岩,熊光明,龚建伟,等.无人驾驶汽车概论[M].北京:北京理工大学出版社,2014.

[15]　陈天鹰,刘贺军,胡亚峰.铁路智能交通系统研究[J].铁路通信信号工程技术,2010(4):15-21.

[16]　仲崇成,李恒奎,李鹏,等.高速综合检测列车综述[J].中国铁路,2013(6):89-93.

[17]　段怡卿.现代技术在"智慧机场"中的应用[J].制造业自动化,2015,37(14):121-122.

[18]　特色小镇网.智慧机场可视化决策平台[EB/OL].http://www.sohu.com/a/217992752_725934,2018-01-21.

[19]　张军.现代空中交通管理[M].北京:北京航空航天大学出版社,2005.

[20]　车振明,李玉锋,肖安红,等.食品安全与检测[M].北京:中国轻工业出版社,2007.

[21]　中华人民共和国卫生部.食品中放射性物质铯-137 的测定:GB 14883.10—2016[S].北京:中国标准出版社,2016.

[22]　全国食品安全应急标准化工作组、全国质量监管重点产品检验方法标准化技术委员会.原料乳与乳制品中三聚氰胺检测方法:GB/T 22388—2008[S].北京:中国标准出版社,2008.

[23]　焦嫚,董学芝.三聚氰胺分析检测方法的研究进展[J].化学研究,2010,21(1):91-95.

[24]　国家质量监督检验检疫总局和国家标准委员会.食品中苏丹红染料的检测方法:高效液相色谱法:GB/T 19681—2005[S].北京:中国标准出版社,2005.

[25]　陈晨,张国平.苏丹红Ⅰ、Ⅱ和Ⅲ的拉曼光谱研究[J].光学与光电技术,2007,5(1):61-63.

[26]　曹金博,王耀,李燕虹,等.食品中"新型瘦肉精"的检测方法研究进展[J].安徽农业科学,2019,47(8):1-4.

[27]　王宇.猪肉中瘦肉精残留的危害、常用检测方法和监管措施[J].现代畜牧科技,2019(6):4-5.

[28]　白桦,崔艳妮,郝楠,等.不粘锅涂层中全氟辛酸及其盐的气相色谱法测定[J].分析测试学报,2007,26(6):921-923.

[29] 中华人民共和国国家卫生和计划生育委员会、国家食品药品监督管理总局.食品微生物学检验：菌落总数测定：GB 4789.2—2016[S].北京：中国标准出版社,2016.

[30] 许振,章炉军,陈春竹,等. 鲜切蔬菜微生物污染总菌数检测方法[J].保鲜与加工,2006(11)：42-44.

[31] 中华人民共和国卫生部、中国国家标准化管理委员会.食用植物油卫生标准：GB 2716—2005[S].北京：中国标准出版社,2005.

[32] 中华人民共和国卫生部、中国国家标准化管理委员会.食用植物油卫生标准的分析方法：GB/T 5009.37—2003[S].北京：中国标准出版社,2003.

[33] 李沂光,单杨,李高阳,等.地沟油检测方法研究现状与其应用分析[J].食品与机械,2012,28(3)：262-265.

[34] 彭滟,施辰君,朱亦鸣,等.太赫兹光谱技术在生物医学检测中的定性与定量分析算法[J].中国激光,2019,46(6)：0614002-1-0614002-8.

[35] 宝日玛,赵昆,滕学明,等. 地沟油的太赫兹波段光谱特性研究[J].中国油脂,2013,38(4)：61-65.

[36] 沈泓,李超,李珏.分子生物学技术在转基因食品检测领域中的研究进展[J].中国农业信息,2017(8)：57-59.

[37] 王广印,范文秀,陈碧华,等.转基因食品检测技术的应用与发展Ⅰ：主要检测技术及其特点[J].食品科学,2008,29(10)：698-705.

[38] 张强.我国食品安全检测仪器的发展现状[J].农业工程,2011,1(2)：46-50.

第10章

仪器科学与技术的"灵魂三问"

"灵魂三问"是哲学的基本命题,虽然对于"灵魂三问"的具体内容有些争议,但是普遍认可的是:我是谁?我从哪里来?我要到哪里去?从时间线上看,"灵魂三问"分别针对的是人的现在、过去和未来。看似简单的问题,直击的却是人的本质。人存在的意义是什么?人的根在哪里?人的未来在哪里?绵延千年,仍然无法全面作答。

第10章
彩图

回归到手上拿的这本书,通过前面的介绍,相信大家对于仪器的内涵、特点及广泛应用应该有所感悟,接下来,必然会有更多的疑问:仪器科学的本质及核心技术是什么,仪器科学为什么无处不在却又不显山露水,仪器科学的未来和极限在哪里,仪器专业的学生应当学习什么课程等。对这些问题梳理后,可将其聚焦为三个问题:仪器科学为什么无处不在?仪器科学为什么不露锋芒?仪器科学为什么未来可期?因此也借用一下"灵魂三问"这个词,其蕴含着的这三个问题只是给大家一些启迪以及思考的空间,没有最终答案也不会有最完美的答案,但是每个人都会有自己的答案。

10.1 仪器科学为什么无处不在

相信通过前面的介绍,大家最容易体会到的就是仪器科学的无处不在。那么接下来就应当探究一下无处不在的根源究竟是什么?而在解释这个问题的过程中,也会触碰到仪器科学的本质思考问题。作为信息技术的源头,仪器科学必定无处不在;鲜明的学科交叉特性又夯实了仪器科学的无处不在。

10.1.1 信息技术的源头决定了无处不在

纵观人类文明的发展历史,依据科学技术的进步,大致经历了3个阶段:古代人类主要利用的是物质资源,材料技术的发展与应用是主线;近代人类主要利用的是能量资源,能源科学与技术的发展是主线;现代人类主要利用的是信息资源,信息科学与技术的发展是主线。

需要说明的是,3个阶段当中并不是只有一种资源存在,古代人类也有能量资源和信息资源的应用,近代人类也有物质资源和信息资源的应用,现代人类仍然离不开物质资源和能量资源,只不过在每个阶段都有发展和利用的重点。人类社会文明发展到今天,大家已经公认,材料、能源、信息技术是现代文明的三大支柱。而且随着 20 世纪中期,计算机、信息论、控制论等现代信息技术与理论的诞生,信息技术的发展一日千里,人们常以信息爆炸来形容当今信息技术快速发展的态势,信息技术无疑深刻改变了人类社会和经济的结构,对人类文明的发展产生了深远影响。

1. 信息的基本定义及特点

什么是信息?这个看似简单的问题,至今仍然没有标准答案。字面上看,信息就是"音信消息"的意思。早期汉语中代表信息的汉字主要有兆、音、息、信等,第一次把信息连在一起,据考证是出自南唐诗人李中的《暮春怀故人》,其中有一句:梦断美人沉信息,目穿长路倚楼台。诗中的信息就是消息的意思。同样,在西方的早期文献著作中,信息(information)和消息(message)也是互相通用的。那么信息的科学定义到底是什么呢?

信息论的奠基人,美国数学家香农于 1948 年发表了《通信的数学原理》,如图 10-1(a)所示,文中虽然没有直接阐述信息的定义,但香农在计算信息量时,明确表明信息量为随机不定性减少的程度,也就是说,香农认为信息是用来减少随机不定性的东西。同一年,控制论的奠基人,美国数学家维纳在其《控制论:动物与机器中的通信与控制问题》中指出:信息就是信息,不是物质,也不是能量,如图 10-1(b)所示。虽然这句话本身没有给出信息的明确定义,但是却明确地表达出一个意思,那就是信息是独立于能量和物质的存在。这也是人类历史上把信息、物质、能量放在同等地位上,认为同等重要的最早的科学论断。

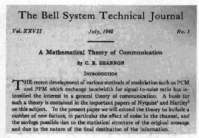

(a) 香农及其信息论的奠基性著作

(b) 维纳及《控制论:动物与机器中的通信与控制问题》的英、中文版本

图 10-1 信息论及控制论的奠基人与其代表性著作

法国物理学家莱昂·布里渊在 1956 年出版的《科学与信息论》中提到,信息就是负熵。控制论的另一位奠基人,英国生理学家艾什比在《控制论引论》中提出了对信息的理解,他先定义了变异度的概念,任何一个集合所包含元素数目的以 2 为底的对数就是一个集合的变

异度,然后把变异度当作信息的概念。后来的科学家对他的定义进行了扩展,1975年意大利科学家朗高就认为,信息是反映事物的形式、关系和差别的东西,其包含在事物的差异之中,而不是事物本身。

自信息论提出以来,信息的定义数以百计,表明了其极端复杂的特性以及极其丰富的内涵,从不同的角度来认识,在不同的条件下来定义,就会呈现出不同的形式和内涵。因此,没有任何约束条件的定义是最高层次的定义。到目前为止,"信息是某个事物的运动状态及其变化方式的自我表述"是被普遍认可和接受的定义。

根据载体形式的不同,信息可分为4类:文字、图形(图像)、声音、视频。早期人类文明中的信息表达方式如图10-2所示。按照性质的不同,信息又可以被分为语法信息、语义信息以及语用信息。语法信息是信息认识的第一个层次,反映事物的存在方式和运动状态,不涉及信息的内涵;语义信息是信息认识的第二个层次,不仅反映事物运动变化的状态,还要揭示运动变化的意义;语用信息是信息认识过程的最高层次,其反映的是信源(产生端)发出的信息被信宿(接收端)接收后,将产生的效果和作用。

(a) 绵延至今的汉字信息

(b) 早期的苏美尔泥板书

(c) 西班牙阿尔塔米拉洞窟岩画

(d) 宁夏贺兰山岩画

图 10-2　早期人类文明中的信息表达方式

在对信息的定义和分类进行概述后,就可以进一步研究信息的特征及性质等一系列新的问题了。通过对这些新问题的深入研究,反过来也可以帮助人们加深对信息基本概念的理解。信息的特征及性质也是内涵丰富而且难以归纳的,从信息科学理论研究的角度进行分析和讨论的话,主要表现为8个特征与8个性质,如下所述。

(1) 信息的主要特征

特征1:信息来源于物质,又不是物质本身,因此其从物质的运动中产生出来,又可以脱离源物质而寄生于其他物质(媒体),相对独立地存在。

特征2:信息也来源于精神世界,但是又不局限于精神领域。

特征3:信息与能量息息相关,但是又与能量有质的区别。

特征 4：信息可以被提炼成为知识，但是信息本身不等于知识。

特征 5：信息是具体的，可以被主体（人、生物、机器）所感知、提取、识别，可以被传递、存储、变换、处理、显示、检索和利用。

特征 6：信息可以被复制，也可以被共享。

特征 7：语法信息在传递和处理过程中永不增值。

特征 8：在封闭系统中，语法信息的最大值不变。

（2）信息的主要性质

性质 1：普遍性，信息是普遍存在的。

性质 2：无限性，在整个宇宙时空中，信息是无限的，即使是在有限的空间，信息也是无限的。

性质 3：相对性，对于同一个事物，不同的观察者所获得的信息量可能不同。

性质 4：传递性，信息可以在时空中从一点传递到另一点。

性质 5：变换性，信息是可以变换的，可以由不同的载体用不同的方法来承载。

性质 6：有序性，信息可以用来消除系统的不定性，增加系统的自序性。

性质 7：动态性，信息具有动态性质，一切活的信息都随时间而变化，因此信息是有时效的，是有"寿命的"。

性质 8：转化性，从潜在的意义上讲，信息可以转化，在一定的条件下，可以转化为物质、能量、时间及其他。

综上所述，随着人类文明的进步，对于资源的利用和挖掘也日渐深入。物质资源可以被加工成材料，为一切工具提供支撑，用以改变客观世界；能量资源可以转换成动力，为各种工具提供保障，用以改造客观世界；信息资源则可以被加工成知识和策略，为所有工具注入智慧和灵魂，用以改革客观世界。物质、能量、信息是人类能够利用的三位一体的战略资源，材料、能源、智慧则是人类改变、改造和改革世界过程中三位一体的根本要素，将横亘人类文明发展的始终。

2. 信息获取的意义和重要性

前面对信息的定义、分类、特征及性质进行了简要介绍，可以看到，信息具有普遍性的特点，渗透到了人类社会的方方面面，需要全面认识并开展研究，因此逐步诞生并建立起了一门独立的科学技术——信息科学技术。

信息科学技术是以信息为主要研究对象，重点围绕信息的性质及其运动规律开展研究的一门新兴的科学技术。一个典型的信息过程模型包括信息获取、信息传输、信息处理及信息应用 4 个部分，如图 10-3 所示。

从图 10-3 中可以看出，当主体准备开始认识外部世界或对象系统（客体）的时候，首先是信息获取的过程，获取客体的表征信息；然后通过信息传输传送至信息处理部分，通过信息处理来获取客体的深层次信息，形成知识，达成认知，通过信息再生生成策略；策略被传递至信息应用部分，产生控制行为，引导客体达到预定状态，从而完成了信息流动的全过程。而这个全过程，恰恰对应了人体通过自身的器官（感觉器官、神经系统、思维器官、执行器官）来认识和改造世界的过程。

通过对信息流动过程的描述可以看到，信息过程的第一步是信息获取的过程，这是信息过程模型的起点，也是至关重要的一点。信息获取的全面性和准确性是开展所有后续工作

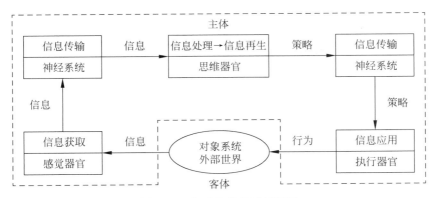

图 10-3　典型的信息过程模型

的前提和基础,只有高质量地完成了信息获取,真正做到"知己知彼",才能确保系统根据需要达到预定的目标,实现"百战不殆"。

到这里,我们应该能够清楚地认识到,信息技术是现代社会的三大支柱之一,其重要性毋庸置疑;而信息技术的起点源于信息获取。因此,信息获取在现代社会发展中的作用是根基性的,是普遍性的。可以说,离开了信息获取,信息技术就是"无源之水、无本之木",人类认识客观世界的过程就将无从谈起,相信大家已经能够充分认识到信息获取的意义、普遍性和重要性了。

仪器科学与技术作为专门研究各种信息获取方法与手段的学科,作为信息技术源头发展的重要支撑技术,其无处不在的特点也就很容易理解了,很多伟大的科学家对此都有清醒的认识。

古希腊哲学家亚里士多德是"百科全书式的人物",被誉为"古希腊哲学的集大成者",他非常注重观察和观测,也很注重理论上的凝练,但是由于缺乏定量的测量方法及手段,因此其中的错误被后面的科学家不断发现和修正。特别是到了近代,意大利物理学家、天文学家和哲学家伽利略通过大量精巧的实验纠正了亚里士多德的一些错误观点,拉开了近代实验科学的帷幕,因此被誉为近代实验科学的先驱。伽利略对于测量重要性的认识,可以用一句话来概括:"一切推理必须从观察与实验中得来。"与伽利略同时期的英国唯物主义哲学家培根是近代归纳法的创始人,也是实验科学的创始人。培根提出了唯物主义经验论的基本原则,认为感觉是知识的开端,是一切知识的源泉。培根的科学方法观是以实验定性和归纳为主,大量的观察和实验是进行归纳的前提和基础,其科学方法的思想在 1620 年出版的《新工具论》中有着全面的阐述和体现。培根在晚年曾经试图亲自实施自己的科学研究方法,投入了大量精力开展对自然现象的具体研究,1626 年,他在寒冷的风雪中做"用白雪保存食物"的实验时感染风寒,一病不起,最终逝世。他晚年的研究成果在这一年被整理成《木林集》出版,如图 10-4(a)所示,为人们研究培根的科学实践,以及与其方法论之间的关系提供了不可多得的资料。在评价培根的方法论时,马克思曾经说过:"科学是实验的科学,科学的方法就在于用理性的方法去整理感性材料,归纳、分析、比较、观察和实验是理性方法的重要条件。"可以看到,培根和马克思这两位伟大的哲学家对于实验在科学发现中的地位和重要性都有着充分的认识和肯定。

俄罗斯化学家门捷列夫因发明了第一张元素周期表而享誉世界,其参加国际会议的照片如图 10-4(b)所示，他曾经说过："科学自测量开始，没有测量便没有精密的科学。"而同时期的英国物理学家开尔文则说过："当你能测量你所说的事物并以数字表达它时，说明关于这个事物你的确是知道一些的，但是当你无法测量它、无法以数字表达它时，说明你的所知就是贫乏的、难以令人满意的：它可能是知识的开端，但你几乎没有从思想上达到科学的阶段，无论这个事物是什么。"开尔文的这段话，其核心思想可以概括为一句话：测量是知识的起点，测量是无处不在的。原文发表在他 1891 年出版的 *Popular Lectures and Addresses：Volume 1* 中，开尔文毕生也在致力于研究改进仪器的方法，其著作及改进的指南针实物如图 10-4(c)所示。

(a) 培根的著作《木林集》的封面　　　　(b) 正在参加科学会议的门捷列夫

 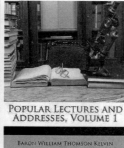 

(c) 开尔文的著作2010年再版时的封面及其改进的指南针实物图

图 10-4　认识到测量重要性的代表性人物和论述

　　我们将眼光拉回到中国，中国航天之父钱学森曾经说过："信息技术包括测量技术、计算机技术和通信技术。测量技术对信息进行采集和处理，是信息的源头，是关键中的关键。"而中国光学之父王大珩则认为："仪器仪表是认识世界、改造世界、促进创新的有力的工具。"他还进一步解释道："仪器仪表科学在现代科学技术领域里属于信息科学技术范畴。它的作用在于它是原始数据的采集者和制造者，在信息的传输、存储、转换、表达形式，以及如何把这些成果转化成生产力中都起到了不可缺少的重要作用。"王大珩身体力行，在中华人民共和国成立初期，百废待兴的情况下，负责筹建中国科学院仪器馆，在不到 6 年的时间里，率领大家相继研制出我国第一台电子显微镜、第一台高温金相显微镜等一大批高水平的光学成果，史称"八大件一个汤"（八大件指 8 种光学仪器，一个汤指融化态光学玻璃），如图 10-5 所示，一举改变了中华人民共和国在光学领域一片空白的局面，奠定了我国国产精密光学仪器的基础。

(a) 第一台高温金相显微镜　　　　(b) 第一台高精度经纬仪

图 10-5　"八大件一个汤"中的典型成果

在"两弹一星"的研制过程中,钱学森和王大珩有着堪称完美的合作。1959 年,苏联专家撤出中国的时候,大批在建项目由于没有了图纸和后续设备而陷入一片混乱。原子弹和导弹中的实验设备研制首当其冲地遇到了困难,钱学森亲自点将,说道:"原子弹、导弹中的光学设备一定要让长春光机所来做。"王大珩仅用 1 年的时间完成了原子弹光学测量仪的研制,实现了在强烈核辐射环境中对原子弹爆炸点的快速拍摄,为我国核事业的发展提供了无比珍贵的第一手资料。而在导弹空间飞行姿态及轨道参数测量设备的研制中,他也是迎难而上,在限期内研制成功样机并一次实验成功。因此,在 1999 年中华人民共和国成立 50 周年之际,对在研制"两弹一星"工作中作出杰出贡献的 23 位科技专家予以表彰时,钱学森和王大珩位列其中。可见,即便是代表着最高科技水平的"两弹一星"研制,也是离不开测量和仪器的支撑的。

讲到这里,我们可以做一个小结。首先,信息技术是现代社会的三大支柱之一,无处不在,一个典型的信息全过程包括信息获取、信息传输、信息处理以及信息应用 4 个环节。其次,作为信息过程的起点,也是人类认识和改造世界的起点,信息获取起着至关重要的根基性作用,离开信息获取,人类将难以准确和全面地认识客观世界。因此,作为承载信息获取功能的仪器科学与技术学科,其重要性及无处不在的特点不言而喻。最后需要说明的是,理解了信息流动的过程,对于正确理解仪器科学与技术的内涵与科学性,对于理解接下来介绍的内容,有着重要的支撑作用。

10.1.2　学科交叉的特性诠释了无处不在

前面讲到,全面准确的信息获取是仪器科学与技术学科的目标和宗旨,也是人们认识和改造世界的起点。

信息获取的第一步就是"感知","感觉并知道"事物的运动状态及其变化方式。早期的人类通过自身的感觉器官来感知客观世界,但是由于感觉器官存在极限,所以人们创造了各种仪器来延伸我们的感知,来触摸客观世界。因此,客观世界的缤纷多彩与感知方法的林林总总,都鲜明地体现出了仪器科学与技术的交叉特性。

1. 学科交叉源起于客观世界的缤纷多彩

从哲学的角度来看,世界是由物质组成的,物质是指与精神相对的东西,最广义的物质包括粒子、光、声、波、场、力、能量、时空等。

而在科学意义上,物质并没有明确的定义,一般是指静止的质量不为零的东西。常见的物质形态有固态、液态、气态和等离子态。随着人类科学技术的进步,人们又创造出了一些新的物质状态,如玻色-爱因斯坦凝聚、费米子凝聚态等,在基本粒子的研究中,也产生出了新的物质状态,如夸克-胶子浆,如图 10-6 所示。

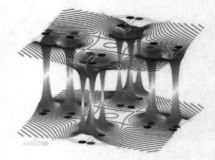

(a) 证明玻色–爱因斯坦凝聚存在的实验结果   (b) 费米子凝聚态示意图

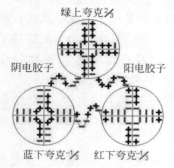

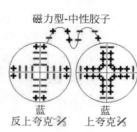

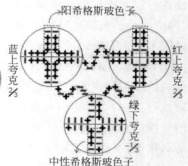

(c) 夸克-胶子浆可能存在的部分形态示意图

图 10-6 新出现的物质形态实物或示意图

    1905 年,爱因斯坦在《物理学年鉴》上发表了《一个物体的惯性依赖于它所包含的能量吗?》,推导了物体辐射能量和质量减少之间的关系,为之后质能方程的提出奠定了基础,如图 10-7 所示。这彻底打破了人们对质量和能量的认知,因为在经典物理中,质量和能量是相互独立的,但爱因斯坦却证明了所有物体都可以视为能量,质量和能量之间是可以相互转换的,也就是说质能等价。这一观点的提出与发展深刻影响了现代物理学的发展,是开天辟地性质的贡献。

    通过对物质的概念以及爱因斯坦质能方程发现过程的简要介绍,相信大家应该能够感受到,在缤纷多彩的客观世界表象下,其实蕴含着深奥的客观规律,需要人们不断地去探索和挖掘。在这个探索和挖掘过程中,物质形态本身就是多样的,并且每一种物质形态又展现出多面的特性,可以从多面进行感知与解读,因此从源头上讲,就决定了信息感知是一个具有鲜明多学科交叉特性的过程。

2. 学科交叉凸显于感知方法的林林总总

    面对缤纷多彩的客观世界,面对任何一个物质形态展现出的多面特性,人们想要去认识它,去探求其内在规律,进而改造和应用它,就必须采取针对性的感知方法来获取信息,才能够达到准确认识和改造客观世界的目的。

图 10-7 爱因斯坦的论文首页及其提出的质能方程

在第 1 章中已经讲到,仪器仪表的发展历程大致经历了机械式、电磁式、光电式及量子式 4 个阶段,这其中最主要的原因当然是由科学技术水平的进步决定的。但是也可以从另外一个角度来看,人们感知客观世界的方法可以有机械的、电磁的、光电的以及量子的,感知方法林林总总,感知过程千差万别,人们认识客观世界的过程势必是一个复杂的多学科交叉才能支撑起来的过程,而仪器科学与技术作为冲在最前面的开路先锋,其多学科交叉特性一望而知。

众所周知,边境安全是国家安全的重要保障。面对大量的基础设施安全及频繁流动的人员、货物等实际情况,进行全面的信息感知是确保边境安全的前提和基础。一个典型的智慧边境系统设计图如图 10-8 所示。

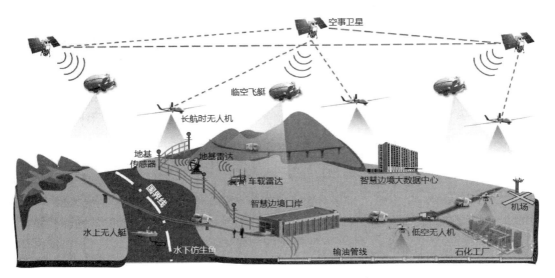

图 10-8 一个典型的智慧边境系统示意图

由图 10-8 可见,边境安全监控区域涉及水域、陆域和空域,监控对象包括基础设施、人员以及货物,监控平台涉及水下仿生鱼、水上无人艇、地基传感器、地基雷达、低空无人机、长航时无人机、临空飞艇、空事卫星等,监控参数包括机械的、光学的、电磁的等,是一个全天候的空、天、地一体化信息感知系统,只有全面、客观以及准确地获取各种信息,才能够在智慧边境大数据中心的平台上进行准确分析与智能打击,才能够确保边境安全,进而保障国家安全。

通过智慧边境系统的示例,相信大家能够切实感受到信息获取过程的多学科交叉特性,我们还可以从传感器的角度来进一步感受一下。

如果说信息获取是信息流动的源头,那么传感器就是信息获取的源头。面对客观世界庞杂多样的检测参数,首先必须通过传感器才能够将难以测量的信号转换为易于测量的信号。在国家标准《传感器通用术语》中,传感器被定义为:"能感受被测量并按照一定的规律转换成可用输出信号的器件或装置,通常由敏感元件和转换元件组成。"按检测参数的特点来划分,传感器可以分为物理量传感器、化学量传感器及生物量传感器,这种分类相信大家自己就能够想到,因为传感器就是学科交叉的产物,那么仪器科学与技术必然也是一个学科交叉的学科,这就要求我们在仪器类专业的人才培养过程中,知识体系的设计也要面面俱到。

3. 学科交叉体现于知识体系的面面俱到

仪器类专业的知识体系,一方面要包括数学、物理学、化学、生物学、计算机科学、材料学、信息学、工程学等多学科领域的基础知识;另一方面也要有自身一套完备的专业知识体系,包括传感器、仪器设计、误差分析、信号处理、计量检测等。在《仪器类专业本科教学质量国家标准》中,对仪器类专业的知识体系设计思想进行了阐述,包括通识类知识、学科基础知识和专业知识三大类,如下所述。

(1)通识类知识

人文社会科学:思想政治理论、外语、文化素质(法律、经管、社会、环境、文学、历史、哲学等)、军事、健康与体育等。

数学与自然科学:高等数学、工程数学、物理、程序设计基础等,专业可根据自身特点增加化学和生物等方面的课程。

(2)学科基础知识

学科基础知识涉及以下知识领域:电子信息技术基础、机械工程技术基础、计算机及控制技术基础、光学工程技术基础。专业应根据自身特点有机组织,保证有利于构建测控系统与仪器设计、实现和应用的基本知识体系,支撑专业学习。

(3)专业知识

专业知识领域以准确、可靠、稳定地获取信息为主线,主要包括传感器及检测技术基础、测量理论与控制技术基础、信号分析与数据处理技术基础、测控总线与数据交互技术基础、系统设计与仪器实现技术基础。专业应根据自身特点有机组织,保证学生掌握测控系统与仪器智能化、网络化、集成化实现所必需的知识基础和思想方法,受到现代技术集成应用技能的基本训练。

可以看到,由于仪器类专业显著的学科交叉特性,并且承担人才培养的各个高校面向的领域和对象不同,因此,知识体系的组成会有所不同。所以,在标准中既对共性基础知识做了要求,也对个性需求做了引导性的描述,便于各高校按照自己的特点构建完整的知识体系,兼顾了基础性和灵活性两方面的要求。

　　知识体系在人才培养的过程中,是依托课程体系实现的。围绕知识体系中的共性基础部分,教学质量国家标准中提出了课程体系的构建原则,即课程体系应有利于构建满足测控系统与仪器设计、实现及工程应用需求的基本知识体系和组织基本技能训练,体现专业定位和特点,支持培养目标的达成,其参考框架如图 10-9 所示,对于主要教学环节的学分比例也做了指导性建议。

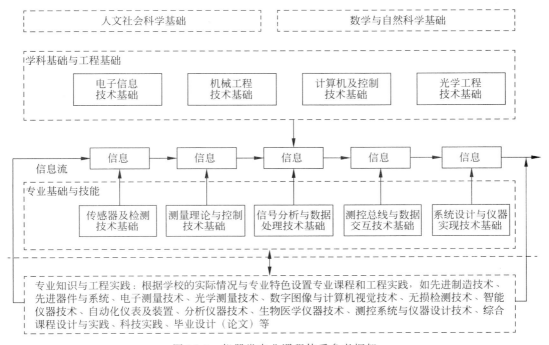

图 10-9　仪器类专业课程体系参考框架

　　在课程体系框架中,通识类知识的课程要求比较明确,包括人文社会科学基础和数学与自然科学基础,这个规定动作需要规范统一。学科基础知识的课程搭建了基本框架,要求专业围绕光、机、电、计算机及控制四个方向设置必修课程,这个符合专业特点,作为学科交叉的专业,需要相对宽泛的学科基础,所以在四个方向做出基本要求,至于每个方向下的课程设置由各个学校灵活把握,在满足共性学科基础课程框架的基础上,给予了各个学校一定的灵活性。专业知识的课程设计更加灵活,一方面要求沿着信息流的主线设置必修课程,主要是考虑到仪器类专业属于信息大类的基本特点,确保本专业学生掌握和理解信息流动的整体框架;另一方面各个学校可以根据自己学校的定位和特色,设置专业课程和工程实践课程,能够充分体现出不同学校仪器类专业的人才培养特色。这样的课程体系设计框架,既保障了学生基本知识体系和基本技能训练的达成,又能够充分体现出不同学校仪器类专业定位和特点的差异,将基础性和灵活性兼顾的课程体系设计思想落到了实处。

　　最后对本节进行总结,仪器科学与技术之所以无处不在,根本原因在于其是信息技术的源头,信息技术作为现代社会的三大支柱之一,其无处不在的特点决定了仪器科学的无处不在。而面向庞杂多样的客观世界,起到信息感知作用的仪器科学与技术具备了鲜明的学科交叉特性,反过来又对其无处不在的应用起到了有效支撑,从而决定了人们在认识和改造世界的过程中总能看到仪器的婀娜身姿。

10.2 仪器科学为什么不露锋芒

理解了仪器科学的无处不在,自然就会想到本节的问题,那就是为什么仪器科学不露锋芒呢?

在由仪器、电子信息、计算机、自动化组成的信息类学科群中,相信每个人都能讲出对电子信息、计算机、自动化的认识,但是很少有人能够讲出对仪器的认识;相信每个人都能列举出电子信息、计算机、自动化学科的标志性成果或者耳熟能详的产品,但是很少有人能够列出仪器学科的标志性成果或耳熟能详的产品;相信每个人都能举出闻名于世的电子信息、计算机、自动化公司,但是很少有人能够举出闻名于世的仪器公司,那么这是为什么呢?

10.2.1 淡泊名利、宁静致远的特质决定了不露锋芒

通常意义上讲,人们对于无处不在的东西往往缺乏足够的关注和重视。水和空气无处不在,开始的时候我们只知道去攫取,在造成了资源短缺和环境污染后才意识到无处不在的东西其实也是应当珍惜的。五官每个人都有,但是我们在使用的时候却不关注五官的感受,过度的消耗造成了近视、耳背等毛病之后,才意识到应该珍惜之前的耳聪目明。因此,无处不在往往分散了对其重要性的认识,这也就是为什么仪器无处不在,但是却对其重要性认识不足的一个原因吧。

拉回到仪器本身,是信息技术的源头。甲骨文中并没有"源"字,但是有"原"字,本义为:"水,泉本也。"也就是泉水之源的意思,后来随着文字的变迁,原的水源本义逐渐淡化甚至消失之后,才加上了三点水,变成了现在的"源",多指河川之始。甲骨文中有"头"字,《说文解字》中的解释是:"头,首也。"就是头部的意思。将"源"和"头"两个字连在一起,源头一词,本义就是水的发源处。之所以要解释一下源头的含义,就是希望大家能够理解源头的寓意以及仪器学科作为信息技术源头的本性。以长江为例,图 10-10 给出了长江发源地的照片,以及在长江流域上随处可见的险峻风光。

(a) 长江源头　　　　　　　　(b) 虎跳峡　　　　　　　　(c) 夔门

图 10-10　长江的源头及沿途的险峻风光

相信每个去过虎跳峡的人、坐船经过夔门的人,都会被其慑人的气魄所震撼;更不要说在长江中下游平原,大江东去浪淘尽的豪情以及黑云压城城欲摧的紧迫感了,但是很少有人会想到,长江的源头竟然是如此的宁静,涓涓细流似乎伸手可断,淡泊宁静的画面下蕴藏着蓬勃生机。我们在母亲河——黄河上也能看到同样的场景,黄河的源头及其流经地区的雄

迈风光如图 10-11 所示,再次诠释了同样的寓意。

(a) 黄河源

(b) 乾坤湾

(c) 壶口瀑布

图 10-11 黄河源头及沿途的雄迈风光

以长江、黄河的源头为例展开介绍,这种画面感能够带给我们最直观的感受,没有了源头,就不可能有哺育中华文明的母亲河,这也充分说明了源头的重要性。没有源头的涓涓细流,就不可能有沿途的山川秀丽以及干流的汹涌澎湃,而我们在惊叹于山川秀丽和汹涌澎湃时,却往往忽略了它们是源于源头的涓涓细流,这就是源头的本质特点,虽然淡泊,却是蓬勃的开始,虽然宁静,却是生机的起点,大江大河的源头本义如此,那么作为信息技术的源头——仪器科学必然具备这种与生俱来的特质。

相信前面章节诸多的实例能够让大家感受到仪器科学淡泊的特质,踏踏实实地做好每一次的信息获取,带来的自然是叹为观止的发现。我们可以再举一个例子,来体会一下仪器科学的淡泊名利、宁静致远。

时间在人们身边无处不在,人们往往感觉不到其流逝,但是回过头来,却经常发现留下了无尽的遗憾,这是人们荒废时间时常有的感触。我们这里不讨论荒废时间的问题,只对时间本身的问题进行探讨。在日常生活中,日历是时间的具体表象,从信息技术的流动过程来看,也可以说,时间的测量是信息的源头,日历是最末端的信息应用。在人类文明的历史长河中,日历的修订是永恒的主题,留下了不少遗憾,可以看到作为源头的时间测量,对末端的日历影响是极其深远的。

人类历史上,采用闰年保持日历与太阳年同步,可以追溯到公元前 46 年凯撒时期的朱利安日历,每 4 年 1 个闰年,平均 1 年 365.25 天,但是精确的测量结果表明太阳年为 365.242 2 天。不要小看这 0.007 8 天的差异,到了 1582 年,这个差异已经到了令人难以容忍的地步,教皇格里高利十三世在这一年,将 10 月 4 日之后的那天定为了 10 月 15 日,直接跳过了 10 天,如图 10-12(a)所示。而在反对天主教的英格兰和威尔士,直到 1752 年才采用格里高利历,由于晚了 170 年,因此这一次调整的天数为 11 天,该年的 9 月 2 日后就跳变成了 9 月 14 日,如图 10-12(b)所示。

在格里高利历中,除了 1582 年凭空消失的 10 天,还对闰年的设置进行了更为科学的调整,规定:凡不能被 400 整除的世纪年,如 1700 年、1800 年、1900 年等不再是闰年,只有如 1600 年、2000 年等那样可以被 400 除尽的年份才是闰年。经过调整之后,意味着每 2 000 个历年中,从原先的 500 个闰日,减少了 15 个,也就是说在新的格里高利历中,1 年的平均长度是 365.242 5 天,这与实际年长只差 0.000 3 天,3 000 多年才能差出 1 天来,对人们日常生活的影响就显著降低了。

通过这个例子,可以看到,时间的测量波澜不惊,任何一个从事时间测量的研究人员想

(a) 格里高利历　　　　　(b) 1752年9月消失的11天

图 10-12　格里高利历调整示意图

到的都只是兢兢业业地实现精确测量,心态淡泊而宁静。在精确测量的基础上如何合理应用,所带来的影响却是翻天覆地的。当人们遇到这样的情况后,才会回过头来反思信息源头的问题,进而意识到信息源头的重要性,也只有在这个时候才意识到人类离开了仪器,生活将会不便,科技将会举步维艰。仪器科学与技术淡泊而宁静的特质,带来的作用与影响却是剧烈而深远的,因此,人们今后不应当仅仅关注锋芒毕露的外表,而更应当关注这锋芒毕露的外表下面那份淡泊宁静的内在。

10.2.2　"十年树木、百年树人"的特色决定了不露锋芒

"十年树木,百年树人"出自《管子·权修 第三》,原文是:"一年之计,莫如树谷;十年之计,莫如树木;终身之计,莫如树人。"常用于表达培养一个人才需要很长的时间,是个长久之计,而在培养过程中教师则必须具备甘当人梯的品格。

将其用到仪器身上,也彰显出了仪器科学甘当人梯的品格,包含了三层含义:第一层就是仪器的研制本就是一个长期的过程,从原理突破到最后完美的产品,不是短期内能够完成的;第二层就是一台仪器可以推动诸多学科的发展,甚至有可能催生出一门学科;第三层就是一所科研机构,依托仪器科学实践性强的学科特点,逐年积累,形成了一种文化,在文化的熏陶下培育出了一批影响科学发展的成果,而仪器自身却甘当人梯,不追逐名利。下面套用王国维的"人生三境界"来对应这三个层次,并不是完全对应,也不是无缝对接,但是表达出了相应的含义。

1. 第一层:昨夜西风凋碧树,独上高楼,望尽天涯路

第一层含义相信每个人能够感同身受。天平发明到今天,没有离开过杠杆平衡的基本原理,但是面临着挑战性的新需求,面临着技术手段的新进步,到现在人们仍然在孜孜以求地改进天平。时间的测量也是如此,从早期的水漏与沙漏,到后来的摆钟及石英表,再到现在的原子钟,外形千差万别,但基本原理其实是一致的,都是建立起一个标准的周期,然后在这个周期上进行计数。总之,科学技术的发展极大地拓展了测量参数的范围,对于参数测量精度也提出了更严苛的需求,在这样的发展态势下,仪器学科勇往直前,不求自己一时的成功,为了人类科学技术的进步砥砺前行,这样的精神和"十年树木、百年树人"的核心思想是吻合的。

2．第二层：衣带渐宽终不悔，为伊消得人憔悴

第二层含义可以举出很多实例，人们常说，没有显微镜就没有微生物学，没有望远镜就不会有天文学，所以说一台仪器的出现催生了一门学科，这句话并不为过。我们可以再举一个实例，那就是一台仪器的出现推动了诸多学科的发展，这台仪器就是 X 射线衍射仪。我们在第 3 章中讲到了 X 射线衍射仪发明的过程，布拉格父子对于科学研究敏锐的触觉，使他们在得知劳厄的发现之后，提出了晶体衍射理论，研制出世界上第一台 X 射线衍射仪，发展了 X 射线分析方法。之后，采用这种分析方法或者以其为基础而衍生的其他分析方法在诸多领域获得成功应用，在物理学、化学、生理学或医学三大诺贝尔自然科学奖中经常能够见到其身影。

（1）诺贝尔物理学奖

1914 年，英国物理学家莫塞莱用布拉格 X 射线光谱仪研究不同元素的 X 射线时获得了重大发现，即当以不同元素作为产生 X 射线的靶时，所产生的特征 X 射线的波长排序与元素周期表中的排序一致。瑞典物理学家卡尔·西格班继承和发展了莫塞莱的研究，他改进了实验设备，测量波长的精确度比莫塞莱提高了 1 000 倍，能够对 X 射线谱系做出更为精确的分析，进而建立了 X 射线光谱学，并获得了 1924 年的诺贝尔物理学奖，如图 10-13(a)所示。卡尔·西格班的儿子凯·西格班也在这个领域作出了贡献，他利用 X 射线实现了光电子能量的测量，如图 10-13(b)所示。凯·西格班因开拓了光电子能谱学的新领域而获得了 1981 年的诺贝尔物理学奖，创造了父子诺贝尔奖的佳话。

(a) 在做实验的卡尔·西格班　　(b) 站在实验仪器前的凯·西格班

图 10-13　因 X 射线典型研究成果获得诺贝尔物理学奖的西格班父子

（2）诺贝尔化学奖

1916—1917 年，荷兰物理化学家德拜等发明了 X 射线粉末衍射法，研制出德拜相机，如图 10-14(a)所示，成功地测定了合金、γ-黄铁矿等复杂晶体的结构，大大扩展了对物质结构分析的范围，同时因为对分子结构学科的研究，他获得了 1936 年的诺贝尔化学奖。1937 年，奥地利分子生物学家佩鲁茨在剑桥大学卡文迪许实验室开始研究工作，首次获得了血红蛋白晶体 X 光衍射图像；1951 年，他首次用 X 射线衍射法证实了波林等人提出的蛋白质的 α-螺旋结构模型；1957 年解析了第一个蛋白质——肌红蛋白的低分辨率空间结构；1959 年，得到了血红蛋白的三维图像。他和同事肯德鲁也因为这些开创性的成果获得了 1962 年的诺贝尔化学奖，图 10-14(b)给出了佩鲁茨开展实验研究工作时的场景。随后，1964 年，英国化学家霍奇金因为利用 X 射线衍射技术解析了一些重要生化物质的结构而获得诺贝尔化学奖;1976 年,美国化学家利普斯科姆因利用低温 X 射线衍射与核磁共振等方法研究硼化合物的结构及成键规律而获得诺贝尔化学奖;2006 年,美国科学家科恩伯格将 X 射线衍射和放射自显影技术相结合,对真核转录的分子基础研究取得了突破,因而获得诺贝尔化学奖,等等,不一而足。

(a) 德拜及德拜相机　　　　　　　　(b) 在做实验的佩鲁茨

图 10-14　诺贝尔化学奖中 X 射线衍射技术的典型应用

(3) 诺贝尔生理学或医学奖

在第 4 章中讲到了分子生物学上划时代的发现——双螺旋结构,其发现过程离不开 X 射线衍射仪的贡献。沃森和克里克两人在看到富兰克林的 DNA 衍射图像后,有了脱胎换骨的新想法,从而提出了双螺旋结构模型。当然,在诺贝尔生理学或医学奖中还可以看到很多 X 射线衍射仪的身影。下面我们换个角度看问题,科学发展到今天,有的时候已经很难界定研究成果的界限,有可能是生理学的问题,但是解决之后得到的却是诺贝尔化学奖,这其实说明了学科的交叉融合是科学发展的一个趋势。

20 世纪 50 年代初,英国生理学家艾伦·霍奇金和安德鲁·赫克斯利发现离子从一个神经细胞中出来进入另一个神经细胞时可以传递信息,因此获得了 1963 年的诺贝尔生理学或医学奖,但是人们并不了解这个离子通道的结构和工作原理。1998 年,美国生化学家麦金农在美国康奈尔大学的同步辐射装置 CESR 上,利用 X 射线衍射成像技术获得了世界第一张离子通道的高清晰度照片,照片上的离子通道取自青链霉菌,这也是一种蛋白,如图 10-15 所示。

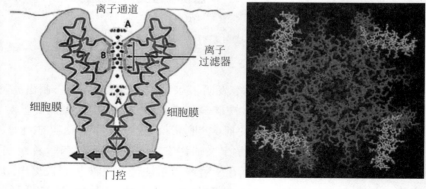

图 10-15　离子通道的高清晰度照片

麦金农的工作帮助人们第一次从原子层次上揭示了离子通道的工作原理,其方法是革命性的,能够让科学家观测离子进入离子通道前、在通道中以及穿过通道后的状态,对水通道和离子通道的研究意义重大。这个研究成果应用在医学上,对人类探索肾脏、心脏、肌肉和神经系统等方面的诸多疾病具有极其重要的意义。

3. 第三层:众里寻他千百度,蓦然回首,那人却在灯火阑珊处

第三层含义就是一所科研机构重视实验与测量,经年积累形成了文化,在文化的熏陶下培育出了一批影响科学发展的成果。毫无疑问,剑桥大学的卡文迪许实验室就是这个层次的杰出代表。

1871年,英国担心在物理学研究方面落后于欧洲大陆,决定在剑桥大学建立卡文迪许实验室并聘请麦克斯韦为实验室首任室主任,1874年实验室正式建成。

作为一个可以比肩牛顿、爱因斯坦的伟大的物理学家,麦克斯韦的研究工作与电磁学紧密相关。他全面总结了那个时代电磁学研究的全部成果,在此基础上提出了"感生电场"和"位移电流"的假说,建立起完整的电磁场理论体系,不仅科学地预言了电磁波的存在,还揭示了光、电、磁现象的内在联系及其统一性,完成了物理学的又一次大综合。麦

图 10-16 麦克斯韦及麦克斯韦方程组

克斯韦及其创建的麦克斯韦方程组如图10-16所示,方程组以完美的方式统一了电和磁。在2004年英国科学期刊《物理世界》举办的评选当中,该方程组荣膺科学史上十个最美的数学公式第一名。

在物理学理论上有着如此深厚根基的麦克斯韦,对于物理学实验也有着独到的认识,并将其认识融入卡文迪许实验室的文化当中。麦克斯韦引用圣经中的"主之作为,极其广大,凡乐之嗜,皆必考察"作为实验室的建室宗旨,将其拉丁文原文"Magna Opera Domini exquisite in Omnes Voluntates ejus"雕刻在了实验室的橡木大门上。1971年实验室百年庆典后,由于实验室空间的限制,启动了整体搬迁计划,这个宗旨的英文版被镌刻在了新址大门的正上方,如图10-17所示。

(a) 旧址大门上的拉丁文　　(b) 新址大门上的英文宗旨

图 10-17 卡文迪许实验室的拉丁文和英文宗旨实物照片

麦克斯韦从卡文迪许实验室建立时起,就制定出自己动手制作仪器和学生自己动手实验的制度。麦克斯韦正是通过自制仪器、自己动手实验和准确测量的方法,建立了扎实、严谨的实验物理学风。1873年,他在整理卡文迪许的遗稿时,发现卡文迪许早于库仑发现了静止点电荷间的相互作用规律(但因为库仑率先发表而被命名为库仑定律),他分析了卡文迪许的同心球测量方法并进行了改进,如图10-18(a)所示,得到的二次方反比指数偏差为1/21 600,测量精度如此之高,在50年内竟无人超越。从此,自制仪器成为卡文迪许实验室的一大传统,其自制仪器不胜枚举,典型的有发现电子的阴极射线管、威尔逊云雾室[图10-18(b)]、阿斯顿的质谱仪及发现α、β、γ射线使用的仪器设备等,每台仪器都熠熠生辉,改变了现代物理学的发展轨迹。

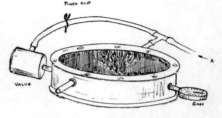

(a) 麦克斯韦同心球实验装置 (b) 威尔逊云雾室装置示意图

图10-18　卡文迪许实验室自制的代表性实验装置

据卡文迪许实验室的官方报道,1904—1989年,实验室共走出了29位诺贝尔奖获得者。特别值得一提的是,这29位诺贝尔奖获得者不仅仅局限于物理学奖,还包括了生理学或医学奖和化学奖。生理学或医学奖有前面讲到的,发现DNA双螺旋结构的沃森和克里克以及研制出CT的科马克;化学奖有前面讲到的阿斯顿、佩鲁茨、肯德鲁、霍奇金等,他们深受实验室科学传统和学术环境的影响,敢于探索未知领域,勇于创新仪器方法,取得了蜚声世界的成果,改变了现代科学技术发展的轨迹。

卡文迪许实验室从嗷嗷待哺的幼年,步入享誉全球的盛年,自身就是一个茁壮成长的典型范例,"十年树木、百年树人"用在实验室自身就非常合适。当然,实验室取得成功的原因有很多,我们只是从仪器的角度来解读麦克斯韦创立的自制仪器文化所带来的影响,这个文化奠定了实验室独特的研究风格,激励实验室的研究人员做出了杰出的成果,且不仅仅局限于对物理学的发展,对化学和生理学都有贡献,因此实验室仪器文化对科学技术进步的贡献,是另一个层面的"十年树木、百年树人"。

近年来,卡文迪许实验室的影响力不如以往,1989年之后再也没有诺贝尔自然科学奖入账,因而有人怀疑实验室是不是走入了垂暮之年。对于这个观点,我们只能从历史发展的规律来看,任何事物的发展都是波浪前行的,有波峰就有波谷。因此,我们宁愿相信卡文迪许实验室是在蛰伏,是在韬光养晦,为下一次的雄起积蓄能量,毕竟有着光辉历史的实验室是有这个资本的。

10.2.3　润物无声、厚积薄发的特性决定了不露锋芒

前面主要是从信息技术源头的特点解读了仪器科学淡泊宁静的心态以及甘当人梯的性格,相信大家已经能够感受到仪器科学不露锋芒的一些原因了。下面我们再把目光拉回到

信息技术本身。

　　善于思考的同学可能会想到这个问题,前面的章节中讲到了仪器科学与基础科学的发展及其在诸多领域的应用,却没有讲到仪器科学在信息技术中的应用,那是因为我们要在这里讲述这个问题。

　　一个典型的信息流动过程如图 10-19 所示,包含了从信息获取到最终的信息应用的全过程。毫无疑问,仪器科学位于源头,起到了信息获取的作用,但是这里要讲的是在信息传输、信息处理及信息应用的环节,仪器科学也在发挥着应有的作用,渗透到了信息流动的每个环节,在以无线电通信为代表的电子信息工程、以计算机为代表的计算机技术以及基于控制理论的自动化工程等中,仍然可以不时看到仪器科学与技术的身影。究其原因,主要是因为作为信息流动的过程,每个环节是不能孤立存在的,而仪器在其中起到的就是润滑的作用——润物无声、厚积薄发。

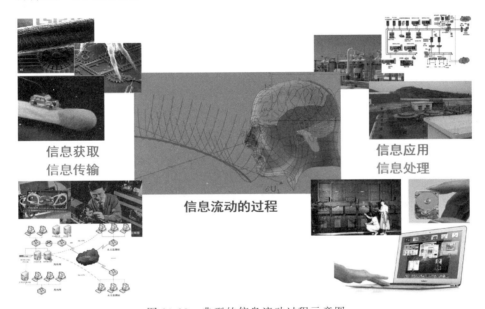

图 10-19　典型的信息流动过程示意图

1. 电子信息工程中的仪器科学与技术

　　电子信息工程是伴随着电子、通信、信息和光电技术的发展而不断壮大的一门学科,其中电磁波的发现以及基于电磁波的无线电通信技术起到了至关重要的作用。德国物理学家赫兹在 1888 年发表论文,介绍了他验证电磁波存在的实验,如图 10-20 所示。电磁波发现后,当人们问赫兹,电磁波能有什么用的时候,他斩钉截铁地回答:"我认为,没用。"但是,别的科学家并不这么认为,这就要讲到无线电的发明了。

　　无线电是由谁最先发明的,其实是存在巨大争议的,除了大家公认的马可尼之外,爱迪生、汤姆逊等人也名列其中,更不要说还有事实作为支撑的美国科学家特斯拉和俄罗斯科学家波波夫了。

　　先说马可尼,在 1894 年赫兹去世后不久,马可尼其实就实现了无线电通信,只不过传输距离只有几厘米。不过不久之后,马可尼在 1896 年于英国成功进行了 14.4 km 的无线电

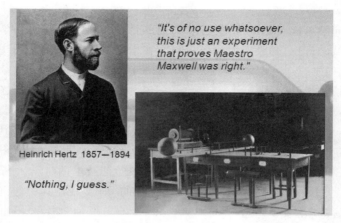

图 10-20　赫兹及其发现电磁波存在的实验装置

通信实验,并申请了无线电的商业专利,如图 10-21 所示。这是世界上第一个无线电专利,也是大家普遍认为马可尼是"无线电之父"的原因,他也因此获得了 1909 年的诺贝尔物理学奖。

(a) 马可尼1896年申请的专利

(b) 马可尼和他的无线电报设备

图 10-21　马可尼的第一个专利及其研制的无线电报设备

　　但是在 1896 年之前,美国科学家特斯拉就于 1893 年,在密苏里州圣路易斯公开展示了无线电通信,如图 10-22(a)所示,特斯拉所制作的仪器包含了电子管发明之前无线电系统的基本要素;同样宣称发明了无线电技术的还有俄罗斯的物理学家波波夫,他于 1895 年在彼得堡演示了其研制的无线电接收装置,如图 10-22(b)所示,这一天也被俄罗斯定为"无线电日"。

　　人类文明史上一些伟大的发明成果总是存在一些争议,就如牛顿和莱布尼兹的微积分发明之争、高斯和勒让德的最小二乘法之争等。但是客观地讲,我们相信这些争议是不存在的,在信息技术不发达的过去,这些伟大的科学家一定是独立发展出自己的研究成果的,因为先驱总是走在时代前列,他们很可能同时踏上了同一条路,殊途同归,并且都值得人们铭记。具体到无线电,仍然如此,没有马可尼、特斯拉和波波夫各自独立的研究成果,没有无线电这块基石,我们不会有今天如此繁荣的移动互联网通信,而在这其中仪器的贡献是功不可没的。

(a) 特斯拉1893年展示的无线电通信　　　(b) 波波夫1895年研制的无线电通信

图 10-22　与马可尼同时期的无线电通信研究成果

2. 计算机科学中的仪器科学与技术

计算机科学与技术是从电子科学与工程以及数学学科发展起来的,其通过在计算机上建立模型和系统,模拟实际过程进行科学调查和研究,通过数据搜集、存储、传输与处理等进行问题求解,包括科学、工程、技术和应用。人工智能是计算机科学中的热点方向,下面以其为例感受一下仪器在其中的应用。

谈到人工智能,就必须提到现代计算机的先驱之一——艾伦·图灵。图灵是英国数学家、逻辑学家,他在数理逻辑、计算机方面有着杰出的贡献,被誉为"计算机之父""人工智能之父"。为了纪念图灵的贡献,美国计算机协会于 1966 年设立了"图灵奖",这是计算机领域最负盛名的奖项,有"计算机界的诺贝尔奖"之称。

图灵在第二次世界大战期间加入英国情报机构,致力于研制破解德国 Enigma 密码的机器,并成功破解了德军的密码,如图 10-23(a)所示,为第二次世界大战胜利作出了重要贡献,这个机器也被认为是电子计算机的雏形机之一。第二次世界大战之后,图灵在 1950 年发表了"计算机器与智能"的论文,如图 10-23(b)所示,提出了著名的"图灵测试",指出如果第三者无法辨别人类与人工智能机器反应的差别,则可以论断该机器具备人工智能。后来人们根据图灵的描述,将图灵测试具体化了:测试者在与被测试者(一个人和一台机器)隔开的情况下,向被测试者随意提问,进行多次测试后,如果有超过 30% 的测试者不能确定出被测试者是人还是机器,则这台机器便被认为具有人类智能。

(a) 破解德军密码的机器复制品　　　(b) 提出图灵测试的论文

图 10-23　图灵的代表性工作

2014年,英国雷丁大学宣称人工智能软件 Eugene Goostman 通过了图灵测试,该软件是由定居美国的俄罗斯籍科学家弗拉基米尔·韦谢洛夫开发的,如图 10-24(a)所示。软件模仿的是一位 13 岁的乌克兰男孩,经过连续 5min 的键盘对话,33%的测试者相信其答复为人类所为,超过了图灵测试的标准线。但是对于其是否具有人工智能仍然存在争议,之后,时值明斯基 1956 年提出人工智能这一术语 60 周年之际,阿尔法狗(AlphaGo)2016 年横空出世,在五盘围棋大战中以 4∶1 的悬殊比分战胜韩国棋王李世石,世人皆震惊,接下来在 2017 年又以 3∶0 完胜人类围棋第一人柯洁,如图 10-24(b)所示,震惊之余,人们更多的是表现出了对人工智能飞速发展产生的担忧,在忧虑未来人工智能会不会冲破羁绊,带来灾难性的后果。

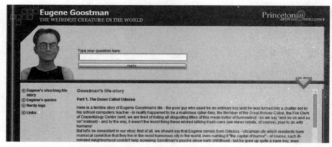

(a) 人工智能软件Eugene Goostman界面图

(b) 阿尔法狗机架　　　　(c) 阿尔法狗完胜人类围棋第一人柯洁

图 10-24　人工智能发展史上的部分大事件实物图

我们不去讨论人工智能的未来,因为再有想象力的科学家也无法预知。我们回到本书的主题,有人会问,在人工智能的发展中仪器的身影在哪里? 其实很简单,人工智能的前端是信息交互,人工智能的方法将来必须能够移植到机器人上执行,那么机器人首先要解决的是对外界信息的读取和识别问题。目前,Eugene Goostman 软件采用的是键盘输入的方法,如果将来要求直接和人进行对话,必然要解决语音采集和识别的问题;AlphaGo 采用图像传感器获取棋盘上的围棋图像,然后利用深度卷积神经网络来识别棋形的方法。因此,人工智能在实现过程中是离不开信息获取的,无论是在研制阶段,还是在将来的应用阶段都是如此。

我们再来看一下信息流动过程的末端——信息应用,也就是自动化身上是不是也有仪器的身影。自动化是指机器设备、系统或过程,在没有人或者较少人的直接参与下,按照人的要求,经过自动检测、信息处理、分析判断、操纵控制,实现预期目标的过程。通过这样的定义,我们即可看到,自动化过程的第一步就是检测,在检测的基础上才能够谈到处理、判断及控制的问题。而且,在前面的诸多章节中,例如仪器科学在化工、冶金、能源等领域的应用,处处都有自动化的身影,也就是说,自动化学科也具备无处不在的特点,和仪器科学与技术的无处不在相比,仪器的优势在于其处在比自动化更基础、更前端的地位。

最后,对本节内容进行总结,本节重点解读仪器科学不露锋芒的原因。从信息源头的特点上讲,淡泊宁静的心态决定了本性上不露锋芒;从推动科技的发展上看,甘当人梯的品格决定了秉性上不露锋芒;从学科覆盖的角度上说,春风化雨的特质决定了性格上不露锋芒。这一节的内容只是抛砖引玉,启发大家去思考这个问题,相信思考的过程对于理解仪器科学与技术的内涵与特点会更有帮助。

10.3　仪器科学为什么未来可期

前两节尝试回答了"灵魂三问"中的两问,解释了仪器科学的过去——无处不在的原因,诠释了仪器科学的现在——不露锋芒的缘由,这一节尝试着回答最后一个问题,就是仪器科学的未来,仪器科学的未来可期吗?

想要回答好这个问题,可以先思考一下王大珩院士的一段话:仪器仪表是工业生产的"倍增器"、科学研究的"先行官"、军事上的"战斗力"和社会生活中的"物化法官"。这段话高屋建瓴地表达出仪器仪表在各个方面的地位和重要性,顺着这个思路继续往下走,可以进一步凝练出3个方面:基础研究、工程技术及日常生活。从基础研究的突破来看,人们探索未知世界的好奇心决定了仪器科学的未来可期;从工程技术的挑战来看,人们应对极限挑战的责任心决定了仪器科学的未来可期;从日常生活的改善来看,人们创造美好生活的进取心决定了仪器科学的未来可期。好奇心、责任心和进取心,三者珠联璧合,共同支撑起仪器科学光辉灿烂的明天。

10.3.1　探索未知世界的好奇心决定了未来可期

探索未知世界的好奇心是人类文明进步永恒的动力,而在探索的道路上仪器科学镌刻下了深刻的印记。

据统计,截至2019年,诺贝尔物理学奖、化学奖、生理学或医学奖的项目总数为380项,共611人,直接因测量科学研究成果或直接发明新原理仪器而获奖的项目总数为44项,占获奖总项数的11.6%,总人数为67人,占获奖总人数的11.0%,如前面提到的电子显微镜、质谱仪、CT断层扫描仪等。由此可以看出,人们探索未知世界的动力是永无止境的,而这个过程离不开仪器的支撑。因为发明高分辨率核磁共振仪器而获得诺贝尔奖的理查德·恩斯特就曾经说过:"现代科学技术的进步越来越依靠尖端仪器的发展。"所以说,现代科学技术进步的步伐在某种程度上是受到仪器制约的,也从一个侧面反映出仪器科学与技术的发展是永无止境、前景可期的。

1. 挑战引力波的测量

1916年,爱因斯坦发表了广义相对论,建立起引力场方程,开辟了现代物理研究的新纪元。将引力场方程和牛顿方程相类比,爱因斯坦给出了3个预言,即光谱线在引力场中的红移、光线在引力场中的弯曲和水星近日点的进动,3个预言先后得以验证;而将其与麦克斯韦电磁场进行类比,就得到了引力波的预言。百余年来,关于引力波的探测成为科研人员前赴后继追求的目标。

在引力波预言提出的前半个世纪里,研究人员一直致力于突破其检测理论上的瓶颈,因此直到 1962 年,美国物理学家韦伯领导的研究小组才在马里兰大学建成世界上第一个引力波探测器——共振棒,如图 10-25 所示,标志着人类对引力波探测的正式开始。但是由于灵敏度低以及探测频带过窄的原因,共振棒的尝试失败了。

图 10-25 韦伯及其研制的共振棒探测器

但是人们并没有因此停止前进的脚步,1974 年,美国物理学家泰勒和赫尔斯利用射电天文望远镜发现了脉冲双星 PSR1913+16 是由两颗大致与太阳质量相当且相互旋绕的中子星组成的,其中一颗已经没有电磁辐射,而另一颗还处在活动期。根据观测到的射电脉冲,可以精确地计算出两颗中子星的运动轨迹,进而推算出引力波是可能存在的,这是人类得到的第一个关于引力波存在的间接证据,两位科学家也因此获得了 1993 年的诺贝尔物理学奖。

1963 年,苏联科学家哥森史特因最早提出利用激光干涉仪进行引力波探测,同时美国麻省理工学院的韦斯教授也独立地提出了这个想法。20 世纪 80 年代,若干小型样机陆续建成并开展了大量基础研究,取得了宝贵经验。到了 21 世纪初,几台大型激光干涉仪引力波探测器相继建成并投入运转,位于美国路易斯安那州利文斯顿和华盛顿州汉福德的两台臂长为 4 km 的引力波探测器是其中的翘楚,利文斯顿的引力波探测器如图 10-26(a)所示,我国的引力波探测"天琴计划"原理如图 10-26(b)所示。

(a) 利文斯顿的引力波探测器　　　(b) 我国的引力波探测 "天琴计划"

图 10-26 美国利文斯顿引力波探测器及我国的引力波探测"天琴计划"

时间来到了 2016 年,时值爱因斯坦提出引力波预言 100 周年之际,这一年的 2 月 11 日,美国国家科学基金委员会在华盛顿宣布,位于美国的两台引力波探测器同时观测到了引力波存在的直接证据,这次引力波的源头来自两个黑洞的合并。2017 年 8 月 17 日,研究人员又首次探测到两个中子星合并所产生的引力波。因为在引力波探测器和引力波观测方面作出的决定性贡献,麻省理工学院的韦斯教授和加州理工学院的巴里什教授、索恩教授获得了这一年的诺贝尔物理学奖。

引力波探测与之前的电磁辐射探测、宇宙射线探测以及中微子探测共同构成了"多信使天文学"的核心观测方法。引力波探测的成功,拼好了"多信使天文学"观测方法的最后一块拼图,标志着"多信使天文学"探测新纪元的来临,人类将会以前所未有的全新的和丰富的视角来探测神秘的太空和宇宙。

2. 勇克冷冻电镜难题

仍然是在 2017 年,这一年的诺贝尔化学奖颁给了在"开发冷冻电镜用于溶液中生物分子的高分辨率结构测定"方面作出杰出贡献的 3 位科学家——英国医学研究委员会的亨德森、美国哥伦比亚大学的弗兰克以及瑞士洛桑大学的杜波切特。冷冻电镜走进了大众的视野,那么冷冻电镜究竟是什么,又有什么用呢?

冷冻电镜的全称是冷冻电子显微镜。电子显微镜发展到今天,已经在诸多领域发挥了重要作用,但是却难以观测具有活性的生物大分子,主要原因有:

其一是因为真空问题。电子显微镜的电子只有在真空中飞行的时候才能保持稳定的动能,而蛋白质这类生物大分子一般处于溶液中,在真空环境下,溶液会挥发出来,污染电子显微镜。

其二是因为电子打在蛋白质这类生物大分子上,容易把蛋白质打坏了。因为电子的能量比较高,而生物大分子一般依靠氢键来形成其空间结构,氢键的能量很低,电子打上去以后,氢键就很容易就被打断了。

其三是因为蛋白质分子这类生物大分子是有活性的,是运动的,电子打上去反射回来的方向会因为分子的运动而变得杂乱无章,无法清晰成像。

面临这些难题,冷冻电镜技术应运而生,其发展历程如图 10-27 所示,起点可以追溯到 1968 年。克鲁格等人利用傅里叶-贝叶斯原理,将分子各个朝向的投影结合起来,得到了 T4 噬菌体尾部的三维结构,这标志着电镜三维重建技术的诞生,克鲁格也因此获得了 1982 年的诺贝尔化学奖。1974 年,加州大学伯克利分校的格雷泽教授及其学生泰勒首次发现,冷冻于低温下的生物样品可以在真空的透射电镜内耐受高能电子束辐射并保持高分辨率结构,格雷泽教授及其应用的冷冻电镜照片如图 10-28(a)所示,这一年也因此被认为是冷冻电镜的诞生之年。

格雷泽教授验证了冷冻电镜方法的可行性,但仍然存在一些技术上的瓶颈。1975 年,亨德森教授得到了分辨率为 7×10^{-10} m 的膜蛋白细菌视紫红质三维结构,并不断加以改进,最终于 1990 年获得了第一张分辨率在原子级别的细菌视紫红质结构图像,两次成像结果的对比如图 10-28(b)所示。弗兰克教授的贡献是在图像处理方法上面,他于 1987 年提出了单颗粒三维重构算法,对于实现无须结晶的蛋白质三维结构解析至关重要,被认为是冷冻电镜技术发展的基石,该方法的基本流程如图 10-28(c)所示。杜波切特教授的贡献在于样品处理,他提出了玻璃化的方法,生物样品中的水被玻璃化冷冻后,即使在真空中也能维持天然形态,且玻璃态冰在电镜下几乎透明,不会形成干扰,其处理流程如图 10-28(d)所示。

我们要感谢这些科学家的贡献,他们的努力为我们提供了高分辨率观测活性生物分子的全新手段,使得人们对于探索生命的奥秘有了更加有力的武器。

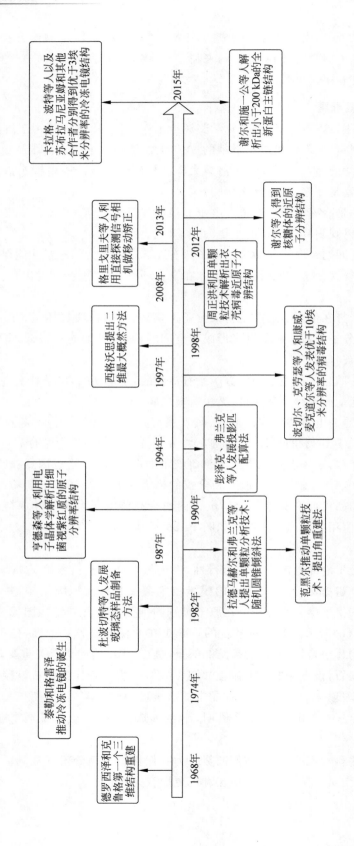

图 10-27　冷冻电镜技术的发展历程

(a) 格雷泽教授及冷冻电镜

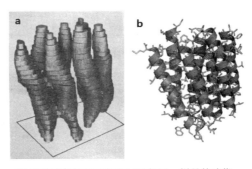

(b) 亨德森教授1975年和1990年同一样品的成像

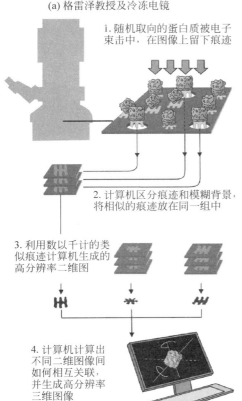

(c) 弗兰克教授的图像处理方法

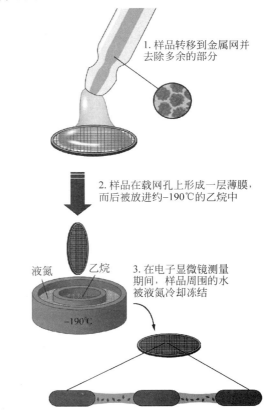

(d) 杜波切特教授的玻璃化处理流程

图 10-28　冷冻电镜发展史上的标志性成果

3. 直面量子质量基准

我们在第 1 章中提到,在 2018 年举行的第 26 届国际计量大会上,国际单位制的 7 个基本单位被全部追溯到物理常数。其中,质量的量子基准是 7 个基本物理单位中最后一个被定义为物理常数的,最终被追溯到了普朗克常数。

在量子质量基准的发展历程中,主要发展出了硅球法、功率天平和能量天平 3 种方法。硅球法的基本思想是通过测量单晶 ^{28}Si 球中的原子数来准确测量阿伏伽德罗常数的值,进而实现宏观质量和微观质量的联系。功率天平又叫"基布尔秤",其结构如图 10-29(a)所示,其基本思想是：将置于磁场中的载流线圈通以电流挂在天平上，载流线圈上受到的洛伦兹力与天平平衡时砝码上的重力相等，即可由电磁量导出砝码质量的量值。能量天平是由中国计量科学研究院提出来的，如图 10-29(b)所示，其工作原理与功率天平略有不同，同样是借助于处于磁场中的载流线圈，只不过是利用不同位置线圈的磁场能量差值和重力场能量差值的平衡来测量普朗克常数。

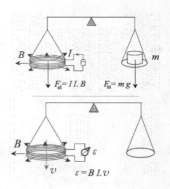

(a) 功率天平实物图及其工作原理示意图

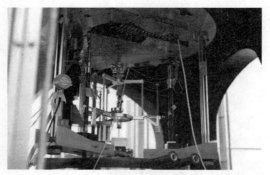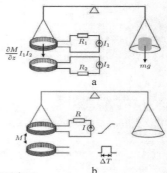

(b) 能量天平实物及其基本原理示意图

图 10-29　功率天平及能量天平实物与工作原理图

　　功率天平的研究开展最为广泛，美国国家标准与技术研究院（NIST）、英国国家物理实验室（NPL）、瑞士联邦计量局（METAS）、法国国家实验室（LNE）以及国际计量局（BIPM）等单位都在进行研究，如图 10-30 所示，发展到今天，测量不确定度水平达到了 10^{-8} 量级，距离国际千克原器的不确定度水平（10^{-9}）还有一定的差距，还没有达到替代实物基准的水平，因此仍然任重而道远。

　　中国能量天平课题组于 2017 年首次向国际科技常数基本委员会（CODATA）提交了相对测量不确定度为 2.4×10^{-7} 的普朗克常数测量数据，使我国成为国际上实现质量基准量子化重新定义并有能力向 CODATA 提交质量量子化基准常数的少数几个国家之一，研究成果取得了重要进展。相信经过科学家们的共同努力，我国一定能够在量子质量基准这个前沿阵地上拥有更多、更大的话语权。

图 10-30　不同国家功率天平的研究成果图片

10.3.2　应对极限挑战的责任心决定了未来可期

如果说探索未知世界,更多的是需要研制新的仪器,那么应对极限挑战,则应当侧重于全面性、稳定性与可靠性,确保在极限挑战的应用条件下,仪器全面、稳定与可靠地工作,必然会收获匪夷所思的发现与不期而遇的惊喜。

1. 黑洞到底有多黑?

爱因斯坦的广义相对论方程预言,当巨大的物质或能量浓缩到一个地方时,时空会塌缩,光和物质能进入其中却无法逃逸,这就是黑洞一词的由来。起初,科学家只以为这是数学上的奇妙,但是百年来,压倒性的证据证实了黑洞的存在。

2019 年的 4 月 10 日,天文学家召开全球新闻发布会,在全球六地同步公开人类历史上首张黑洞照片。相信大家都会有这个疑问,既然光都逃不出来,那么黑洞的照片是如何得到的呢? 这就要提到"事件视界望远镜"了。

首先解释一下"事件视界",黑洞的边界被定义为"事件视界",也就是信号消失的那个分界,理论上讲只有速度比光速更快的物体才能逃脱这个分界。因此,确定了"事件视界",其实也就得到了黑洞的形状。接下来要解释一下"望远镜",在这次黑洞的拍摄过程中,不是用光学望远镜,而是由遍布全球的 8 个毫米/亚毫米射电望远镜基于甚长基线技术同时工作,如图 10-31 所示,形成等效为口径相当于地球直径的超级望远镜,因此被称为"事件视界望远镜"。最后,还要解释一下算法的问题,把所有射电望远镜的数据进行整合,并将这些海量数据转换为视觉图像,是一项艰巨而漫长的工作,也是一个极限挑战的事件,美国科学家布曼杰出地完成了这项工作,数据处理后得到了图 10-32(a)所示的 M87 星系黑洞照片。

图 10-32(b)是广义相对论磁流体力学(general relativistic magneto-hydrodynamics,GRMHD)数值模拟给出的图像,图 10-32(c)是理论结果与"事件视界望远镜"参数卷积后的结果,与实物照片非常接近。由此可以期待,未来分辨率进一步提升后,能够看到的更加清晰的黑洞照片是很可能接近中间这张图片的。

给黑洞拍照,不仅给了人们最直观的视觉证据,验证了理论分析的正确性,对于进一步

图 10-31 遍布全球的射电望远镜构建起"事件视界望远镜"

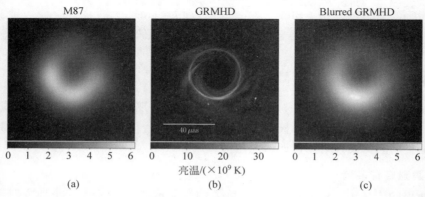

图 10-32 黑洞照片和流体力学仿真结果对比

理解黑洞是如何"吃"东西,以及正确理解黑洞喷流的产生和方向都有重要的支撑作用。随着"事件视界望远镜"的进一步升级,会有更多的观测台站加入进来,黑洞观测的灵敏度和数据质量都将得到极大提升,我们有充分的理由期待,未来将会看到更加高清的黑洞照片,从而帮助人们发现黑洞背后更多的奥秘。

2. 太阳到底有多疯?

太阳是地球生命能够繁衍的源泉,也是距离人类最近的恒星,很早就受到了人们的关注,早期的观测多是日食和太阳黑子的记录,1610 年,德国天文学家开普勒猜想:"彗星的彗尾总是背离太阳,是因为太阳光的辐射压导致的。"这一猜想拉起了人类认识太阳结构的新序幕,图 10-33 给出了人类进行太阳结构探索的关键时间线。

最近的一次是在 2018 年,以太阳风提出者、美国天文学家尤金·帕克的名字命名的帕克探测器发射升空。回到 60 年前的 1958 年,当尤金·帕克面对全世界的非议,说道:"太阳的大气不是静止的,而是动态的。在日冕几百万摄氏度的高温驱动下,整个日冕将会沸腾,有些东西将会喷涌而出。虽然它有时多,有时少,但从来不会消失。我,尤金·帕克,决定把它叫作太阳风!"著名的天文学家、1983 年诺贝尔物理学奖得主钱德拉塞卡并不认可帕克的结论,但是作为一个有战略眼光和包容力的科学家,还是决定把帕克的论文发表在了其主编的《天体物理学杂志》上。论文发表后不久,美、苏两国如火如荼的太空竞赛提供了证实

图 10-33　人类探测太阳结构的关键时间线

太阳风存在的机会。1962 年,美国发射的"水手 2 号"探测器持续 104 天的观测数据为太阳风的存在带来了实证。"水手 2 号"探测到了远离太阳的高速带电粒子流,其速度在 400～700 km/s 变化,并且从来没有中断过,太空不空,太空中有太阳风! 2018 年发射升空的帕克探测器,则将人类对太阳的观测提到了已知的极限,达到了前所未有的高度。

　　按照计划,2018 年 11 月 1 日,帕克探测器将第一次抵达近日点,与太阳光球层的距离约有 2 480 万 km,执行第一次探日任务,在 2025 年 6 月 14 日,将最后一次也就是第 24 次飞至近日点,执行最后一次探日任务,届时与太阳光球层的距离只有 610 万 km,将以人类前所未有的距离首次"触摸太阳"。在如此高的温度下,如何保证探测器的正常工作是一个极限挑战,此外探测器还携带了什么仪器以完成探测任务呢? 图 10-34(a)和(b)分别解释了这两个问题。

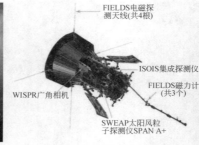

(a) 探测器高温防护示意图 (b) 探测器实物及携带仪器示意图

图 10-34 帕克探测器实物图及相关示意图

为了解决高温防护的难题，首先就是隔热材料，图 10-34(a)中的盾牌形隔热罩是由两块碳纤维面板之间夹一层 11.4 cm 厚的碳复合泡沫材料制成的。虽然面向太阳一侧的温度约达 1 371℃，但在隔热罩后面，探测器的温度保持在 29℃。接下来的问题就是太阳风的方向是不停变换的，如何确保隔热罩始终正对太阳呢？这其中布置在特殊位置的温度传感器就发挥了作用，探测器上的中央处理器会根据传感器的输出计算自身和太阳的相对位置并及时修正其姿态，使所有仪器始终处于隔热罩的保护之下。

人们期待如此近距离的太阳观测能够揭开更多的太阳未解之谜，那么观测手段的选择至关重要，探测器上携带了 4 种科学仪器，将采用原位测量和成像的方式探测日冕和太阳风。其中 3 种是原位探测仪器，还有 1 种遥感仪器。3 种原位探测仪器包括图中的 ISOIS 集成探测仪、SWEAP 太阳风粒子探测仪以及 FIELDS 粒子及太阳电磁场检测仪，1 种遥感仪器是用于太阳探测的太阳风宽视场成像仪（WISPR）。

2019 年 12 月 4 日，美国宇航局在《自然》杂志上连续发表 4 篇文章，详细介绍了帕克探测器的初步研究成果，探测到了如图 10-35(a)所示的磁场折返现象，看到了如图 10-35(b)所示的沿着半径方向尘埃减少的现象，支持了太阳附近存在无尘区的猜想，相信随着观测的深入，帕克探测器必将带来对太阳的全新认识。

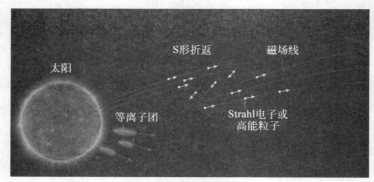

(a) 磁场折返现象

图 10-35 帕克探测器令人震惊的阶段性研究成果

(b) 尘埃减少现象

图 10-35 （续）

随着现代科学技术的进步，人们将面临日趋苛刻的测量需求，这也给仪器科学与技术提供了另一个挑战的窗口。面临极限挑战，仪器科学与技术天生具备的责任心将会被激发，自身进步的同时必将带来科学技术的发展，未来可期。

10.3.3 创造美好生活的进取心决定了未来可期

人类对美好生活的向往也是科学技术进步的一个动力，交通工具的进步改变了人们的出行方式，天涯若比邻；通信工具的进步拉近了彼此的距离，天涯共此时；计算机科学与技术的进步描绘出了人工智能的美好明天，直挂云帆济沧海，不一而足，数不胜数，落脚到仪器学科，从不缺乏将其用于创造美好生活的进取心。下面举两个例子加以说明，更多的例子期待读者自行挖掘。

1. 人类基因组测序带来了什么？

人类文明的发展史，就是一部与疾病的斗争史。人类文明早期，缺乏足够认识自身的手段，更多的是从宏观表象去认识和思考疾病的起因，世界各地都独立发展出了自己的医学体系，我们要感谢那些先贤们，虽然检测手段不够丰富，虽然信息获取相对有限，但是对于疾病的认识如此深入，保障了人类文明的健康发展。之后，随着以显微镜为代表的一系列仪器的出现，人们对于自身的认识更加全面且细微，西方掀起了医学革命，走向了精细化发展的道路。到了 20 世纪 60 年代，人们看清了 DNA 的结构，并确定其是遗传信息的载体。进一步的研究证明，基因就是 DNA 分子的一个区段。一个 DNA 分子可以包含几个乃至几千个基因，而每个基因则由成百上千个脱氧核苷酸组成。基因的化学本质和分子结构的确定具有划时代意义，为基因复制、转录、表达和调控等方面的研究奠定了基础，开创了分子遗传学的新纪元，也为人类从基因角度认识与治疗疾病打开了一个全新的窗口。为了便于大家厘清一些易混淆的概念，图 10-36(a)给出了细胞、染色体、DNA 和基因之间的关系。

人类基因组计划最早是由美国生物物理学家罗伯特·辛默在 1985 年的一次会议上提出的，接着因"发现肿瘤病毒和细胞遗传物质之间的相互作用"而获得 1975 年诺贝尔生理学或医学奖的杜尔贝科于 1986 年在美国《科学》杂志上撰文，题目为《癌症研究的转折点——测定人类基因序列》，其首页如图 10-36(b)所示，文中建议制定以阐明人类基因全部序列为目标的人类基因组计划，以便从整体上破译人类遗传信息，使得人类能够在分子水平上全面认识自我。同一年,美国遗传学家罗德里克提出了从整个基因组的层次研究遗传的概念,这一年被认为是"基因组学"的元年。1990 年,经美国国会批准,人类基因组计划正式启动,1999 年,中国成为继美、英、日、德、法后第 6 个加入的国家,承担了其中 1% 的测序任务,并能分享所有测序结果。

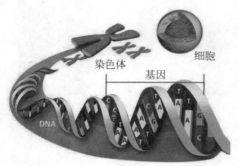

(a) 细胞、染色体、DNA和基因之间的关系　　(b) 杜尔贝科论文首页

图 10-36　几个基本概念的关系示意图以及杜尔贝科论文的首页图

在人类基因组计划启动 8 年后的 1998 年,美国科学家克莱格·凡特创办了塞雷拉基因组公司,意图赶在人类基因组计划之前完成测序工作,进而对测序结果申请专利保护。为此,塞雷拉公司独创了更快速但同时更具风险的全基因组霰弹枪测序法,研制出全世界第一台全自动定序仪 ABI3700,如图 10-37(a)所示,以令人惊讶的速度推动着基因测序。为了破除塞雷拉公司专利私有化保护后,对于自由开展科学研究可能带来的严重阻碍,一方面人类基因组计划也加快了测序工作,另一方面也在跟塞雷拉公司进行协商。最终在 2000 年,两个团队负责人协调一致,在美国总统克林顿的见证下,共同宣布人类基因组计划草图完成。2001 年 2 月,两个团队的测序结果分别发表在《自然》和《科学》上,如图 10-37(b)所示,标志着所有数据全部公开,并且不允许专利保护。2003 年 4 月 14 日,国际人类基因组组织正式宣布,人类基因组计划全部完成。

(a) ABI3700全自动定序仪　　　　(b) 人类基因组计划草图发表的杂志封面

图 10-37　人类基因组测序的标志性仪器及工作

不过我们应当清醒地看到,人类基因组全序列结果只是一部遗传结构的天书,更艰巨的工作是破译其中蕴含的丰富遗传信息。如果破译成功且准确的话,将有助于在分子生物学水平上深入了解疾病的产生过程,对于推动新的疗法和新药的开发研究将有非常重要的支

撑作用。对于困扰人类已久的癌症、老年痴呆症等疾病的病因研究也将受益于基因组遗传信息的破解。

基因治疗的起点可以追溯到1972年,美国生理学家弗里德曼认为单基因遗传病可通过给病人提供正确的基因来进行治疗。随着基因领域基础研究的飞速进展,以及人类基因组计划的顺利完成,基因治疗插上了双翅,日渐成熟,已有临床实验成功的报道。基因治疗的方案有如下几种:第一种是将正确的基因导入细胞替代错误的突变基因;第二种是直接修复错误的基因,也就是基因编辑;第三种是在体外通过基因技术修改细胞,然后把修改的细胞放回人体发挥作用,比如激活人体的免疫系统。

在目前的技术发展阶段,第三种形式中的CAR-T疗法,即嵌合抗原受体T细胞免疫疗法,是最具代表性也是最可能成功的一种方法。CAR-T疗法的基本原理如图10-38所示,以肿瘤治疗为例,可以通过基因工程技术人工改造肿瘤患者的T细胞,在体外大量培养后生成肿瘤特异性CAR-T细胞,再将其回输患者体内用以攻击癌细胞。2012年,5岁的艾米莉·怀特海德成为全世界第一位接受"CAR-T细胞免疫疗法"的儿童,治愈后至今没有复发。2017年,美国FDA批准了两款CAR-T疗法上市,可以说有着跨时代的意义,也让医学界对这种疗法充满了期待。

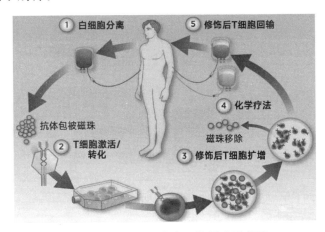

图10-38　CAR-T疗法工作原理示意图

2. 移动支付如何改变了生活?

近年来,相信每个人都感受到了移动支付带来的变化,钱包、信用卡这些不方便携带的东西都可以弃之不顾了,也不用再担心忘记带钱而带来的种种窘态,只要一部手机在手,走遍天下都不怕。

移动支付是指使用移动设备进行付款的服务。在无须使用现金、支票或信用卡的情况下,消费者可使用移动设备支付各项服务或数字及实体商品的费用。移动支付的方式有很多种,常见的有二维码(QR)支付、近场通信(NFC)支付、刷脸支付等。说到这里,有人会问,在移动支付中仪器的应用体现在什么地方呢?

(1) 二维码支付

二维码支付是目前国内最常见的移动支付方式,微信和支付宝用到的都是二维码支付。二维码也叫QR码,全称是"quick response",即快速响应码。

　　QR 码由日本的 Denso-Wave 公司于 1994 年发明，具有信息密度大，防伪性好，能包含图片、指纹、签字、声音和汉字等多种数据及压缩处理中国汉字字符等一系列特点，因而得到了广泛应用。在 QR 码的 3 个角落，印有较小的像"回"字的正方形图案，这是帮助解码软件定位的图案，用户不需要对准，无论从任何角度扫描，数据仍然可以被正确读取。常见的二维码支付实物场景如图 10-39(a)所示，包括主读式和被读式两种，其中主读式二维码支付的工作原理如图 10-39(b)所示。

(a) 主读式和被读式二维码支付的实物场景

(b) 主读式二维码支付工作原理示意图

图 10-39　二维码支付实物场景与主读式支付工作原理示意图

　　在主读式支付流程中，首先打开 App 客户端扫描二维码，随后 App 客户端会对二维码进行识读，并将支付金额反馈到手机界面上，等待用户确认，当用户确认后支付指令会被传输到支付接入系统中，系统内部会对该支付请求进行处理，并将支付结果再次反馈至 App 客户端，最终完成支付。这其中扫描二维码以及二维码被识读的环节举足轻重，也是整个支付能否成功的第一个关键环节。

　　二维码的识读主要有两种：一种是激光读取式，另一种是图像读取式。图像读取式可以脱离专用识读器，因此具有更大的发展空间。大家思考一下读取的过程，首先需要用图像传感器获取二维码的图像，然后就是对图像信息的准确识别，两者都离不开仪器学科的支撑，也正是有了 CMOS 图像传感器的快速发展，智能手机才能具备便携式的高质量成像能力，才能实现方便快捷的二维码支付，所以可以毫不夸张地说，二维码支付离不开仪器，仪器导致了支付方式的变革，创造了新的生活方式。

（2）近场通信支付

近场通信（near field communication，NFC），是一种短距离非接触式通信技术，是在非接触式射频识别（radio frequency identification，RFID）基础上发展起来的，由飞利浦、诺基亚和索尼公司于 2004 年共同研发成功。

NFC 在 13.56 MHz 频率下的通信距离小于 10 cm，传输速度有 106 kbit/s、212 kbit/s 和 424 kbit/s 3 种。NFC 的工作模式包括主动、被动和双向 3 种，主动工作模式的工作原理示意图如图 10-40 所示。

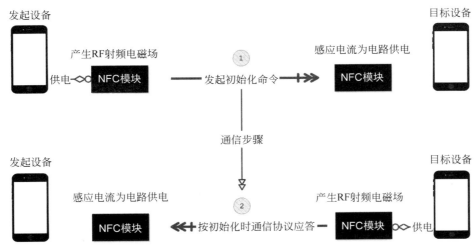

图 10-40　NFC 主动工作模式的工作原理示意图

在图 10-40 中，发起设备为 NFC 模块供电以产生射频电磁场，目标设备的 NFC 模块接收感应电流以驱动其工作，接收发起设备的初始化命令；目标设备准备应答时，完成与发起过程相同的步骤，先供电再发送指令。被动工作模式下，整个通信过程一直由发起设备向其 NFC 模块供电，目标设备无须供电。双向工作模式下，发起设备和目标设备均向其 NFC 模块供电，也就是说均存在于主动工作模式下。

NFC 主要支持 3 种工作方式：卡模式、点对点模式以及读卡器模式。卡模式就是将具有 NFC 功能的设备模拟成一张非接触卡，由于芯片属于被动激活机制，因此具备 NFC 技术的手机即便关机依然可以正常使用，这一特性决定了其可以替代大多数的 IC 卡使用，如图 10-41 所示。点对点模式旨在通过无线数据交换，将两个具备 NFC 功能的设备链接，实现数据的点对点传输，常用在快速信息交换、游戏等场合。读卡器模式中，具备读写功能的 NFC 手机从标签中采集数据，如从海报或展览信息电子标签上读取相关信息，然后根据要求进行处理，主要应用在广告和信息查询场合。

通过介绍可以看到，NFC 在各种应用方式下不可避免地会遇到信息读取和感知的问题，而这就是仪器在其中所起到的潜移默化的作用。

相比较二维码支付，NFC 不需要启动应用程序，不需要扫码，不受电量和网络的影响，只要靠近终端设备就能实现支付；而且从安全性的角度来看，NFC 支付也要优于二维码支付。但是 NFC 应用不如二维码支付广泛，可能的原因是 NFC 支付对手机机型和终端设备的要求较高、支付宝和微信战略性地占据市场以及支持 NFC 技术的主导机构尚未形成合力

(a) 银行卡消费

(b) 一卡通消费

图 10-41　NFC 卡模式支付的实物场景图

等,不过由于其自身的技术优势,相信在未来的移动支付中会占据与之性能相匹配的份额。

千万不要认为移动支付只是二维码和 NFC 的天下,在利用新技术创造美好生活的道路上,人们的创意是无限的。2.45 GHz RCC(限域通信)手机支付、声波支付、光子支付、生物识别支付、磁脉冲支付等,像雨后春笋一样,露出了自己的尖尖角,意图掀起新的移动支付风暴,而在这些支付技术中,我们处处可以触摸得到的就是那不露锋芒,却无处不在的仪器的活力。

参 考 文 献

[1]　钟义信. 信息科学与技术导论[M]. 3 版. 北京:北京邮电大学出版社,2015.

[2]　李衍达,李志坚,张钹,等. 信息科学技术概论[M]. 北京:清华大学出版社,2005.

[3]　王伯雄. 测试技术基础[M]. 2 版. 北京:清华大学出版社,2012.

[4]　张蕾. 王大珩与"八大件一个汤"[J]. 新材料产业,2017(1):70-73.

[5]　长春理工光学测量. 新中国光学仪器的第一台[EB/OL]. http://kuaibao. qq. com/s/20190402B07CZY00? refer=spider,2019-04-02.

[6]　Einstein A. Ist die Trägheit eines Körpers von seinem Energieinhalt abhängig? [J]. Annalen der Physik,1905,18(13):639-643.

[7]　陈毅静. 测控技术与仪器专业导论[M]. 2 版. 北京:北京大学出版社,2014.

[8]　徐熙平,张宁. 测控技术与仪器专业导论[M]. 北京:电子工业出版社,2018.

[9]　国务院学位委员会第六届学科评议组. 学位授予和人才培养一级学科简介[M]. 北京:高等教育出版社,2013.

[10]　教育部高等学校教学指导委员会. 普通高等学校本科专业类教学质量国家标准[M]. 北京:高等教育出版社,2018.

[11]　杨旭东. X 射线与诺贝尔奖[J]. 化学教学,2001(12):19-20.

[12]　结夏. 麦克斯韦的遗产[J]. 科学家,2014(11):60-61.

[13]　乔灵爱. 论麦克斯韦在卡文迪许实验室发展中的历史地位[J]. 晋中学院学报,2007,24(3):53-57.

[14]　徐光善. 卡文迪许实验室人才培养成功经验给我国高等教育的借鉴和启示[J]. 实验室研究与探索,2002,21(6):39-41.

[15]　松鹰. 马可尼和波波夫[J]. 自然辩证法通讯,1981(6):64-75.

[16]　SME 情报员. 这么厉害的无线电技术究竟是谁发明的? [EB/OL]. https://zhuanlan. zhihu. com/p/20798425,2016-04-25.

[17]　杨小康. 未来人工智能:从 AlphaGo 到 BeltaGo[EB/OL]. https://cloud. tencent. com/developer/article/1050506,2018-03-05.

[18]　刘宗凡. 阿尔法狗与人工智能[J]. 中国信息技术教育,2017(5):60-65.

[19] 刘瑞挺.创新思维卓越贡献、特立独行传奇人生——纪念艾伦·图灵百年诞辰[J].计算机教育,2012(11):13-29.

[20] 朱宗宏,王运永.引力波的预言、探测和发现[J].物理,2016,45(4):300-310.

[21] 冷冻电镜是个啥?它到底有多牛?[EB/OL].https://www.sohu.com/a/205352342_243686,2017-11-19.

[22] De Rosier D J,Klug A. Reconstruction of threedimensional structures from electron micrographs[J]. Nature,1968,217:130-134.

[23] 朱亚南,张书文,毛有东.冷冻电镜在分子生物物理学中的技术革命[J].物理,2017,46(2):76-83.

[24] 林水啸,林默君.冷冻电镜技术——2017年诺贝尔化学奖介绍[J].化学教育(中英文),2018,39(8):1-6.

[25] 李辰,韩冰,贺青,等.实现质量量子基准的两种途径[J].计量学报,2014,35(5):517-520.

[26] 张钟华,李世松.质量量子标准研究的新进展[J].仪器仪表学报,2013,34(9):1921-1926.

[27] 李正坤,张钟华,鲁云峰,等.能量天平及千克单位重新定义研究进展[J].物理学报,2018,67(16):160601.

[28] 蔡立英.太空突破:人类捕获首张黑洞照片[J].世界科学,2019(5):23-24.

[29] 袁峰.看见黑洞:"人类公布首张黑洞照片"事件解读[J].科学通报,2019,64(20):2077-2081.

[30] 科普中国.我,尤金·帕克,决定把它叫作太阳风![EB/OL].https://www.jfdaily.com/news/detail?id=99665,2018-08-11.

[31] 庞之浩.能"触及太阳"的"帕克太阳探测器"升空[J].中国科技奖励,2018(8):74-79.

[32] 中国科学院,中国工程院.百名院士谈建设科技强国[M].北京:人民出版社,2019.

[33] Dulbecco R. A turning point in cancer research:sequencing the human genome[J]. Science,1986,231(4742):1055-1056.

[34] 骆建新,郑崛村,马用信,等.人类基因组计划与后基因组时代[J].中国生物工程杂志,2003,23(11):87-94.

[35] 陈建新,陈曦.人类基因组测序与后续破译成果概览[J].生物学教学,2017,42(3):72-73.

[36] Friedmann T,Richard R. Gene therapy for human genetic disease?[J] Science,1972,175(4025):949-955.

[37] 优翔.CAR-T细胞免疫疗法有无可能治愈癌症?[EB/OL].https://zhuanlan.zhihu.com/p/45416548,2018-09-26.

[38] 王承志.下一个大事件:正在成熟的基因治疗[EB/OL].http://china.caixin.com/2018-01-12/101197296.html,2018-01-12.

[39] 魏臻.移动支付中的二维码支付流程原理及安全性分析[J].数字通信世界,2017(11):111.

[40] 王莹,叶国菊,王卫锋.QR码图像识别的关键技术[J].图像与信号处理,2015(4):53-66.

[41] 一秋闲谈.移动支付:NFC支付及二维码支付之争[EB/OL].https://zhuanlan.zhihu.com/p/70781288,2019-11-10.

[42] 李峰.基于NFC技术的移动支付应用探索[J].数字通信,2011(4):26-27.

[43] 移动支付网.二维码、NFC听腻了!?一起看看这些冷门的支付方式[EB/OL].http://dy.163.com/v2/article/detail/D27PEUOL05118T4V.html,2017-11-02.

后　记

　　2020 年的 5 月 4 日，完成了本书的初稿。从 2014 年 5 月 4 日完成"仪器科学与科技文明"教育部精品视频公开课申请书的提交，到 2016 年考虑出版教材，2018 年开始真正动手写作，再到 2020 年下定决心完成撰写，以及一年后的今天完成校订，整整 7 年。7 年的时间很长，可以读完本科加上硕士，那是人生中巨变的年龄，如何度过会影响终生；说短也很短，具体到这件事上就是一句话："准备好了一门课，完成好了一本书。"但是仔细想来，却有很多不舍，意犹未尽，希望在此一吐为快。

　　2020 年是不平凡的一年，2020 的谐音很好，是"爱你爱你"，第一个"爱你"中的"你"是仪器，第二个"爱你"中的"你"则是指所有支持我的人，亲人、同学、师长、同事，还有很多叫不上名的朋友；但是回首看来却有诸多遗憾。不过当时间来到 2021 年时，一切遗憾终已远去，站在新时代的起点上更多的是感慨与感恩。

　　第一个"爱你"，从高考时报考西安交大选专业时的误打误撞，到清华做博士后时对人生道路的思考，再到北航工作后坚定不移地沿着仪器的方向前行，走到今天接近 31 年。31 年中经历过迷茫、体验过彷徨、面对过艰难、笑熬过沧桑、迎接过低谷、成就过辉煌，唯一不舍的就是仪器人的情怀，对自己而言是对仪器学科的坚守，对大众而言就是宣传仪器学科的激情。仪器不是被"遗弃"，而是时时刻刻与大家在"一起"，之所以不露锋芒，是因为我们很讲"义气"，但是千万不能小看仪器学科，在科学技术的发展过程中，随处可见仪器科学的应用，随处能够看到"意气"风发、挥斥方遒的仪器人的矫健身影。如此的仪器科学，让我怎能不爱，让我怎能不继续爱呢？

　　第二个"爱你"，是献给所有支持过我的人。一路求学遇到过的师长，没有你们的谆谆教诲，我不可能顺利完成学业，然后完成由学生到老师的华丽转身。一路陪伴遇到过的同学，没有你们的志同道合，我的求学生涯将会黯然失色，能否顺利走到今天也未曾可知。一路相随走过来的同事，同为仪器人，同有仪器根，正是在朝夕相处中的互相启发，才酝酿出这门课程与这本教材，感谢你们的支持。一路携手走过来的妻子和儿子，没有你们的全力支持，我不可能有些许的成绩，你们是我完成本书的最大动力，我想最好的祝愿，就是希望我们一家能够永远健康快乐地在一起。最后感谢所有不知名的朋友，所有给予过我帮助的朋友，衷心地说一句，谢谢你们！

　　完成这本书的日期也非常值得铭记——2021 年 5 月 4 日，青年节。虽然对于我来讲，早已经步入中年了。但是在写这本书的过程中，我却找到了青年的激情，从一开始无从下手的诚惶诚恐，到思路逐渐清晰的淡定从容，再到动笔写作的有条不紊，我想只有青年人具备的拼搏精神，具备的勇闯困难的决心，才是我能够坚持下来的原动力。中间虽然时有懈怠，但是前方闪闪发光的终点散发着迷人的魅力，青年人不服输的性格又给予了我不断前行的动力。细细想来，完成这本书的过程也体现出了仪器学科的精神特质，淡泊宁静的心态、甘当人梯的品格与厚积薄发的底蕴，激励着我一往无前，最终完成了本书的撰写。所以说，对于我这样一个步入中年的"青年人"，希望在今后的工作中能够继续保持住这种"青年人"的心态。

　　最后，还是要说说本书完成后留下的遗憾。其一就是自身知识能力的不足，面对浩如烟海的仪器学科的应用，很多时候的感觉就是知识的贫乏，难以把握不同学科的重点，难以准确描述相关学科的专业知识，希望本书出版之后相关学科的学者们能够不吝赐教，帮助本书不断改进和完善。其二就是选材不够全面，这个选材包括选取的学科应用领域及学科内仪器的应用实例，现代科学技术发展到今天，学科分类日趋细化、学科交叉日益频繁，想要梳理出界限清晰的学科领域并展开论述是一件非常困难的事情，因此本书的章节体系存在很大的提升空间，希望能够得到读者的反馈，帮助本书不断改进和完善。其三就是没有处理好描述过程中专业知识和科学普及"双赢"的问题，本书的出发点是面向社会大众宣传仪器学科，所以重在科学普及，但是在介绍过程中不可避免地会遇到一些专业知识，如何把握专业知识的"度"是一个进退两难的问题，因此如果读者有更好的建议，也请多多指教，仍然是期望帮助本书不断改进和完善。最后一个就是语言表达能力的不足，作为一个并不以文笔见长的理工男，很难把相对专业的内容以大众喜闻乐见的方式娓娓道来，这会在很大程度上影响到科学普及的效果，在此只能向各位读者诚挚致歉，之后一定努力在各种场合锻炼自己的文笔，然后应用到本书的修订工作中，使其不断改进和完善。

　　送君千里，终须一别，千言万语，也总有结束的时候，感谢各位的支持，也期待各位的反馈。本书的完成只是一个阶段的结束，却也代表着另一个阶段的开始，你们的反馈无疑将会是另一个阶段更高的起点，任何一个小的建议，就像是涓涓细流，聚起来就是一条河，终将汇入大海；任何一个好的想法，就像是星光点点，聚起来就是一团火，终将闪耀天空。"海阔凭鱼跃，天高任鸟飞"，你们是海阔的源头，你们是天高的基础，你们更是本书不断升级的催化剂，谢谢你们！

作　者

2021 年 5 月 4 日于北京